Oliver Lenzen

Das große Buch vom Sand

Haupt
NATUR

«Da die Gegenstände durch die Ansichten der Menschen erst aus dem Nichts hervorgehoben werden, so kehren sie, wenn sich die Ansichten verlieren, auch wieder ins Nichts zurück.»

J. W. v. Goethe: Maximen und Reflexionen

Meinen Eltern, meiner Familie

Oliver Lenzen

DAS GROSSE BUCH VOM SAND

DIE VIELFALT IM KLEINEN

Haupt Verlag

Oliver Lenzen, Prof. Dr.-Ing., wurde 1960 in Berlin geboren. Seit seiner Kindheit beschäftigte er sich mit naturwissenschaftlichen Themen, insbesondere Geologie, Mineralogie und Astronomie sowie später mit Mikroskopie und der Beziehung zwischen Naturwissenschaften, Philosophie und Technik. Sein besonderes Interesse gilt darüber hinaus der Person Goethes als Naturforscher. Nach Promotion und langjähriger Tätigkeit in der Industrie erhielt er 2005 einen Ruf als Professor an die Hochschule Heilbronn, die er seit 2017 als Rektor leitet.

1. Auflage: 2022

ISBN 978-3-258-08270-7

Umschlag, Gestaltung und Satz: pooldesign, Zürich

Umschlagsfotos: © Oliver Lenzen, D-Sachsenheim. Vorderseite: Michaelmas Cay, Great Barrier Reef, Australien; Umschlag Rückseite: Dueodde, Bornholm, Dänemark (links oben); Sandkorn Michaelmas Cay, Australien (links unten); Sand vom Cap Trafalgar, Spanien (rechts oben); Sandkorn aus Jerapetra, Kreta, Griechenland (rechts unten). Vorsatz: Machalilla, Nat. Park Los Frailles, Ecuador; Nachsatz: Weltkarte mit Fundorten der im Buch behandelten Sandproben.

Wir verwenden FSC®-Papier. FSC® sichert die Nutzung der Wälder gemäß sozialen, ökonomischen und ökologischen Kriterien.
Gedruckt in der Tschechischen Republik

Diese Publikation ist in der Deutschen Nationalbibliografie verzeichnet. Mehr Informationen dazu finden Sie unter http://dnb.dnb.de.
Der Haupt Verlag wird vom Bundesamt für Kultur für die Jahre 2021–2024 unterstützt.

Inhaltsverzeichnis

1 Einführung

«Mit dem Staunen beginnt die Philosophie.
Mit dem Staunen über das Triviale.»

C. F. v. Weizsäcker, Zeit und Wissen

Die Zeit war knapp, das Schiff würde sicher nicht auf mich warten. Während meine Reisegefährten sich anschickten, die alte Festungsanlage Vardøs zu besichtigen, stahl ich mich davon und suchte querfeldein den schnellsten Weg herunter zur Küste. Ich hoffte dort den Sand zu finden, der mich schon seit einiger Zeit interessierte und der in meiner kleinen Sammlung noch fehlte. Klein deshalb, weil ich nur Proben aufnahm und katalogisierte, die ich entweder selbst gesammelt hatte oder aber die mir Freunde und Bekannte von ihren Reisen mitgebracht hatten. Immerhin kamen auf diese Weise bislang rund 700 Sande zusammen. Eigentlich aber war es gar keine Sammlung, mehr eine Ansammlung, ein Fundus. Weniger die hohe Anzahl oder die Vollständigkeit strebte ich an, vielmehr suchte ich eine Repräsentanz der Vielfalt abzubilden. Die Proben sollten der direkten Untersuchung dienen, der Neugier an diesem seltsamen Stoff – dem Sand.

Nach einer Weile fand ich eine kleine Bucht mit recht naturbelassener Uferzone und dem erhofften Strand. Freilich nicht von der Sorte, wie wir Strände aus Urlaubsprospekten kennen: Wasser, Sand und Sonne, begleitet von allgegenwärtiger Hitze und zumeist zurückgedrängter, gebändigter Natur. Niemand schien sich um diesen Ort zu kümmern, wenngleich auch hier schon die Spuren der Zivilisation deutlich zu erkennen waren. Die Bucht öffnete sich nach Westen hin zu einer Meerespassage zwischen dem Festland, der Varangerhalbinsel, und der vorgelagerten Insel, auf der das Städtchen Vardø (Abb. 1.1) liegt. Das gegenüberliegende Ufer war gut zu sehen, die karge und niedrige Vegetation der nordischen Tundra überzog eine bis zum Horizont reichende flache und baumlose Hochebene.

Das eigentlich Interessante war aber die Geologie dieser einsamen und unwirtlichen Gegend. Etwas südlich von meinem Standort zieht sich nämlich die Trollfjorden-Komagelva-Verwerfungszone hin. Sie verläuft grob NW-SO und trennt zwei Kontinentalplattenteile, die sich seitlich aneinander vorbeischieben. Hier, nördlich der Verwerfung, befand ich mich auf den Sedimenten der Barentssee-Region, der sogenannten Lokvikfjell-Gruppe, einer Sedimentfolge, deren Ablagerung vor über 850 Mio. Jahren begann. Ich stand also auf neoproterozoischen und damit uralten Sedimenten. Plattentektonische Prozesse falteten die Sedimente im Laufe der Jahrmillionen mit unvorstellbar großen Kräften auf und stellten die ursprünglich in der Tiefsee abgelagerten und mehrere Kilometer dicken Sandschichten schräg.

Als ich die Bucht erreichte, konnte ich tatsächlich die schräggestellten Schichtfolgen erkennen, deren große Masse natürlich längst erodiert und abgetragen sind. Überall verstreut fanden sich faustgroße, gut abgerundete Geröllsteine, die den schräggestellten dunklen Schichtgesteinen überhaupt nicht ähnelten. Es sah aus, als habe jemand sie darauf abgeladen (Abb. 1.2).

Vorhergehende Doppelseite:
Isla Bartholome, Galápagos, Ecuador

Es handelt sich dabei um Geschiebe einer der großen Vereisungswellen, die einst diese Regionen überzogen. Nach Jahrmillionen dauernder tropischer Hitze kam es vor etwa 650 Mio. Jahren hier zu einem jähen Klimawechsel. Der baltische Schild wurde als Folge der Varanger-Eiszeiten mit mächtigen Eispanzern überzogen, die das Land in seiner heutigen Form mit prägten.

Viel Zeit hatte ich nicht mehr, um mir all das vorzustellen, was sich einst an diesem Ort abgespielt hatte. Schnell packte ich also ein paar herumliegende Steinchen ein und versuchte, auch eine kleine Probe der anstehenden Schichtfolgen herauszulösen. Dann ging ich weiter ans Ufer. Der Sand sah dort ganz gewöhnlich aus, sandfarben eben, ein wenig dunkler vielleicht.

Abb. 1.1 Das Städtchen Vardø vor der Kulisse der glazial überprägten nordischen Hochebenen. Unten die kleine Bucht bei Vardø mit Blick nach Westen über die Meeresenge zum Festland.

Aber wie so oft in der Natur würde sich bestimmt ein zweiter, genauerer Blick lohnen. Was für den Vogelbeobachter sein Fernglas, ist für den Sandbeobachter die Lupe und das Mikroskop. Erst diese optischen Hilfsmittel ermöglichen es uns, in eine Sphäre einzutauchen, die anderenfalls verschlossen bliebe. Immer weiter kann man mit diesen Instrumenten aus Glas, Messing und Stahl dem Sand zu Leibe rücken. Hat man mit der Lupe noch viele Tausend Körner im Blickfeld, ist es mit dem Mikroskop möglich, ein einzelnes Korn zu porträtieren, auf seiner Oberfläche spazieren zu gehen, ja weiter noch, in das Innere des Kornes vorzudringen.

Schnell packte ich alles zusammen und nahm Abschied von diesem so wenig spektakulären und doch so unglaublich interessanten Ort, der mir seine weiteren Geheimnisse hoffentlich beim Blick durch das Mikroskop im heimischen Labor anvertrauen würde. Das Schiff erreichte ich noch rechtzeitig.

Die beiden Fotografien (Abb. 1.4 und 1.5) sind typisch für alles Nachfolgende. Sandfotos, die in moderater Vergrößerung bei Bildbreiten um 2–8 mm die Zusammensetzung des Sandes erkennen lassen sowie porträthafte Darstellungen einzelner Sandkörner mit hohen Vergrößerungen und Bildbreiten um 1 mm. Zumindest für die letzte Gruppe ist ein Mikroskop erforderlich. Es gibt natürlich viele Möglichkeiten, an ein Mikroskop zu kommen. Man kann es sich einfach kaufen. Schon preiswerte USB-Mikroskope, die wenig mehr kosten als ein Abendessen, leisten mittlerweile Erstaunliches und reichen für erste Erkundungen vollkommen aus. Nach oben hin gibt es kaum Grenzen.

Abb. 1.2 Die Bucht mit Blick nach Norden. Gut zu erkennen sind die schräggestellten proterozoischen Sedimentschichten mit aufliegenden Geschiebesteinen. Komponenten, aus denen sich der Sand der kleinen Bucht zusammensetzt. Rechts: Sand, Tang, Vogelfedern und Angespültes in der Bucht. Die Fußspur stammt vom Fotografen.

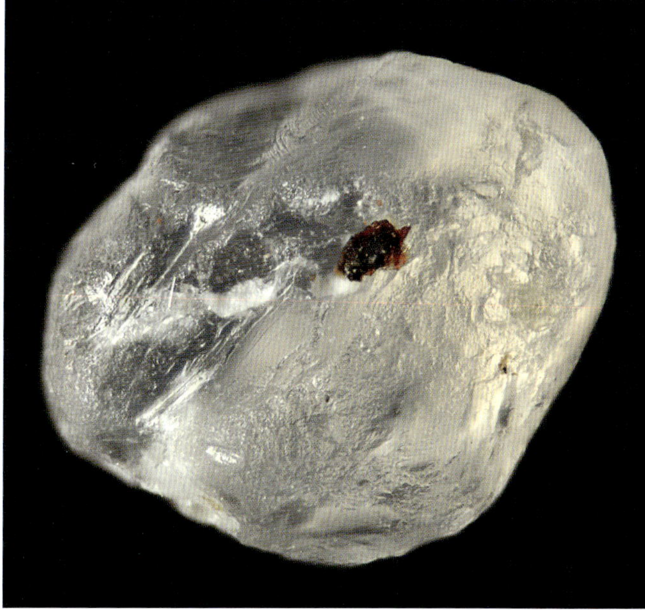

Abb. 1.3 Der in Lupenperspektive betrachtet erstaunlich bunte Sand der kleinen Bucht bei Vardø. Bildbreite um 30 mm.

Abb. 1.4 Farbenfrohe Fragmente mariner Lebewesen wie Muschelschalen und Seeigelstachel. Links ein klares Quarzkorn mit nur mäßigen Erosionsspuren. Mikroskopaufnahme des Sandes aus Vardø im Auflichtverfahren. Bildbreite um 2,9 mm.

Abb. 1.5 Porträt eines einzelnen Sandkorns aus der Vardø-Probe. Das Korn besteht aus Quarz und zeigt physikalische und chemische Verwitterungsspuren sowie einen farbigen Einschluss. Mikroskopaufnahme im Auflicht. Korngröße 750 × 820 µm (1000 µm = 1 mm).

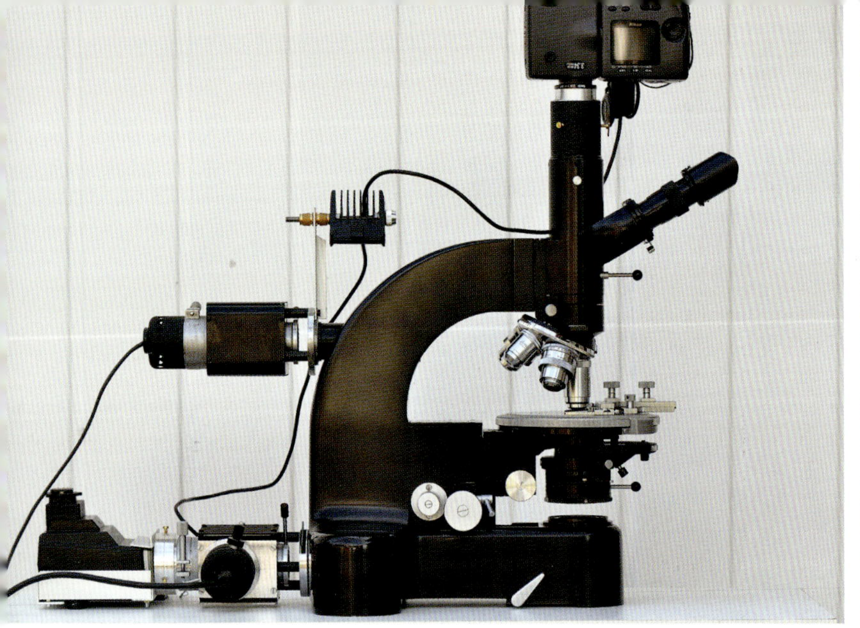

Jedes Buch birgt ein kleines Versprechen. Passen Buch und Leser bzw. Leserin zusammen, so sollten diese nach der Lektüre ein Stück weit bezüglich ihrer Erwartungen zufriedengestellt oder aber, vielleicht besser noch, überrascht worden sein. Was ist nun von einem Buch über Sand zu erwarten? Naturwissenschaftliches, Kulturelles, Ästhetisches, Erstaunliches oder Lexikalisches?

Die Liebhaberei befreit vom Zwang des Nützlichen. Sie entbindet aber nicht davon, präzise zu sein, zu verknüpfen, zusammenzuführen, zu theoretisieren auch. Insofern ist dieses Buch ein durchaus persönlicher Zugang, eine Themensammlung zu einem ganz besonderen Naturstoff. Meiner Ansicht nach ist es fast unumgänglich, sich für nahezu alles, was die Welt hierfür dem sensiblen Betrachter bietet, auf die eine oder andere Weise zu interessieren. Das Buch spiegelt diesen Ansatz wider. Die Texte mäandrieren an manchen Stellen zwischen Sachthemen und Assoziativem. Sie fließen, wobei aber immer der Bezug zum Grundthema «Sand» vorhanden bleibt. Wie auch Sand nur aus seiner schwer fassbaren Gesamtheit heraus scheinbar begreifbar wird, fließt er einem dennoch durch die Finger. Er muss gepackt und betrachtet werden und erreicht erst dann eine ungekannte Schönheit, die sich aber stets erst im Detail, im einzelnen Korn, voll zu erkennen gibt. Es gilt den Sand in Bilder und Worte zu verwandeln.

Die Kapitel beginnen jeweils mit zusammenfassenden Sätzen, einem Motto und meist auch einer zitierten Textpassage. Manches davon stammt aus Goethes Werken. Warum Goethe, und warum in einem Buch über Sand? In Goethes Sammlungen befinden sich Zinnsande aus dem Fichtelgebirge, die er sehr schätzte; mit Sand im Allgemeinen beschäftigte er sich wohl nicht, zeitlebens aber mit Naturwissenschaften, ganz speziell auch mit der Gesteinskunde und der Mineralogie, die beide die Grundlagen für die Entstehung von Sand bilden. So war sein Blick, wo immer er sich auf Reisen befand, auch erdwärts gerichtet, um Proben aufzunehmen und sich einen sorgfältigen Eindruck von dem ihn umgebenden Naturraum zu schaffen. Ohne in einer wissenschaftlichen Tradition

Abb. 1.6 Das für die Aufnahmen im Buch verwendete Leitz Ortholux 1 Mikroskop, hier mit Durchlicht Ausrüstung. Nur die Kamera ist mittlerweile durch eine leistungsfähigere ersetzt worden. Rechts: Ausschnitt aus dem Fundus der insgesamt rund 700 zur Verfügung stehenden Sandproben aus aller Welt.

zu stehen, schuf er sich einen sehr besonderen, der reinen Anschauung verpflichteten Zugang zu den Dingen; er konnte staunen.

Warum interessiert uns das heute noch, wo doch viele seiner damaligen Erkenntnisse längst überholt sind? Weil es uns als Liebhaber des diffusen Themenfeldes rund um den Sand sehr ähnlich gehen mag. Und weil Goethe stets Themen zusammenwirken ließ: Das Ganze und das Detail, Natur und Kultur, Geistiges und sinnlich Erfahrbares. Die Zusammenschau als Methode und das Gewahrwerden der Möglichkeit einer Zusammenschau ist so erkenntnisschaffend wie lehrreich, und gerade der modernen, vorwiegend und zwangsläufig zergliedernden Betrachtungsweise in den Naturwissenschaften ergänzend anempfohlen. «Man muss mit der Natur langsam und lässlich verfahren, wenn man ihr etwas abgewinnen will» äußerte er gegenüber Eckermann am 1. Oktober 1828, also wenige Jahre vor seinem Tod. Im Vorwort zu seiner Farbenlehre steht, was auch als Motto für das vorliegende Buch vom Sand gelten könnte:

> «Denn das bloße Anblicken einer Sache kann uns nicht fördern. Jedes Ansehen geht über in ein Betrachten, jedes Betrachten in ein Sinnen, jedes Sinnen in ein Verknüpfen, und so kann man sagen, daß wir schon bei jedem aufmerksamen Blick in die Welt theoretisieren.»

Mit unaufgeregter Selbstverständlichkeit führte Goethe Natur- und Geisteswissenschaften sowie praktisches Handeln und theoretisierende Betrachtung bruchfrei zusammen. Seine Schriften sind Ausdruck einer Brüderlichkeit im Umgang mit der Natur.[1] Wir können davon profitieren.

Die bildnerische Darstellung von Sand und einzelnen Sandkörnern ist per se wohltuend zweckfrei. Es ist hier nicht das Ziel, Wissenschaft zu betreiben, sondern Zusammenhänge aufzuzeigen. Viele der Bilder sollen neben ihrem Informationsgehalt einfach nur schön sein. Ihr Gegenstand ist flüchtig, zeigt Gewordenes, nicht Gemachtes. Wo nicht als Dauerprobe konserviert, sind die Protagonisten, die Sandkörner, längst wieder in der namenlosen Masse ihrer Artgenossen untergetaucht und werden dort auch für immer verbleiben. Die Spuren ihrer Existenzen sind Abbildungen, die ihnen durch den Augenblick der Beobachtung Dauer verleihen. Das Buch wird all denjenigen von Nutzen sein, die sich an der subtilen Schönheit und Vielfalt des Sandes erfreuen wollen, gleichzeitig aber begierig sind, mehr über all die staunenswerten Hintergründe dieses Naturstoffes und dessen Zusammensetzung zu erfahren.

Abb. 1.7 Eiszeitlicher Sand von der größten europäischen Binnenwanderdüne bei Klein-Schmölen im UNESCO Biosphärenreservat Flusslandschaft Elbe-Mecklenburg-Vorpommern. Während der letzten Eiszeit bildeten sich diese ausgedehnten Dünengebiete entlang des glazialen Urstromtales der Elbe. Im Bild überwiegen gut durch Gletscher, Wind und Wasser gerundete Quarzkörner aus vermutlich nordeuropäischen Muttergesteinen. Bildbreite 3,8 mm

Abb. 1.8 Quarzkörner aus Playa Santa Clara, Panama, Pazifikküste. Auffällig ist die außergewöhnlich glänzende, wie poliert wirkende Oberfläche dieser Körner; sie sind vermutlich vulkanischer Herkunft. Bildbreite um 5 mm.

Abb. 1.9 Fietjetjörn, Valle, Norwegen. Quarzkörner auf schwarzem Glas. Die nur wenig gerundeten, durch Gletscher transportierten Körner sind durch moorige, eisenhaltige Lösungen gefärbt. Kornabmessungen je ca. 0,6–1,0 mm. Auflicht.

Abb. 1.10 Insel Isla Bartholome, Galápagos, Ecuador. Eine Mischung aus gerundeten und vom Meer polierten Körnern aus Muschelresten, Seeigelstacheln, Schneckenfragmenten sowie Sandkörnern aus blasiger Lava. Bildbreite 8,7 mm.

Abb. 1.11 Sand von den Äußeren Hebriden, Vatersay Beach, Schottland. In der Mitte ein Gehäusefragment mit Mikrobohrspuren von Algen. Rechts ein braunes Stück Biotitglimmer. Quarzreicher, kontinental geprägter Sand mit vielen biogenen Fragmenten. Auflicht. Bildbreite 2,2 mm.

Abb. 1.12 Sand von der Meeresküste bei Jerapetra, Kreta. Viele der Sandkörner sind noch erkennbar Gesteinsfragmente, damit polymineralisch. Bildbreite 12 mm.

Abb. 1.13 Sand aus polymineralischen Körnern (Gesteinsfragmente) vom Point Pelee, Eriesee, Kanada. Die hohe Auflösung der Abbildung lässt den Sand wie eine Ansammlung von Kieselsteinen wirken. Bildbreite 7,7 mm.

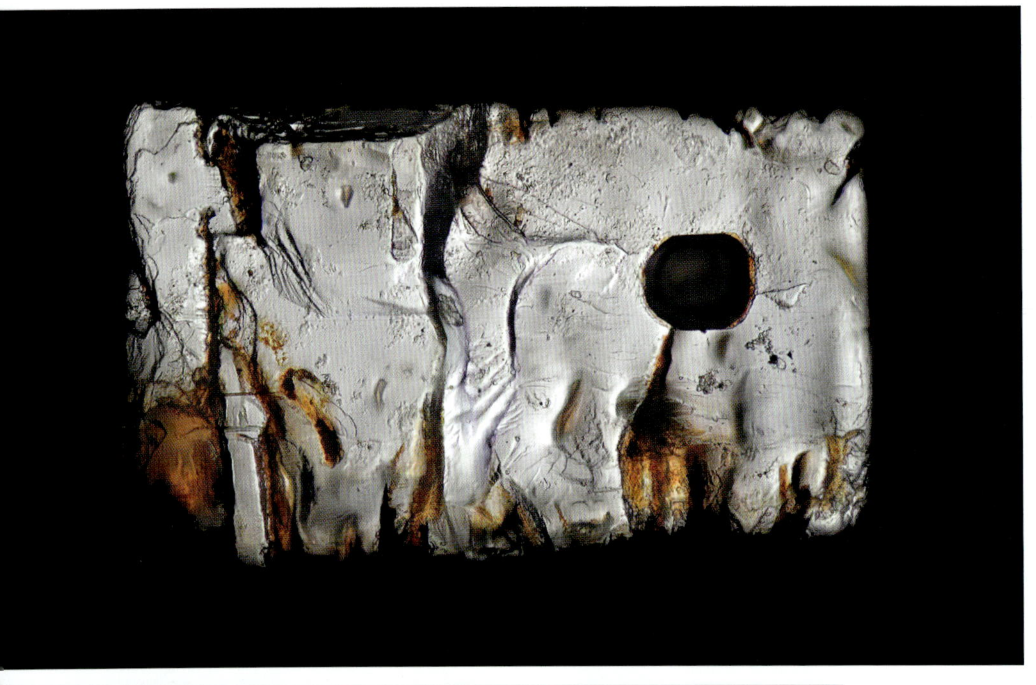

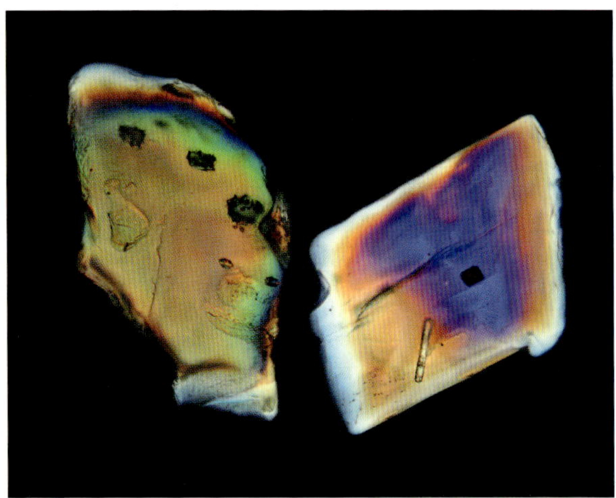

Abb. 1.14 Oben links: Sandkorn aus Indien von der Abad Turtle Beach, Kerala. Die hohe Auflösung macht alle Details der Oberfläche des Sandkornes fast plastisch sichtbar. Durchlicht mit Polarisator. Bildbreite 670 µm.

Abb. 1.15 Oben rechts: Sandkörner mit Einschlüssen aus Lovina, Bali, Indonesien. Durch den Einsatz gekreuzter Polarisatoren werden leuchtend bunte Interferenzfarben sichtbar. Bildbreite 650 µm. Durchlicht.

Abb. 1.16 Mitte: Michaelmas Cay, Australien. Foraminifere *Baculogypsina sphaerulata*. Durchmesser ohne Fortsätze um 1000 µm. Das Sandkorn liegt auf einem Objektträger aus Glas und scheint daher zu schweben. Auflicht.

Abb. 1.17 Unten: Isla Bartholome, Galápagos, Ecuador. Ein Seeigelstachel hat sich offenbar in eine Schneckenspindel verirrt. Das Sandkorn liegt auf einem Objektträger aus Glas. Kornlänge 1,9 mm. Auflicht.

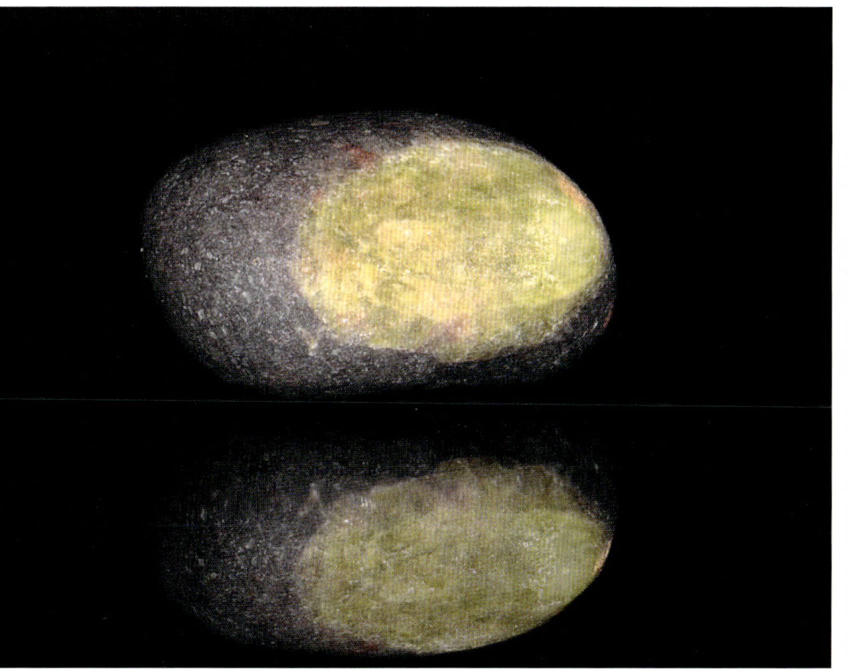

Abb. 1.18 Jerapetra, Kreta, Griechenland. Korn aus basaltischem Gestein mit einem Olivineinschluss. Auflicht, Korn auf schwarzem Glas. Kornbreite 2,6 mm und damit definitionsgemäß im Bereich von Feinkies.

Abb. 1.19 Michaelmas Cay, Australien. Sandkorn, bestehend aus einem Korallenästchen. Korn auf schwarzem Glas per Auflicht von hinten beleuchtet. Durchmesser um 1,6 mm.

Abb. 1.20 Sandkorn aus dem mittelnorwegischen Hochland. Das Korn ist recht frisch und zeigt kaum Verwitterung und nur geringe Spuren von Abrasivverschleiß an hervorspringenden Kanten. Das Sandkorn besteht aus mehreren Mineralen (weißer Quarz, schwarze Hornblende sowie dem goldfarben verwitternden Glimmer Muskovit) und stellt somit ein Gesteinsfragment dar. Die vergrößerte Abbildung und die recht hohe Auflösung täuschen darüber hinweg, dass das Korn nur eine Breite von knapp 900 µm besitzt. Die Aufnahme erfolgte unter dem Mikroskop und ist mithilfe eines Panorama-Stacks aus 80 Einzelbildern zusammengesetzt. Je weiter man diesen Aufwand treibt, desto detailgetreuer kann das Ergebnis werden. Eine hohe Auflösung ist aber nicht proportional zur ästhetischen Qualität eines Fotos, die von weiteren – durchaus subjektiven – Eigenschaften wie Tiefenwirkung, Farbgestaltung, Form, Beleuchtung, Unschärfeverlauf und Ähnlichem mehr abhängt.

— 2 Über Sand, kosmischen Sand und «luftgeborene Wesen»

«Mein Mikroskop bring ich mit ...»

J. W. v. Goethe an Charlotte v. Stein[2]

Bevor wir uns dem harten Kern des Sandes, nämlich dem Sandkorn selber zuwenden, lassen wir die Gedanken in diesem Kapitel räumlich recht weit schweifen. Dabei begegnet uns ein Land aus Sand, das alte Mesopotamien, die Wiege unserer Kultur. Und wir lernen kleine Silikatkugeln kennen, die ersten «Sandkörner» im Sonnensystem, die es in manchen Meteoriten heute noch zu entdecken gibt. Eine Reise zu den Ursprüngen des Sandes. Immer wieder werden wir im weiteren Verlauf auf genau diese Ursprünge verweisen. Von Humboldt und Goethe wird ebenfalls die Rede sein. Sand hat nun einmal viele Bezüge.

«So bald wir ausgestiegen waren, eilten wir von dem sandichten Strande, wo in unserer Wissenschaft keine Entdeckungen zu erwarten waren, weg, und nach den Plantagen hin, die uns vom Schiffe her so reizend ausgesehen hatten, ohnerachtet der späten Jahreszeit wegen Laub und Gras schon durchgehends mit herbstlichem Braun gefärbt waren. Wir fanden bald, daß diese Gegenden in der Nähe nichts von Ihren Reizen verlören, und daß Herr von Bougainville nicht zu weit gegangen sey, wenn er dies Land als ein Paradies beschrieben.» [3]

Ein Sandkorn. Nichts Gewöhnlicheres lässt sich denken, und viel mag einem spontan hierzu nicht einfallen. Offenbar ging es dem Gelehrten und Naturforscher Georg Forster, einem weitläufigen Bekannten Goethes, ebenso, als er im Gefolge des berühmten Kapitän Cook im August 1773 den «sandichten» Strand der Insel O-Tahiti in der Südsee betrat. Es seien in der Wissenschaft hier wohl keine Entdeckungen zu erwarten, bemerkt er. Er irrte sich, wenngleich die damalige Forschungsreise natürlich ein ganz anderes Ziel verfolgte.

Dem Thema Sand kann man sich auf ganz unterschiedliche Art nähern. Obwohl Sand nahezu allgegenwärtig ist, bleibt er seinem Wesen nach aber recht anonym und verborgen. Die Vielfalt der Betrachtungsmöglichkeiten scheint in einem Widerspruch zur erwähnten Gewöhnlichkeit des Gegenstandes zu stehen. Zwar gibt es keine eigene Wissenschaft, die dem Sand gewidmet ist, aber es gilt eine Vielzahl von Disziplinen zu bemühen, um die Phänomene hinter dem reinen Bild zu verstehen. Zu nennen sind Sedimentologie, Mineralogie, Geologie, Tribologie,

Vorhergehende Doppelseite:
Draa-Tal, Marokko

Strömungslehre, Physik (speziell Optik), Mikroskopie und so fort. Kapitel 8 erweitert diese Sammlung sogar noch um einen weiteren Aspekt, indem der Begriff des Sandes weniger physikalisch als vielmehr symbolisch durch Zeit und Zahl gefasst wird.

Was aber ist Sand, was hat es mit ihm auf sich, was ist mit ihm verbunden? Zur Klärung dieser Fragen wenden wir den Blick weit zurück. Im frühen Mesopotamien, dem Zweistromland der Bibel, wurden mit dreiecksförmigen Griffeln Zeichenfolgen in Lehmtäfelchen oder andere Grundkörper gedrückt, man bezeichnet diese Schrift nach der Gestalt ihrer Zeichen als Keilschrift. In der sumerischen Sprache wurde «Sand» mit den Keilschriftzeichen belegt.

In der oberen Zeichenfolge ist links eine sehr frühe, archaische Zeichenform zu sehen[4], die sich dann zum Zeichen der mittleren Abbildung weiter entwickelte[5], die der Ära des Stadtfürsten Gudea von Lagash entstammt, der um 2100 v. Chr. gelebt hat und den Bau des Eninnu Tempels in Auftrag gab. Im Zeichen ganz rechts ist eine etwas modernere Form abgebildet.[6] Der Lautwert, die Aussprache also, kann jeweils mit «sahar» wiedergegeben werden, was so viel wie Staub, Sand, Erde bedeutet. Er setzt sich seinerseits aus den Lauten «sahar» mit der Bedeutung «rot, braun» und dem Laut «hara» mit der Bedeutung «zerstoßen, pulverisiert» zusammen.[7] Sand, «sahar», ist also dem Wortsinn nach als pulverisiertes, rötliches Material zu übersetzen. Ganz bemerkenswert ist hier die Homophonie zu der größten rezenten Sandwüste der Welt, der Sahara. Auch das zwischen den großen Strömen Euphrat und Tigris gelegene Land hatte und hat den Charakter einer Wüste. Den Bewohnern standen zu Zeiten der Sumerer neben dem allgegenwärtigen Sand nicht viel mehr als kalkreiche Tone und Lehme zur Verfügung. Diese wussten sie allerdings meisterlich zu verarbeiten, so setzten sie beispielsweise zur Verbesserung der Eigenschaften Zusatzstoffe wie Quarzsand und auch Strohhäcksel bei, wie man heute durch mikroskopische Untersuchungen zeigen kann. Metalle und auch Steine standen nicht zur Verfügung und mussten aufwendig über die Handelswege bezogen werden. In Ausnahmefällen griffen die Menschen für die Herstellung von kultischen Gegenständen auf das seltene und begehrte Eisen von Meteoriten zurück, die sich im Wüstensand finden ließen. So haben die beiden Wörter «Himmel» und «Eisen» (AN.BAR) eine gemeinsame sumerische Sprachwurzel. Die Silbensymbole für Eisen lassen sich mit «Himmel», «leuchten» und «schneiden» wiedergeben. Die Möglichkeit zu schneiden brachte das vom Himmel in den Sand fallende Eisen, der Meteorit.

Auch heute noch erfolgen bedeutende Meteoritenfunde im Sand der Wüsten und auch im Bereich der Gletscher der Antarktis. Im Wüstensand sind «vom Himmel fallende Steine» leicht zu entdecken und halten sich lange an der Sandoberfläche, bevor sie durch Erosion zerfallen und unauffindbar mit dem Wüstensand vermischt werden. Im Gilgamesch-Epos wird sogar der Fall eines Meteoriten, der «Brocken des Anum» erwähnt, der so schwer gewesen sein soll, dass ihn König Gilgamesch nicht anheben konnte.

Das Zweistromland wurde regelmäßig von Hochwassern der Ströme Euphrat und Tigris heimgesucht. Der berühmte Archäologe Leonard Woolley meinte in einer dieser Überschwemmungen sogar die biblische Sintflut nachgewiesen zu haben, deren Geschichte fast wortgenau auf das über 1000 Jahre ältere sumerische Gilgamesch-Epos zurückgreift.[8] Im Laufe der Zeit reicherten sich mitgeführte Salze in Lehm und Sand des trockenen Bodens an, die beim Verdampfen des Wassers zurückblieben. In vielen Wüstengebieten führen die während der Niederschläge in Lösung gehenden Salze und ihr anschließendes Auskristallisieren in Haarrissen oder Poren zu einer permanenten Zersetzung der Gesteine und auch der im Boden verborgenen Kunstschätze. Bei der Kristallisation der Salze steigt deren Volumen bezogen auf den gelösten Zustand um bis zu 100 % an, sodass die hierbei entstehenden Berstkräfte den Mineralverband schrittweise zersetzen (Salzverwitterung).[9]

An der ursprünglichen Bedeutung des Begriffs «sahar» hat sich nicht viel geändert. Sand bezeichnet allerdings weniger einen besonderen Stoff, als vielmehr eine Eigenschaft. Nach seiner Definition ist Sand eine Menge kleiner mineralischer Körner von gleicher oder unterschiedlicher Zusammensetzung und einem Durchmesser von 0,063–2,0 mm. Sand ist damit ausschließlich bestimmt über die Eigenschaft der Vielheit und der Zugehörigkeit zu der Größenklasse der sogenannten Psammite (von griechisch πσάμμοζ = Sand). Alles, was größer ist, bezeichnet man

Abb. 2.1 Mit Keilschriftzeichen bedeckter Gründungskegel aus der Zeit des Stadtfürsten Gudea von Lagash, um ca. 2100 v. Chr., gebrannter Lehm (Ton). Gründungskegel dienten kultischen Zwecken und sind mit Grundsteinen vergleichbar. Sie wurden meist mit der Spitze nach oben in den Sand gesetzt und anschließend mit Baumaterial überdeckt. Beschrieben wird die Einweihung des Eninnu Tempels durch den Stadtfürsten von Lagash im alten Südbabylonien. Der Stadtname ist in der mittleren Zeile zu lesen. Die Schriftzeichen wurden vor dem Brennen des Kegels mit einem keilförmig angespitzten Griffel aus Schilf in den weichen Ton gedrückt. Länge um 104 mm.

als Kies (Größenklasse der Psephite von πσέφοζ = Brocken), alles darunter als Schluff oder Ton (Größenklasse der Pelite von πέλοζ = Schlamm). Diese Einteilung hat sich seither zur Beschreibung sogenannter klastischer Sedimente, also aus den Trümmern anderer Teile bestehender Sedimente, etabliert und ist darüber hinaus genormt. Es ist dabei wichtig zu wissen, dass die physikalischen Eigenschaften von großen Partikeln sich ganz grundsätzlich und nichtlinear von denjenigen kleinerer unterscheiden. Ein Korn mit einem Durchmesser von 2 mm besitzt ein immerhin 10 000-fach größeres Volumen als ein solches am unteren Rand der Skala mit 0,063 mm. Entsprechend unterschiedlich ist auch das Verhalten dieser Sandkörner in ihrer jeweiligen Umwelt. Das Strukturmerkmal der Form findet bei der Definition keine Berücksichtigung, wird uns aber an anderer Stelle noch ausführlich beschäftigen.

Neben der rein beschreibenden Sphäre geht vom Begriff «Sand» eine deutliche Anziehung aus. Sand ist meistens positiv konnotiert: Vom Sandkasten in jungen Jahren oder dem Sandmännchen, das mit jedem Sandkorn einen schönen Traum beschert, bis später zum leuchtend weißen Sand des Ferienstrandes in tropischen Paradiesen, wie sie Forster beschreibt; vom Industrie-Rohstoff über den Bausand für unsere Häuser bis hin zum schützenden Sandsack bei Wassereinbrüchen. In Sprichwörtern hingegen kommt Sand oft nicht so gut davon: Man steckt den Kopf in den Sand, streut eben diesen ins Getriebe und baut schlimmstenfalls auf Sand. Wir wollen im Weiteren aber lieber die positiven Anklänge verfolgen.

Sand kennzeichnet die Grenzlinie zwischen den beiden großen Lebensräumen der Erde: Wasser und Land. Ein erheblicher Anteil aller Sandmassen der Welt findet sich an den Küstenlinien. Als vor etwa 500 Mio. Jahren die ersten marinen

Abb. 2.2 Links: Detailaufnahme der Oberfläche des Gründungskegels aus Abb. 2.1. Neben den an der Oberfläche anhaftenden, ausgeblühten Salzkristallen ist in Bildmitte ein grünliches, rundes Sandkorn, eingebettet in die Masse des gebrannten Tons, zu erkennen. Bildbreite 4,8 mm. Rechts: Vergrößerung des Sandkornes (Mikroskopaufnahme) aus der linken Abbildung. Das grünliche Korn mit einem Durchmesser von 210 µm ist gut gerundet, offenbar nicht aus Quarz und besitzt kleine Einschlüsse. Rechts unterhalb des Kornes ein Salzkristall mit kubischer (würfelförmiger) Kristallform. Man stelle sich vor: Als Alexander der Große auf seinem Persienfeldzug die mesopotamische Ebene von Babylon nach Susa durchquerte, lag der abgebildete Gründungskegel ganz unweit seiner Route bereits etwa 2000 Jahre im Wüstensand verborgen. Das kleine Sandkorn hat dabei eine Geschichte, die viele Millionen Jahre zuvor begann. Vermutlich wurde es von einem der beiden großen Ströme aus dem umgebenden, aber fernen Bergland in die Ebene geschwemmt und vom Wind abgerundet, bis es schließlich von einem Handwerker oder einer Handwerkerin aus der Nähe der Stadt Lagash dem Ton des Gründungskegels beigemengt wurde.

Organismen begannen, den entscheidenden Schritt in Richtung Land zu unternehmen und damit in einen neuen und vollständig fremden Lebensraum vorzustoßen, war wohl Sand der erste Stoff, den sie vorfanden. Die Besiedlung des Landes fand im Sand ihren Anfang. Vielleicht hat sich dies in unser kollektives Gedächtnis so tief eingeprägt – wir stammen schließlich von diesen Lebewesen ab –, dass wir uns erklären können, warum viele Menschen Sand als etwas wohlig Urtümliches, nahezu Archaisches empfinden. Sand wirkt beruhigend auf die Psyche, ruft aber außerdem kreative Potenziale hervor. Fast automatisch beginnen wir mit Sand in taktile Beziehung zu treten, zu graben, aufzuschichten oder den Sand zwischen den Fingern hindurchrieseln zu lassen. Beide Eigenschaften qualifizieren zu therapiebegleitenden Einsätzen für eine Reihe von Anwendungen. Nicht zuletzt seien die mental zentrierenden Zen-Gärten genannt, die – je nach Größe – Sand oder Kies als Gestaltungsmittel verwenden und durch das Einbringen mäandrierender Muster beispielsweise die Strukturen bewegten Wassers entsprechend nachzubilden suchen.

In unserer Wahrnehmung changiert Sand zwischen Einzahl und Vielzahl, zwischen fest und fließend, zwischen Belanglosigkeit und Sehnsucht. Entstanden aus den Sinnbildern für Dauerhaftigkeit und Mächtigkeit, den Felsen und Bergmassiven, behält Sand niemals seine Form, er ist fluid und immer nur potenzielle oder gewesene Gestalt, Taxis und Kosmos zu gleichen Teilen. Während der griechische Terminus «Taxis» einen Zustand der Ordnung beschreibt, der einem ausrichtenden Impuls bzw. einem Gradienten geschuldet ist, lässt sich unter «Kosmos» ein Ordnungszustand verstehen, der auf das Ganze abzielt und keinem bestimmten Gesetz zugeschrieben werden kann. Kosmos ist in diesem Sinne spontane und gewachsene Ordnung jenseits einer zeitlichen Zu-Ordnung. Der weitgereiste Universalgelehrte und Zeitgenosse Goethes, Alexander von Humboldt, vermerkt mit Hinblick auf das Naturverständnis des menschlichen Forschergeistes:

Abb. 2.3 Sand vom Cap Trafalgar, Gibraltar, Spanien. Eine bunte Mischung aus mineralischen Körnern und Schalenresten verschiedenster maritimer Lebewesen (Schnecken, Muscheln, Seeigel, Bryozoen). Auflicht. Bildbreite 7,9 mm.

> «Diese Vorzeit befragen, heißt dem geheimnisvollen Weg der Ideen nachspüren, auf welchem dasselbe Bild, das früh dem inneren Sinne als ein harmonisch geordnetes Ganzes, Kosmos, vorschwebte, sich zuletzt wie das Ergebnis langer, mühevoll gesammelter Erfahrungen darstellt.»[10]

So sehr die Ansammlung von vielen Billionen von Sandkörnern einem Ordnungsschema zu widersprechen scheint, so lässt sich genau diese Ansammlung, als Struktur im großen Maßstab betrachtet, als emergente Eigenschaft mit den erstaunlichsten Ausprägungen finden. Genannt seien hier – ohne im Folgenden weiter darauf einzugehen – vor allen die wissenschaftlich mittlerweile gut untersuchten Formen der Sanddünen in Wüsten und der Rippelbildungen in Zusammenhang mit Fluiden. Unter dem Begriff der Emergenz kann man Phänomene oder Eigenschaften verstehen und zusammenfassen, die nicht direkt oder nicht vollständig aus den Eigenschaften ihrer Bestandteile erklär- oder ableitbar sind. Die Gedanken, die im Leser dieser Zeilen hervorgerufen werden, lassen sich beispielsweise durch keine Kunst der Welt aus den chemischen Eigenschaften der verwendeten Druckerschwärze ableiten, werden aber letztlich doch durch diese bewirkt. Unsere Gedanken sind so gesehen, bezogen auf die Partialeigenschaften des Buches, emergente Eigenschaften. Ebenso verhält es sich mit der Beziehung zwischen Sandkörnern und Sanddüne oder auch anderen Systemeigenschaften. Das durchgehend taxische, ordnende Element, welches für eine Vielzahl aller an Sandkörnern zu beobachtenden Phänomene und im Grunde für die Sandkörner selbst verantwortlich ist, ist die überall wirkende Schwerkraft als treibende Kraft der Erosion.

In unseren Streifzügen im Umfeld der Sandkörner wird als einziges und unverzichtbares Werkzeug neben der Lupe das Mikroskop eine Rolle spielen. Humboldt nutzte Instrumente, auch das Mikroskop, vielfältig und intensiv und verstand diese geradezu als zusätzliche Organe des menschlichen Wesens, die diesem zu einem Genuss der Natur und deren wissenschaftlichen Interpretation befähigen:

> «Der andere Genuss gehört der vollendeteren Bildung des Geschlechts und dem Reflex dieser Bildung auf das Individuum an: er entspringt aus der Einsicht in die Ordnung des Weltalls und in das Zusammenwirken der physischen Kräfte. So wie der Mensch sich nun Organe schafft, um die Natur zu befragen und den engen Raum seines flüchtigen Daseins zu überschreiten, wie er nicht mehr bloß beobachtet, sondern Erscheinungen unter bestimmten Bedingungen hervorzurufen weiß, wie endlich die Philosophie der Natur, ihrem alten dichterischen Gewande entzogen, den ernsten Charakter einer denkenden Betrachtung des Beobachteten annimmt; treten klare Erkenntnis und Begrenzung an die Stelle dumpfer Ahnungen und unvollständiger Inductionen.»[11]

Humboldt verkörpert hier den Typus des modernen Wissenschaftlers, der sich fern aller Mystifizierungen oder Verklärungen den Phänomenen mithilfe geeigneter Werkzeuge nähert, Versuche ersinnt und sich aber deutlich von einem unreflektiert induktiven, d. h. an der reinen Empirie orientierten Erkenntnisgewinn distanziert.

Sein Zeitgenosse Goethe hatte demgegenüber ein sehr gespaltenes Verhältnis zum Mikroskop, von dem er glaubte, dass es als optisches Hilfsmittel – als Hilfsmittel für die Sinne – den unmittelbaren Blick auf das zu Erforschende eher verstellt als erhellt:

> «Der Mensch an sich selbst, insofern er sich seiner gesunden Sinne bedient, ist der größte und genaueste physikalische Apparat, den es geben kann; und das ist eben das Urtheil der neuern Physik, daß man gleichsam die Experimente vom Menschen abgesondert hat, und bloß in dem, was künstliche Instrumente zeigen, die Natur erkennen, ja was sie leisten kann dadurch beschränken und beweisen will. Ebenso ist es mit dem Berechnen. Es ist vieles wahr was sich nicht berechnen läßt, so wie sehr vieles, was sich nicht zum entschiedenen Experiment bringen läßt. Dafür steht ja aber der Mensch so hoch, daß sich das sonst Undarstellbare in ihm darstellt.» [12]

Eine Sonderung von Beobachter und beobachtetem Phänomen begann in der Physik der damaligen Zeit das größte Bestreben zu werden. Die Suche nach Objektivität war es, die interpersonelle Beobachtung, die beliebige Reproduzierbarkeit unter identischen und von jedermann nachvollziehbaren Bedingungen. Eine Orientierung also, die Goethes sehr holistischer Sicht der Welt zuwiderlief; auch seinem Respekt vor dem schlicht beobachteten Ereignis, welches sich den Sinnen darbietet und von ihnen direkt und ohne Drittes erfasst werden kann.

Die neuere Physik bringt den Beobachter mehr und mehr ins Kalkül. Beobachter und Beobachtetes sind systembedingt verbunden und beide Gegenstand der Untersuchung. Sinne werden längst durch Instrumente ersetzt, aber es ist wiederum das Urteil, welches die reinen Fakten der Messergebnisse in eine auswertbare und nachfolgend interpretierbare Information überträgt. Die Kette vom Instrument über den Messwert hin zur Deutung und zur Bedeutung ist nicht geschlossen.

Goethe konnte sich, trotz Vorbehalten, nicht dem Faszinosum der optischen Vergrößerung entziehen und versäumte selten, den Blick durch ein Mikroskop zu werfen, wenn sich die Gelegenheit dazu bot. Für Experimente mit Licht und Farberscheinungen ließ er eine Reihe von Gerätschaften nach seinen Maßgaben eigens anfertigen. Insbesondere für seine recht wenig bekannten biologischen Studien wusste Goethe die Vorteile des Mikroskops gut zu nutzen. So beschäftigte er sich im Jahre 1785 intensiv und systematisch mit Infusorien, also meist ein-

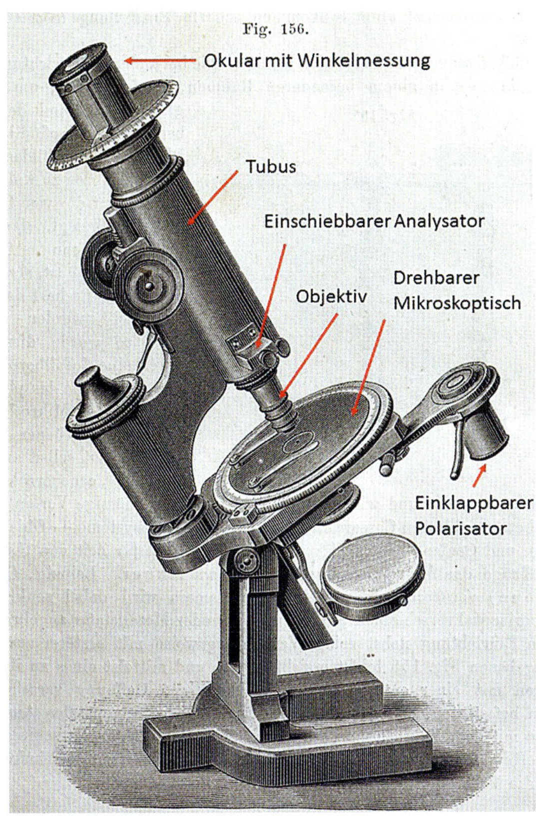

zelligen Lebewesen, die durch einen Aufguss von Wasser oder auch Flüssigkeiten anderer Art auf organische Stoffe zu beobachten sind. Er variierte die Ingredienzien, wechselte zwischen Heu, Pfeffer und Bananen und fand eine mannigfaltige Welt im Kleinen. Später ließ sich anhand seiner Aufzeichnungen rekonstruieren, dass er neben Glockentierchen, Pantoffeltierchen und Amöben auch Bakterien fand und beschrieb, freilich ohne diese als solche zu identifizieren.[13] Seiner von ihm verehrten Charlotte v. Stein schrieb er am 25.6.1785:

> «Mein Mikroskop bring ich mit, es ist die beste Zeit, die Tänze der Infusionstierchen zu sehen. Sie haben mir schon großes Vergnügen gemacht.»

Leider sollte es an die vierzig Jahre dauern, bis Goethe wieder mikroskopische Untersuchungen aufnahm. Einige der von ihm verwendeten Instrumente, darunter auch Mikroskope, befinden sich bis heute in seiner nachgelassenen Sammlung; er hatte sie offenbar trotz seiner kritischen Haltung oft für seine zahlreichen Studien mit Gewinn verwendet.[14] Vermutlich hätte es Goethe in dem von uns betrachteten Zusammenhang mit Sand sogar bemerkenswert gefunden, dass das vermittelnde Werkzeug – die Glaslinse im Mikroskop – in ihrem Grundstoff, dem Quarz, mit dem zu vermittelnden Gegenstand – dem Sandkorn – in der Regel stofflich aufs engste verbunden ist.

Abb. 2.4 Historisches Polarisationsmikroskop von 1885, welches bereits alle wichtigen Komponenten moderner Geräte zeigt (Abbildung verändert aus Dippel, L.: Grundzüge der Allgemeinen Mikroskopie, Braunschweig 1885).

Kehren wir zum Sand zurück. Sandkörner sind für den Menschen zwar durchaus direkt wahrnehmbar, verbergen aber prinzipbedingt all jene Eigenschaften, mit denen sich die nachfolgenden Kapitel beschäftigen werden. Eine optische Reise durch vier dezimale Größenordnungen – 1, 10, 100, 1000 – offenbart dies anschaulich. Ohne zusätzliche Vergrößerung ist ein Sandkorn bei geeigneter Beleuchtung als solches leicht auszumachen. Schon bei 10-facher Vergrößerung ist dessen Form recht gut wahrnehmbar und die Farbe tritt hervor. Dies lässt sich mit einer guten Handlupe bewerkstelligen. Ab 100-facher Vergrößerung treten Strukturen der Oberfläche in Erscheinung; um sie zu sehen, benötigt man bereits ein Mikroskop. Nur mit entsprechend aufwendiger Ausrüstung und den zugehörigen Verfahren ist bei 1000-facher Vergrößerung schließlich die nähere Beobachtung der Sandkornoberfläche möglich. Berge, Täler, Furchen und Kämme werden sichtbar, eine Deutung durch den Wissenschaftler wird zugänglich oder gestatten ein schlichtes Staunen über die Ästhetik der winzigen Gebirgszüge, die den gleichen Grundkräften ihr Entstehen verdanken wie die tatsächlichen Gebirge, denen sie entstammen. Darüber hinaus fasziniert der sich aufdrängende Vergleich mit der zerklüfteten Oberfläche eines Himmelskörpers am anderen Ende der Größenskala, dessen Oberfläche sich der Betrachter Stück für Stück nähert.

Jahr für Jahr sammelt die Erde auf ihrer Bahn um die Sonne zwischen 35 000 und 100 000 Tonnen außerirdischer Materie[15] ein, der überwiegende Anteil davon in der Partikelgröße maximal von Sandkörnern, meist aber deutlich darunter (interplanetarer Staub). Sandkorngroße Teile erzeugen beim Eintritt in die Erdatmosphäre typische Sternschnuppen-Erscheinungen (Meteore). Auch im interplanetaren Raum spielt die Größe der Partikel eine entscheidende, physikalisch relevante Rolle. Interplanetarer Staub mit Abmessungen unter 1 µm wird durch den Strahlungsdruck des permanent von der Sonne ausgehenden Teilchenstromes (Sonnenwind) allmählich aus unserem Sonnensystem gedrängt. Größere Partikel bis etwa 10 µm werden demgegenüber tendenziell in ihrer Bewegung verlangsamt und beschreiben weite, spiralförmige Bahnen hin zur Sonne, von der sie schließlich wie von einem großen Staubsauger verschluckt werden. Ihre Lebensdauer beträgt Schätzungen zufolge[16] maximal 10 000 Jahre, ein nach kosmischen Maßstäben verschwindend geringer Zeitraum. Auch Teilchen mit noch größeren Abmessungen überleben kaum länger als 10 000 Jahre, da sie durch Kollisionen untereinander wiederum in Bruchstücke der beschriebenen Größe zerbersten. Erreicht ein Materiestück nach dem Durchfliegen der Atmosphäre tatsächlich den Erdboden, spricht man von einem Meteoriten. Ihre Fluggeschwindigkeiten betragen teilweise über 40 000 km/h.

Neben einer Reihe von Mineralen, die ausschließlich extraterrestrisch vorkommen, bestehen Meteorite zu überwiegenden Teilen aus den bereits von der Erde her bekannten Mineralen, wobei nur rund 3 % aller Meteorite metallisch sind und aus dem in der Vorzeit so begehrten Eisen oder aus Eisenlegierungen aufgebaut sind. Allerdings ist die Struktur der Minerale und auch der Eisenlegierungen je nach Typ von den irdischen Varianten unterscheidbar. Dies liegt an den sehr

extremen Kristallisationsbedingungen, die im Weltraum vorherrschen. Untersuchungen legen nahe, dass speziell Eisenmeteorite sehr langsam abkühlen, nur etwa 50 Kelvin in einer Million Jahre, und auch sehr lange Zeit, nämlich bis zu 600 Mio. Jahre, im Weltraum unterwegs und damit strahlungsexponiert sind. Auch die Verteilung der Isotopen ist von derjenigen auf der Erde verschieden. Allerdings ist es nur mithilfe komplexer Analysetechnik möglich, diese Partikel sicher von ihren irdischen Kollegen, den Sandkörnern und Staubteilchen, zu unterscheiden. Jeder Meteorit besitzt einen ganz spezifischen Fingerabdruck, der sich aus Mineralstatus, Struktur und Isotopenstatus bestimmt, und der auf eine definierte Herkunft aus einem außerirdischen «Mutterkörper» hindeutet. Einige dieser Mutterkörper, meist Asteroide, aber auch Mars und Mond, können zweifelsfrei identifiziert werden.

Abb. 2.5 Reise durch die Dimensionen. Quarz-Sandkorn aus der Sahara (Originalgröße 1 mm) in den Vergrößerungen 1-, 10-, 100- und 1000-fach.

Abb. 2.6 Erdmond und Sandkorn in einer Fotomontage. Das Verhältnis der Durchmesser beträgt ca. 1:4,6 Milliarden. Die hellen Hochlandbereiche der Mondoberfläche bestehen aus Krustenmaterial sowie hellem und leichtem Anorthosit-Gestein. Die dunklen «Maria» (von *mare* = Meer) genannten Zonen bestehen aus ehemaligen riesigen Basaltozeanen. Diese entstanden nach Einschlägen großer Meteorite.

Abb. 2.7 Meteorit Sikhote-Alin. Der ca. 70 000 kg schwere Sikhote-Alin-Meteorit ging am 12. 2.1947 im östlichen Sibirien nieder. Beim Eintritt in die Erdatmosphäre zerbarst er in Tausende kleinere und größere Fragmente. Eines davon ist hier abgebildet und zeigt die originale Schmelzkruste mit Regmaglypten (Fließstrukturen), die sich beim Eintritt in die Erdatmosphäre bildeten. Auch ein Schmelzkragen ist als aufgeworfener Wulst zu erkennen, der sich ebenfalls beim Eintritt formte. Der Meteorit besteht zu 93 % aus Eisen, 5,9 % aus Nickel, 0,42 % aus Kobalt und 0,06 % aus Phosphor. Breite des Fragments 35 mm.

Es gibt eine weitere Verbindung zu unserem Thema, dem Sand, die subtil, aber sehr bemerkenswert ist. Etwas vereinfacht dürfen wir sagen: Am Anfang war Sand! Die überwiegende Anzahl der auf die Erde fallenden Meteorite besteht nicht wie jener in Abb. 2.7 aus Nickeleisen, sondern aus Gestein, das sich bei näherer Untersuchung aus einem charakteristischen Gemisch aus kleinen Silikatkügelchen, sogenannten «Chondren», metallischen Partikeln und weiteren Bestandteilen, eingebettet in einer feinkörnigen Matrix, zusammensetzt. Je ursprünglicher die Meteorite sind, desto deutlicher und klarer sind die Chondren ausgebildet. Ihr Durchmesser bewegt sich im Bereich unter 2 mm, fällt also ziemlich genau in die Definition von Sand. Die Chondren stellen Kondensat- und Schmelztröpfchen des frühen solaren Urnebels dar. Sie gehören mit einem Alter von etwa 4,566 Mia. Jahren zur ältesten Form von Materie, die sich im Sonnensystem gebildet hat. Sie sind, wenn man so will, der älteste Sand, den wir kennen. Ihre genaue Entstehungsgeschichte ist bis heute Gegenstand der Forschung und nicht restlos geklärt. Man weiß, dass sich Wasserstoff, Helium, schwerere Elemente und Staubpartikel des interstellaren Raumes zu einem Urnebel verdichteten und dieser bei wachsender Rotationsgeschwindigkeit im Laufe der Zeit die Sonne als Zentralgestirn hervorbrachte. Vermutlich wurde der Vorgang durch eine nahe des Urnebels vor 4,568 Mia. Jahren stattfindenden Supernova (Sternenexplosion) ausgelöst. Die Sonne zog als Zentralkörper kontinuierlich weitere Materie, besonders Wasserstoff und Helium, an und befand sich in dieser frühen Phase unmittelbar vor dem Start einer Kernreaktion. Nur etwa eine Million Jahre später formten sich hochschmelzende calzium- und aluminiumreiche Partikel, die sogenannten CAI, die sich bis in die äußeren Regionen der Wolke verbreiteten. Der verbleibende sehr dünne Partikelstaub sammelte sich in einer scheibenförmigen Ringwolke, kondensierte und schmolz zu Milliarden und Abermilliarden von Silikatkügelchen, den Chondren.[17] Das frühe Sonnensystem war also von kosmischem Sand erfüllt, der nach und nach, vor 4,565 Mia. Jahren beginnend, zusammen mit den CAI-Partikeln zu Planetesimalen und schließlich zu Planeten agglomerierte. Die Reste der solaren Staubscheibe und ihrer Agglomerate finden sich noch heute im Asteroidengürtel zwischen Mars und Jupiter. Genau aus dieser Region stammen auch die chondrenhaltigen Meteorite, die heute von Wissenschaftlern als Relikte des Anfangs unseres Sonnensystems untersucht werden können.[18] So gelangt der ursprünglichste kosmische Sand in unsere Hände; Kondensate aus der Materie des solaren Urnebels, die über ihren Informationsgehalt hinaus im Mikroskop beeindruckend schöne Strukturen zeigen, schillernd bunte Sandkörner im polarisierten Licht, einige davon sogar mit Relikten aus dem interstellaren Raum.

Dem 8. Februar 1969 verdankt die Wissenschaft einen erheblichen Beitrag zum Verständnis des frühen Sonnensystems und damit auch unserer Erde. An diesem Tag ging über dem mexikanischen Ort Pueblito de Allende in der Provinz Chihuahua, Mexiko, ein Meteroritenschauer mit sehr großem Streufeld nieder. Die Gesamtmasse dieses nach der Ortschaft Allende benannten Meteoriten wird auf 2000 kg geschätzt. Er gehört zur Gruppe der bis dahin sehr

seltenen kohligen Chondriten (CV-3 Chondrite). Bei diesem Typ sind die Chondren gut erhalten, d. h. weder stark durch hohe Temperaturen noch durch hohe Drücke sekundär verändert. Der Meteorit enthält neben Mineralen wie Olivin, Plagioklas und Pyroxen (Augit) auch Körnchen von metallischem Nickeleisen.[19] Auch dieser Umstand deutet darauf hin, dass das Material wohl keinem weiteren Schmelzvorgang unterzogen worden ist, da sich sonst in der Matrix verstreute Metallkörner nicht erhalten hätten. Weiterhin fanden sich im Meteorit Minerale, die bisher nur extraterrestrisch nachgewiesen worden sind (z. B. Kangit, Davisit) sowie ein ausschließlich im Allende-Meteorit gefundenes neues Mineral namens Panguit. Besonders fallen in der grauen Matrix unregelmäßig geformte, teils fetzenförmige, weiße Einsprenglinge auf. Dabei handelt es sich um die weiter oben schon erwähnten CAI-Partikel, aus denen der Meteorit zu ungefähr 10 % besteht. In diesen CAIs fand sich das Aluminium-Isotop ^{26}Al in einem Verhältnis, wie es sonst auf der Erde nicht vorkommt und nur in Supernova-Explosionen entstehen kann. Auch die Isotope von Krypton, Xenon, Stickstoff und anderen Elementen weisen auf einen nicht nur extraterrestrischen, sondern sogar extrasolaren Ursprung hin; auf Materie also, die von außerhalb des Sonnensystems stammt. Das Alter der CAIs beträgt nach neuester Datierung 4567,2 +/−0,26 Mio.

Abb. 2.8 Wer kann sich dem Eindruck entziehen, hier Sand bzw. einen Sandstein vor sich zu haben? Der Eindruck täuscht allerdings: Es handelt sich hier um «kosmischen Sand» in Form des Meteoriten Dar al Gani 785 LL3, der im Januar 2000 in die libysche Wüste gefallen ist. Die erkennbaren Körner sind die im Text erwähnten Chondren, außerirdische Schmelztröpfchen des solaren Urnebels, über 4,5 Milliarden Jahre alt und zu Gestein verbacken. Blick auf eine Schnittfläche des Meteoriten. Bildbreite 22 mm.

Jahre. Damit sind CAIs die ältesten und auch fremdesten Festkörper, die je ein Mensch berührt hat, sofern er sich in der beneidenswerten Situation findet, ein solches Fragment in der Hand halten zu dürfen.

Die außerirdische Herkunft von Meteoriten war durchaus nicht immer allgemein bekannt. Auch Goethe war von Meteoriten angetan und besaß unter anderem ein Stück des «Ensisheimer Luftsteins» in seiner über 18 000 Exemplare umfassenden Weimarer Mineralien- und Gesteinssammlung. Er folgte hinsichtlich ihrer Herkunft einer damals gängigen Lehrmeinung. Demzufolge bildeten sich Meteorsteine als «luftgeborene Wesen» oder «Aerolithe» aus atmosphärischen Dünsten und Gasen vornehmlich in Zusammenhang mit Gewittern oder vulkanischen Aktivitäten. Dabei pflegte Goethe einen Austausch mit dem Begründer der Akustik und der modernen Meteoritenforschung, Ernst Friedrich Florens Chladni (1756–1827). Chladni hat 1819 sein richtungsweisendes Werk *Über Feuermeteore und über die mit denselben herabstürzenden Massen* veröffentlicht und propagierte darin erstmals und überzeugend eine Theorie zur außerirdischen Herkunft der Meteorsteine. Ein wenig kann aber doch zur Ehrenrettung der «luftgeborenen Wesen» getan werden. Es gibt sie vielleicht doch, wenn auch in anderer Form. Obendrein besteht eine unvermutete Verbindung zu unserem Thema. dem Sand. Neben den beschriebenen Meteoriten, deren Herkunft zweifelsfrei außerirdisch ist, existiert eine weitere Gruppe von «Steinen, die vom Himmel fallen», die sogenannten Tektite. Lange Zeit wurden sie den Meteoriten zugerechnet. Heute aber ist erwiesen, dass sie aus irdischer Materie bestehen. Im Gegensatz zu den Meteoriten besitzen Tektite keine kristalline oder metallische Struktur, sondern sind relativ leicht daran zu erkennen, dass sie aus meist dunkler und glasartiger Substanz mit blasiger Schmelzkruste aufgebaut sind. Neben Tektiten gibt es nur verhältnismäßig wenig natürlich vorkommende glasartige Gesteine. An erster Stelle ist hier der Obsidian zu nennen, ein vulkanisches Gesteinsglas, welches sich durch sehr schnelle Abkühlung einer Schmelze bildet und dessen scharfe Splitter in der Vorzeit als Messerklingen oder Pfeilspitzen Verwendung fanden. Weitaus seltener zu finden sind die Fulgurite oder Blitzröhren. Sie entstehen, wenn Blitze in Sand oder Sedimentgesteine einschlagen und die Körner entlang der Einschlagröhre zum Schmelzen bringen. Es entstehen dadurch bis zu meterlange Röhren aus glasartig geschmolzenem und verbackenem Sand; Goethe, fasziniert von diesem seltenen Phänomen, besaß – wir ahnen es – einen Fulgurit in seiner Sammlung. Unter den Tektiten ist die Untergruppe der Moldavite hervorzuheben, deren schöne, meist flaschengrüne Färbung ins Auge fällt. Ihre Herkunft und Entstehung ist besonders gut untersucht. Moldavite sind vor genau 14,3 Mio. Jahren entstanden, just zu der Zeit, als der für die Entstehung des Nördlinger Ries verantwortliche Meteorit (Durchmesser 1,5 km) mit einer Geschwindigkeit von etwa 100 000 km/h auf die Erde prallte. Bei gewaltigen Impakt-Ereignissen dieser Art werden sehr große Mengen an Materie in die Atmosphäre geschleudert.

Abb. 2.9 Meteorit Allende. Gut zu erkennen sind die rundlichen Chondren, gelblicher Troilit sowie unregelmäßig geformte Einschlüsse (CAIs und amöboide Olivin-Aggregate). Plangeschliffener Querschnitt. Auflicht, Bildbreite 5,6 mm.

Abb. 2.10 Diese «kosmischen Sandkörner», Chondren aus dem Meteorit Allende, sind etwa 4,56 Mia. Jahre alt. In ihrem Inneren enthalten sie Kristalle, vorwiegend von Olivin und Pyroxen. Zusammenstellung aus Dünnschliffen. Gekreuzte Polarisatoren im Durchlicht. Abmessung der Chondren zwischen 400 und 1200 µm.

Im Falle des Ries-Meteoriten waren die Drücke und Temperaturen so groß, dass ein mehrere Zehntausend Grad heißer Plasmastrahl aus den Sedimenten der Oberen Süßwassermolasse erzeugt wurde, die zur Zeit des Einschlags die dortige Erdoberfläche bedeckten.[20] Und diese Sedimente bestanden überwiegend aus Sand. Der aufschießende Sand-Plasmastrahl kondensierte unter komplexen chemischen Prozessen in der Atmosphäre zu glasartigen Gesteinsmassen, eben den Moldaviten, die dann Hunderte von Kilometern weiter östlich in Streufeldern über Böhmen, ähnlich Meteoriten, zu Boden gingen. Damit also könnten wir gerade die Moldavite als «luftgeborene Wesen» bezeichnen, als «Aerolithe», Steine aus der Luft.

Abb. 2.11 Beispiele für Gesteinsgläser. Bildbreite ca. 18 cm. Links oben: Moldavit, Böhmen, Tschechien; rechts oben: vulkanisches Gesteinsglas (Obsidian); links unten: libysches Wüstenglas, Sahara; unten Mitte: Blitzröhre, Fulgurit, Marokko; rechts unten: neolithische Pfeilspitze aus Obsidian, S-Amerika. Die blasige Schmelztextur und die typisch flaschengrüne Färbung treten beim Moldavit besonders gut hervor.

Abb. 2.12 Kosmischer Sand, bestehend aus den Chondren des 1919 über Russland niedergegangenen Meteoriten Saratov L4. Jedes dieser Körnchen ist unglaubliche 4,565 Mia. Jahre alt. Diese unscheinbaren Körner zeigen im polarisierten Durchlicht spektakuläre Farbspiele, wie sie in Abb. 2.10 beispielhaft zu sehen sind. Auflicht. Bildbreite 4,3 mm.

Auch das Libysche Gesteinsglas (LDG) scheint durch einen Meteoriteneinschlag entstanden zu sein. Im Gegensatz zu den Moldaviten ist beim LDG noch kein Krater eindeutig identifiziert, der für das auslösende Impaktereignis infrage käme.

So finden wir irdischen Sand als Grundstoff der Tektite, Moldavite und Blitzröhren wieder. Und, wie wir gesehen haben, besitzt ein Großteil der auf die Erde kommenden außerirdischen Materie den Größenbereich von Sandkörnern, um sich dann wieder mit dem Sand der Erde zu vermischen und zu verbinden. Schon 1970 führte Hoimar v. Ditfurth die Idee einer Art kosmischen Stoffwechsels aus.[21] Sand als praktisch allgegenwärtiger Naturstoff kann uns als Katalysator für Gedanken dienen, die über die reine Naturwissenschaft hinaus Raum geben für nahezu jede Disziplin, sucht man nur sorgfältig genug nach geeigneten und fruchtbaren Verbindungen.

— 3 Sand ist nicht gleich Sand

«... denn bei Beobachtungen sind selbst die Irrtümer nützlich, indem sie aufmerksam machen und dem Scharfsichtigen Gelegenheit geben, sich zu üben.»

J.W. v. Goethe: Über den Granit

Nach einem Blick auf außerirdische Zusammenhänge, an den wir in diesem Kapitel noch einmal kurz anknüpfen werden, beschäftigen wir uns nun direkt mit dem Sand selbst, dessen Entstehung und dessen Bestandteilen. Hinter dem farblichen Einheitsbeige verbergen sich Welten. Wir lernen Merkmale kennen, mit denen man Sande bzw. Sandkörner beschreiben und unterscheiden kann und versuchen zu verstehen, welche ersten Schlüsse sich aus der Betrachtung von Sandproben ziehen lassen. Dabei erfahren wir Erstaunliches über die Untersuchung von kristallinen Sandkörnern mit der Hilfe von Licht.

«Die Hauptsache, woran man bei ausschließlicher Anwendung der Analyse nicht zu denken scheint, ist, dass jede Analyse eine Synthese voraussetzt. Ein Sandhaufen läßt sich nicht analysieren; bestünd´ er aber aus verschiedenen Teilen, man setze Sand und Gold, so ist das Waschen eine Analyse, wo das Leichte weggeschwemmt und das Schwere zurückgehalten wird.»[22]

Interessant an diesem Zitat Goethes ist, was unausgesprochen mitgedacht wird: Sand ist gleich Sand. Zur Differenzierung und eben Analyse brauche man eine gesonderte Beimengung, in diesem Fall Gold. Sand als ununterscheidbare, uniforme Menge. Wir werden zeigen, dass es sich ganz anders verhält, Sand ist eben nicht gleich Sand. Ein jedes Sandkorn hat seine eigene Geschichte. Im Laufe der Zeit hinterlassen äußere Einflüsse Spuren am Korn, die immer wieder ausgelöscht und überformt werden. Sandkörner sind Individuen und es gibt trotz ihrer unermesslich großen Zahl wohl keine zwei, die eine identische Geschichte durchlebt haben und sich auch äußerlich genau gleich sind. Die Einzigartigkeit jedes Sandkornes ist geradezu verblüffend. Im Gegensatz zu Lebewesen, deren Erscheinung immer ähnlich bleibt oder sich zumindest in bestimmter, charakteristischer Weise von Geburt bis hin zum Tod entwickelt und Lebensspuren akkumuliert, können Materiepartikel, wie sie die Sandkörner darstellen, ihre Erscheinungsform infolge äußerer Einwirkungen vollständig und auch sprunghaft verändern. Um in der Lage zu

Vorhergehende Doppelseite:
Isla Floreana, Galápagos, Ecuador

sein, Sande und einzelne Sandkörner zu differenzieren und zu beschreiben, müssen wir ihnen Merkmale zuweisen, die messbar oder für unsere Zwecke einfach nur beobachtbar sind. Das geschieht hier allerdings nicht im Sinne von dichotomen Bestimmungsschlüsseln, wie man sie etwa für Vögel, Pflanzen oder Insekten in Gebrauch hat. Pflanzenarten und Tierarten sind durch eindeutige und scharfe Merkmale definiert, die nach strengen taxonomischen Regeln benannt und festgehalten werden. Jede neue entdeckte Art erhält zudem einen zweiteiligen lateinischen Namen (beispielsweise *Apis mellifera* für Honigbiene) und wird durch ein Belegexemplar, dem sogenannten Holotypus als eine Art «Urmeter» in einem Museum abgelegt und für immer konserviert. Durch Vergleich mit diesem Holotypus können Wissenschaftler jederzeit feststellen, ob ein Tier zu einer bereits bekannten Art gehört oder neue Eigenschaften besitzt, die nicht unter die Eigenschaften des Holotypus subsummiert werden können. Ein solch ausgefeiltes System existiert weder für Sand noch für Gesteine. Das liegt daran, dass Gesteinstypen ineinander übergehen können und auch Minerale zum Teil kontinuierliche, nicht abgrenzbare Mischungsreihen bilden. Ein Weißstorch und ein Buchfink sehen in Deutschland und in Italien gleich aus, es gibt keinerlei Übergänge zwischen ihnen, während Granit und Diorit nur durch willkürliche Definitionen voneinander getrennt sind und auch lokal in Aussehen und Zusammensetzung sehr weit variieren können.

Aus den an Sanden und Sandkörnern erkennbaren Merkmalen lässt sich rückwirkend meist nichts Eindeutiges über ihren Ursprung folgern. Wohl aber kann man aus einer Gruppe von Daten und ihrer jeweiligen Häufigkeit Hinweise ableiten, die Deutungen für Entstehung, Transport und Ablagerungsverhältnisse gestatten. Sand ist ein Spiegel seiner Umgebung und seiner Historie. Im Kapitel 6 werden wir uns damit ausführlich beschäftigen.

Sand ist per Definition eine Ansammlung granularer Minerale innerhalb einer bestimmten Größenklasse. Unter einem Mineral versteht man dabei einen chemisch einheitlichen Stoff natürlichen Ursprungs, der mit ganz wenigen Ausnahmen in kristalliner Form vorliegt. Ganz überwiegend bestehen diese mineralischen Körner zumindest bei kontinentalen Sanden aus den Zerfallsprodukten kompakter Gesteine, die ihrerseits als Mineralaggregate aufzufassen sind. Gesteine und die in ihnen enthaltenen Minerale bilden also, neben biogenen Materialien wie Schalenresten von Organismen oder chemischen Ausfällungen, das Ausgangsmaterial für Sand. Über 5000 Minerale finden sich in der Erdkruste und stehen prinzipiell als Sandbestandteile zur Verfügung, doch nur wenige von ihnen nehmen eine für die Beschreibung der Sande und auch der Gesteine herausragende Rolle ein. Im einfachsten Fall kann man sie in zwei Gruppen bringen: die Gruppe der hellen, felsischen oder leukokraten Minerale, und die Gruppe der dunklen, mafischen (Kunstwort aus den Anfangssilben von Magnesium und Ferrum) oder melanokraten Minerale bzw. Gesteine. Zu den ersteren zählen Quarz, Feldspäte, Muskovit und die Zeolithe, wohingegen die Gruppe der dunklen Minerale von Olivin, Pyroxen, Amphibol, Biotit, Granat, Turmalin und Magnetit vertreten wird.

Ein paar Worte nun zur Entstehung dieser für das Verständnis des Sandes so wichtigen Minerale. Im Universum gab es keineswegs seit Anbeginn Minerale, diese haben sich erst im Laufe seiner Entstehungsgeschichte unter jeweils ganz spezifischen physikalischen Bedingungen gebildet. Nur vier Elemente gab es bereits unmittelbar nach dem Urknall: Wasserstoff als das häufigste mit 90 % Anteil, Helium mit 9 % und schließlich Lithium und Beryllium mit zusammen ca. 1 %. Zur Bildung weiterer 24 Elemente bedurfte es eines Fusionsprozesses, der sich bis auf den heutigen Tag im Inneren von massenreichen Sternen abspielt, die sich aber erst in einer späteren Phase des Universums entwickeln konnten. Erst bei Temperaturen zwischen 10 Mio. und 1 Mia. Grad Celsius überwinden die Protonen des Wasserstoffs ihre gegenseitige ladungsbedingte Abstoßung und verschmelzen unter Abgabe von Photonen zu je einem Heliumkern, also einem neuen Element. Die Sonne wandelt auf diese Art in jeder Sekunde rund 560 Mio. Tonnen Wasserstoff in Helium und Strahlungsenergie um. Trotz dieses gewaltigen Umsatzes hat die Sonne bis heute erst ca. 20 % ihres Wasserstoffes verbraucht. Ist bei einem Stern der gesamte Wasserstoff in Helium umgewandelt, bei der Sonne in ca. 7 Mia. Jahren, setzen neue Fusionsprozesse ein, die sehr von der Gesamtmasse bzw. Größe des Sternes abhängen. Unsere Sonne wird bedingt durch ihre Massenverhältnisse im Laufe ihres Lebens durch Fusion Elemente bis hinauf zu Sauerstoff und Kohlenstoff bilden können. Für die Fusion von Elementen mit höherer Protonenzahl reicht die Masse der Sonne hingegen nicht aus.

Wie nun aber entstehen die weiteren Elemente mit noch höherer Protonenzahl, beispielsweise Gold oder Platin, aber auch die Elemente, die sich häufig im Sand finden? Sobald ein massenreicher Stern (> 10 Sonnenmassen) ausgebrannt ist, entfällt der nach außen gerichtete Strahlungsdruck, der der nach innen gerichteten Gravitationskraft die Waage hält, und die Schwerkraft lässt den gewaltigen Stern in weniger als einer Sekunde ohne wesentlichen Gegendruck in sich zusammenstürzen. Die nachfolgend sich ereignende infernalische Explosion wird Supernova genannt und ist tatsächlich für die Entwicklung des Lebens im Universum von entscheidender Bedeutung. Bei einer Supernova-Explosion kommt es zu extremsten Energiedichten und Temperaturen von mehreren Milliarden Grad, Verhältnissen also, wie es sie vermutlich sonst nur beim Urknall gab. Ausschließlich unter diesen Extrembedingungen bildeten sich alle weiteren Elemente jenseits der Protonenzahl des Eisens, die dann im Laufe der Explosionen vollständig ins Weltall geschleudert und verstreut wurden. Unser Sonnensystem besteht zu einem erheblichen Teil aus solchem Streumaterial kosmischer Supernova-Ereignisse, also aus anderen, ehemals weit entfernten und vor Urzeiten explodierten Sternen. Die solare Urwolke unseres Sonnensystems, von der im vorangehenden Kapitel die Rede war, setzte sich aus 73 % Wasserstoff und zu 25 % aus Helium zusammen. Nur die restlichen 2 % der schwereren Elemente bildeten schließlich die Basis für die festen Bestandteile der Erde, auf der wir leben.

Abb. 3.1 Sandproben aus verschiedenen Gebieten der Welt: *Obere Reihe* (jeweils von links nach rechts): El Condor, Argentinien; Alice Springs, Australien; Galápagos, Ecuador; Vík, Island; Carlis Bay, England; Kreta; Sossuvlei, Namibia; Leffkas, Griechenland. *Mittlere Reihe*: Steinheim, Deutschland; La Gomera, Spanien; Machalilla, Ecuador; Murzuk, Libyen; Cotopaxi, Ecuador; Mauritius; Santa Cruz, Argentinien; Gasenried, Schweiz. *Untere Reihe*; Torres del Paine, Chile; Titicacasee, Bolivien; Rustrel, Frankreich; Galápagos, Ecuador; Pinieninsel, Neukaledonien; Green Sand Beach, Hawaii; Parga, Griechenland; Lomas de Arena, Bolivien.

Jedes einzelne Atom im Goldring am Finger der Leserin oder des Lesers hatte also ohne jeden Zweifel seinen Ursprung in einer Supernova-Explosion in fernen und fremden Welten gehabt, irgendwo in einer unserer Erfahrung und Vorstellung nicht zugänglichen Weite des Universums. Nach diesen Vorüberlegungen zur Mineralbildung kehren wir zum Sand zurück und unserer Aufgabe, verschiedene Sande unterscheiden zu lernen. Im Abschnitt «Mit der Lupe unterwegs» beschränken wir uns auf Eigenschaften des Sandes, die mit recht einfachen Hilfsmitteln festzustellen sind und erste Beobachtungen ermöglichen. Die Beschreibung der anorganischen Bestandteile des Sandes folgt dann im nächsten Abschnitt.

3.1 Mit der Lupe unterwegs

Das Sammeln von Sand bringt abgesehen davon, dass es einfach Freude macht, ein paar Besonderheiten mit sich. Typische Sammler streben meist an, ihre Sammlung zu vervollständigen. In manchen Fällen ist das auch durchaus vorstellbar, bei Sand hingegen nie. Schon ein einziger Küstenabschnitt kann Sande ganz verschiedener Art beherbergen, je nachdem, an welcher Stelle und zu welcher Zeit die Probe genommen wird; im Frühjahr oder Winter, vor oder hinter der Einmündung eines Gewässers und so fort. Keine zwei Proben werden jemals identisch sein; das ist zwar selbstverständlich, aber auch faszinierend. Eine weitere Besonderheit besteht darin, dass es fast beliebig einfach ist, zu Sandproben zu gelangen. Sand ist allgegenwärtig und abgesehen von anfallenden Reisekosten vollkommen gratis. Mittlerweile müssen allerdings lokale Gegebenheiten berücksichtigt werden: An einigen Stränden ist das Sammeln von Sand und andere Entnahmen aus der Natur verboten. Ausufernder Tourismus und mangelnde Verantwortungsbereitschaft der Sammelnden machten diesen Schritt erforderlich; das gilt ganz besonders natürlich an Stellen mit «schönem» oder außergewöhnlichem Sand. In jedem Fall sollte man sich vor Probenentnahme (auch in kleinen Mengen) ausreichend informieren.

Zücken wir die Lupe und legen los. Gut geeignet sind bereits einfache Klapplupen mit dreifacher Vergrößerung. Zusätzlich empfiehlt es sich, eine hochwertige und mehrlinsige Lupe mit 8–10-facher Vergrößerung anzuschaffen, die für die meisten Untersuchungen ausreicht und ein farbsaumfreies und geebnetes Bildfeld ermöglicht. Ein paar Euro mehr und wir werden durch ein deutlich besseres Beobachtungserlebnis belohnt. Wer stattdessen ein ausgedientes mechanisches Kameraobjektiv mit 50 mm Brennweite auftreiben kann, ist ebenfalls bestens gerüstet. Es kann als Lupe verwendet werden; eine gute Farbkorrektur ist auch bei älteren Exemplaren zu erwarten. Auch kleine Exkursionsmikroskope mit Vergrößerungen bis 20-fach, wie sie früher beliebt waren, verrichten beste Dienste, liefern aber ein gewöhnungsbedürftig spiegelverkehrtes Bild und ersetzen die Lupe nicht. Es ist aus eigener Erfahrung angeraten, gleich nach dem Einsammeln einer Probe diese möglichst noch vor Ort mit einem Zettel oder Aufkleber zu versehen, auf dem Fundort, Zeit und Person vermerkt sind. Anderenfalls besteht die Gefahr, die Proben schon nach kurzer Zeit durcheinanderzubringen, was sie vollkommen wertlos machen würde. Kleine Mengen, beispielsweise 2–3 Esslöffel voll, reichen meist aus und sind sorgfältig zu trocknen, um Schimmelbildung zu vermeiden. Gut bewährt hat sich dabei die Verwendung von einfachem Zeitungspapier, das zu einer kleinen Wanne zusammengefaltet wird. Die Feuchtigkeit wird meist recht schnell aufgenommen und der Sand kann dann im trockenen Zustand in ein Schnappdeckelglas oder dergleichen abgefüllt und endgültig beschriftet werden. Es empfiehlt sich weiterhin, Sandproben nicht zu reinigen, sondern im jeweiligen Originalzustand zu belassen. Ist die Sammelneigung im Freundes- oder Kollegenkreis erst einmal bekannt, kommt mit der Zeit eine ganze Reihe von Urlaubsmitbringseln aus der ganzen Welt zusammen. Dann ist es ratsam, mithilfe eines Tabellenkalkulationsprogrammes die Daten zu erfassen. Dadurch kann die Sammlung nach festgelegten Eigenschaftsgruppen leicht durchmustert werden. Gehen wir nun nacheinander die wichtigsten Eigenschaften einer Sandprobe durch, die wir recht einfach beobachten und erfassen können. Etwas länger verweilen wir am Ende des Kapitels bei der Farbe, einem sehr komplexen und interessanten Merkmal.

3.1.1 Korngröße

Die Korngröße ist das wichtigste Merkmal, das ein Sandkorn hinsichtlich seines Verhaltens in der Umwelt besitzt. So einfach scheinbar die Größe eines einzelnen Kornes zu messen ist, so

schwer wird es, wenn es um eine sehr große Zahl von Körnern geht. Wovon sprechen wir, wenn wir «Korngröße» meinen? Besäßen alle Körner perfekte Kugelform, so könnte einfach deren Durchmesser verwendet werden. Wie ist aber die Größe eines beispielsweise stäbchenförmigen Kornes zu bestimmen? Hier existieren sehr verschiedene Ansätze. Sehr praxistauglich wäre ein Wert, der die minimale Maschenweite eines Siebes angibt, durch den das Sandkorn gerade noch fallen kann. Mehr als 10 solcher Definitionen sind bei Sedimentologen im Gebrauch.

Bei der Größenklassifizierung ist eine weitere Schwierigkeit zu berücksichtigen: Stellen wir uns vor, wir vergrößern den mittleren Durchmesser eines Kieselsteins um 0,1 mm, so ist es plausibel, dass dessen Eigenschaften weitgehend unverändert bleiben. Denken wir uns demgegenüber den Durchmesser eines Wüstensandkornes um ebenfalls 0,1 mm vergrößert, verdoppeln wir dessen Größe, wodurch sich sein Verhalten gegenüber der Umwelt dramatisch wandeln wird. In den zwanziger Jahren des letzten Jahrhunderts hat daher der Geologe Chester Wentworth, basierend auf Überlegungen von Johan August Udden, eine nicht linear, sondern geometrisch aufgebaute Skala entworfen, die jeweils in Verdopplungen des Durchmessers gestuft ist und sich so gut bewährte, dass sie noch heute in Gebrauch und nach DIN EN ISO 14688 genormt ist. Sand wird hier begrifflich in «fein» (0,063–0,2 mm, «mittel» (0,2–0,63 mm) und «grob» (0,63–2,0 mm) eingeteilt. Rein technisch gesehen ist gewöhnlicher Haushaltszucker also der Bezeichnung «Grobsand» zuzuordnen, da bei der Größenklassifizierung das Material der Probe unberücksichtigt bleibt. Die überwiegende Anzahl aller auf der Welt befindlichen Sandkörner gehören übrigens dieser Größenklasse um 1 mm Durchmesser an. Es ist interessant und erstaunlich gleichermaßen, dass man diesen Befund im Ursprung auf die unterirdischen Erstarrungs- und Kristallisationsbedingungen derjenigen Gesteinsschmelze zurückführen kann, die zur Gruppe der Granite gehört und eine Granularität an kristallinem Quarz hervorbringt, die am Ende zu dem uns

Abb. 3.2 Je drei Sandkörner in den Größen von etwa 2,0 mm, 0,63 mm, 0,2 mm und 0,063 mm (von links nach rechts). Diese Größen bezeichnen die Abgrenzungen zwischen feinem (0,063–0,2 mm), mittlerem (0,2–0,63 mm) und grobem (0,63–2,0 mm) Sand. Probe aus dem Jungtal, Schweiz.

so vertrauten Sand der Meeresstrände oder Wüsten führt. Die typische Größe von Quarzkristallen im Granit liegt nämlich ungefähr in dieser Größenklasse.

	Ton	Silt/ Schluff			Sand			Kies		
		fein	mittel	grob	fein	mittel	grob	fein	mittel	grob
(mm)										
von		0.002	0.0063	0.02	0.063	0.2	0.63	2	6.3	20
bis	0.002	0.0063	0.02	0.063	0.2	0.63	2	6.3	20	63
phi (circa)		8	7	5	3	1	0	-2	-4	-5

Alle üblichen Einteilungen beziehen sich auf den (eindimensionalen) Durchmesser der Körner. Betrachten wir die vorhergehende Fotografie der verschiedenen Korngrößen (Abb. 3.2), erhalten wir viel vordringlicher einen Eindruck von der jeweiligen Fläche der Körner. Ein Korn mit einem Durchmesser von 2 mm hat etwa den dreißigfachen Durchmesser eines solchen von 0,063 mm, jedoch die 1000-fache Fläche. Gehen wir auf das Volumenverhältnis oder auf das Verhältnis der Massen beider Körner, so beträgt dieses ca. 32 000. Da das physikalische Verhalten in vielen Fällen direkt von der Masse als Parameter abhängt, müssen wir diese Betrachtung im Kalkül behalten. Maximale und minimale Korngrößen bei Sanden erzeugen rein durch ihre Ausdehnung sehr stark unterschiedliches Verhalten in ihrer jeweiligen Umwelt, also den Flüssen, dem Meer oder den Dünen.

Bei wissenschaftlichen Untersuchungen und größeren Probenmengen wird nicht mit dem absoluten Durchmesser eines Sandkornes, sondern mit einer bezogenen und logarithmischen Größe «Phi» gearbeitet, was verschiedene Vorteile mit sich bringt, aber weniger anschaulich ist (Phi = $-\log_2$ (d/1 mm)). In der Größenskala rangiert Sand dann von Phi = −1 (das bedeutet d = 2 mm) an der Grenze zu «Feinkies» bis Phi = +4 für sehr kleine Körner an der Grenze zu Silt bzw. Schluff (entsprechend d = 63 µm). Für quantitative Untersuchungen zur Korngrößenverteilung in einer vorgegebenen Sandprobe kann man geeignet gestufte Sätze von Drahtsieben verwenden, die in spezielle Rüttelmaschinen einsetzbar sind. Ins oberste und gröbste Sieb wird die Probe geschüttet, die sich dann beim Rütteln (nass oder trocken) auf die verschiedenen Stockwerke nach Korngröße sortiert.[23] Außerdem sind Verfahren in Anwendung, die die Sinkgeschwindigkeit der Körner in Flüssigkeiten messen oder neuerdings Laser-Granulometrie und computergestützte Bildverarbeitungsverfahren.[24]

Allgemein lässt sich sagen, dass mit zunehmender Entfernung zwischen Liefergebiet, also der ursprünglichen Herkunft des Sandes, und dessen Ablagerungsort, die mittlere Korngröße abnimmt. Kleinere Partikel bleiben bei fluviatilem (durch Flüsse) und auch äolischen Transport (durch den Wind) jeweils länger im transportierenden Medium. Je stärker die Strömung ist, desto

Abb. 3.3 Korngrößeneinteilungen bei Sedimenten nach Wentworth und DIN 14688. Durchmesser über 63 mm werden mit dem Begriff *Steine* belegt.

größer sind auch die Partikel, die sich in ihr permanent zu halten vermögen, also in Suspension bleiben. Damit findet über die Strömungsverteilung auch eine Korngrößendifferenzierung entlang der Transportwege statt. Alle Versuche, aus der Korngrößenverteilung rückwärts eindeutige Zusammenhänge auf das Liefergebiet zu konstruieren, sind allerdings erfolglos geblieben. Auch in diesem Fall sind weitere Parameter heranzuziehen.

3.1.2 Sortierung

Von einem gut sortierten Sand spricht man, wenn alle Körner einen weitgehend einheitlichen Durchmesser besitzen. Das ist eher selten. Der Grad der Sortierung wird auf einer mathematisch definierten Skala angegeben und bezeichnet die Abweichung vom mittleren Korndurchmesser. Eine sehr gute Sortierung trägt den Wert 0,35, eine sehr schlechte Sortierung den Wert 2,0. Der sandbegeisterte Forscher Johan August Udden fand ein Gesetz namens «law of the chief ingredient» während seiner ausgedehnten Untersuchungen an Sandpopulationen. Es besagt, dass Sandkörner, die etwa dem mittleren Durchmesser der Population entsprechen, am häufigsten auftreten.[25] Aus dem Grad der Sortierung lässt sich einiges folgern. Sehr rasche Ablagerung führt meist zu eher schlechter Sortierung, wohingegen lange Transportwege und auch heftige Wasserbewegungen oder hohe Windgeschwindigkeiten zu einer besseren Sortierung führen. Dies erklärt sich aus dem Umstand, dass der Transport des Sandes in Fluiden wie Wasser oder Luft ganz charakteristisch von dessen Korngröße abhängt. Würden wir beispielsweise eine Handvoll Sand mit unterschiedlichen Korndurchmessern in ein sehr hohes Glas mit Honig geben, könnten wir beobachten, dass im Laufe der Zeit die Sandkörner sich streng nach Durchmesser gestaffelt sortieren, je länger wir der Probe Zeit lassen, desto besser wird die Sortierung in Höhenrichtung ausfallen, wobei die größeren und damit schwereren Körner in diesem Beispiel – anders als in der Natur – am schnellsten sinken, also den längsten Weg zurücklegen. Dies gilt natürlich nur für den Fall, dass alle Körner die gleiche Dichte aufweisen, also monomineralisch sind, was beispielsweise für reine Quarzsande zutrifft. Umgekehrt wird die Dichte – wie am Beispiel der Schwermineralseifen noch gezeigt wird – dann zum Sortierkriterium.

Weiterhin spielt das im Liefergebiet vorhandene Ausgangsmaterial eine große Rolle. Stellt der Sand ein Verwitterungsprodukt eines bereits gut vorsortierten Sediments dar, weist er andere Startbedingungen auf, als wenn die Sandkörner direkt einem verwitternden kompakten Gestein wie etwa Granit oder Basalt entstammen. Körner aus verwittertem Sandstein beispielsweise beginnen ihr Dasein bereits in einem Zustand mit höherem Rundungsgrad und meist auch besserem Sortierungsgrad.

Trägt man in einem Diagramm die Häufigkeiten bzw. Mengenanteile von Sandkörnern über deren Durchmesser auf, lassen sich aus der so gewonnenen Verteilung wichtige Rückschlüsse auf das Ablagerungsmilieu von Sedimenten ziehen.[26] Auch lässt sich erkennen, ob die Sandprobe unterschiedliche Populationen von Korngrößen enthält, die auf wechselnde Sedimentationsbedingungen hinweisen können. Keine der Methoden lieferte bislang allerdings eindeutige Ergebnisse bei der wichtigen Unterscheidung von Fluss-, Strand- und Dünensanden. Tendenziell sind Strandsande gut bis sehr gut sortiert und besitzen anteilsmäßig ein höheres Maß an kleineren Korndurchmessern. Flusssande sind schlechter sortiert und zeigen eine Häufigkeitsverteilung, die zu größeren Korndurchmessern verschoben ist. Auch Dünensande sind nach mit einer Häufigkeitsverschiebung hin zu eher größeren Durchmessern behaftet, aber insgesamt deutlich feinkörniger als Strandsande. Die Hauptmenge der Wüstensande der Welt ist dabei der Größenklasse «sehr fein» zuzuordnen.

3.1.3 Dichte

Unter der relativen Dichte eines Stoffes versteht man die Masse dieses Stoffes verglichen mit der Masse von Wasser des identischen Volumens. Das Volumen von 1 l Wasser besitzt die Masse von 1 kg (und damit Dichte 1,0), das Volumen von 1 l (oder 1000 cm^3) Quarz diejenige von 2,65 kg. Quarz besitzt damit eine Dichte von 2,65. Die Dichte der Minerale schwankt zwischen 1–20, die überwiegende Zahl der in Sanden anzutreffenden Minerale liegt dabei zwischen 2–4. Minerale mit Dichtewerten über 2,9 werden den Schwermineralen zugeordnet. Neben dieser relativen Angabe der Dichte, die in der Mineralogie üblich ist, besitzt die physikalische Dichte die absolute Einheit Kilogramm pro Kubikmeter (kg/m^3). Es ist leicht einzusehen, dass diese Einheit für unsere Zwecke etwas sperrig ist, weshalb wir Gramm pro Kubikzentimeter verwenden.

3.1.4 Mohshärte

Härte bezeichnet den Widerstand eines Stoffes gegenüber mechanischen Eingriffen. Die hier verwendete Härteskala nach Mohs hat sich im Umfeld der Mineralogie allgemein aufgrund ihrer leichten Anwendbarkeit für eine schnelle und erste Einordnung der Probe durchgesetzt. Die Skala ist in zehn Stufen unterteilt, die so aufgebaut sind, dass jede Stufe von einem bekannten und auch gängigen Mineral repräsentiert wird, und das in der Skala höhere Mineral das in der Skala niedrigere Mineral ritzen kann. Härte 7 ritzt also Härte 6. Ein Fingernagel ritzt bis Härte 2, eine Kupfermünze bis Härte 3 und ein Taschenmesser bis Härte 5, bessere Qualitäten bis 5½. Allerdings gilt es zu berücksichtigen, dass die von Mohs gewählten Stufen sehr unterschiedliche absolute Härtewerte (Mikrohärte) besitzen, die Skala daher nicht linear ist.

Die Gestalt von Sandkörnern, die Kornmorphologie, ist ein sehr augenfälliges Merkmal, das überschlägig schon im Gelände abgeschätzt werden kann. Man untersucht neben der Kornform noch den Rundungsgrad und die Sphärizität einzelner Sandkörner. Alle drei nachfolgend beschriebenen Merkmale sind recht gut mithilfe von Vergleichstabellen sogar quantitativ zu bestimmen.

Abb. 3.4 Grobsand (Grenze zum Feinkies) mit sehr guter Rundung, guter Sortierung und guter Sphärizität. Italien, Sardinien, Sinis Halbinsel, Is Arutas, Strand. Bildbreite ca. 8,5 mm.

Abb. 3.5 Im gleichen Maßstab: Feinsand mit mittlerer Rundung, hoher Sortierung und mittlerer Sphärizität, mittlerer Korndurchmesser ca. 120 µm. Die rötliche Färbung rührt von Eisenoxiden her, die sich an den Quarzkornoberflächen abgelagert haben. USA, Utah, Arches National Park, Pine Tree Arch. Aride Binnenwüste. Bildbreite ca. 7,7 mm.

Abb. 3.6 Sandprobe mit schlechter Sortierung und verschiedenen Korngrößen-Unterpopulationen. Vereinigte Arabische Emirate, Dubai Stadt. Bildbreite ca. 10 mm.

Abb. 3.7 Sandprobe mit guter Sortierung. Die Körner weisen eine weitgehend einheitliche Größe auf. USA, Kalifornien, Mojave National Preserve, Kelso Dunes. Bildbreite ca. 9,6 mm.

Mohs-Härte	Mineral	Vickershärte	
1	Talk	2.4	mit Fingernagel schabbar
2	Gips	36	mit Fingernagel ritzbar
3	Calcit	109	mit Kupfermünze ritzbar
4	Fluorit	189	mit Taschenmesser leicht ritzbar
5	Apatit	536	mit Taschenmesser ritzbar
6	Orthoklas	795	mit Stahlfeile ritzbar
7	Quarz	1120	ritzt Fensterglas
8	Topas	1427	
9	Korund	2060	
10	Diamant	10060	nur von sich selbst ritzbar

Abb. 3.8 Härteskala nach Mohs mit Mineralproben und Porzellanplatte zur Feststellung der Strichfarbe. Auf der Platte erkennt man links einen schwarzblauen Hämatit mit dunkelroter Strichfarbe und rechts einen goldfarbenen Pyrit mit schwarzer Strichfarbe. Farbe und Strichfarbe korrelieren nicht zwangsläufig.

Abb. 3.9 Härteskala nach Mohs und Härte-Vergleichswert nach Vickers. Die Härteprüfung nach Vickers ist ein in der Technik gebräuchliches Verfahren, bei dem eine Diamantpyramide mit konstanter Kraft in das Material gedrückt wird und die Eindringtiefe das Maß für die Härte darstellt.

3.1.5 Kornform

In jedes Sandkorn kann man sich ein rechtwinkliges Koordinatensystem mit drei Achsen gelegt vorstellen, vereinfacht zu Länge, Breite, Dicke. Die Kornform ist definiert durch das Verhältnis dieser drei Achslängen zueinander. Man unterscheidet dabei drei Grundformen, die sich grafisch gut als die Eckpunkte eines Dreiecks darstellen lassen. Eine Ecke repräsentiert tafelige, scheibenförmige und flache Formen, die zweite Ecke gestreckte, stängelige Formen und die dritte Ecke schließlich bildet die Kompaktheit, die Würfel- bzw. Kugelform (Abb. 3.10). Jedes Sandkorn kann grob in dieses Schema eingeordnet werden, wobei die Übergänge natürlich fließend sind. Ungeeignet ist dieses Schema für biogene Formen mit deren speziellen und komplexeren Strukturen und Symmetrien.

Ausgangsgestein und Mineralbestand prägen die Form der späteren Sandkörner nachhaltig. Diese Abhängigkeit von der Mineralstruktur liegt bei Gesteinen weit weniger vor, da hier Faktoren wie Textur, Bindemittel, Schieferung etc. überwiegen. Die Eigenschaften des Sandkornes folgen demgegenüber größenbedingt meist direkt denjenigen des Minerals, aus dem das Sandkorn besteht. Beispielsweise bilden lagig strukturierte Glimmerminerale wie Biotit oder Muskovit tafelige Körner, da diese entlang ihrer Spaltebenen verschleißen. Bei Verschleißvorgängen ergeben sich tendenziell

Abb. 3.10 Grundformen der Kornmorphologie, demonstriert mit glazialen Geschiebesteinen von der dänischen Westküste. Links unten: flache Form, zwei Achsen gleich, Hochachse mit geringem Wert. Rechts unten: gestreckte, stängelige Form, nur eine Raumachse ausgeprägt. Pyramidenspitze: alle drei Raumachsen nahezu gleich groß (Granit, Durchmesser um 70 mm).

immer wieder geometrisch ähnliche Kornformen. Auch das Verhalten der Körner beim Transport durch Wasser und Wind wird durch die Kornform mitbestimmt. Kornform und Transport beeinflussen sich also wechselseitig. So findet der Transport bei sphärischen Körnern eher rollend und bei tafeligen Körnern eher schiebend statt. Materialien wie Quarz oder Granat, die in allen Richtungen gleiche Eigenschaften besitzen (homogen und isotrop), können demgegenüber nahezu jede Form annehmen; hier sind Transport und Ablagerungsmilieu ausschlaggebender für die jeweilig resultierende Kornform. Existieren ausgeprägte Spaltebenen, wie bei den Feldspäten, so finden sich gehäuft eckige Kornformen mit Ausbrüchen, die erst mit zunehmender Erosion durch Wind oder Wasser verrunden.

3.1.6 Rundungsgrad und Sphärizität

Rundungsgrad und Sphärizität können am einzelnen Sandkorn bestimmt werden und besitzen einen für Sande hohen Aussagewert. Beide Größen werden allerdings leicht verwechselt. Unter Sphärizität eines Kornes versteht man dessen Grad der Annäherung an die Kugelform (von Sphäre = Kugel). Meist unterscheidet man recht einfach in größere und kleinere Sphärizität. Die Kornrundung dagegen bezeichnet den Grad der Abrundung aller an einem Korn existierender Vorsprünge, Rücksprünge, Kanten und Strukturen. Ein Ei hat demnach einen guten Rundungsgrad, aber eine geringe Sphärizität. Die Skala nach Folk[27] ordnet der Kornrundung die Werte 0–6 zu. Sie ist sehr verbreitet und nützlich, weshalb wir sie hier ausführlich wiedergeben:

gut gerundet (5–6):	Alle ursprünglichen Strukturen des Sandkornes wie Kanten, Ecken und Vorsprünge sind durch Abrasion zerstört. Das Korn besitzt sanfte Rundungen ohne flächige Bereiche.
gerundet (4–5):	Die ursprünglichen Kanten und Ecken wurden gleichmäßiger und durch Rundungen ersetzt. Einige flächige Zonen oder Bruchflächen können erhalten sein.
angerundet (3–4):	Teilweise gerundet. Die ursprüngliche Form des Kornes ist noch erkennbar, wenn auch durch Abrasion überprägt.
subangular (2–3):	Kantig, aber frei von scharfen Ecken. Ohne sanfte Rundungen, Originalform und teilweise auch Flächen erhalten.
angular (1–2):	Korn mit scharfen Kanten und Ecken. Kaum erkennbare Abrasion.
sehr angular (0–1):	Keinerlei Abrasion, bruchfrische Kanten und Ecken.

Abb. 3.11 Sandkorn-Ensemble mit nach rechts abnehmender Sphärizität, aber gleichbleibend hoher Kornrundung (5–6). Italien, Sardinien, Sinis Halbinsel, Is Arutas. Bildbreite ca. 20 mm.

Abb. 3.12 Schlecht sortierter, unreifer Flusssand aus der Ubaye, St. Paul, französische Alpen. Die Körner sind angular (scharfkantig) bis sehr angular und weisen keinerlei Sphärizität auf. Bildbreite ca. 8,5 mm.

Abb. 3.13 Quarzsand, gut gerundet und mit unterschiedlicher, teils hoher Sphärizität und mäßiger Sortierung. Sandprobe aus der bolivianischen Binnenwüste Lomas de Arena bei Santa Cruz. Bildbreite 7,0 mm.

Abb. 3.14 Sandprobe mit sehr gut gerundeten Körnern geringer Sphärizität und mäßiger bis schlechter Sortierung. Südafrika, Kap der Guten Hoffnung. Bildbreite ca. 8,5 mm.

Sphärizität und Kornrundung sind weitgehend unabhängig voneinander, man kann sich sehr leicht perfekt glatte Körner vorstellen, die aber länglich sind und umgekehrt kugelrunde Formen, die grob kantige Strukturen aufweisen. Dies zeigen auch die vorgestellten Bildbeispiele. Der Rundungsprozess findet sehr langsam statt, langsamer sogar als die abrasive Größenreduktion insgesamt.[28] Das bedeutet, dass größere Sandkörner tendenziell eher abgerundet sind als kleinere oder kleinste Körner. Es ist leider bisher immer noch unmöglich, aus dem Rundungsgrad der Körner direkt auf deren Transportweg zu schließen. Die Kornrundung ist dennoch ein sehr wichtiges Merkmal, welches zur Deutung der Herkunft und der Transportbedingungen einer Sandprobe herangezogen werden kann. Direkte Vergleiche sollten nur zwischen Proben angestellt werden, die auch die gleiche Korngrößenverteilung und ungefähr denselben Mineralbestand besitzen.

3.1.7 Kompositionelle Reife

Im Gegensatz zu den bisher behandelten Eigenschaften ist die kompositionelle Reife[29] nicht an einzelnen Körnern feststellbar, sie ist vielmehr die Eigenschaft einer gesamten Probe. Sie bezeichnet den Anteil von Quarz (und einigen anderen verwitterungsfesten Mineralen wie Zirkon und Rutil) an der Gesamtprobe. Je höher der Reifegrad, desto höher der Quarzanteil. Bei Sanden und Sandsteinen beobachtet man eine Tendenz zur Erhöhung des Reifegrades über das Alter der Probe. Dieser Prozess ist einerseits zeitgesteuert, andererseits abhängig von der Zufuhr von Bewegungsenergie bei Transportprozessen. Je reifer ein Sediment ist, desto geringer ist der Anteil an Tonen, Gesteinsbruchstücken, Pflanzenresten und Mineralien mit geringer mechanischer und chemischer Resistenz. Schwebeteilchen werden ausgespült, chemisch unbeständige Bestandteile gehen in Lösung, gröbere Komponenten zerfallen schließlich mit der Zeit in ihre Bestandteile. Auch nimmt mit steigendem Reifegrad der Grad der Sortierung zu. Frisch im Entstehen begriffene Sande, die vor Ort durch Verwitterung aus dem anstehenden Gestein hervorgegangen sind und gegebenenfalls zusätzlich aus verschiedenen Liefergebieten zusammenkamen, stellen also einen sehr unreifen Zustand dar. Der durchschnittliche Gehalt an verwitterungsanfälligen Feldspäten beträgt in (sekundär gebildeten) Sandsteinen nur noch 10–15 %, wohingegen dieser Anteil bei Kristallingesteinen bei etwa 75 % liegt. Durch lange äolische oder fluviatile Transportwege gut sortierte und nahezu monomineralisch aus Quarz bestehende Küsten- oder Wüstensande repräsentieren demgegenüber den höchsten Reifegrad eines Sediments. Es lässt sich leicht beobachten, dass Sande mit zunehmendem Reifegrad heller werden. Während unreife und feldspathaltige Sande meist beige oder gesprenkelt wirken, erscheint reiner Quarzsand als Grenzwert weiß. Ganz vereinfacht lässt sich also zusammenfassen: «je heller und damit je mehr Quarz, desto reifer und weiter transportiert».

Abb. 3.15 Sandprobe aus dem Hochland Mittelnorwegens (Valle) mit geringer bis mittlerer kompositioneller Reife. Die Sandkörner stammen vom Rande eines moorigen, ursprünglichen Gletschersees und zeigen subangulare bis angerundete Struktur bei geringer Sphärizität. Hauptmineralbestand: Quarze, Feldspäte, Glimmer. Bildbreite um 8,3 mm.

Abb. 3.16 Küstensand aus Fehmarn, Ostsee. Die Körner sind weitgehend gut gerundet, teils mit hoher Sphärizität. Quarz stellt den überwiegenden Mengenanteil, d.h., der Sand besitzt eine hohe kompositionelle Reife. Bildbreite 7,8 mm.

3.1.8 Farbe

Während die bisher vorgestellten Eigenschaften des «Korngemisches Sand» recht einfach beschreibbar waren, verhält es sich mit der Eigenschaft «Farbe» etwas komplizierter. Wir wollen zunächst klären, was unter «Farbe» ganz allgemein und was unter dem Begriff «Farbe» im Zusammenhang mit Mineralen und natürlich Sanden zu verstehen ist. Dafür steigen wir etwas tiefer in die Materie ein, obwohl wir selbst dann das sehr komplexe Phänomen nur streifen und unvollständig behandeln können. Wichtig und bemerkenswert sind folgende drei Aussagen über die Farbe, die wir voranstellen:

1. Farbe ist ohne Licht nicht existent (das kann jeder selber leicht nachprüfen).
2. Farbe ist keine einem Körper fest zuzuordnende Eigenschaft.
3. Farbe findet im Gehirn des Betrachtenden als dessen subjektive Wahrnehmung statt.

Goethe hat der Farbe und deren Wirkung auf den Menschen bemerkenswerter Weise einen Großteil seiner Lebenszeit gewidmet und schließlich auch sein tatsächlich umfangreichstes Werk, die *Farbenlehre*. In dessen Einleitung lesen wir den Satz, der vielleicht am schönsten das weite Feld der Farben aus seiner Sicht zusammenfasst:

> «Die Farben sind die Taten des Lichts, Taten und Leiden.»

Wie nun aber sehen diese «Taten und Leiden» aus? Dazu werden wir etwas physikalischer. Physik ist schließlich nicht schlimm, sondern schlicht die Beschreibung der Natur, und das so selbstverständlich scheinende Licht ist in Wirklichkeit ein hochinteressantes und komplexes Phänomen. Mitte des 19. Jahrhunderts identifiziert der geniale Physiker Michael Faraday Licht als eine elektromagnetische Strahlung mit Wellennatur. Erstmals beschrieb er Elektrizität und Magnetismus in einem gemeinsamen Konzept. James Clerk Maxwell (1831–1879) fasste dieses Konzept schließlich in einem Satz von Gleichungen zusammen. Maxwells Gleichungen gelten nach wie vor, werden aber durch Einsteins Relativitätstheorie und die sogenannte Quantenelektrodynamik ergänzt und erweitert.

Dadurch wissen wir heute, dass das Licht erstaunlicherweise sowohl die Eigenschaften von Wellen als auch diejenigen eines Teilchenstromes (Quanten) zeigen kann. Wellen (auch Wasserwellen) besitzen ganz generell eine Wellenlänge und eine Amplitude oder Wellenhöhe. Sonnenlicht als weißes Licht kann man sich nun vorstellen als ein Bündel von sehr vielen Wellenzügen mit unterschiedlicher Wellenlänge, die auch mit unterschiedlichen Amplituden schwingen. Das menschliche Auge ist allerdings nur für einen begrenzten Bereich empfindlich, nämlich für die Wellenlängen zwischen etwa 0,4 µm (Blau) und 0,8 µm (Rot). Die Wellenlänge bestimmt dabei den Farbeindruck im Auge und die Amplitude die Intensität. Wellenlängen außerhalb des genannten Bereiches, wie etwa Radiowellen oder UV-Strahlung, bleiben für uns unsichtbar.

Machen wir das an einem Beispiel fest. Was geschieht im Einzelnen, wenn ein Lichtstrahl auf ein rosarot gefärbtes Sandkorn aus dem Mineral Granat fällt? Solche Körner sind in Küstensanden anzutreffen. Reisen wir auf einer Lichtwelle mit, wie Münchhausen auf der Kugel, vom Entstehungsort des Lichts, der Sonne, bis zum Sinneseindruck «rosa» in unserem Gehirn: Das uns umgebende «weiße» Sonnenlicht besteht wie beschrieben aus einer Mischung aller Wellenlängen bzw. Spektralfarben. Dieses Licht entsteht durch Kernreaktionen in der Sonne und durchläuft das Vakuum des Weltraums mit Lichtgeschwindigkeit. Für die Reise zur Erde benötigt das Licht nur wenige Minuten. Trifft es dann auf die Erdatmosphäre, wird es gestreut und fällt schließlich auf unser Sandkorn.

Das Kristallgitter des Sandkorns aus Granat absorbiert bestimmte grüne Anteile des einfallenden Sonnenlichts. Diese werden gleichsam verschluckt und in Wärme umgewandelt. Zurück bleibt die Gegenfarbe, in unserem Fall ein rosaroter Farbton, der sich aus den restlichen Strahlen des ursprünglich weißen Lichts ergibt.

Abb. 3.17 Sandkorn aus dem Granatmineral Almandin. Norwegen, Sandstrand am Porsangerfjord. Durchmesser des Korns 630 µm. Auflicht mit Durchlichtanteil.

An dieser Stelle haben wir einen großen Sprung gemacht. «Ist» das Licht nun rötlich oder «erscheint» es uns nur so? Nach unserer Vorbemerkung ist offenbar letzteres der Fall. Weder «ist» das Sandkorn rötlich, noch das Licht selbst. Ohne Licht keine Absorption im Kristall, ohne Absorption keine Änderung im Spektrum des Lichts. Im Dunkeln ist alle Materie farblos, so sehr das auch der Intuition zu widersprechen scheint. Zum Nachprüfen müsste man schließlich das Licht einschalten!

Nun sind wir dem Licht von der Sonne zum Sandkorn gefolgt; zum Phänomen «Farbe» fehlt aber noch ein wesentlicher Baustein: die Wahrnehmung. Wie wird also aus einem Lichtstrahl mit bestimmter Wellenlänge der Sinneseindruck «rot»? Warum erlebe ich die Farbe Rot überhaupt? Ein Teil der Antwort ist bereits in der Fragestellung enthalten: Es ist eben «nur» ein Sinneseindruck, hervorgerufen und erzeugt im menschlichen Gehirn. Das Auge allein kann nicht sehen! Es ist Teil des Wahrnehmungsapparates im Gehirn. Niemand weiß, wie ein Mitmensch die Farbe Rot erlebt.

Die Welt um uns herum wird durch die Augenlinse auf die Netzhaut im Augenhintergrund wie auf eine sensible Leinwand projiziert. Dort befinden sich zwei verschiedene Arten von lichtempfindlichen Zellen (technisch gesprochen: Sensoren), Stäbchen und Zapfen genannt. Die etwa 125 Mio. Stäbchen sind äußerst lichtempfindlich, unterscheiden aber nur hell und dunkel, keine Farben. Hierfür sind die keilförmigen Zapfen zuständig, von denen es etwa 7 Mio. gibt. Sie sind weniger empfindlich und kommen in Varianten vor, die jeweils nur auf die Wellenlängen für Rot, Grün und Blau ansprechen. Das ist der Schlüssel zur Farbwahrnehmung. Im Falle des Granatkornes werden in der Netzhaut also vermehrt Zapfen des rotempfindlichen Typs aktiviert und deren Impulse zum Neokortex, dem multisensorischen Teil der Großhirnrinde weitergeleitet, wo eine Reihe von nachgelagerten Signalverarbeitungsschritten, eine Art Bildverarbeitung stattfindet, die unserem Bewusstsein aber verborgen bleibt. Das Gehirn vollbringt dabei ganz außerordentliche Leistungen. Die tatsächliche Wahrnehmung der Farbe findet also im Gehirn und nicht im Auge statt. Genauso verhält es sich mit allen anderen Reizen. So viel zum eigentlichen Phänomen der Farbe.

Sand kommt niemals in reinen (Spektral-) Farben vor, er erscheint uns immer als Mischung der Farben aller das Licht reflektierender Sandkörner, wie wir es am Beispiel des Granatkornes gesehen haben. Wie funktioniert nun die Mischung von Farben? Es lässt sich hier zwischen der additiven und der subtraktiven Mischung unterscheiden. Bei der additiven Farbmischung werden verschiedenfarbige Lichter übereinander projiziert. Das kann man leicht mit Taschenlampen und Farbfiltern nachprüfen. Je mehr Lichter oder Lampen hinzukommen, desto heller wird in der Folge die Projektion. Werden Lichter mit den Farben Rot, Grün und Blau übereinandergelegt, so ergibt sich als Mischfarbe weißes Licht. Das ist aus den zuvor gegebenen Erklärungen leicht verständlich, da diese Farben jeweils einen Zapfentyp ansprechen und in Summe die visuelle Wahrnehmung Weiß entsteht. Mischt man nur jeweils zwei Lichter mit den Farben Blau und Rot, entsteht Magenta, Blau und Grün ergeben Cyan, Rot und Grün zusammen Gelb. Das ist sehr erstaunlich, da wir selbst dann den Farbeindruck von beispielsweise Gelb empfinden, wenn physikalisch gesehen keine empfangene Lichtfrequenz direkt der Farbe Gelb entspricht.

Relevanter für den Farbeindruck des Körnergemisches Sand ist die subtraktive Farbmischung. Diese kann man sich veranschaulichen, indem man gegen ein helles Fenster verschiedenfarbige Folien hält, in unserem Fall gelb-, magenta- und cyanfarbene Farbfilter. Je mehr Filter hintereinander gehalten werden, desto dunkler wird natürlich der durchtretende Lichtstrahl. Jeder Filter absorbiert dabei seine jeweilige Komplementärfarbe. Somit absorbiert der gelbe Filter die Farbe Blau, der magentafarbene Filter die Farbe Grün und der cyanfarbene Filter absorbiert seine Komplementärfarbe Rot. Wird dem Licht durch Absorption Blau, Grün und Rot entzogen, nehmen wir Schwarz als Mischfarbe wahr, weil dann kein Zapfen auf der Retina mehr angeregt werden kann.

Diese Verhältnisse finden wir in etwa bei Farbpulvern als Pigmentgemischen vor, ähnlich wie es Sande, die aus verschiedenfarbigen Komponenten bestehen, darstellen. Allerdings gelingt es nie, durch Mischung von drei Farbpulvern schwarzes Pulver zu erhalten, es entsteht lediglich ein mehr oder weniger grauer Farbeindruck. Dies liegt vornehmlich an der nie zu erreichenden Spektralreinheit der einzelnen Komponenten sowie Brechungserscheinungen. Schwarzer Sand besteht immer aus schwarzen Sandkörnern und kann sich nicht durch Mischung farbiger Sande ergeben.

Goethe konnte sich zeitlebens nicht an die Formulierung gewöhnen, dass weißes Licht aus allen Farben «besteht» und sich beispielsweise durch ein Prisma in diese «zerlegen» lässt und umgekehrt die Kombination der Spektralfarben wiederum weißes Licht «ergibt». Sein Ansatz zur Wahrnehmung, Beschreibung und Erklärung von Phänomenen, so auch Farbphänomenen, war ein vollkommen anderer. Er betrachtete das gegebene Phänomen als solches. Er verstand es als Ganzheit und den wahrnehmenden Sinnen als schlicht gegeben. Der Akt der Farbwahrnehmung war für ihn alleinstehend; die reine Aufnahme über die Sinne sei von der Zuweisung einer theoriefolgenden Bedeutung zu trennen.

Folgt man diesem Gedanken, so wird beides, Wahrnehmung und Bedeutung, im üblichen Verfahren empirischer Aktivität verknüpft. Für den Beobachtenden bleibt meist verborgen, dass jeder Wahrnehmungsakt bereits eine Art von Gerichtetheit und damit eine mentale Bedeutungszuweisung enthält. Erblicke ich einen Baum, so weise ich dem sensorischen Reizmuster die Bedeutung «Baum» nahezu gleichzeitig, unreflektiert und fast untrennbar zu. Dies lässt sich sehr schön nachvollziehen, indem man entspannt auf das weiter unten gezeigte Bild (Abb. 3.19) mit schwarzen und weißen Flächen blickt und zunächst nichts Weiteres erkennt, als eben diese Flächen. Plötzlich mag dann das Muster einer Giraffe erkennbar werden.[30] An der rein sensorischen Aktivität auf der Netzhaut hat sich beim Übergang vom indifferenten Muster zur konkreten Giraffe allerdings gar nichts verändert. Dem Muster wurde vom Gehirn von einem auf

den anderen Augenblick lediglich die Bedeutung «Giraffe» zugewiesen. Wir sehen aber nach wie vor keine Giraffe, sondern das Muster, mit dem wir die Stilisierung einer Giraffe im erweiterten Akt der Wahrnehmung koppeln. Im Falle des gezeigten Beispiels tritt zudem ein seltsamer Effekt auf. Ist einmal die Bedeutung «Giraffe» zugewiesen, lässt sich das Muster nur noch sehr schwer neutral beobachten, stets erscheint die Giraffe als verknüpfte Wahrnehmung.

Malern, Fotografen, Künstlern allgemein ist bekannt, dass Dinge unter verschiedenen Beleuchtungssituationen unabhängig von ihrer Eigenfarbe ganz unterschiedliche Farbeindrücke hervorrufen können. Ein Waldrand im Licht der untergehenden Sonne erscheint in anderen Farben als bei hellem Mittagslicht. Das menschliche Gehirn ist in der Lage, einen Großteil dieser externen Einflüsse von der Wahrnehmung des Gegenstandes zu trennen. Ein Körper bleibt für uns identisch, auch wenn er unter wechselnder Lichtsituation unterschiedliche Farben annimmt, die durchaus nachprüfbar und messbar verschieden sind. Eine rote Tomate im Wohnraum unter Kunstlicht betrachtet bleibt für uns rot, auch wenn wir sie ins helle Sonnenlicht bringen, ohne dass der Farbwechsel unmittelbar auffiele oder gar den Eindruck einer Veränderung des Gegenstandes selbst hervorriefe. Das Gehirn verfügt neben dem beschriebenen noch über weitere Konstanzphänomene, die beispielsweise auch die Größe eines Gegenstandes bei wechselnder Perspektive betreffen können.

Das Gesagte gilt sowohl für Oberflächenfarben von festen Körpern, als auch für Farben transparenter Körper wie Kristallen oder Flüssigkeiten. Sehr aufschlussreich ist der vollkommen unterschiedliche Farbeindruck eines trüben Mediums (z. B. ein paar Tropfen Milch in einem Glas Wasser) bei wechselnder Beleuchtung vor wechselnden Hintergründen, bedingt durch Effekte der frequenzabhängigen Streuung. Goethe stellte hierzu schon umfangreiche Studien an und leitete aus trüben Medien eine Art von Farbskala ab, die den prismatischen Farben ähnelt und die direkt an atmosphärischen Erscheinungen beobachtbar ist. Das trübe Medium der

Abb. 3.18 Links: Additive Farbmischung durch Projektion verschiedenfarbiger Lichter übereinander. Rechts: Subtraktive Farbmischung durch Übereinanderlegen verschiedenfarbiger Farbfilter.

Abb. 3.19 Muster, siehe Text.

Atmosphäre überführt die hellgelbe Farbe der Sonne bei längeren Laufwegen (Sonnenaufgang und -untergang) in orange und rote Farben. Beim Blick in Richtung Zenit im Hochgebirge wirkt der Himmel tiefblau bis fast dunkelblau, als Abschwächung des hinter der atmosphärischen Schicht befindlichen schwarzen Weltraums. Längere Laufwege durch die Luftschichten ergeben demgegenüber Himmelblau und schließlich bei Blick in Richtung Horizont ein weißlich trübes Blassblau oder Hellgrau.

Während das Gehirn viele der farbjustierenden Maßnahmen selbsttätig und für uns unbemerkt durchführt, ist bei fotografischen Aufnahmen auf die korrekte, d. h. der Wahrnehmung entsprechenden Darstellung der Farben zu achten. In der Regel erfolgt dies bei digitalen Kameras durch ein Verfahren, welches «automatischer Weißabgleich» genannt wird und sich auf Bildanalyse stützt. Dabei ist das Problem zu lösen, dass ein weißes Blatt Papier zwar uns als Betrachter sowohl in der Dämmerung als auch im Schatten oder der Sonne als eben Weiß erscheint, dem Kamerasensor jedoch keineswegs.

Ein weiterer Aspekt ist der Fotografie von Sanden eigen: Die Frage der Benetzung mit Flüssigkeiten. Mineralgemische und auch Steine ändern ihren Farbeindruck deutlich, sobald sie mit Wasser benetzt sind und sich das Reflexionsverhalten der Oberflächen dadurch verändert. Meist treten die Farben unter Wasser deutlicher und kräftiger hervor (Abb. 3.22). Dies hat jeder schon einmal erfahren, der einen hübschen Stein am Ufer aufgelesen hat und ihn ganz enttäuscht nach dem Trocknen kaum wiedererkennen konnte.

Der überwiegende Anteil aller natürlich vorkommender Sande ist innerhalb einer sehr gedämpften Farbpalette einzuordnen. Bis auf die Ausnahme monomineralischer Sande liegt immer eine Mischung von Mineralen und damit auch eine Mischung von Farbtönen vor. Dabei überwiegen Erdfarben, Beigetöne und Grauabstufungen aller Art. Der sprichwörtlich weiße Sandstrand ist in den seltensten Fällen wirklich weiß. Reines Weiß ist angenähert nur durch

Abb. 3.20 Die Farbwahrnehmung ist stark von der Beleuchtung abhängig. Wird eine farblose, trübe Flüssigkeit (ganz links) vor dunklem Hintergrund beleuchtet, wirkt diese blau (ganz rechts). Die gleiche Flüssigkeit wirkt im Schatten vor einer hellen Fläche orangefarben (Mitte). Alle drei Aufnahmen wurden tatsächlich mit demselben Probengläschen durchgeführt.

Abb. 3.21 Spektrum farblicher Eindrücke von Orange bis Dunkelblau am Abendhimmel durch Einfluss der Atmosphäre zwischen lichtgebender Sonne und der Dunkelheit des Weltraumes.

Abb. 3.22 Identische Sandprobe (Herkunft Norwegen), links trocken und rechts unter Wasserbenetzung aufgenommen. Kameraeinstellungen und Weißabgleich sind identisch. Deutlich ist die intensivere, ins Gelbliche spielende Färbung des nassen Sediments zu erkennen.

beimengungsfreien, reinen Quarzsand zu erreichen, der aber immer in Richtung hellgrau tendiert. Noch weißer wirken demgegenüber biogene Sande aus weißen Korallen, ebenfalls ohne wesentliche Beimengungen. Die Beigefärbung der meisten kontinentalen Strandsande kommt durch Feldspäte oder getönte Silikate zustande, während sie bei biogenen Sedimenten eher durch Muschelreste bewirkt wird. Je unreifer, desto beigefarbener wirkt der Sand. Seltenere grünliche Färbungen rühren von meist vulkanisch gebildeten Mineralen wie Olivin oder Pyroxenen her. Ansonsten sind vulkanische Sande mattschwarz bis glänzend schwarz. Matte Färbung überwiegt bei mikroblasiger Korntextur, glänzendes Schwarz wird durch dichte, geschlossene und polierfähige Oberflächen der Körner erreicht. Metallisch schwarze Färbungen zeigen das Vorhandensein von Magnetit oder Ilmenit an, die im Durchlicht opak, also lichtundurchlässig sind und auch leicht mit einem Magneten aus dem Sand extrahiert werden können. Letztere sind zusammen mit roten Granaten Hauptbestandteile vieler Mineralseifen.

Kommen geologisch bedingt oder auch aus Gründen der lokalen Sedimentationsverhältnisse verschiedene Sandquellen zusammen, beispielsweise Korallenfragmente, Schalenreste und Lavasande, so ergeben sich gesprenkelt wirkende Sande

Abb. 3.23 Abfolgen von typischen Farbschattierungen der Sande. Herkunftsorte jeweils von oben nach unten aufgeführt. Links: Kontrastreiche Mineralmischungen bzw. Beimischungen von Schalenfragmenten. Machalilla, Equador; Kirkenes, Norwegen; Jeju, Korea; Snaefjellsjökull, Island. Mitte links: Abfolge von beige bis rot durch steigenden Anteil von Hämatit und/oder Beimischung fleischfarbener Minerale wie Feldspat. Sande dieser Art finden sich auch häufig im Binnenland bzw. in Binnenwüsten. Goa, Caravela Beach, Indien; Murzuk 4, Libyen; Murzuk 2, Libyen; Alice Springs, Australien. Mitte rechts: Abfolge von Grautönen, wie sie typischerweise an kontinentalen Meeresstränden zu finden sind. Alamogordo White Sands, Mexico; Sehlendorfer Strand, Deutschland; Toronto Lake Ontario, Kanada; W-Limbe, Kamerun. Rechts: Erdfarbene Sande: Färbung mit ganz unterschiedlicher Herkunft. Sowohl Eisenoxide als auch fleischfarbene Feldspäte und Anteile dunkler Minerale und organische Fragmente können zu diesen Farbschattierungen führen, die jedoch nicht allzu häufig auftreten. Colakli Strand, Türkei; Landmannalaugar, Island; Wüste Gobi, Mongolei; Darwin, Australien.

mit kontrastreicher Färbung («Pfeffer und Salz»), bei der die einzelnen Komponenten sichtbar bleiben und nicht in der Mischfarbe beige oder grau untergehen. Recht häufig findet man Abstufungen der Farbe Rot, die sich, wie bereits erwähnt, aus dünnen Hämatitschichten erklärt, die sich um die Sandkörner gelegt haben. In seltenen Fällen sind Granatanreicherungen für eine Rotfärbung verantwortlich.

Mineralogen beschreiben zusätzlich die sogenannte «Strichfarbe» von Mineralen. Dabei wird das Probenstück über eine Platte aus rauem, unglasiertem Porzellan gerieben. Der Abrieb, der «Strich» also, besitzt die vollkommen charakteristische Färbung des Mineralpulvers und ist diagnostisch relevant. Oberflächenfarbe und Strichfarbe müssen nicht übereinstimmen. So besitzt beispielsweise der schwarze Hämatit eine blutrote Strichfarbe, der goldgelbe Pyrit hingegen einen schwarzen Strich.

Wir schieben nun eine Bildergalerie mit farbigen Sandkörnern und einigen besonders gefärbten Sanden ein. Eigentlich gibt es ebenso viel gefärbte Sandkörner, wie es farbige Minerale gibt, wir belassen es daher bei wenigen Beispielen.

Abb. 3.24 Cremefarben wirkender Sand von den Galápagos Inseln, Isla Floreana, Punta Cormoran, Ecuador. Die beige Farbwirkung wird durch die Mischung rein weißer und gelblich-honigfarbener Schalenfragmente bewirkt. Bildbreite 5,5 mm.

Abb. 3.25 Gipssand aus dem White Sands National Monument bei Almogordo, New Mexico, USA. Der Gipssand aus dem Tularosa Basin bildet heute staubige Dünen und stammt aus 250 Mio. Jahre alten Meeresablagerungen. Es ist einer der reinsten und dem reinen Weiß am nächsten kommenden natürlichen Sande. Bildbreite 5,5 mm.

Abb. 3.26 Puerto de la Cruz, Teneriffa, Spanien. Sehr schwarz wirkender vulkanischer Sand, der erst in der Vergrößerung und unter streifender Beleuchtung Struktur und Tonumfang gewinnt. Ein tieferes Schwarz ist bei Natursanden kaum zu finden, hell sind lediglich die Lichtreflexe. Bildbreite 5,5 mm.

Abb. 3.27 Sand von Plage Grand Anse, La Reunion, Seychellen. Ein typischer gesprenkelter «Pfeffer und Salz»- Sand. Die Wirkung kommt durch die Mischung von dunklen, vulkanischen Mineralen und weißen, biogenen Fragmenten zustande. Die Körner sind schön angerundet und poliert. Bildbreite 5,7 mm.

Abb. 3.28 Sand aus den Ockerbrüchen bei Rustrel, Frankreich. Die bunten, sehr feinen ockerfarbenen Sande aus Rustrel sind weit bekannt und waren bei Künstlern zum Anmischen von Farben sehr begehrt. Bildbreite 4,9 mm.

Abb. 3.29 Blauer Sodalithsand aus einem Minenabraum bei Kunene, Namibia. Sodalit zählt wie Hauyn und Nephelin zu den Foiden oder Feldspatvertretern. Bildbreite 4,9 mm.

Abb. 3.30 Masi Quarzit ist das Ausgangsmaterial dieses kalt-grünen Sandes. Die grünen Körner bestehen aus dem chromhaltigen Glimmermineral Fuchsit. Nordnorwegen. Bildbreite 17,5 mm.

Abb. 3.31 Die Green Sand Beach, Hawaii, USA, ist einer von weltweit lediglich vier bekannten Stränden mit grünem Sand. Die Schwermineralmischung vulkanischen Ursprungs setzt sich zusammen aus Olivin, Hornblende, Klinozoisit, Aegirinaugit und weiteren Mineralen. Bildbreite 8 mm.

Abb. 3.32 Sand mit sehr seltener hellgrauer Eigenfärbung. Der graue Gesamteindruck verstärkt sich mit zunehmender Entfernung, die farbigen Körner treten dabei in den Hintergrund. Walkers Bay, Südafrika. Bildbreite 3,8 mm.

Abb. 3.33

- **A** Rotes Sandkorn aus Granat. Durchmesser 850 µm. Porsangerfjord, Norwegen.
- **B** Blaues idiomorphes Sandkorn aus Hauyn. Durchmesser 500 µm. Südliches Teneriffa, Spanien.
- **C** Grünes Sandkorn aus Ca-Klinoamphibol (Aktinolith). Breite um 1000 µm. Finero, Italien.
- **D** Weißes, polykristallines Korn aus Quarz. Durchmesser 2600 µm. Is Arutas, Sardinien, Italien.

3.2 Bestandteile des anorganischen Sandes

Wir haben uns zuvor mit Sand in seiner Eigenschaft als Körnergemisch beschäftigt und wollen nun anhand einiger ausgewählter Beispiele etwas genauer hinsehen. Wie ein Koch seine Zutaten kennen muss, sollten wir die Hauptzutaten durchschnittlicher Sande verstehen lernen. Dabei betrachten wir einzelne Sandkörner und begreifen sie als mineralische Partikel, die mit geeigneten Methoden untersucht und identifiziert werden können. Auf die entsprechenden physikalischen Grundlagen, die Methodik der Untersuchungen und die erforderliche Gerätetechnik gehen wir an dieser Stelle nicht weiter ein. Den biogenen Sandkörnern (Fragmente von Muscheln, Schnecken etc.) ist Kapitel 7 gewidmet.

Aus der Menge der über 5000 Minerale interessieren uns ganz besonders die wichtigsten gesteinsbildenden Minerale, die sich auch als Hauptbestandteile in den Sanden der Welt wiederfinden. Unter ihnen nehmen die Silikate eine herausragende Stellung ein. Die beiden häufigsten Elemente der Erdkruste, Silizium und Sauerstoff, fügen sich hier auf atomarer Ebene zu einem Tetraeder zusammen und bilden den Grundbaustein aller Silikatminerale der Erde.

Diese negativ geladenen Tetraeder können sich wie Bausteine zu ganz verschiedenen Anordnungen gruppieren und auch weitere Bestandteile aufnehmen und binden. Die nachfolgenden drei Gruppen sind für das Verständnis von Sand am wichtigsten:[31]

— *Gerüstsilikate:* Die Bausteine sind wie ein Gerüst stark vernetzt. Quarz ist die reinste Form der Gerüstsilikate, zu denen auch die Feldspäte zählen. Letztere bilden räumliche Anordnungen zwischen SiO_4- und AlO_4-Tetraedern. Gerüstsilikate gehören zu den häufigsten Silikaten, sie sind strukturbedingt sehr hart.

— *Schichtsilikate:* Die Bausteine sind schichtförmig vernetzt. Die Schichten untereinander sind nur lose gebunden. Stets ist Wasser eingelagert. Beispiele: Glimmer, Chlorite, Tonminerale.

— *Bandsilikate:* Die Bausteine sind als Ketten oder Bänder vernetzt. Stängelige bis faserige Minerale, bestehend aus Tetraeder-Doppelketten. Amphibolfamilie mit Hornblende als Hauptvertreter. Mittelhart.

Da die Silikate eine so entscheidende Rolle bei der Zusammensetzung von Sand spielen und immerhin mit einem Volumenanteil von über 90 % am stofflichen Aufbau der Erdkruste beteiligt sind, stellen wir ihre Hauptvertreter Quarz, Feldspat und Glimmerminerale nun etwas genauer vor.

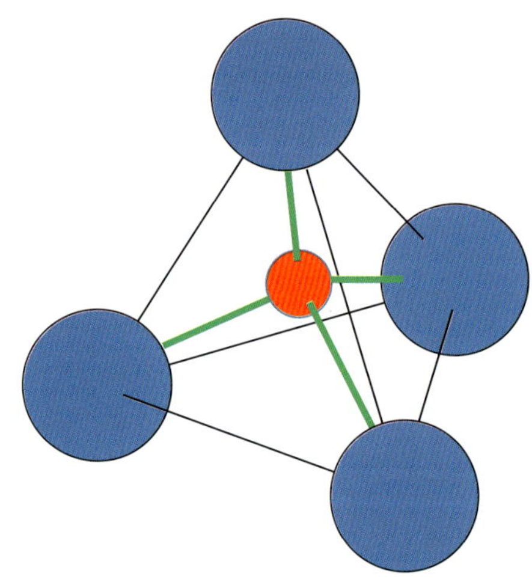

Abb. 3.34 Grundbaustein der Silikatminerale: ein atomarer $[SiO_4]^{-4}$-Tetraeder, bestehend aus vier Sauerstoffatomen (blau) und einem zentral angeordneten Siliziumatom (rot) in der tetraedrischen Lücke. Die Sauerstoffatome sind mit einem Verhältnis 1,27 zu 0,34 Angström wesentlich größer als die Siliziumatome und würden maßstäblich dargestellt eng aneinander grenzen.

3.2.1 Quarz

Formel:	SiO_2
Mohshärte:	7
Dichte:	2,65
Kristallsystem:	trigonal

Quarz, SiO_2, als wichtigstes Mineral der Sande der Erde, besteht, wie beschrieben, aus den beiden nach Massenanteilen häufigsten Elementen der Erdkruste, Silizium und Sauerstoff. Obwohl chemisch nicht ganz korrekt, sprechen Geologen von Kieselsäure. Folgerichtig werden Gesteine, die überwiegend aus Quarz bestehen, als «sauer» und bei Fehlen von Quarz mit allen denkbaren Übergängen als «basisch» bezeichnet. Siliziumreiche Gesteine schmelzen bei Temperaturen um 750–800 °C, siliziumarme Gesteine dagegen erst bei deutlich höheren Temperaturen um 1100 °C.

Quarz ist in reiner, kristalliner Form vollkommen farblos und transparent, relativ hart und bricht ohne Vorzugsrichtungen in muscheliger Form. Die bekannten Quarzvarietäten wie Amethyst, Rosenquarz, Citrin etc. erhalten ihre Färbung durch beigemischte oder eingebaute Metallionen oder im Falle des Rauchquarzes durch Kristalldefekte, die durch radioaktive Höhenstrahlung ausgelöst wurden. Quarz ist außerordentlich stabil gegen chemische und auch mechanische Einflüsse.

Die chemische und physikalische Stabilität des Quarzes ist der Grund, warum viele Sande nahezu monomineralisch aus Quarzkörnern bestehen und Quarz mit durchschnittlich 65 % auch als das häufigste Mineral in Sandsteinen auftritt.[32] Trotz aller chemischen Beständigkeit ist Quarz, wenn auch in sehr geringem Umfang, in Wasser löslich, und kann sich umgekehrt bei Vorliegen entsprechender Bedingungen als Silikatschicht wieder an Sandkörner anlagern. Amorphe Silikate, die aus solchen Lösungen ausgeschieden wurden, sind je nach Entstehungsbedingungen als Opal, Chalcedon, Achat oder Feuerstein bekannt.

Von geologischer Bedeutung ist eine kleine Reihe von Organismengruppen, die ihre Skelette aus Opal aufbauen, einer Art Kieselsäure-Gel, in das zusätzlich Wasser eingelagert ist. Zu nennen sind neben den Diatomeen, die in beeindruckender Vielfalt Meere, Flüsse und Seen besiedeln, auch Radiolarien und Kieselschwämme, letztere behandeln wir im Kapitel 7

Abb. 3.35 Quarzstufe, Tiefquarz. Bildbreite 33 mm.

«Lebendiger Sand» ausführlicher. Alle drei Organismengruppen sind für die Bildung vorwiegend mariner Sedimente von erheblichem Belang und finden sich auch in marinen Sanden wieder. Die jährliche Produktion von Kieselskeletten beträgt nach Untersuchungen von Calvert (1974) 70 Mia. Tonnen. Davon wird aber nur etwa 1 % im Meer konserviert, der Rest wird wieder gelöst.[33]

Insbesondere Diatomeen (auch Kieselalgen genannt) sind eine faszinierende Artengruppe, die Fotosynthese betreibt und so gut wie überall gefunden werden kann, wo es Licht und Wasser gibt. Diatomeen besitzen Abmessungen, die von wenigen Tausendstel Millimetern bis hin zu einem Millimeter reichen, und die nach ihrer Symmetrieform in zwei Gruppen, Centrales (kreisförmig, marin lebend) und Pennales (eher schiffchenförmig und in Süßwasser verbreitet) eingeteilt werden. Ihre Vielfalt ist mit geschätzten 15 000 Arten beeindruckend hoch. Viele Kieselalgenarten sind interessante Grenzgänger: Tagsüber lassen sie sich im oder auf dem Wasser der Ozeane treiben, um abends abzusinken und von den Wellen an den Strand gespült zu werden. Dort haften sie mit klebrigen Schleimen an Sandkörnern fest, von denen sie sich am Morgen wieder lösen, um erneut von den Wellen ins offene Meer davongetragen zu werden. Selbst im Meereis kommen Diatomeen vor, sie schützen sich mit einer ebenfalls schleimigen Substanz, die als Antigefriermittel bis −10 °C wirkt.

Unter Chalcedon versteht man krypto- bis mikrokristallin feinstfaserig ausgebildeten Quarz; Chalcedon ist somit kein eigenes Mineral. Chalcedon bildet dichte Massen, die meist farblos bis trüb durchscheinend sind, manchmal auch durch chemische Beimengungen farbig erscheinen und dann Sondernamen tragen; rote Färbungen werden unter Karneol geführt, grüne Färbungen unter Chrysopras; sind übereinander abgelagerte Schichten rhythmisch unterschiedlich gefärbt, spricht man von Achat. Letzterer ist wegen seines dekorativen Aussehens sehr begehrt. Leider findet man im Handel recht häufig künstlich eingefärbte Exemplare, die nicht immer leicht zu identifizieren sind, oft aber durch ihre viel zu bunten Farben auffallen. Jaspis ist ein sehr intensiv gefärbter und vollkommen

Abb. 3.36 Sand aus kristallinen, durch die Wellenbewegung der Brandung polierten Quarzkörnern von der Pazifikküste bei Playa Santa Clara, Panama. Auflicht, Kornabmessungen um 1 mm, Bildbreite um 3,6 mm.

Abb. 3.37 Sand von einer Binnendüne in der Besenhorster Heide bei Geesthacht, Deutschland. Der Sand besteht fast monomineralisch aus Quarzkörnern und wurde bei der letzten Eiszeit im Urstromtal der Elbe abgelagert. Bildbreite 3,8 mm.

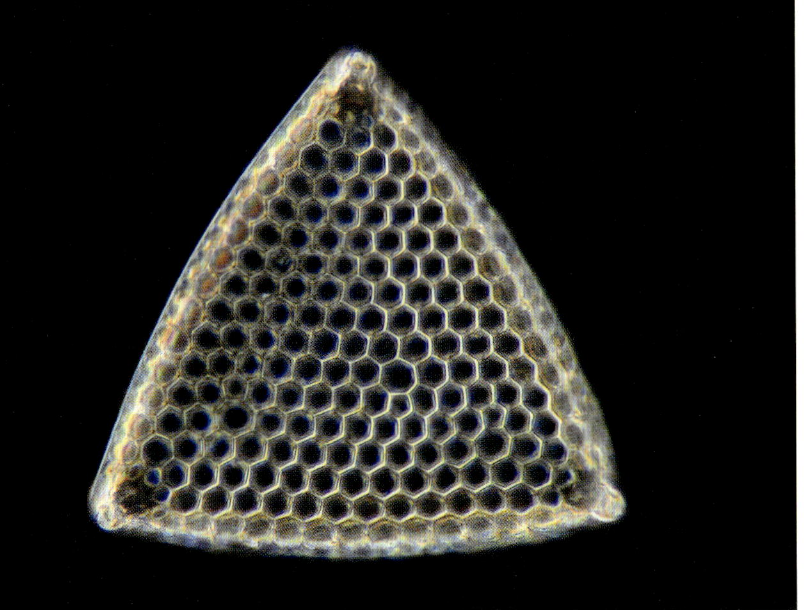

undurchsichtiger Chalcedon. Auch hier treten im Handel eine Reihe von zusätzlichen Bezeichnungen auf, mikrokristalliner Quarz ist jedoch stets ihr Grundmaterial. Chalcedon entsteht gerne durch das Auskristallisieren silikatisch wässriger Lösungen bei nicht sehr hohen Temperaturen. Dadurch bilden sich Hohlraumfüllungen in Vulkangesteinen (Mandelsteine) oder allgemein Spaltenfüllungen in jeglicher Art von Gesteinen. Besonders prägnant und auffallend sind Quarzkonkretionen in Sedimentgesteinen, die auf kieselige Skelettteile der zuvor beschriebenen Diatomeen und weiteren Mikroorganismen zurückzuführen sind. Diese aus einer wasserhaltigen und ebenfalls mikrokristallinen Quarzform (Skelett-Opal) bestehenden Skelettbestandteile gehen bevorzugt bei leicht erhöhten Temperaturen und Drücken in Lösung und reichern in Sedimenten das Porenwasser mit Siliziumdioxid an. Die quarzhaltigen Lösungen zirkulieren im Porenverbund, kristallisieren amorph aus und bilden schließlich linsenförmige oder knollenartige Konkretionen.

Quarz kommt in zwei verschiedenen Kristallmodifikationen vor, dem Tiefquarz, der bis zu einer Temperatur von 573 °C trigonal kristallisiert und dem sogenannten Hochquarz, der bei Temperaturen zwischen 573–870 °C in hexagonaler Form kristallisiert. Bei noch höheren Temperaturen entsteht Tridymit und schließlich bei über 1470 °C Cristobalit. Darüber hinaus gibt es die beiden Hochdruckmodifikationen Coesit und Stishovit, die bei Drücken oberhalb von etwa 35 000 bar bzw. 100 000 bar gebildet werden. Kennt man die Kristallmodifikation, kann man Rückschlüsse auf die Bildungsbedingungen ziehen.[34] Drücke der genannten Größe treten fast ausschließlich bei Impaktereignissen kosmischer Körper auf, sodass sich bei Vorliegen einer Quarz-Hochdruckmodifikation auf einen Meteoriteneinschlag schließen lässt. Ein sehr wichtiges Indiz für längst vergangene Ereignisse dieser Art.

Sowohl Coesit als auch Stishovit wurden in den Meteoritenkratern von Arizona und Nördlinger Ries nachgewiesen. Allerdings sind auch Coesitkristalle in metamorphen Gesteinen entdeckt worden, was darauf hindeutet, dass die zugehörigen

Abb. 3.38 Links: Diatomeenschale von *Triceracium favus* (Nordsee, Deutschland). Die hexagonalen Schalenelemente besitzen höchste Struktursteifigkeit. Durchlicht Dunkelfeldbeleuchtung. Bildbreite 340 µm.
Rechts: Diatomeenschale von *Pleurosigma angulatum* (La Rochelle, Frankreich), deren regelmäßige Schalenstrukturen (Gitterkonstante um 0,5 µm) nahe an der optischen Auflösungsgrenze von Mikroskopen liegen. *P. angulatum* wurde deshalb gerne als Testpräparat zur Überprüfung der Objektivqualität verwendet. Durchlicht Dunkelfeldbeleuchtung. Bildbreite 48 µm, Gesamtvergrößerung um 1600 ×.

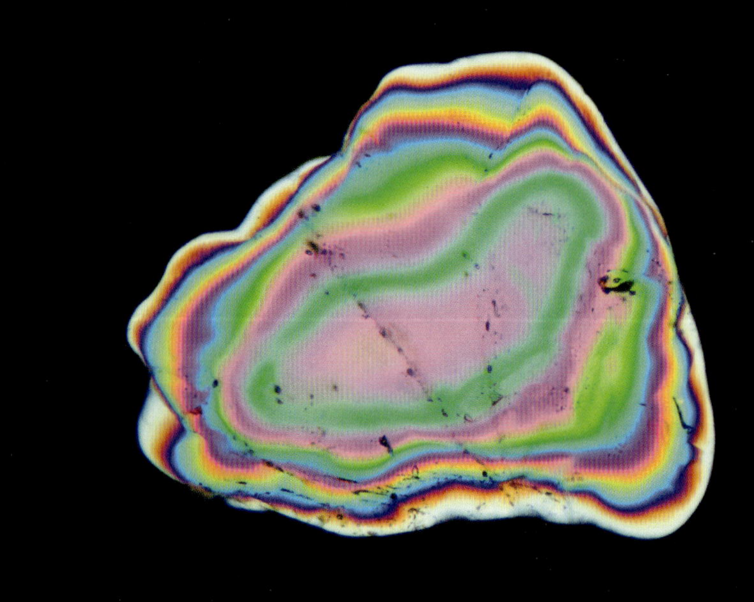

Muttergesteine in Tiefen von über 100 km versenkt waren, bevor sie durch gebirgsbildende Vorgänge zurück an die Erdoberfläche traten.[35] In Sanden findet man besonders in vulkanisch geprägten Gebieten kleine bipyramidale, glasklare Körner aus Hochquarz, die dann zusammen mit gegebenenfalls vorhandenen Einschlüssen Hinweise über Liefergebiet und Bildungsbedingungen geben können (vgl. Abb. 6.24). In Meteoriten selber kommt das Mineral Quarz gar nicht bis äußerst selten (in Eukriten) vor.

Die Farbe der Quarzminerale kann wie erwähnt variieren, was die Bestimmung von Sandkörnern mit der Lupe als einzigem Hilfsmittel erschwert und zu Verwechslungen mit anderen Mineralen führen kann. Oftmals, z. B. bei Wüstensanden, ist eine Färbung der Körner lediglich auf einen farbigen, auf der Oberfläche abgeschiedenen Oxidfilm zurückzuführen. Im Falle der Wüstensande ist dies der rötliche Hämatit. Je nach Dicke der Schichten wirken die Körner von hellrot bis dunkelrot. Nachfolgende Aufstellung zur Färbung der Quarzkörner bezieht sich nicht auf diese Schichten, sondern auf Substanzen, die den Kristallkörper selbst färben:[36]

Abb. 3.39 Typisches Sandkorn aus Quarz im Durchlicht-Hellfeld. Das Korn stammt von der Copacabana, Rio de Janeiro, Brasilien. Die Kanten sind bei geringer Sphärizität gut gerundet, viele kleine Einschlüsse sind in Reihen gruppiert. Korn 560 × 465 µm.

Abb. 3.40 Dasselbe Korn, aufgenommen zwischen gekreuzten Polarisatoren. Von außen nach innen sind die Abfolgen von Interferenzfarben bis zu Rot der 4. Ordnung zu sehen. Die Farbserien werden mit nach innen zunehmender Korndicke blasser. Aus den Interferenzerscheinungen lassen sich Hinweise auf das vorliegende Mineral ableiten.

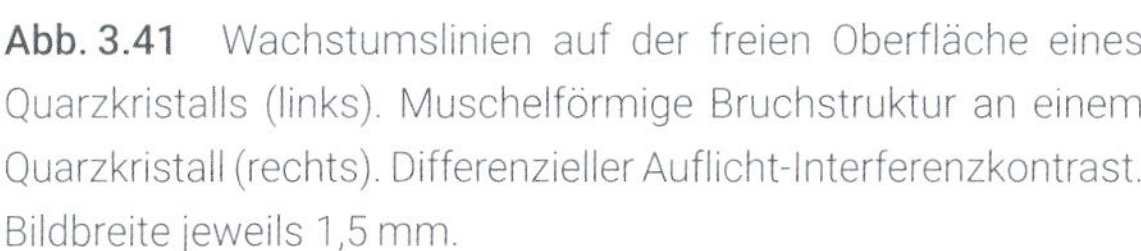

Abb. 3.41 Wachstumslinien auf der freien Oberfläche eines Quarzkristalls (links). Muschelförmige Bruchstruktur an einem Quarzkristall (rechts). Differenzieller Auflicht-Interferenzkontrast. Bildbreite jeweils 1,5 mm.

Abb. 3.42 Mitte links: Schwarze Hornsteinkonkretionen aus Quarz in ebenfalls feinkristallinem Sediment. Die linsenförmigen Hornsteinknollen sind härter als das sie umgebende Material und stehen daher vor. Der Name resultiert aus dem hornartig dichten Aussehen der Knollen. Rheinsediment aus einer Kiesgrube bei Kehl, Deutschland. Größe des Steins 60 × 60 mm.

Abb. 3.43 Mitte rechts: Milchquarz, der seine weiße Färbung durch mikroskopisch kleine Gas- oder Flüssigkeitseinschlüsse erhält. Quarzgeröll («Quarzkiesel») aus einer Kiesgrube bei Kehl, Rheinebene, Deutschland. Größe des Steins 45 × 35 mm.

Abb. 3.44 Rauchquarze aus einem Pegmatitgang im Vang-Granit, Bornholm, Dänemark. Der mittlere Granitpegmatit besteht weitgehend aus grobkristallinem, fleischfarbenen Kalifeldspat und den glasig dunklen Rauchquarzkristallen. Bildbreite um 150 mm.

rot:	Einschlüsse von Biotit oder Hämatit, Einbau von Metallionen («Rosenquarz»)
braun:	Goethit-Einschlüsse
gelb:	Eisenhydroxid-Einschlüsse oder Metallionen
weiß:	«Milchquarz», Flüssigkeitseinschlüsse oder Gaseinschlüsse
grau:	«Rauchquarz», radioaktive Bestrahlung (auch künstlich), Einschlüsse von Glimmer oder Grafit
grün:	Chlorit-, Biotit- oder Hornblende-Einschlüsse
blau:	Rutil-Einschlüsse
rosa:	Mangan-Verbindungen, Einschlüsse von Rutil oder Hämatit

Auf die sehr geringe, aber messbare Löslichkeit von Quarz in Wasser wurde schon hingewiesen. Goethe beschäftigte sich während seiner Frankfurter Jahre unter anderem mit alchemistischen Experimenten, in denen der leicht zugängliche Quarz eine Rolle spielte. Dabei interessierte ihn insbesondere der potenzielle Übergang des Mineralischen hin zum Vegetabilen oder Organischen. Man hielt diese Bereiche, auch in der Tradition der Alchimisten, für prinzipiell getrennt. Goethes frühe Versuche im eigens zusammengestellten Laboratorium bezeugen eher seinen damaligen Drang zur praktischen Erkenntnis als die Anwendung streng wissenschaftlicher Methoden:

> «Was mich aber eine ganze Weile am meisten beschäftigte, war der sogenannte Liquor Silicum (Kieselsaft), welcher entsteht, wenn man reine Quarzkiesel mit einem gehörigen Anteil Alkali schmilzt, woraus ein durchsichtiges Glas entspringt, welches an der Luft zerschmilzt und eine schöne klare Flüssigkeit darstellt. [..] Diesen Kieselsaft zu bereiten, hatte ich eine besondere Fertigkeit erlangt; die schönen weißen Kiesel, welche sich im Main finden, gaben dazu ein vollkommenes Material.»[37]

Tatsächlich glühte Goethe offenbar Siliziumdioxid mit Soda und erhielt eine chemische Substanz namens Wasserglas, aus der sich eine gallertartige Masse aus Kieselsäure abscheiden kann. Dieser in seiner Konsistenz schleimige Stoff erinnerte ihn an den lebensträchtigen «Urschleim», den es zu finden galt.

Die Herkunft des seit dem 14. Jahrhundert bezeugten Wortes «Quarz» ist übrigens nicht endgültig geklärt. Vermutlich handelt es sich um eine mittelhochdeutsche Koseform zu «querch», Zwerg. Früher schrieben die Bergleute das Vorkommen wertloser, harter Gesteine zwischen den Erzgängen bösen Berggeistern oder eben Zwergen zu. So stammt auch die Bezeichnung des Elements Kobalt vom Kobold, dem Bergzwerg.[38] Wasserklare Quarzkristalle haben hingegen die Menschen immer schon beeindruckt. In alten Sagen hieß es, dass Nymphen und Feen unter den

Bergen in Palästen aus funkelnden Kristallen wohnen. In Zeiten noch weit vor den Alchemisten nannten schon die Griechen die glasklaren Quarzkristalle «krystallos», das Eis. Und Plinius berichtete, dass der Kristall nur gefunden werde, wo «Winterschnee die größte Kälte bringt». Man glaubte tatsächlich, dass Quarzkristalle aus versteinertem Eis bestünden, welches auch nicht durch Hitze geschmolzen werden könne. Diese Ansicht war weit und lange verbreitet. Selbst 1689 berichtete der Chemiker Johannes Kunkel noch in seiner «Vollkommenen Glasmacher-Kunst», dass der Stein nichts anderes als «zusammen geronnenes Eis» sei. Robert Boyle hatte zu dieser Zeit allerdings bereits innerhalb seiner Schrift *Essay über Ursprung und Eigenschaften der Edelsteine* nachgewiesen, dass Quarz viel schwerer als Eis ist und demnach nicht mit diesem identisch sein kann. Etwa ab dem Ende des 17. Jahrhunderts wurde der Begriff «Kristall» schließlich ganz unabhängig von Quarzkristallen verwendet und zu seiner heutigen Bedeutung verallgemeinert.[39]

Auch heute noch hat Quarz erhebliche technische Bedeutung. Dies verdankt der Quarz einem physikalischen Phänomen, welches unter dem Begriff «piezoelektrischer Effekt» bekannt ist. Das bedeutet, dass bei Anlegen einer gerichteten mechanischen Spannung, beispielsweise durch Druckbelastung des Kristalls, dieser eine elektrische Spannung erzeugt. Das funktioniert auch umgekehrt: Legt man also an einen geeigneten Kristall eine elektrische Spannung an, so ändert er seine Länge. Der Effekt wurde 1880 an Turmalinkristallen festgestellt, aber es dauerte bis ins 20. Jahrhundert hinein, um dazu ein brauchbares mathematisch-physikalisches Modell zu entwickeln. Die ersten Anwendungen bestanden im Bau sogenannter Schwingquarze, die durch Resonanz eine definierte elektrische Frequenz stabilisieren, was beispielsweise zur Herstellung präziser Uhren, der Quarzuhren, genutzt wurde. Heute werden die entsprechenden Quarzelemente künstlich erzeugt oder durch andere Stoffe und Stoffkombinationen ersetzt. Quarz und damit Quarzsand ist weit darüber hinaus als begehrter Rohstoff aus vielen Bereichen technisch-industrieller Anwendungen nicht mehr wegzudenken.

3.2.2 Feldspat-Gruppe

Mineral:	Orthoklas (Beispiel)
Formel:	$K[AlSi_3O_8]$
Mohshärte:	6
Dichte:	2,53–2,56
Kristallsystem:	monoklin

Wie kommt das Salz ins Meer? Diese oft gestellte Frage können wir im Zusammenhang mit Feldspäten klären. Während Quarz ein einzelnes Mineral ist, verbirgt sich hinter dem Begriff «Feldspat» gleich eine ganze Mineralfamilie, die zudem sehr komplex aufgebaut ist. Neben Silizium und Sauerstoff kommen in den Feldspäten noch Aluminium sowie ein weiteres Metall (Kalium, Natrium oder Calcium) vor, sodass zwischen Kalifeldspäten, Natriumfeldspäten und Calciumfeldspäten je nach Vorhandensein des jeweils zusätzlichen Metalls unterschieden wird.

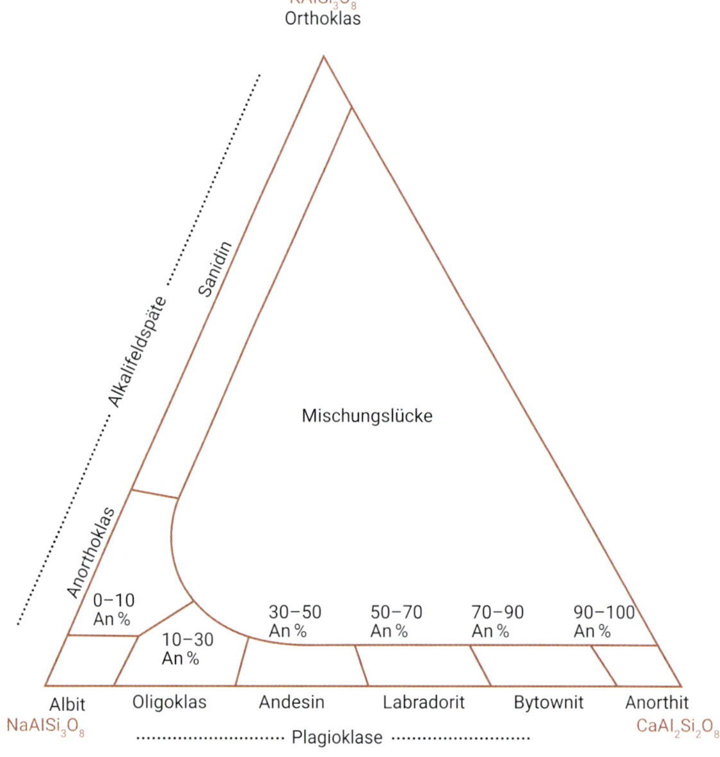

Abb. 3.45 Links: Kalifeldspäte (Orthoklase) von der Abraumhalde eines Granitsteinbruches aus Vang, Bornholm, Dänemark. Bildbreite 12 cm. Rechts: Vereinfachte ternäre Darstellung des Dreistoffsystems der Feldspäte.

Calciumfeldspäte werden üblicherweise mit dem mineralogischen Namen Anorthit, Natriumfeldspäte mit Albit bezeichnet. Zwischen diesen beiden Endgliedern ist jedes beliebige Verhältnis von Natrium zu Calcium möglich, diese binäre Mischkristallreihe bezeichnet man als Plagioklase. Ternäre Feldspäte enthalten sowohl Natrium als auch Calcium und Kalium. Als Mischkristalle stehen sie damit zwischen Albit, Anorthit und Orthoklas. Sie entstehen in magmatischen Gesteinen bei hoher Temperatur und nachfolgender langsamer Abkühlung. Ternäre Feldspäte bestimmter Zusammensetzungen bezeichnet man auch als Anorthoklas. All diese Varianten finden sich im Sand wieder.

Kalifeldspäte kommen sehr häufig in granitartigen Gesteinen vor und sind, bedingt durch ihre Häufigkeit und Allgegenwart, wichtige Gemengeteile von Sand und Böden. Die Verwitterungsstabilität ist für Kalifeldspat höher als für Plagioklase. Mit etwa 60–65 % (Volumenprozent) sind Feldspäte das weitaus häufigste Mineral der Erdkruste. Feldspatreiche Böden sind im Gegensatz zu sandigen, quarzhaltigen Böden sehr fruchtbar, da bei der Verwitterung der Feldspäte zu Kaolin das freiwerdende Kalium von den Pflanzen aufgenommen werden kann, die einen hohen Bedarf an diesem Element haben. Natrium hingegen benötigen Pflanzen in weitaus geringerem Maße, es bleibt daher in den Böden zurück und wird schließlich durch Regenwasser ausgewaschen und Richtung Meer transportiert. Hieraus erklärt sich der hohe Salzgehalt der Weltmeere, in denen sich überwiegend Natriumionen und nicht die von den Pflanzen aufgenommenen und den Verwitterungsprodukten der Gesteine entzogenen Kaliumionen im Laufe der Jahrmillionen ansammeln.[40]

Feldspäte sind insgesamt recht leicht verwitterbar und sehr gut spaltbar, worauf der Namenszusatz «Spat» hindeutet. Ihre Farbgebung ist charakteristisch, wenn auch nicht eindeutig. Kalifeldspäte zeigen ein Spektrum von Rot, Rosa, Braun und Violett, oft auch fleischfarbene Tönungen bei eher größeren Kristallabmessungen. Bei den Plagioklasen überwiegen demgegenüber weiße, gelbliche und grün-

Abb. 3.46 Feldspatreicher, unreifer Sand, nur leicht angerundet und relativ frisch. Fietjetjörn, Valle, Norwegen.

Abb. 3.47 Feldspatreicher, unreifer, gut bis mäßig gerundeter Sand von der Cala di Principe, Sardinien, Italien. Die direkte Herkunft aus dem anstehenden granitischen Gestein ist gut ersichtlich. Das Korn unterhalb der Mitte ist ein Miniatur-Gesteinsfragment aus Kalifeldspat (orange), Quarz (weiß) und Biotit (schwarz). Bildbreite 8,5 mm.

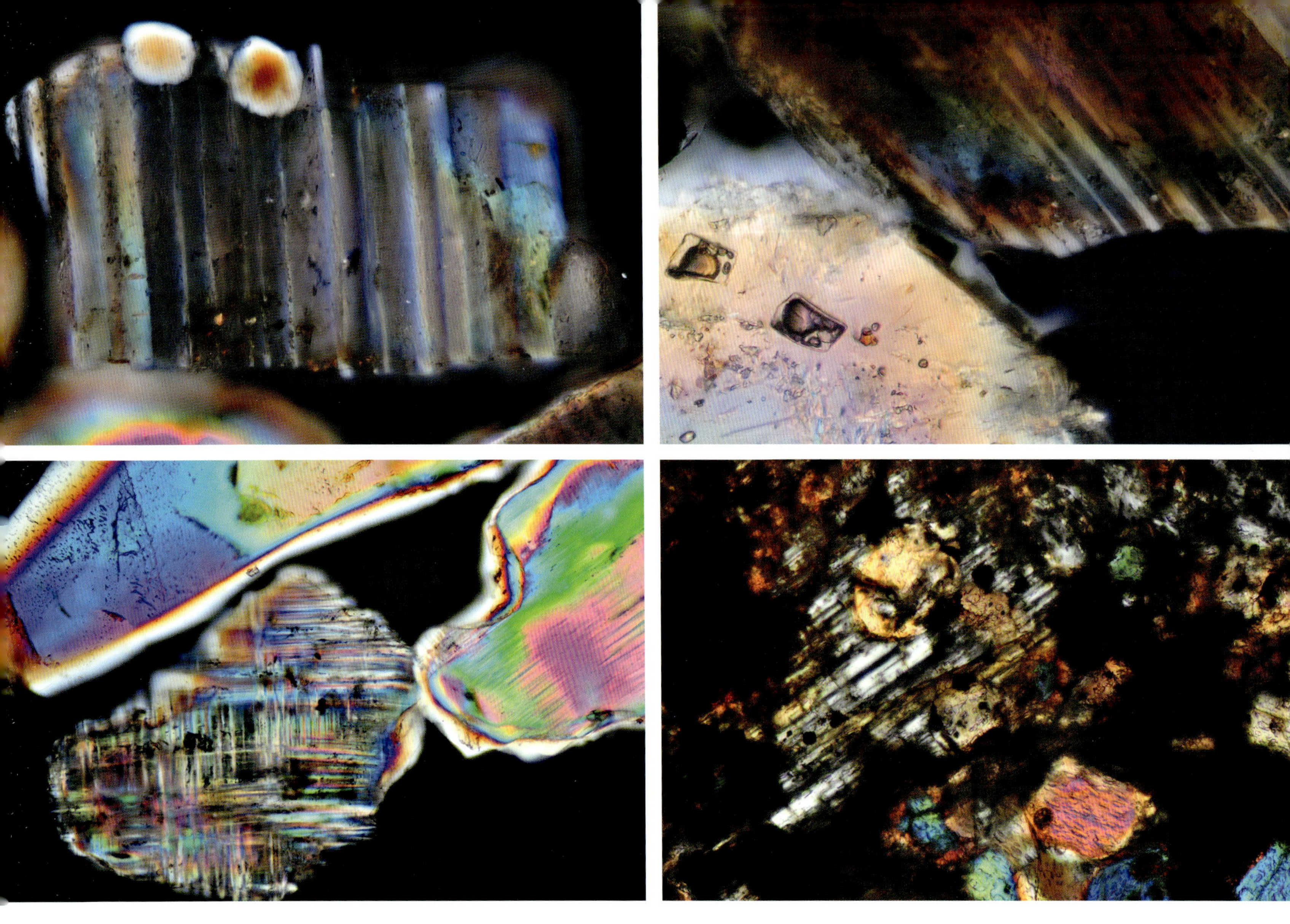

Abb. 3.48 Sandkorn aus Feldspat. Die kristalline Zwillingsbildung ist unter gekreuzten Polarisatoren deutlich erkennbar. Fietjetjörn, Valle, Norwegen. Durchlicht. Kornabmessungen 430 × 240 µm.

Abb. 3.49 Links unten ein Sandkorn aus Mikroklin mit typisch gitterförmiger Zwillingsbildung (450 × 250 µm), rechts ein Feldspat mit lamellarer Zwillingsbildung, oben ein Sandkorn aus Quarz. Fietjetjörn, Valle, Norwegen. Durchlicht, gekreuzte Polarisatoren.

Abb. 3.50 Rechts oben ein Sandkorn aus Plagioklas, erkennbar an scharf begrenzten schwarz-weißen Zwillingslamellen. Am unteren Sandkorn haften zwei Kieselalgen. Gekreuzte Polarisatoren. Fietjetjörn, Valle, Norwegen. Bildbreite 270 µm.

Abb. 3.51 Außerirdischer Plagioklas im Meteorit Allende. Es ist faszinierend zu erkennen, dass außerirdische Materie aus denselben Grundbausteinen besteht wie unsere irdische Materie. Viele der irdischen Minerale finden sich auch im Weltraum, wie in der Abbildung ein Plagioklaskristall mit typischen schwarz-weißen Zwillingslamellen. Die bunten Körner bestehen aus Olivin. Größe des Kristalls ca. 200 × 150 µm. Dünnschliff, gekreuzte Polarisatoren.

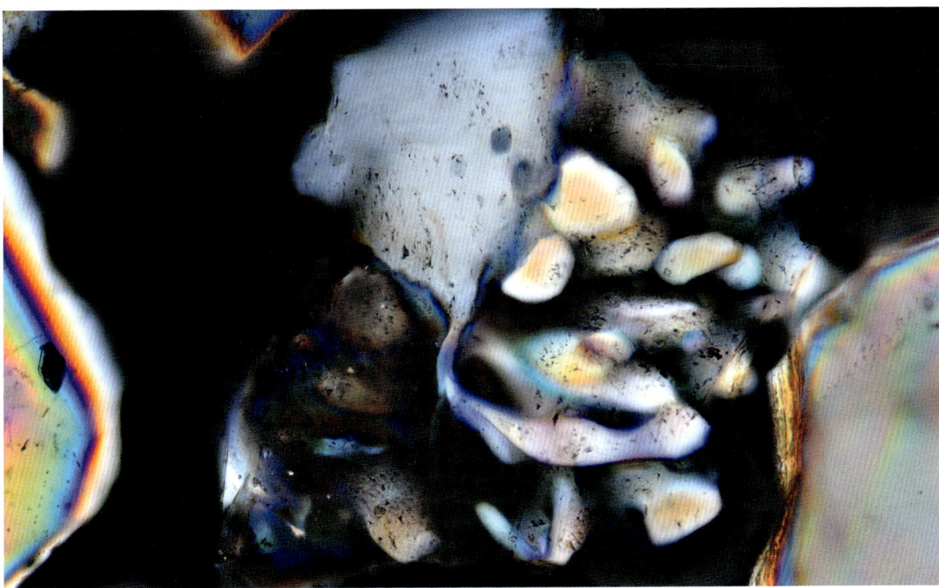

liche Farben bei – verglichen mit Kalifeldspäten – kleineren Abmessungen der Kristalle im Gesteinsverband. Im mikroskopischen Bild, teils auch schon mit bloßem Auge auf frisch angebrochenem Gestein, ist der charakteristische Hang der Feldspäte zur Bildung von Kristallzwillingen zu erkennen.

Alkalifeldspäte sind, wie beschrieben, unbegrenzt bei hohen Temperaturen mischbar. Bei zunehmender und langsamer Abkühlung des Magmas erfolgt unter 600 °C eine Entmischung im festen Zustand. Dabei bilden sich Entmischungsstrukturen, die Perthite genannt werden. Perthite sind an Entmischungsspindeln und Streifen zu erkennen, die aus Albit gebildet sind und sich im Alkalifeldspat als Wirtskristall befinden.[41] Quarz kann mit Feldspäten Verwachsungen bilden, die ein wurm- oder auch hieroglyphenförmiges

Abb. 3.52 Sandkorn mit sogenannter myrmekitischer Verwachsungsstruktur, bei der Quarz wurmartig in Plagioklas einwächst. Im Hellfeld (oben) ist kaum ein Unterschied zwischen den Komponenten Quarz und Feldspat (Plagioklas) zu erkennen. Erst unter gekreuzten Polarisatoren (unten) offenbart das Sandkorn seine Verwachsungsstruktur. Valle, Norwegen. Durchlicht. Kornabmessung 380 × 430 µm.

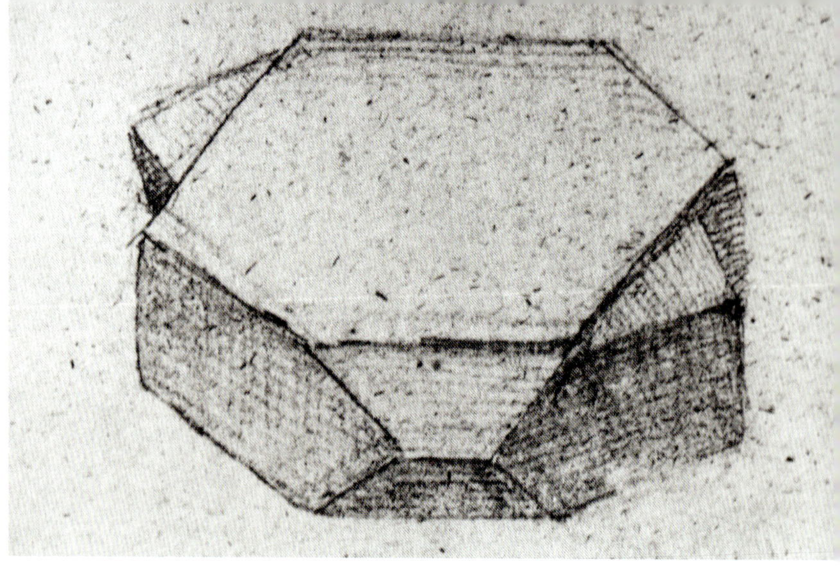

Aussehen erzeugen. Gelegentlich kann in Sandkörnern eine derartige Struktur erst unter gekreuzten Polarisatoren erkannt werden. Verwachsungen dieser Art werden Symplektite genannt. Ist Quarz mit Plagioklas verwachsen, handelt es sich um einen Myrmekit.[42]

Feldspatkristalle bilden, wie beschrieben, allgemein sehr häufig Zwillinge aus, woran sie auch gut unter dem Mikroskop erkannt und bestimmt werden können. Besonders deutlich treten die Zwillingslamellen bei Durchlicht mit gekreuzten Polarisatoren hervor, da die jeweils benachbarten Lamellen sich nicht gleichzeitig in Auslöschung befinden, somit also einen Hell-Dunkel-Kontrast zeigen. Besonders auffällig sind die Zwillingsbildungen nach dem Karlsbader Gesetz, Karlsbader Zwillinge genannt, bei den Kalifeldspäten, wobei nur zwei Individuen miteinander in Zwillingsstellung verwachsen sind, während bei den Plagioklasen meist viele Lamellen alternierend auftreten.

Goethe, der sich gerne zu Kuren und gesellschaftlichen Anlässen sowie auch zum Sammeln von Mineralien und Gesteinen in dem mondänen böhmischen Badeort Karlsbad aufhielt, beschrieb schon im Juni 1807 diese spezielle Zwillingsbildung des Feldspats:

> «Denn es gibt große Massen des Karlsbader Granits, worin man vollkommene Kristalle, und zwar von sehr komplizierter Bildung antrifft. Es sind Doppelkristalle, welche aus zwei in- und übereinander greifenden Kristallen zu bestehen scheinen, ohne daß man jedoch den einen ohne den anderen einzeln denken könnte. Ihre Form ist durch Beschreibung nicht wohl vor die Einbildungskraft zu bringen, man kann sich solche aber im ganzen als zwei ineinander gefügte rhombische Tafeln vorstellen.»[43]

Abb. 3.53 Kalifeldspat Zwillingskristall nach dem Karlsbader Gesetz, ein sogenannter «Karlsbader Zwilling». Kristall von der Halbinsel Enfola, Elba, Italien. Länge 38 mm. Rechts: Goethes Skizze eines «linken Zwillings» vom 20. 7. 1807 im Rahmen seiner Beschreibung der Mineralsammlung Joseph Müllers (entnommen aus: Goethe, J. W. v.: Schriften zur Allgemeinen Naturlehre, Geologie und Mineralogie. FA 1. Abt., Sämtliche Werke Bd. 25).

Dem Aufsatz «Zur Kenntnis der Böhmischen Gebirge», dem dieses Zitat entnommen ist, fügte Goethe eine präzise Bleistiftskizze des Kristalls bei und fuhr fort:

> «Von ihrer eigentlichen merkwürdigen Bildung aber würden wir keinen deutlichen Begriff haben, wenn der Granit, der sie enthält, nicht manchmal dergestalt verwitterte, daß die Umgebung zu Sand und Grus zerfiele, die Kristalle selbst aber fest und unverändert zur Freiheit kämen; wobei jedoch zu beobachten ist, dass sie bald aufgelesen werden müssen, weil auch sie durch Zeit und Witterung zerfallen, wenigstens brüchig werden.»

Orthoklas, also Kalifeldspat, bei dem diese Zwillingsform auftritt, ist, wie Goethe richtig beobachtete, tatsächlich etwas verwitterungsresistenter als die anderen Feldspatvarianten. Sieben Jahre später erhielt Goethe von Heinrich von Trebra, dem Oberberghauptmann im sächsischen Freiberg, einen Karlsbader Zwilling, den Trebra mit «Hexenkristall» im Begleitschreiben benannte (Abb. 3.53). Damals war die Einordnung und Klassifikation der Gesteine noch unklar und im Umfeld des Neptunistenstreites heftig diskutiert.

3.2.3 Glimmer-Gruppe

Mineral:	Muskovit
Formel:	$K\,Al_2[(OH,F)_2\,AlSi_3O_{10}]$
Mohshärte:	2–3
Dichte:	2,78–2,88
Kristallsystem:	monoklin

Abb. 3.54 Muskovitkristalle. Bildbreite ca. 90 mm.

Quarze und Feldspäte zählen zur Gruppe der Silikate. Auch die Glimmer als dritte wichtige gesteinsbildende Mineralgruppe sind unter die Silikate, genauer die Schichtsilikate, zu rechnen. Muskovit und Biotit sind die häufigsten Vertreter dieser Gruppe. Chlorite, ebenfalls Schichtsilikate, ähneln Glimmern hinsichtlich einer bevorzugten Spaltbarkeit, sind aber nicht, wie diese, elastisch biegsam und immer dunkelgrün gefärbt.

Das Mineral Muskovit oder Hellglimmer weist eine nahezu vollkommene Spaltbarkeit auf. Einzelne Blättchen lassen sich leicht mit dem Messer ablösen und sind transparent und biegsam. Der früher gebräuchliche Name «Moskauer Glas» rührt daher, dass in der Moskauer Gegend größere Glimmerplatten als Verglasung dienten. Allerdings sind die Blättchen mit einer Mohshärte von 2 sehr weich und kratzempfindlich. Muskovit kommt in zahlreichen sauren Magmen vor, findet sich in Graniten verschiedenster Art und ist Hauptbestandteil des Glimmerschiefers, der seine gute Spaltbarkeit durch die lagige Ausrichtung der Muskovitplättchen erhält. Führt ein Granit Hellglimmer, also Muskovit, kann aus geochemischen Gründen darauf geschlossen werden, dass die zugehörige Schmelze in einer Tiefe von mindestens 12 Kilometern erstarrt sein musste.

Abb. 3.55 Sand vom Ufer der Rhone bei Raron, Schweiz. Die noch junge Rhone transportiert frisches Sediment, welches überwiegend durch die erosive Tätigkeit des Rhonegletschers erzeugt wurde. Im Bild sind viele Glimmerblättchen von Muskovit und wenige aus Biotit (dunkel) zu erkennen sowie eckige, kaum angerundete Quarzkörner. Das schwarze Korn links unten ist jedoch kein Biotit, sondern ein Amphibol. Der Gesamteindruck des sehr feinen Sandes ist bei etwas Abstand grau bis hellgrau. Bildbreite 2,5 mm.

Abb. 3.56 Flusssediment aus dem Hinterrhein bei Nufenen, Schweiz. Der Sand ist deutlich unreifer als der Rhonesand aus dem Bild zuvor. Die beiden größeren dunklen Körner sind Biotitkristalle, weiter sind unzählige, kleine und durchsichtige Muskovitkörner im Bild verteilt sowie rechts unten ein grünliches Korn aus Chlorit Glimmer erkennbar. Bildbreite 5,2 mm.

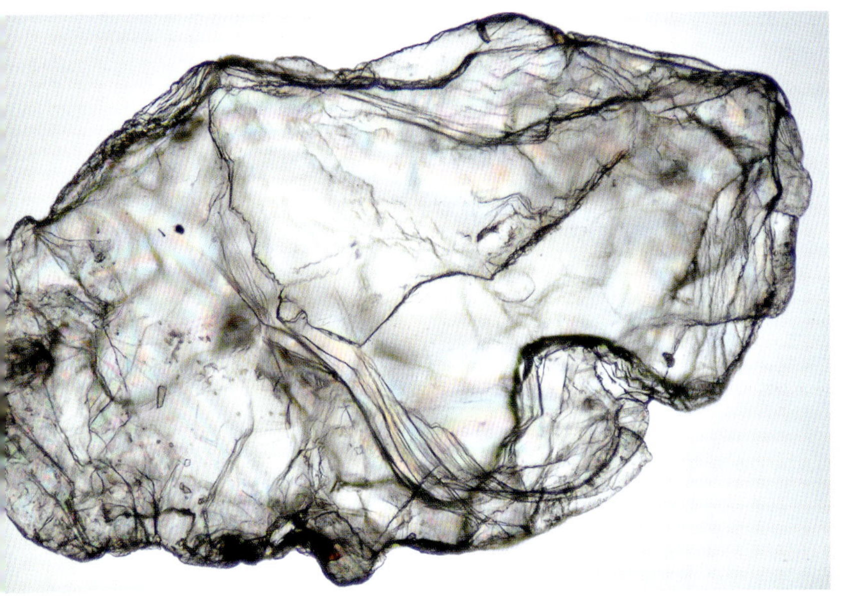

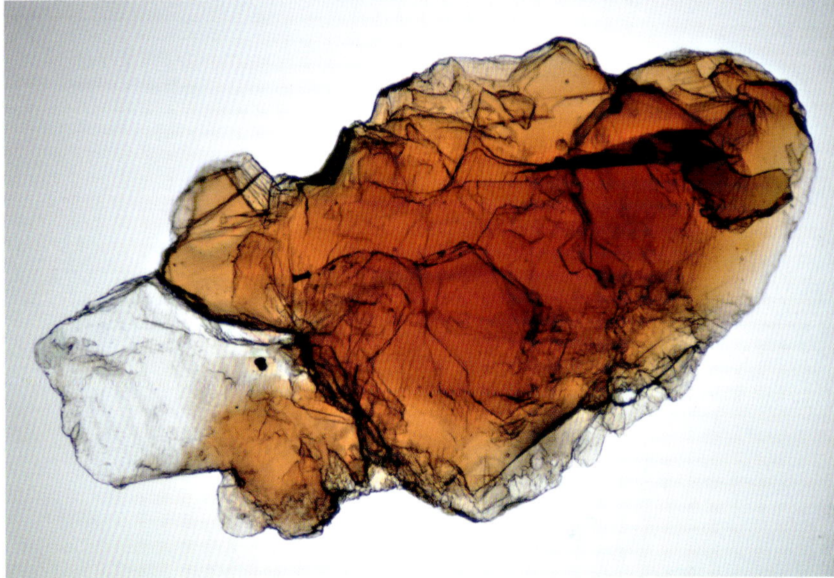

Muskovit stellt auch in metamorphen Gesteinen (siehe folgendes Kapitel) einen wichtigen Bestandteil dar. Aus dem Vorhandensein oder Fehlen von Glimmern können Rückschlüsse auf den Grad der Metamorphose und die Zusammensetzung der Ausgangsgesteine gezogen werden. Sein schimmernder, teils perlmuttartiger Glanz kommt durch Lichtreflexe an den dünnen blättrigen Schichten zustande. Muskovit ist äußerst verwitterungsstabil, wohingegen Biotit oder Dunkelglimmer weniger resistent ist und bei Verwitterung zunehmend ausbleicht und einen goldähnlich schillernden Farbton annehmen kann.[44] Letzterer ist im Gegensatz zu Muskovit auch bei höheren Temperaturen stabil und ist daher auch in Vulkaniten anzutreffen.[45] Insgesamt ist Biotit der häufigste Glimmer. In Sedimenten kommt allerdings Muskovit wegen seiner höheren Beständigkeit etwa viermal so häufig vor wie Biotit. Die dunklen, meist goldfarben glitzernden Kristalle von Biotit sind in Sanden besonders gut erkennbar, während die teils hauchzarten Muskovitplättchen oft übersehen werden und erst durch ihre Lichtreflexe ins Auge fallen. Glimmerbestandteile werden vom Wasser leicht aus dem Sediment gewaschen und als Schwebfracht weit transportiert. Neben Tonmineralien sind sie für das milchige Aussehen der Gletschergewässer verantwortlich. Die Grenze zu den chemisch und strukturell verwandten, aber viel kleineren Tonmineralen wird bei einer Größe von 20 µm gesetzt. Tone selber besitzen per Definition Korngrößen unter 2 µm, bestehen aus Mineralen wie Illit, Smektit, Kaolinit etc. und sind selbst unter dem Lichtmikroskop nicht zu unterscheiden.

Abb. 3.57 Sandkorn aus Muskovit. Hinterrhein bei Nufenen, Schweiz. Durchlicht Hellfeld im linear polarisierten Licht mit leichten Interferenzfarben, hervorgerufen durch Ablösung der dünnen Spaltplättchen untereinander. Diese sind nicht vergleichbar mit den Interferenzfarben, die im polarisierten Licht entstehen, sondern entsprechen den Newtonschen Ringen, wie sie auf Ölpfützen zu sehen sind. Abmessungen 510 × 950 µm.

Abb. 3.58 Sandkorn aus Biotit. Hinterrhein bei Nufenen, Schweiz. Durchlicht Hellfeld. Abmessung ca. 400 × 800 µm.

3.2.4 Schwerminerale

Sand wird durch die Einwirkung von Wind und Wasser nicht nur transportiert, sondern auch sortiert. Vor allem im Wasser führt periodische Wellenbewegung zu einer Trennung derjenigen Mineralien, die verschiedene Dichten aufweisen.

Viele Sande führen je nach Ausgangsgestein eine Reihe (0,01–1 % bei Sandsteinen) akzessorischer, also zusätzlicher Gemengeteile, die spezifisch schwerer sind als Quarz und der Verwitterung ähnlich gut standhalten können. Diese Schwerminerale reichern sich dann in zunächst geringen Mengen am Spülsaum von größeren Flüssen, in Vertiefungen, aber auch an der Wasserlinie von Küsten an. Der auffällig dunkle Streifen, der an manchen Tagen bei Strandspaziergängen zu beobachten ist, besteht aus solchen Schwermineralen, die bei näherer Betrachtung einen Einblick in die Welt sehr attraktiver, teils leuchtend bunter Miniaturedelsteine gestatten. Zu finden sind unter anderem Turmalin, Zirkon, Rutil, Granat, Topas, Spinell und viele andere sowie die opaken (undurchsichtigen) metallischen Minerale Hämatit, Ilmenit und Magnetit. Letztere sind mehr oder weniger stark magnetisch und daher etwas leichter zu identifizieren.

Kommt es ganz allgemein zu einer lokalen Anreicherung von spezifisch schwereren oder auch mechanisch oder chemisch resistenteren Mineralen, so bezeichnet man dies als «Seife». Das Wort stammt ursprünglich wohl aus dem Bedeutungszusammenhang mit «waschen, auswaschen». Man wusch aus Bachsedimenten Mineralbestandteile heraus. Mit «Seife» wurden zudem tiefe, mit Flüssen durchzogene Taleinschnitte benannt. Je nach Art des Anreicherungsprozesses lassen sich verschiedene Seifentypen unterscheiden:[46]

Abb. 3.59 Schwermineralanschwemmung (Seife) am Strand von Hasle, Bornholm, Dänemark.

— Residuale Seifen, die durch Verwitterung vor Ort entstehen,
— fluviatile oder alluviale Seifen, die durch Anreicherung in Flüssen oder durch Regenfluten entstehen,
— marine Seifen, durch Anreicherung in der Brandungszone und
— äolische Seifen, die durch Windausblasungen und Trennung durch Luftströmungen entstehen.

Der amerikanische Goldrausch beruhte auf reichhaltigen Goldfunden in fluviatilen Seifen. Damals musste mühsam mit Pfannen ausgewaschen werden, um die leichteren von den schwereren Mineralen durch Schwerkraft und Strömung zu trennen. Schwermineralseifen erreichen mancherorts abbauwürdige Mächtigkeit. Ganz besonders marine Seifen können sich über viele Kilometer an Küsten entlangziehen und teils enorme Größe erreichen. An der australischen Ostküste erstrecken sich Strandseifen mit Anreicherungen von Zirkon, Ilmenit und Rutil über 900 km. Der an Küsten meist vorherrschende Landwind führt auch zu Verfrachtungen der Minerale ins Landesinnere und zu Anreicherungen selbst viele Kilometer von der Küste entfernt. Für Gold, Zinn, Tantal und Titan beträgt der Produktionsanteil aus Seifen weltweit um die 70 %. Besondere Bedeutung besitzen die Diamantseifen in der Namib Wüste oder auch die Zinnseifen im südostasiatischen Raum.

Durch Analyse des Gehaltes und der Zusammensetzung von Schwermineralen können wichtige Rückschlüsse auf die Bildungsbedingungen und die Herkunft von Sanden und Sedimentablagerungen gezogen werden (siehe dazu auch Kapitel 6). So ließ sich beispielsweise das sukzessive Abtragen des französischen

Abb. 3.60 Sand aus Unawatuma, Sri Lanka. Am unteren Rand ist eine Konzentration dunkler, metallischer Schwerminerale zu erkennen. Der helle Sand besteht demgegenüber vorwiegend aus biogenem Material mit wenigen Gesteinsfragmenten. Ausstreuung auf Papier nach leichtem Schütteln. Bildbreit um 50 mm.

Zentralmassives über lange geologische Zeiträume durch Analyse der Schwermineralabfolgen in den umliegenden Sedimentbecken (Rhonebecken, Pariser Becken) rekonstruieren.[47] Für wissenschaftliche Untersuchungen wird einer Sedimentprobe durch separierende Verfahren der Anteil an Schwermineralen entzogen und in Art und Menge bestimmt. Verwendung finden hierbei neben magnetischen Abscheideverfahren entweder Flüssigkeiten mit hoher Dichte, auf denen dann die leichteren und auszusondernden Minerale aufschwimmen, oder aber Zentrifugen, die eine Trennung durch Massenträgheit bewirken. Die früher zum Abscheiden verwendete stark giftige Flüssigkeit Bromoform dient mit ihrer Dichte von 2,85 g/cm^3 als definitorische Grenze für diese Gruppe. Alles, was im Trenngefäß absank, war ein Schwermineral. Über 100 Schwerminerale sind beschrieben, machen aber in Summe nur etwa 0,1–0,5 % Anteil in Sedimenten aus.[48]

Bedingt durch ihr höheres spezifisches Gewicht werden Schwerminerale in ihrer jeweiligen Umgebung zusammen mit Quarzkörnern transportiert, deren Durchmesser im Durchschnitt aber deutlich größer ist (in Phi-Einheiten: 0,5–1,0). Der mittlere Durchmesser der Schwerminerale ist also kleiner als der mittlere Durchmesser des Sediments, in welchem sie gefunden werden. Diese Differenz ist als *hydraulic ratio* bekannt.[49] Weiterhin unterscheiden sich die Größenverteilungen der Schwerminerale auch untereinander. Schwerminerale werden während ihres Transportes mechanisch und chemisch beansprucht, nach ihrer Ablagerung und beginnender Diagenese fällt die mechanische Beanspruchung weg, wohingegen chemische Einflüsse fortwirken. Schließt sich ein weiterer Sedimentationszyklus an, überprägen dessen Einflüsse den ersten Zyklus und so fort.

Während der Diagenesephase können Minerale bis zur vollkommenen Auflösung gelangen, ihre Substanzen gehen dabei in das Porenwasser des Sediments über.[50] Dieser Prozess, der als *intrastratal solution* bezeichnet wird, wirkt sich so aus, dass mit zunehmender Tiefe bestimmte Minerale schließlich fehlen, die in höheren Schichten noch vorhanden sind. Man beobachtet eine schrittweise Verarmung älterer Formationen an Schwermineralen. Für Untersuchungen im Paläozän der Nordsee ergab sich beispielsweise, dass Amphibole in 600 m verschwanden, Epidot in einer Tiefe von 1100 m, Disthen in 1800 m, Staurolith in 2400 m, während Granat, Rutil, Turmalin und Zirkon auch noch unter 2800 m nachgewiesen werden konnten. Granat entwickelt dabei ausgeprägte und zunehmende Ätzfiguren.[51] Hauptsächlich für Granat ist bekannt, dass dessen chemische Stabilität in Verwitterungswässern mit kleinen pH-Werten um 3,6 (saurer Bereich, vergleichbar mit Apfelsaft) sehr gering ist und mit steigenden pH-Werten immer größer wird. Bei ph-Werten ab 8–10, was Haushaltsseife entspricht, gehört Granat zu den chemisch stabilsten Schwermineralen überhaupt.

Abb. 3.61 Schwermineralanschwemmung am Strand von Hasle, Bornholm, Dänemark (siehe Abb. 3.59). Zu erkennen sind neben hellen Quarzkörnern opake, metallisch glänzende Minerale wie Ilmenit und Magnetit sowie rosa- und orangefarbene, runde Granatkristalle. Bildbreite ca. 7,5 mm.

Abb. 3.62 Sandwich Harbour, Namibia. Strandseife, bestehend aus Granat (orangefarben: Grossular, rot und rosa Almadin/Pyrop) und dunklen Erzmineralen (Magnetit). Bildbreite 5,5 mm.

In seiner Stabilität wird der Granat nur noch übertroffen von den Mineralen Turmalin, Rutil und vor allem Zirkon. Olivin zählt dagegen zu den sehr unstabilen Schwermineralen, die daher eher selten in den Seifen zu finden sind. Aufgrund seiner besonderen Bedeutung und auch wegen seiner verhältnismäßig weiten Verbreitung in den Sanden der Welt behandeln wir als Beispiel für die Vielzahl der Schwerminerale hier nur den sehr bemerkenswerten Zirkon ausführlicher.

Zirkon

Eines der besonders interessanten Minerale, das häufig in Seifen vorkommt, ist der Zirkon (persisch: zar = Gold und gum = Farbe). Hinsichtlich Verwitterung ist er sehr dauerhaft, ja nahezu unzerstörbar. In Experimenten, bei denen man naturnahe Transportvorgänge nachbildete, konnten selbst nach über 4500 km simulierter Transportstrecke keine nennenswerte Verrundung der Körner festgestellt werden.[52] Auch hohe Druckmilieus im Zuge einer Gesteinsmetamorphose oder gar das Aufschmelzen von Wirtsgesteinen bei Magmatiten können Zirkone weitgehend unverändert überstehen. Es lassen sich daher sowohl in Metamorphiten als auch in Magmatiten Zirkone aus ehemaligen Sedimentgesteinen finden, die bedingt durch ihr Vorleben verrundet sind, wobei Kornrundung ebenso bei einer Metamorphose stattfinden kann und daher kein eindeutiges Merkmal für Verschleißvorgänge liefert.

Abrasiv gerundete Körner können metamorph sogar wieder zu vollständigen Kristallen auswachsen, die dann eine schalenförmige Zonierung zeigen.[53] Um Zirkone zu Analysezwecken aus Granitgesteinen zu extrahieren, werden die Gesteinsbrocken mit Brechern zerkleinert und zu einem feinen Pulver zermahlen. Dieses Pulver wird anschließend mit hochaggressiver Flusssäure behandelt, die jegliche Minerale herauslöst, bis nur noch die Zirkone zurückbleiben. Die winzigen Zirkonkristalle überstehen diese Prozedur so unbeschadet, dass sie nachfolgend zur Analyse verwendet werden können.[54] Auch in sehr reifen Sedimenten, die zu über 99 % aus Quarz bestehen, lassen sich Zirkone finden, die die bewegte Transporthistorie überstanden haben. Geologen schließen daraus umgekehrt auf den Verwitterungsgrad von Sanden und Sandsteinen. Sie fassen die drei stabilsten Minerale Zirkon, Turmalin und Rutil, die diesbezüglich ähnliche Eigenschaften besitzen, hierfür zu einem «ZTR-Index» zusammen.

Zirkone kommen vorwiegend in Magmatiten sowie in sauren vulkanischen Gesteinen vor und bilden eine wichtige Grundlage zur geologischen Altersbestimmung. Die Kristalle enthalten meist Spuren von radioaktiven Uran-Isotopen, die in genau bestimmbaren, aber sehr langen Zeiträumen zu Blei zerfallen; Blei selber wird nicht eingelagert. Die hierfür geeigneten Uranisotope ^{238}U und ^{235}U zerfallen nach einer Halbwertszeit von 4,468 beziehungsweise 0,704 Milliarden Jahren in die Bleiisotope ^{206}Pb und ^{207}Pb. Durch die Messung des Verhältnisses von verbliebenem Uran zu neu gebildetem Blei lassen sich der Zerfallszustand des Urans und damit das Alter der Probe errechnen. Für Kernbereiche zonar aufgebauter Zirkone aus den Jack Hills in Westaustralien konnte mit dieser Methode ein Alter von 4,404 Mia. Jahren ermittelt werden, sodass

diese Zirkonkristalle wohl zu den einzigen bekannten Zeugen der primären kontinentalen Kruste der Erde zählen (siehe dazu auch Kapitel 6), die das Hadaikum überstanden haben.[55] Ihr zonarer Aufbau liefert ähnlich Baumringen die Chronik des ganzen Kontinents. Das Alter jeder einzelnen Anwachsschicht ist mittlerweile hochpräzise bestimmbar. Darüber hinaus enthalten Zirkonsandkörner häufig Einschlüsse verschiedener Art, so auch von glasigen Resten derjenigen Schmelze, aus der sie einst gebildet wurden. Die Untersuchung dieser Einschlüsse ist eine eigene Wissenschaft und liefert Erkenntnisse unter anderem über die Bildungsbedingungen zum Zeitpunkt der Erstarrung des umgebenden Gesteins.[56]

Während Sandkörner aus Zirkonkristallen mit etwas Übung gut an ihrer Form und Größe erkannt werden können, ist die Bestimmung weiterer Minerale im Sand ohne Hilfsmittel sehr schlecht möglich. Auch der Versuch, Sandkörner über ihre Farbe bestimmten Mineralen zuzuordnen, führt zu keinem eindeutigen Ergebnis. So könnte es sich bei einem schönen grünlichen Korn zum Beispiel um Aktinolith, Hornblende, Epidot, Olivin, Augit, Ägirinaugit oder Ägirin handeln, um nur die wichtigsten zu nennen. Ebenso ist nicht jedes glasklare Korn aus Quarz. Für präzise Bestimmungen werden Polarisationsmikroskope oder noch aufwendigere Verfahren benötigt. Für den Sandliebhaber ist eine solche Information zwar interessant, aber nicht unbedingt erforderlich, für den Wissenschaftler hingegen unabdingbar. An dieser Stelle zeigen wir eine Auswahl von zehn monomineralischen Sandkörnern, die häufig in Seifenablagerungen der Strände zu finden sind, um zumindest einen Eindruck der Vielfalt und auch Schönheit dieser Seifen erkennen zu lassen.

Abb. 3.63 Sandkörner, bestehend aus Zirkonkristallen aus einer Seife des Strandsandes von Hohwacht, Ostsee, Deutschland. Das linke Korn ist ein zonar aufgebauter, idiomorpher Kristall ohne sichtbare Verschleißspuren, während am rechten Korn die Kristallformen durch Abrollvorgänge weitgehend verrundet sind. Im linken Korn sind mehrere ausgeprägte Einschlüsse verschiedener Art zu erkennen (Schmelzeinschluss groß und rund, eckiger mineralischer kristalliner Einschluss). Hellfeldaufnahme, Breite des linken Kristalls quer zur Achse 100 µm.

Abb. 3.64 Zirkonkristall als winziger Einschluss innerhalb eines Sandkornes. Abmessungen des Zirkons 24 × 95 µm. Tigaki, Insel Kos, Griechenland. Durchlicht, gekreuzte Polarisatoren.

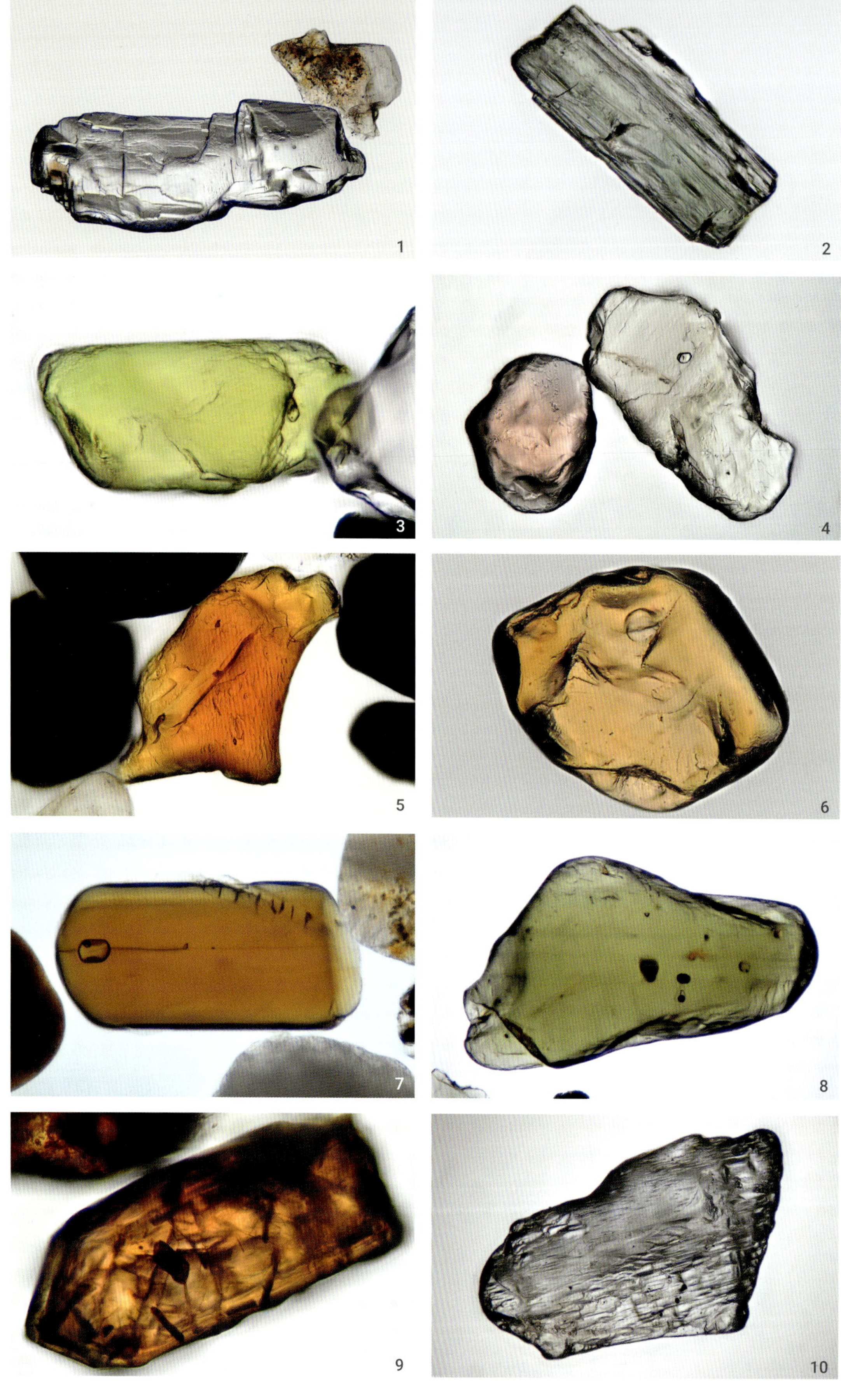
1
2
3
4
5
6
7
8
9
10

Erzminerale

Alle bisher vorgestellten Schwerminerale sind transparent und können daher im durchfallenden Licht beobachtet und untersucht werden. Das ist bei den Erzmineralen nicht mehr möglich; Erze sind im Größenbereich von Sandkörnern opak, also undurchsichtig. Für eine Analyse sind daher Auflichtverfahren anzuwenden, für die speziell ausgerüstete Erzmikroskope zur Verfügung stehen. Wir interessieren uns hier nur für die beiden wichtigsten Erzminerale in Sanden, dem Magnetit und dem Hämatit, die auch für den reinen Sandliebhaber gut zu unterscheiden sind.

Magnetit oder Magneteisen (Fe_3O_4) bildet zusammen mit Ilmenit die Hauptmasse aller oxydischen Erze und ist wichtigstes Eisenerzmineral. Er ist sehr weit verbreitet und als akzessorischer Gemengeteil in vielen Gesteinen anzutreffen. Magnetit ist in Form 15–20 winziger Kristalle sogar im Körper von Bakterien der Gattung *Magnetospirillium* eingelagert, wodurch ihnen ermöglicht wird, sich anhand der Feldlinien des Erdmagnetfeldes zu orientieren und entsprechend fortzubewegen. Magnetit besitzt einen hohen Schmelzpunkt und wird daher sehr früh aus der Gesteinsschmelze in kleinen, vollständigen Kristallen abgeschieden, die wir dann später als opake, schwarz-glänzende und verwitterungsstabile Körnchen in den Seifen fluviatiler oder mariner Sande wiederfinden. Oberhalb einer materialabhängigen Temperatur, der Curie-Temperatur, verschwindet übrigens der Magnetismus und kehrt erst nach erfolgter Abkühlung wieder zurück.

Schon bei Plinius findet sich der Hinweis auf einen Hirten namens *Magnes*, dessen Schuhnägel an einem Stein auf dem Berge Ida haften geblieben sein sollen. Der Stein habe den Namen des Hirten erhalten. Weniger mythische Namensdeutungen sind zwar wahrscheinlicher, man muss sich aber klarmachen, welche Besonderheit ein Gegenstand im Grunde darstellt, der ohne Berührung eine Kraft auf einen anderen Gegenstand ausübt. Dies war für unsere Vorfahren ein ganz und gar einzigartiges und rätselhaftes Phänomen. Lukrez (ca. 99–55 v. Chr.) zufolge wurden Steine mit magnetischen Eigenschaften «in den Grenzen des Volkes von Magnesia»[57] gefunden und dementsprechend benannt. Der geniale und hellsichtige römische Denker, der durch logisch fundierte Gedankenexperimente zeigte, dass die Materie nicht unteilbar sein kann und daraus die Existenz von Atomen ableitete, versuchte sich in seiner Schrift *Über die Dinge der Natur* an einer Deutung der magnetischen Wirkung. Er ging davon aus, dass alle Materie «porös» sei und über einen permanenten Austausch von Teilchen mit anderen Körpern in Interaktion steht.[58] Dies ist eine ganz erstaunliche Erkenntnis. Setzt man in seiner Schrift Atom statt «Urelement» und versteht das Poröse als den tatsächlich «leeren» Raum zwischen allen Atomen der Materie und denkt sich den Austausch nicht durch Luft, sondern durch den modernen Begriff des Feldes, so sind wir vom heutigen Erkenntnisstand gar nicht mehr weit entfernt. Eine unglaublich scharfsinnige Betrachtung, über 2000 Jahre alt, rein durch die Kraft des Denkens gewonnen. Immer noch ist der permanente Magnetismus von

Abb. 3.65 Beispiele für weitere Sandkörner aus der Fraktion Schwerminerale. 1: Disthen, Rio Amarcao, Brasilien 2: Aktinolith, Nufenen, Schweiz 3: Epidot, Hohwacht, Deutschland 4: Olivin (re) und Granat, Hohwacht, Deutschland 5: Staurolith, Hasle, Dänemark 6: Turmalin, Kerala, Indien 7: Braune Hornblende, Lovina, Bali 8: Augit, Lovina, Bali 9: Rutil, Valle, Norwegen 10: Sillimanit, Kerala, Indien. Alle Fotografien im Durchlicht Hellfeld erstellt.

Festkörpern staunenswürdig. Bis heute ist es nicht gelungen, magnetische Monopole, also einzelne Pole nachzuweisen. Wie oft man eine magnetische Substanz auch teilt, stets existieren ein positiver und ein gegenüber befindlicher negativer Pol am selben Körper bis hinunter zu Skalen der Elementarteilchen.

Nun wollen wir der Frage nachgehen, warum viele Sande, insbesondere in Wüstengebieten, rote bis orangerote Färbung besitzen. Es liegt an einem Mineral, welches in Sanden nicht in größeren Kristallen vorkommt, sondern nur als Pigmentschicht, bestehend aus dem Eisenoxid Hämatit.

Hämatit oder Roteisenerz (Fe_2O_3) ist ein bedeutendes Eisenerz, das als Nebengemengeteil in metamorphen Gesteinen, seltener in magmatischen, ansonsten in hydrothermalen Gängen und als vulkanisches Exhalationsprodukt vorkommt.[59] Hämatit ist grauschwarz bis rotbraun und nur mäßig magnetisch. Er tritt sehr formenreich neben dünnen Filmen in groben, kugeligen Massen («Glaskopf»), in metallisch glänzenden Kristallen und auch in feinsten, durchscheinenden Blättchen («Eisenglimmer») auf. Als detritisches Mineral findet sich Hämatit wie gesagt in Seifen sehr selten und höchstens lokal vermehrt angereichert. Er ist recht stabil gegen Verwitterung, wandelt sich aber schließlich in Limonit, Goethit oder Siderit um. Als häufigstes Farbpigment in Sedimenten wie Sand, Sandstein und Tonstein begegnet uns Hämatit praktisch auf Schritt und Tritt. Die typisch rötlichen bis tiefroten Sande der Wüsten Sahara, Namib oder auch der großen australischen Wüsten bestehen aus Quarzsanden, um deren Körner sich ein feiner Film aus Hämatit gelegt hat, der aus Lösungen ausgeschieden worden ist. Auch der Buntsandstein aus der Trias hat

Abb. 3.66 Sandprobe aus Limassol, Zypern. Über der Probe ist eine Glasplatte befestigt, auf der ein starker Magnet liegt. Die angezogenen Sandkörner bestehen größtenteils aus Magnetit und ordnen sich entlang der Feldlinien des Magneten an. Die grünliche Farbe des Sandes rührt von einer ungewöhnlichen mineralischen Häufung an Amphibolen und Pyroxenen her.

Abb. 3.67 Sand aus dem Machalilla National Park, Los Frailles Strand, Ecuador. Neben weißen Fragmenten von Muschelschalen und Schneckenhäusern sowie grünen vulkanischen Olivinen fallen die schwarz metallisch glänzenden Sandkörner aus Magnetit ins Auge. Links der Mitte ist ein idiomorph entwickelter Kristall aus Magnetit gut zu erkennen. Bildbreite 5,5 mm.

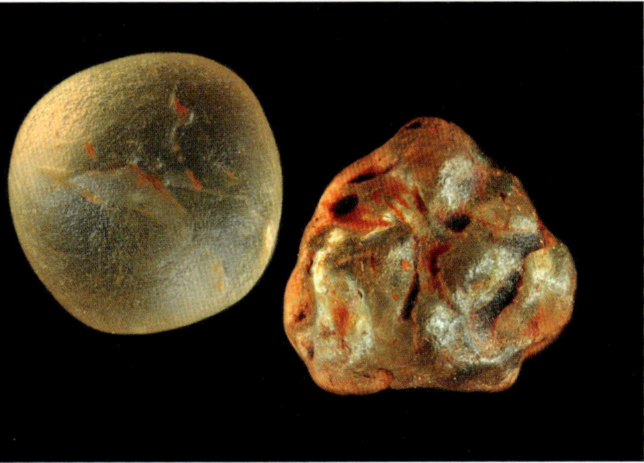

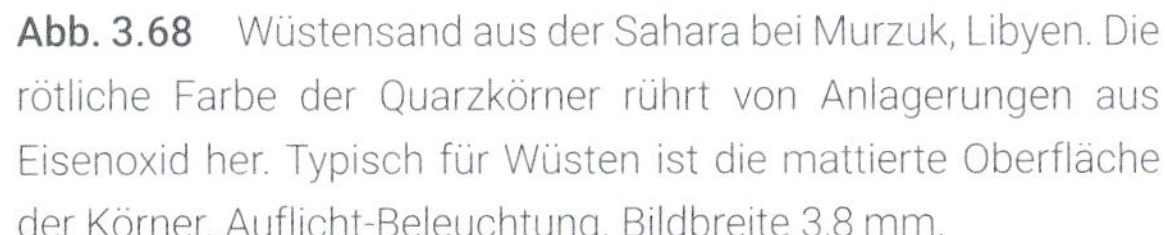

Abb. 3.68 Wüstensand aus der Sahara bei Murzuk, Libyen. Die rötliche Farbe der Quarzkörner rührt von Anlagerungen aus Eisenoxid her. Typisch für Wüsten ist die mattierte Oberfläche der Körner. Auflicht-Beleuchtung. Bildbreite 3,8 mm.

Abb. 3.69 Quarzkörner aus Wüstensanden; links Sahara bei Murzuk, Libyen; rechts Alice Springs, Australien. In den Furchen und Senken der Körner hat sich eine intensivere Färbung erhalten. Abrasive Prozesse durch Windtransport wirken der Bildung von Eisenoxidschichten entgegen. Auflicht-Beleuchtung. Korndurchmesser je um 730 µm.

Abb. 3.70 Probe aus feinem Wüstensand vom Ayers Rock, Australien. Viele Körner aus Wüstensanden besitzen einen roten Eisenoxidüberzug, der beim mittleren Korn teilweise durchbrochen ist. Schwarze Magnetitkörner mögen im Sediment das Eisen beigesteuert haben. Der Sand enthält viele anhaftende Mikropartikel. Auflicht, die Bildbreite beträgt nur 720 µm.

seine Farbe auf diese Weise erhalten. Allerdings ist der Prozess der Sedimentrötung noch nicht vollkommen erklärt und wird teils kontrovers diskutiert. So fand man heraus, dass die Rotfärbung der Sande begrenzt wird, wenn dieser gleichzeitig beispielsweise durch Wind transportiert wird. In jedem Fall ist ein semiarides bis humides Klima dem Rötungsprozess förderlich.[60] Das Eisenoxid stammt dabei aus der Verwitterung eisenhaltiger Minerale in ansonsten reinen Quarzsanden der ariden Dünen oder wird durch angrenzende Gesteine über Windtransport beigemischt. Nach Untersuchungen von Pye[61] besteht das rote Pigment der Sandkornüberzüge von Küstendünen vorwiegend aus einer Mischung aus schwach kristallisiertem Hämatit und Goethit, gut auskristallisierter Hämatit sei demgegenüber selten. Fest steht, dass bestimmte klimatische Verhältnisse den Vorgang der Rötung in Sedimenten begünstigen. Immer bedarf es der Beimischung einer eisenhaltigen Substanz, die sich durch externen Eintrag oder aber durch chemische Umwandlung vorhandener Minerale einstellen kann. Tröger (1969) fand heraus, dass in Sandsteinen, die älter als Mittel-Tertiär sind, über 80 % aller opaken Schwermineralkörner aus Hämatit bestehen, während in jüngeren Sedimenten, wie wir bereits gesehen hatten, Magnetit und Ilmenit deutlich überwiegen.[62] In diesem Zusammenhang ist zu erwähnen, dass auch durch nachträgliche Vorgänge, wie z. B. das Einsickern von eisenoxidhaltigen Flüssigkeiten in Sandsteinlagen, bunte, lagige Rötungen auftreten können. Diese müssen nicht immer parallel zu den Lagen der ursprünglichen Sedimentation orientiert sein. Effekte dieser Art sind als Chiasma-Sandsteine oder auch Liesegang-Ringe[63] bekannt.

Die Vorkommen von Hämatit reichen bis in die Erdfrühzeit zurück. In der Zeitspanne von vor 2,5–1,8 Mia. Jahren verband sich der von Cyanobakterien neu gebildete Sauerstoff in der Atmosphäre mit dem Eisengehalt der Weltmeere zu Oxiden, die zu Boden sanken. Es entstanden mächtige Formationen an sogenannten Bändereisenerzen aus Hämatit, Magnetit und Silikaten. Diese Erze bilden heute die Grundlage der weltweiten Stahlindustrie. Sie sind damit auch Zeuge einer frühen dramatischen Änderung der Oberflächenchemie unseres Planeten im frühen Proterozoikum. Im Gegensatz zu anderen Gesteinen bilden sich diese Erze nicht mehr neu, sie sind einmalig.[64]

Abb. 3.71 Sand aus dem Triebtal bei Jocketa, Sachsen, Deutschland. Die Sandkörner bestehen aus Limonit bzw. weisen eine teils bröckelnde Limonitkruste auf (siehe kleines Korn links unten). In der Nähe von Jocketa wurde am Eisenberg in früherer Zeit Eisenerzbergbau betrieben. Bildbreite 7,6 mm.

Abb. 3.72 Sandkorn mit rissiger Verwitterungskruste aus Limonit. Bergsee, Valle, Norwegen. Die Bilder der Oberflächentopografie sind mit zunehmender Vergrößerung im Auflicht Dunkelfeld Verfahren erstellt. Bildbreiten: oben: 2550 μm, Mitte: 880 μm, unten: 450 μm.

— 4 Sand und Steine

«Steine sind stumme Lehrer, sie machen den Beobachter stumm, und das Beste, was man von ihnen lernt, ist nicht mitzuteilen.»

J. W. v. Goethe: Maximen und Reflektionen

Wie wir gesehen haben, unterscheiden sich Sande voneinander ganz erheblich. Nun gehen wir der Frage nach, woher der Sand denn kommt, wie er entsteht. Dabei lernen wir Sand als Gemenge von Organismenresten und Zerfallsprodukten der Gesteine der Erdkruste kennen. Aber woher kommen die Gesteine selbst, wie entstehen sie und wie lassen sie sich einteilen und bezeichnen? Dies gilt es zu klären, Sand und Gesteine hängen schließlich eng zusammen. Mit den Organismenresten beschäftigen wir uns dann später noch ausführlich.

«Palermo, Dienstag, den 3. April 1787
Noch wunderlicher erschien ich diesem Begleiter, als ich auf allen seichten Stellen, deren der Fluss gar viele trocken läßt, nach Steinchen suchte und die verschiedenen Arten derselben mit mir forttrug. Ich konnte ihm abermals nicht erklären, daß man sich von einer gebirgigen Gegend nicht schneller einen Begriff machen kann, als wenn man die Gesteinsarten untersucht, die in den Bächen herabgeschoben werden, und daß hier auch die Aufgabe sei, durch Trümmer sich eine Vorstellung von jenen ewig klassischen Höhen des Erdaltertums zu verschaffen.»

J. W. v. Goethe: Italienische Reise, WA I, 31

Im vorangehenden Kapitel haben wir uns detailliert mit den Eigenschaften des Sandes beschäftigt und mit seiner Zusammensetzung als heterogenes, granulares Gemisch von kristalliner Materie. Wie sich zeigte, kann eine vorliegende Sandprobe durch Mineralbestand, Korngröße, Sphärizität, Farbe, Rundungsgrad etc. beschrieben werden. Woher aber kommt der Sand, wie ist er entstanden, wie wurde er anschließend transportiert und was wird einst aus ihm? Um es vorwegzunehmen: Nur in Ausnahmefällen lässt sich der Fundort einer vorliegenden, unbekannten Sandprobe mit einfachen Mitteln herausfinden. Noch viel weniger ist es möglich, den genauen Entstehungsort einzelner Körner zu rekonstruieren. Mancherorts ändern sich Mineralbestand, Sortierung und Korngröße schon innerhalb weniger 100 Meter. Ausnahmen gibt es beispiels-

Vorhergehende Doppelseite:
Bavnodde, Bornholm, Dänemark

weise durch ganz lokalspezifische Mineralzusammensetzungen oder das lokal begrenzte Vorkommen bestimmter Organismen, deren Schalenreste in der Probe gefunden werden.

In den forensischen Geowissenschaften bedient man sich solchen Wissens und setzt aufwendige statistische Methoden neben ebenso aufwendigen physikalisch/chemischen Untersuchungen ein. Im Falle des 1978 ermordeten italienischen Ministerpräsidenten Aldo Moro beispielsweise, fand man Sandreste in der Kleidung und konnte nach erster Analyse aus geologischer Sicht einen Küstenstreifen von 150 Kilometern Länge als mögliches Herkunftsgebiet identifizieren.[65] Von diesem Areal wurden 92 Vergleichsproben aus Sand genommen und auf anorganische und auch organische Hinweise im Detail analysiert.

Daraufhin ließ sich das potenzielle Herkunftsgebiet auf ca. 11 km weiter eingrenzen. Leider konnte aber durch die nachfolgende Durchsuchung dieses Küstenabschnittes kein Hinweis auf die Täter gewonnen werden. Nach deren späterer Festnahme behaupteten diese, die Sandproben absichtlich als Ablenkungsmanöver im Fahrzeug und an der Kleidung des Opfers angebracht zu haben. Man geht aber davon aus, dass diese Behauptung unrichtig war.

Wie bereits gezeigt, unterscheidet sich jeder Sand von einem anderen Sand durch eine Vielzahl von Merkmalen. Dennoch wollen wir etwas Ordnung in diese Vielfalt bringen und teilen die Sande in fünf Gruppen ein, die natürlich fließend ineinander übergehen, aber für einen ersten Überblick nützlich sind:

Gruppe 1	Anorganische Sande, die überwiegend durch die Verwitterung von kristallinen Gesteinen entstanden sind und daher kontinentale Prägung besitzen.
Gruppe 2	Anorganische Sande, die sich überwiegend aus den Verwitterungsprodukten von Kalksteinen zusammensetzen (ungeachtet dessen, dass Kalke selbst oft organischen Ursprungs sind).
Gruppe 3	Anorganische Sande, bestehend aus Körnern, die durch chemische oder physikalische Prozesse geformt wurden. Sie besitzen meist nur lokales und begrenztes Vorkommen. Beispiele: Ooide, Gipssande, pyroklastisch (vulkanisch) entstandene Sande.
Gruppe 4	Sande allgemein biogener Herkunft. Die Sandkörner bestehen aus Schalen, Gehäusen oder Fragmenten von Lebewesen wie Muscheln, Schnecken, Foraminiferen, Korallen, Seeigeln, Schwämmen. Die Sande besitzen damit eine marin/ozeanische oder seltener auch fluviatile Prägung.
Gruppe 5	Anthropogen erzeugte Sande oder Sandanteile. Meist sind dies Industrieabfälle wie Schlacken aus Hochöfen, Kohle, Kunststoffreste und -granulate, Glasfragmente und vor allem Mikroplastik.

Wir konzentrieren uns in diesem Kapitel zunächst auf Gruppe 1, die den volumetrisch größten Anteil der Sande der Welt darstellt. Sand also, der direkt oder indirekt aus der Verwitterung kontinentaler, kristalliner Gesteinsmassen hervorgegangen ist. Um für diese Sandgruppe ein tieferes Verständnis zu bekommen, ist es erforderlich, einen Blick auf die verschiedenen Gesteinsarten und deren Entstehungsgeschichte zu werfen. Wie entstand die Erde und wie ent-

Abb. 4.1 Beispiele für Sande aus den fünf unterschiedenen Gruppen:

Gruppe 1: Anorganischer Sand, Kapitel 4. Binao-Bousooue, Elfenbeinküste. Quarzdominiertes Landsediment. Kanten nur angerundet.

Gruppe 2: Anorganischer Sand aus Kalkgesteinen, Kapitel 7. Lefkas, Griechenland. Überwiegend gut gerundete Kalksteinkörner sowie einige farbige Mineralien neben marinen Lebensspuren.

Gruppe 3: Sand aus chemischen oder physikalischen Prozessen, Kapitel 4. Almogordo, White Sands National Monument, New Mexico, USA. Monomineralischer, feinkörniger Gipssand. Bildbreite 4 mm.

Gruppe 4: Sand biogener Herkunft, Kapitel 7. Michaelmas Cay, Ostaustralien. Sämtliche Sandkörner bestehen aus Schalen ehemaliger mariner Lebewesen.

Gruppe 5: Sand mit anthropogenen Spuren, Kapitel 9. Carbis Bay, Südengland. Mariner Sand mit Schlackeresten und Kohlefragmenten, offenbar von über Bord gegangenen Frachtschiffladungen.

standen all ihre Gesteine, die die Grundlage für unseren heutigen Sand bilden, wie entstand die Materie selbst? Gehen wir dazu zurück in die ferne Vergangenheit unseres Universums.

Mehr als 8,5 Mia. Jahre nach dem Urknall bildete sich innerhalb unserer Galaxie, der Milchstraße, eine Materiewolke, die zu 98 % aus Gas und nur zu 2 % aus schwereren Elementen bestand. Aus dieser rotierenden Gaswolke entstand, wie wir in Kapitel 2 gesehen haben, unsere Sonne. Aus den schwereren Elementen verdichteten sich die vier inneren, erdähnlichen Planeten Merkur, Venus, Erde und Mars. Sie formten sich zunächst als recht lose Verbände aus Staub, Chondren und CAIs, die sich durch Teilaufschmelzungen nach und nach verfestigten. Der Zerfall radioaktiver Elemente heizte die frühe Erde später so stark auf, dass ihre Oberfläche von riesigen Magmaozeanen geprägt war. Diese Ozeane aus geschmolzenem Gestein besaßen Tiefen von 1000 Kilometern und mehr.[66] Etwa vor 4,5 Mia. Jahren fand dann ein Ereignis statt, welches auf das Schicksal der Erde den entscheidenden Einfluss haben soll und als Giant-Impact-Hypothese bekannt geworden ist.[67] Zu dieser Zeit schlug demzufolge auf die frühe Erde ein gigantischer Körper ein, der in etwa die Größe des Planeten Mars besaß. Ihm wurde der Name «Theia» gegeben. Der Einschlag erfolgte streifend, also unter einem sehr spitzen Winkel, wodurch der Drehimpuls der Erde vergrößert wurde und die Erddrehung sich beschleunigte. Ein Frontalaufprall hätte demgegenüber die Erde vollständig zerstört, es gäbe uns nicht. Der Aufprall verkürzte den Tag/Nacht Rhythmus der Erde auf Werte, die für die Entwicklung höheren Lebens bestens geeignet waren. Die Aufprallenergie dieses Protoplaneten Theia war so hoch, dass er selbst weitgehend verdampfte und ein Großteil der Gesteinsmassen der Erde wieder aufschmelzen ließ. Die herausgeschleuderte Materie, vorwiegend leichteres Krustenmaterial, bildete den Mond. Dieser ist deshalb auch spezifisch leichter als die Erde. Der Aufprall neigte zudem die Erdachse auf den heute noch vorhandenen Wert von etwa 23,5 Grad gegenüber der Erdbahn. Ohne diese

Abb. 4.2 Archaisches metamorphes Krustengestein mit einem Alter von ca. 2,8 Mia. Jahren. Kirkenes, Norwegen. Bildbreite ca. 1 m.

Schrägstellung gäbe es keinen Sommer/Winter-Zyklus und vermutlich auch kein höheres Leben. Offensichtlich haben wir Theia einiges zu verdanken; den Sand obendrein.

Beim Aufschmelzen der Erdoberfläche sanken schwerere Elemente, vorwiegend Eisen, aber auch andere Metalle sowie vermutlich der verbliebene Metallkern von Theia in Richtung Erdmittelpunkt ab. Dort bildete sich nach und nach ein flüssiger Eisenkern, der auch heute noch existiert und für den überlebenswichtigen Dynamoeffekt verantwortlich ist, der das Erdmagnetfeld hervorbringt und uns alle vor tödlichem Sonnenwind und kosmischer Strahlung bewahrt.

In der Folgezeit differenzierten in komplexen Vorgängen Erdkern, Erdmantel und Erdkruste aus. Je nach der jeweiligen Zusammensetzung sanken schwere basische Magmen ab oder leichtere silikatische Magmen stiegen auf, Konvektionszellen bildeten sich, die Plattentektonik kam in Gang. Chemische Prozesse führten zu einem Absondern des gebundenen Kristallwassers, die Ozeane entstanden. Vulkanische Aktivitäten förderten Gase und Wasserdampf an die Oberfläche und eine erste dünne Atmosphäre bedeckte die Erde, während diese sich weiter abkühlte und sich vor etwa 3 Mia. Jahren erste größere Kontinentalmassen bildeten.

Kernbereiche dieser archaischen Kruste sind heute noch in fast allen Kontinenten zu finden. Das wohl älteste Gestein, das heute noch an der Erdoberfläche zugänglich ist, hat ein Alter von etwa 4,03 Mia. Jahren. Es handelt sich hierbei um einen sogenannten Metatonalit, ein Gneisgestein, welches sich in den kanadischen Western Territories findet (Acasta-Gneis). Selbst dieses Gestein beinhaltet noch ältere Komponenten, nämlich Zirkonkristalle, die auf 4,2 Mia. Jahre datiert wurden, also winzige Zeugnisse der mittlerweile längst verschwundenen damaligen Erdkruste darstellen. Im Norden Skandinaviens befinden sich auf der Kola Halbinsel und westlich davon bei Kirkenes weitere sehr alte Krustengesteine aus dem Archaikum, die vor 2,8–2,9 Mia. Jahren entstanden sind. Vor etwa 2,5 Mia. Jahren kam freier Sauerstoff in die Erdatmosphäre, geochemische Zyklen mit Verwitterungsprozessen begannen. Eine lange Zeit auf dem Weg hin zum Sand, wie wir ihn heute kennen.

Bevor wir uns genauer mit diesen so wichtigen Bestandteilen der Erdkruste, den Gesteinen, beschäftigen, gilt es aber zu klären, was genau unter einem Gestein zu verstehen ist. Wir folgen dabei Rothe[68]:

> «Gesteine sind monomineralische oder polymineralische Aggregate von Mineralen, die selbständige, in sich geschlossene Bereiche der Erdkruste darstellen.»

Man muss ergänzen, dass sich ein magmatisches Gestein per Definition zum Zeitpunkt der Erstarrung bildet, ab dann zählt die Zeit. Halten wir ein Stück Gestein mit einem Alter von 400 Mio. Jahren in der Hand, bedeutet dies demnach, dass die Schmelze, aus der das Gestein hervorgegangen ist, vor eben dieser Zeit erstarrte. Davon unbenommen bleibt, dass die Schmelze eventuell

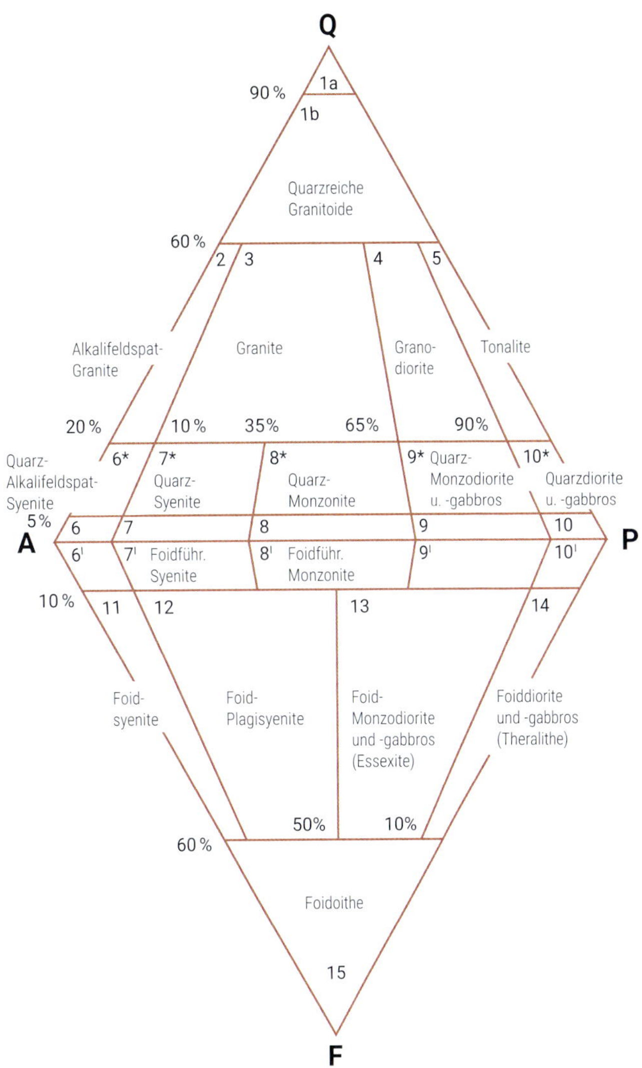

ihrerseits aus einem aufgeschmolzenen Gestein aus älterer Zeit bestand. Bei den Sedimentgesteinen wird entsprechend dieser Definition der Zeitpunkt der Sedimentation als Altersangabe benannt.

Wie lassen sich die Gesteine oder «Gebirgsarten», wie sie zur Goethes Zeit genannt wurden, nun unterscheiden und vor allem auch benennen? Anders als beispielsweise die Klassifikation von Pflanzen oder Vogelarten, kann ein Benennungssystem der Gesteine niemals vollständig oder exakt sein. Jede Bildung von Gesteinskörpern ist prinzipiell einzigartig und von sehr vielen Faktoren abhängig. Übergänge sind fließend und am Handstück ohne genaue Analyse oder Kontextwissen kaum zu erkennen. Viele der in Benutzung befindlichen und auch umgangssprachlichen Gesteinsnamen sind historisch bedingt und leiten sich von Ortsbezeichnungen, sogenannten Typuslokalitäten, her. Darunter versteht man prägnante, aber meist eng begrenzte Vorkommen wie beispielsweise Kinzigit, Gabbro, Syenit oder Bauxit, die nach Städten benannt sind. Auch wurden Gesteine

Abb. 4.3 Streckeisen Doppeldreieck für Plutonite. M=90–100 %. Q: Quarz, A: Alkalifeldspat, P: Plagioklas, F: Foide, M: mafische Minerale. Angaben in Volumenprozent. Die jeweiligen Eckpunkte bezeichnen 100 % der Einzelkomponenten. Quelle: Rothe (2010)

und Minerale nach berühmten Forschern oder den Erstbeschreibenden benannt (Forsterit, Goethit etc.). Nichts davon ist systematisch, manches sogar falsch. So ist der bei Assuan (Ägypten) vorkommende und namensgebende Syenit nach neuen Erkenntnissen ein roter Granit. Schaut man sich dazu noch Handelsnamen an, ist das Bezeichnungswirrwarr komplett. Im Handel hat man sich von den wissenschaftlich mittlerweile eingeführten Systemen weit entfernt bzw. diese nie zur Anwendung gebracht.

Ein systematisches Bezeichnungssystem hat die International Union of Geosciences (IGUS) erarbeitet, welches wir hier kurz vorstellen. Das System arbeitet mit dem relativen Mineralgehalt der Gesteine und basiert auf der Idee von Albert Ludwig Streckeisen, einem Schweizer Petrografen. Im sogenannten Streckeisen-Doppeldreieck können sowohl Plutonite als auch Vulkanite dargestellt werden, indem ihr Volumengehalt an den charakteristischen Mineralien Alkalifeldspat (A), dies umfasst die Kalifeldspäte und den Plagioklas Albit, Plagioklas (P), die Mischkristalle der Plagioklasreihe ohne Albit, Quarz (Q) und mafische Minerale (M) unter dem Mikroskop an Gesteinsdünnschliffen (siehe unten) gemessen wird. Mafische oder dunkle Minerale enthalten viel *Ma*gnesium und Eisen, *Fe*rrum, daher die Wortbildung. Die gemeinsame Basis des Doppeldreiecks ist die Feldspatlinie A–P, die das Verhältnis zwischen Alkalifeldspat (A) und Plagioklasen (P) im Gestein wiedergibt. Im oberen Dreieck befinden sich die Gesteine mit relevanten Anteilen an Quarz (Q), dessen Prozentsatz jeweils über der Feldspatlinie aufgetragen wird. Die vierte, untere Spitze des Doppeldreiecks berücksichtigt die sogenannten Foide (F) oder Feldspatvertreter. Zu ihnen zählen Minerale wie Leucit, Nephelin und Sodalith. Foide entstehen, wenn zu wenig Kieselsäure in einem Magma zur Bildung von Feldspäten vorhanden ist. Aus diesem Grund kommen Quarz und Foide niemals im selben Gestein vor. Dieser Umstand kann bei der Bestimmung gut genutzt werden.

Zur Klassifikation nach Streckeisen werden nur diese vier Gruppen (Quarz, Alkalifeldspat, Plagioklas, Foide) herangezogen und unter dem Begriff «felsische» oder helle Minerale zusammengefasst. «Mafische» oder dunkle Minerale finden keine Berücksichtigung, sofern ihr Volumenanteil 90 % nicht übersteigt. Zu ihnen zählen Glimmer, Epidot, Magnetit, Olivin, Orthopyroxen, Klinopyroxen und weitere. Übersteigt ihr Volumenanteil jedoch 90 %, werden die Gesteine zu den ultramafischen Magmatiten gezählt und in einer eigenen Klassifikation gesondert behandelt.

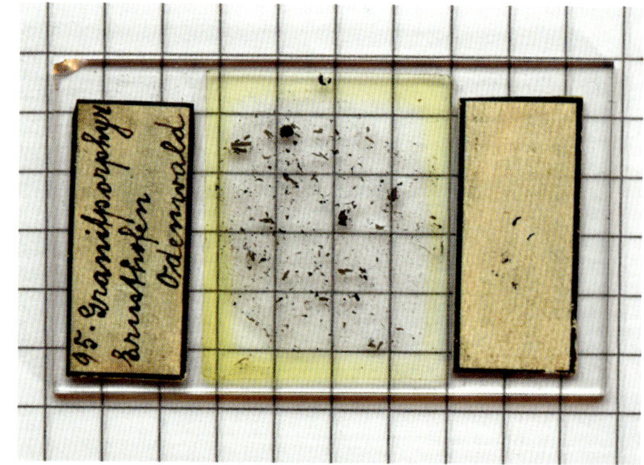

Abb. 4.4 Historischer Gesteinsdünnschliff von Granit aus dem Odenwald (um 1900). Ein Stück Granit (Mitte) wird auf Glas geklebt und so dünn geschliffen (0,03 mm), dass es durchsichtig wird und mit dem Mikroskop untersucht werden kann. Im Bild erkennt man deutlich das Karoraster des untergelegten Papiers durch das Gesteinsplättchen hindurch. Der Klebstoff ist mittlerweile gelblich verfärbt. Die dunklen Flecken im Plättchen sind braunschwarze Biotitkörner im Granit.

Bei Quarz-führenden Gesteinen wird der Gehalt Q+A+P zu 100 % gesetzt und in das obere Dreieck eingezeichnet und alternativ im Falle Foid-führender Gesteine F+A+P = 100 % in das untere Dreieck eingetragen. Auf der Basislinie trägt man das relative Verhältnis A–P ab, bei reinem «A» der linke Punkt, darüber wird dann der Quarzanteil nach oben bzw. der Foidanteil nach unten aufgetragen. Der sich aus den Messungen ergebende Punkt liegt in einem Feld des Streckeisendreiecks, dem laut Definition ein Gesteinsname zugeordnet ist. Liegen in einer Probe beispielsweise A und P in gleichen Mengen vor und ist der Quarzanteil unter 20 %, so handelt es sich dann um einen Quarz-Monzonit (siehe Grafik); wäre bei gleichem Quarzgehalt der Plagioklasanteil gleich Null, läge ein Quarz-Alkalifeldspat Syenit vor. Über die Entstehung der Gesteine sagen die Streckeisen-Darstellungen allerdings nichts aus; die Gesteinsbezeichnungen sind wohl definiert, aber willkürlich.

Allgemein werden die Gesteine in drei große Klassen eingeteilt:

- magmatische Gesteine oder Magmatite (Plutonite und Vulkanite)
- Sedimentgesteine oder Sedimentite
- metamorphe Gesteine oder Metamorphite

Abb. 4.5 Foid-führendes magmatisches Gestein, Foidsyenit (Feld 11 im Streckeisen-Dreieck), hier: Sodalithhaltiger Nephelin-Syenit. Grüngrauer Nephelin, blauer Sodalith, weißer Alkalifeldspat und schwarzer Biotit. Weder Quarz noch Plagioklas sind enthalten. Polierte Platte, Bildbreite ca. 70 mm.

Abb. 4.6 In dieser kleinen Sammlung kommen viele wichtige Gesteinsarten vor, die sich heute auf der Erde finden. Vulkanite, Plutonite, Metamorphite, Sedimentite. Vom Wallstein, der in vergangenen Meeresspülsäumen Schlagmarken erhielt bis zum Peridotit aus dem Erdinneren, von der Wüsten Gipsrose bis zu Hochmetamorphit. Obsidian, aus dem unsere Vorfahren Messer bauten, und Steinsalz, Lößkindl und Lava der Vorzeit, deren Poren sich mit auskristallisierten Mineralen füllten, sind vertreten. Abmessung: 20 × 30 cm.

Während die Magmatite (65 % Anteil an der Erdkruste) aus erstarrter Gesteinsschmelze bestehen, die sich in der Erdkruste (dann «Plutonite» genannt) oder auch oberirdisch (dann «Vulkanite» genannt) abgekühlt hat, entstehen Metamorphite (Anteil 27 %) durch Umwandlung von beliebigen Gesteinen unter sehr hohen Drücken bis über 10 000 bar und Temperaturen bis über 800 °C innerhalb der Erdkruste in Tiefen von bis zu 35 Kilometern. Metamorphe Gesteine sind daher meist lagig bzw. schieferig strukturiert und sehr kompakt. Durch die unvorstellbar großen Drücke und Temperaturen bilden sich neue, ganz charakteristische Minerale aus, und das Gestein wird in einen teigartigen, plastischen Zustand versetzt, in dem es durch Gebirgsbildungsvorgänge dann sogar wie Papier um 180 Grad gefaltet und gestaucht werden kann. Metamorphite dürfen aber nicht mit den ebenfalls oft geschichteten Sedimentgesteinen verwechselt werden. Sedimentgesteine oder Sedimentite bilden sich ohne Druck auf der Erdoberfläche oder auf dem Meeresboden, indem sich mineralische Verwitterungsprodukte nach schichtweiser Ablagerung durch physikalische oder chemische Prozesse (Diagenese) zu neuen Gesteinen verbinden.

Abb. 4.7 Die wichtigsten Gesteinsfamilien im Überblick. Die Bildbreite beträgt jeweils 30 mm. Oben links: Magmatit/Plutonit: Granit mit weißem Feldspat, schwarzem Biotit-Glimmer und glasig-grauem Quarz; oben rechts: Magmatit/Vulkanit: Lavagestein mit deutlich blasiger Textur; unten links: Metamorphit: Augengneis aus der Schweiz mit lagiger Textur und mit Feldspat-«Augen», polierte Probenoberfläche; unten rechts: Sedimentit: Stubensandstein (Trias) aus Hohenhaslach, Süddeutschland.

4.1 Magmatische Gesteine

4.1.1 Plutonite

Die Tiefengesteine oder Plutonite bilden den mengenmäßig größten Anteil an den Landmassen der Erde. Sie wurden nach Pluto, dem Gott der Unterwelt, benannt. Mit einem Anteil von knapp 90 % zählen Granitgesteine zu ihren prominentesten und häufigsten Vertretern. Heute besteht kein Zweifel mehr daran, dass sich Granite aus ursprünglich flüssigen, magmatischen Schmelzen sehr unterschiedlicher Zusammensetzungen bilden, die im tiefen Inneren der Erde verhältnismäßig langsam in sogenannten Plutonen auskristallisieren (genannt: «I-Typ Granite» von

Abb. 4.8 Einige der häufigsten gesteinsbildenden Minerale, hier die wichtigsten am Aufbau der Granite beteiligten Spezies: Feldspat (ca. 65 %), Quarz (ca. 27 %) und Glimmer (ca. 5 %). Oben: Feldspat-Kristalle aus Elba, Italien, ganz links: Karlsbader Zwilling, der wie Goethe beschrieb, aus dem Gesteinsverband herausgewittert ist. Links unten: Quarzkristalle aus verwittertem porphyrischem Granit, Halbinsel Enfola, Elba, Italien; rechts unten: Biotit aus Norwegen.

«igneous»). Plutone besitzen Durchmesser von typischerweise einigen 10–100 Kilometern, während Batholithe Größen von bis über 100 000 km^2 beispielsweise in Südamerika oder der nordamerikanischen Westküste erreichen können. Weiterhin können Granite durch das Aufschmelzen (Anatexis) sedimentärer Ausgangsgesteine entstehen (sogenannte «S-Typ Granite» von «sedimentary»). Aufschmelzvorgänge dieser Art finden bei der Kollision von ganzen Kontinenten in großer Tiefe statt. Das Schmelzen aluminiumreicher Sedimente führt dabei zur Bildung von muskovithaltigen Graniten. Muskovit kann daher, wie bereits beschrieben, als eine Art Tiefenindikator angesehen werden, da er nur in Tiefen von über 12 km in der Schmelze stabil bleibt. Halten wir ein Stück Granit mit Muskovit in der Hand, müssen wir uns also vor Augen führen, dass es einst in großer Tiefe entstanden ist, bevor es an die Erdoberfläche gelangte und dort dann wohl irgendwann zu Sand zerfallen wird.

Heute wissen wir, dass der Granit keineswegs das älteste Gestein ist. Die ältesten Gesteine, die heute noch zugänglich sind, gingen aus noch älteren Sedimenten hervor, die ja wiederum zerfallene Gesteine noch älterer Herkunft darstellen. Vermutlich war das «Ur-Gestein» eine Bildung aus basaltischen Lavamassen. Europäische Granite, wie etwa die skandinavischen, können durchaus mit 1,4–1,8 Mia. Jahren sehr alt sein. Aber es gibt auch Granitbildungen wesentlich jüngeren Datums, wie wir sie beispielsweise auf Sardinien, Elba oder auch in den Alpen finden. Ihr Alter ist mit um die 30 Mio. Jahre verhältnismäßig jung. Granit kann prinzipiell zu jeder Zeit entstehen, ein generelles Alter existiert nicht.

Niemand hat bisher den Vorgang der Granitentstehung direkt oder auch nur indirekt beobachten können.[69] Unser Wissen beziehen wir aus den durch Verwitterung freigelegten Plutonen, die an der Erdoberfläche sichtbar sind und die Gesteine einer Analyse zugänglich machen. In den 1950er-Jahren gelang der experimentellen Petrologie bei Versuchen unter hohem Druck und Zugabe von Wasser, Grauwacken und Tonschiefer in granitähnliche Schmelzen zu verwandeln und daraus wichtige Erkenntnisse zu ziehen.[70] Die Chemie magmatischer Schmelzen erwies sich dabei als recht kompliziert; das zeigte sich, als man untersuchte, in welcher räumlichen und zeitlichen Abfolge Minerale aus einer Schmelze bei langsamer Abkühlung auskristallisieren und sich absetzen bzw. aufschwimmen. Noch schwieriger wird es, wenn zu berücksichtigen ist, dass das Magma durch Aufschmelzen angrenzender Gesteine in seiner Zusammensetzung lokal verändert wird. So lässt sich die große Vielfalt an plutonischen Gesteinsarten erahnen.

Neben den granitischen Gesteinen gibt es die wichtige Familie der Gabbro-Gesteine. Gabbro ist ein Tiefenäquivalent des Basalts und baut den ozeanischen Anteil der Lithosphäre, also der äußeren Schicht des Erdkörpers, auf. Gabbro besteht aus basischem Plagioklas und zur Hälfte aus Mafiten, allen voran dem Mineral Augit. Weitere plutonische Gesteinsfamilien sind Diorite und Tonalite, die durch ihre schwarz-weiße Färbung (wie Pfeffer und Salz) auffallen. Syenite und Monzonite können auf den ersten Blick dem Granit sehr ähnlich werden, besitzen aber einen viel geringeren Quarzgehalt (unter 5 %). Es leuchtet ein, dass aus den verschiedenen Gesteinen bei der Verwitterung dann auch verschieden zusammengesetzte Sande entstehen.

Das mittlerweile weitgehend gesicherte Wissen über die Entstehung von Magmatiten und allen voran den Graniten war lange Zeit sehr umstritten. Zu Goethes Zeit teilten sich die Wissenschaftler in zwei Strömungen, die Neptunisten und die Plutonisten, auf. Während die Plutonisten bereits davon ausgingen, dass Granite, oder allgemein magmatische Gesteine, aus glutflüssigen Schmelzen aus dem Erdinneren entstanden sind, lehnten die Neptunisten diese Ansicht entschieden ab. Sie sahen rein sedimentative Prozesse am Werk. Granit – so ihre Auffassung – sei Produkt eines sehr langsamen Ablagerungsprozesses aus einem die ganze Erde umspannenden Ur-Ozean mit zunehmender Verdichtung durch das aufliegende Material. Goethe kam dieser Interpretation sehr nahe, da seine zutiefst antiaggressive Einstellung den Dingen der Welt und auch der Natur gegenüber, nicht akzeptieren konnte, die als aggressiv empfundene vulkanische Tätigkeit des Erdinneren für das Entstehen des von ihm als Urgrund der Welt so geschätzten Granitgesteins verantwortlich zu sehen. In einem Gespräch mit Eckermann am 17. April 1825 bemerkte er:

> «Sie wissen, wie sehr ich mich über jede Verbesserung freue, welche die Zukunft uns etwa in Aussicht stellt. Aber, wie gesagt, jedes Gewaltsame, Sprunghafte, ist mir in der Seele zuwider, denn es ist nicht naturgemäß.»[71]

Diese Haltung, die auch unter dem für ihn traumatischen Eindruck der Französischen Revolution stand, verfolgte er zeitlebens konsequent. Er war es schließlich in seiner Funktion als Staatsminister, man vergisst es leicht, der das Herzogtum Weimar weitgehend militärisch abrüstete.

Goethe stand wissenschaftlich dem damals führenden Geologen Abraham Gottlob Werner nahe, einem der Wortführer der Neptunisten. Dieser erklärte die sichtbaren vulkanischen Aktivitäten, das Austreten von Magma und auch das Entstehen von Basalt mit einem Schwelbrand unterirdisch verborgener Kohleflöze; eine Hypothese, die Goethe dann durch eigene Beobachtungen zu stützen suchte. Im Herbst 1789 legte er dazu eine kleine Schrift mit dem Titel *Vergleichs Vorschläge die Vulkanier und Neptunier über die Entstehung des Basalts zu vereinigen* vor[72], die freilich nie Verbreitung oder Anerkennung fand. Sein Aufsatz *Über den Granit*, in der er den Granit fälschlicherweise als das älteste Gestein der Erde ausgab, fand demgegenüber einige Beachtung. Noch im Faust ließ er Mephisto die Ansichten der Vulkanisten vortragen. In späteren Jahren, als die Beweise gegen die Neptunisten erdrückend wurden, relativierte er seine Ansichten und gab sich sogar einsichtig, als er 1823 einen Aufsatz des von ihm verehrten Alexander von Humboldt über die Wirkung von Vulkanen erhielt:

> «Das fleißigste Studium dieser wenigen Blätter, dem Buchstaben und dem Sinne nach, soll mir eine wichtige Aufgabe lösen helfen, soll mich fördern, wenn ich versuche, zu denken wie ein solcher Mann, welches jedoch nur möglich ist, wenn sein Gegenständliches mir zum Gegenständlichen wird, worauf ich denn mit allen Kräften hinzuarbeiten habe. Gelingt es, dann wird es mir nicht zur Beschämung, vielmehr zur Ehre gereichen, mein Absagen der alten, mein Annehmen der neuen Lehre in die Hände eines so trefflichen Mannes und geprüften Freundes niederzulegen.»[73]

Bemerkenswert ist die gezeigte Bereitschaft, sich den Sachargumenten des wissenschaftlichen Gegenübers zu beugen und anzuschließen. In seinem anderen großen Kampf, der Farbenlehre, ist Goethe leider nie in diese Phase eingetreten und hat bis zuletzt an seinen Thesen festgehalten. Der Begriff «Granit» lässt sich übrigens auf das lateinische *granum* zurückführen, was nichts anderes als Korn bedeutet; vom Sandkorn sind wir dabei nicht weit entfernt, entsprechen doch typische Quarzsandkörner etwa der Größe von Quarzkristallen im Kornverbund von Granit.

Eine strukturelle Besonderheit stellen Pegmatite dar, auf die wir in anderem Zusammenhang nochmals zurückkommen werden. Wie ihr feinkörniges Pendant, die Aplite, treten Pegmatite vorwiegend als gangförmige Gesteinskörper auf. Kennzeichnend ist ihr extrem grobkörniges Gefüge mit ausgeprägter Kristallbildung. Die Größen von Feldspatkristallen können hier von wenigen Zentimetern bis zu mehreren Metern reichen. Kalifeldspat wird gewöhnlich durch Mikroklin vertreten, der häufig Entmischungsformen zeigt. Erfolgt eine schnelle und gleichzeitige Abkühlung von Quarz und Mikroklin, kann es zu winkliger Durchdringung und Verwachsung der Kristalle in recht gleichmäßigen Abständen kommen, was je nach Betrachtungsrichtung zu einer Anmutung von Keilschriftzeichen oder Runen führt. Dieser sogenannte Schriftgranit ist sehr dekorativ und bei Sammlern beliebt. Pegmatitgänge führen oftmals seltene Begleitminerale wie Beryll, Spodumen und Lepidolith, die sich aus den in der Restschmelze angereicherten seltenen Elementen bildeten.

Gabbro und Diorit sind manchmal schwer zu unterscheiden, da die Unterscheidung über den Gehalt an Anorthit erfolgt (über 50 %: Gabbro; unter 50 %: Diorit). Dieser ist allerdings nur mikroskopisch ermittelbar. Im Feld kann man sich leichter mit den dunklen Gemengeteilen behelfen: Gabbro enthält neben dem obligatorischen Pyroxenmineral Augit eventuell noch Olivin, Diorit enthält hingegen überwiegend Amphibol (Hornblende) und eventuell Biotit. Über die recht einfache Bestimmung von Biotit bzw. Olivin kann eine Zuordnung erfolgen. Darüber hinaus besitzen die Diorite nur etwa 30 % mafische Gemengeteile, sind also in der Regel deutlich heller als Gabbros. Im Streckeisendiagramm nehmen beide Gesteinsarten dasselbe Feld 10 ein.

Abb. 4.9 Herausgewitterter Granitpluton mit gut erkennbarer Wollsackverwitterung. Nordsardinien, Italien.

Abb. 4.10 Strandgeröll aus Bornholm: Granite verschiedener Art und Herkunft. Von links oben im Uhrzeigersinn: Sala-Granit aus Uppland, Schweden, 1,9 Mia. Jahre alt; Almindingen-Granit, Bornholm, Dänemark, 1,4 Mia. Jahre alt; Hammer-Granit, Bornholm, Dänemark, 1,4 Mia. Jahre alt; Roter Gravenfors Granit, Östergötland, Schweden, 1,7 Mia. Jahre alt; Stockholm-Granit, Uppland, Schweden, 1,8 Mia. Jahre alt. Bildbreite 200 mm.

Abb. 4.11 Sogenannter Bavenogranit aus der Permzeit, Italien. Mustergültig zu erkennen ist grau erscheinender Quarz, fleischfarbener Kalifeldspat, porzellanweißer Plagioklas und schwarzer Biotit. Polierte Granitoberfläche im Auflicht Bildbreite 90 mm.

Abb. 4.12 Polierte Granitoberfläche (Detail) im Auflicht. Zu erkennen ist grau erscheinender Quarz, rötlich-fleischfarbener Kalifeldspat, grünlicher sowie porzellanweißer Plagioklas und schwarzer Biotit. Die wolkige Struktur an einigen Stellen rührt vom noch unvollständigen Poliervorgang her. Strandgeröll (Geschiebe) aus Bjerregard, Dänemark, geschnitten und polierte Probe. Bildbreite 7 mm.

Abb. 4.13 Dünnschliff eines Granits. Die Mineralien lassen sich anhand ihrer Interferenzfarben zuordnen. Quarzkörner in Orange, links oben ein Feldspatkristall in Hellblau mit Zwillingslamellen (Plagioklas) und rechts unter der Mitte ein Biotit in braun-schwarzer Farbe. Durchlicht, gekreuzte Polarisatoren. Bildbreite 3 mm.

Abb. 4.14 Gabbro, bestehend aus hellem Plagioklas sowie Hornblende und Augit (dunkel), Strandgeröll, Ostsee. Größe des Steins 43 × 49 mm.

Abb. 4.15 Diorit, bestehend aus weißem Plagioklas und dunkler Hornblende, Rheinschotter bei Kork, Deutschland. Größe des Steins 26 × 52 mm.

Abb. 4.16 Pegmatitisches Gefüge am Beispiel eines Schriftgranits aus Norwegen. Es handelt sich um einen offenbar durch Gletschertransport gerundetes Gestein. Gut sind die schmalen leistenförmigen Quarze zu erkennen, die Grundmasse besteht aus Feldspat (Mikroklin). Sandvatnet, Valle, Norwegen. Größe des Steins 90 × 110 mm.

4.1.2 Vulkanite

Wir hatten bereits an anderer Stelle zwischen hellen, felsischen und dunklen, mafischen Mineralen unterschieden. Aus dieser recht groben Einteilung in zwei Gruppen lassen sich dennoch weitere wichtige Eigenschaften ableiten, die je einer Gruppe zu eigen sind. Gesteine mit überwiegend heller Mineralzusammensetzung führen bei Aufschmelzung zu sauren, silikatreichen Magmen und diejenigen mit überwiegend dunklen Mineralen zu basischen, silikatarmen Magmen. Die wichtigsten dunklen Minerale können ihrerseits in die beiden Hauptgruppen Pyroxene und Amphibole unterteilt werden, wobei Augit der kennzeichnende Vertreter der Pyroxene ist und die Hornblenden Hauptvertreter der Amphibole sind. Hornblende enthält OH-Gruppen in ihrer Kristallstruktur und verträgt daher im Gegensatz zum Augit keine besonders hohen Temperaturen. Tendenziell besitzen die helleren Minerale einen niedrigeren Schmelzpunkt als die dunkleren.

Granite gehören zu den helleren Gesteinen, woraus wir mit den Vorbemerkungen ableiten können, dass sie bei verhältnismäßig geringeren Temperaturen erstarren (650–800 °C) und einen sauren Chemismus aufweisen. Als Begleitminerale finden sich daher eher Hornblenden, fast nie Augite. Umgekehrt gilt, dass Gesteinsschmelzen, die bei hohen Temperaturen um die 1100 °C erstarren, vorwiegend dunkle Minerale wie Augite enthalten und basischer Natur sind. Ihr Hauptvertreter ist der Basalt. Was der Gabbro bei den Plutoniten, ist der Basalt bei den Vulkaniten. Basalt ist zusammen mit dem Andesit das wichtigste Ergussgestein auf der Erde. Wir verstehen vereinfacht unter Basalt eine Mineralassoziation von Pyroxen und Plagioklas, oft mit Olivin (Abb. 4.17). Diese Minerale finden sich dann auch folgerichtig in den jeweils örtlichen Sanden gehäuft wieder.

Plutonite erstarren im Erdinneren vollständig thermisch isoliert und unter Druck der umgebenden und auflastenden Gesteine. Daraus resultiert eine sehr langsame Abkühlgeschwindigkeit, die den Mineralen Zeit gibt, fraktioniert nach Schmelztemperatur auszukristallisieren und gut ausgeprägte Kristalle zu bilden. Im Gegensatz dazu erstarren Vulkanite an der Erdoberfläche sehr rasch. Die schnelle Abkühlung an der Oberfläche lässt keine Zeit zu einer ausgeprägten Kristallbildung, sodass Vulkanite immer sehr feinkörnig sind. Für viele Vulkanite kann daher auf die herkömmliche Art die Einordnung in ein Streckeisendiagramm in der Praxis sehr erschwert und manchmal auch gar nicht vorgenommen werden. Die Klassifikation erfolgt dann durch eine chemische Analyse und mithilfe eines speziellen Diagramms, in welchem der Sio_2-Gehalt gegen die Summe der Alkalioxide aufgetragen ist (TAS oder Total Alkali Silicia Diagramm, Abb. 4.18).

Tritt Magma aus der Erde, nennt man es Lava. Magma mit saurem Chemismus besitzt wesentlich höhere Zähigkeit als das dünnflüssige basische Magma. Dunkle, basische Schmelzen können daher nach ihrem Austritt in kurzer Zeit sehr große Flächen überdecken, wohingegen hellere Schmelzen nur kurze Ströme bilden. Fachleute erkennen bereits an der Hangneigung von Vulkanen, ob es sich um saure (große Neigung) oder basische Lava (flache Hangneigung)

Abb. 4.17 Basaltstück mit großem Fremdgesteinseinschluss aus vorherrschend Olivin. Hierbei handelt es sich um eine Peridotit-Knolle. Der obere Erdmantel ist aus Peridotit aufgebaut. Fragmente dieses Gesteins können bei Magmaaufstieg mit an die Oberfläche gerissen werden. Peridotite bilden sich beispielsweise auch in Intrusivkörpern aus gabbroiden Schmelzen durch Absinken der schwereren Olivin-Kristalle, die zu den Frühkristallisaten gehören. Rheinufer bei Düsseldorf, Deutschland. Breite des Steins 60 mm.

Abb. 4.18 TAS Diagramm (Total-Alkali-Silicia) nach IGUS2004. Klassifikation der Vulkanite anhand chemischer Analyse. Hierbei ist der SiO_2- Gehalt gegen die Summe der Alkalioxide aufgetragen. Nach Maresch (2014).

handelt. Kühlt das Magma noch schneller ab, entstehen sogar Gesteinsgläser wie der Obsidian, aus dem unsere Vorfahren rasiermesserscharfe Klingen herzustellen wussten. Neben gewöhnlichen Magmaaustritten gibt es auch vulkanische Aktivitäten, die durch explosive Eruptionen katastrophale Auswirkungen in der nahen und fernen Umgebung nach sich ziehen. In der aufsteigenden unterirdischen Magmasäule werden dabei vulkanische Gase mit nach oben gerissen und teilweise im Magma gelöst. Ist ihre Lösungsfähigkeit erschöpft, bilden sich große Gasblasen, die zu einem explosionsartigen Austritt von Lavaschmelzpartikeln und Gas führen können. Hierbei werden an der Schlotmündung des Vulkans Fördergeschwindigkeiten erreicht, die teils über der Schallgeschwindigkeit liegen und Eruptionssäulen verursachen, die bis zu mehreren Kilometern aufragen können. Je nach Nachschubmenge aus dem Schlot fallen solche Eruptionssäulen wieder in sich zusammen und ergießen sich dann als pyroklastische Ströme ins Umland (von altgriechisch pyrein = Feuer). Solche Glutströme erreichen Spitzengeschwindigkeiten von bis zu 700 km/h und Temperaturen bis 700 °C. Sämtliches Leben auf ihrem Weg wird dabei schlagartig vernichtet. Zuletzt entstehen Ablagerungen, die als Gestein «Ignimbrit» genannt werden (von lateinisch ignis = Feuer und nimbus = Wolke). Allgemein werden Ablagerungen eruptiver Vulkanausbrüche «Pyroklastika» genannt und nach Korngröße und Mineralgehalt unterschieden. Auch Sand kann pyroklastische Herkunft und Zusammensetzung haben.

Zirkulierende Minerallösungen können nachträglich in den blasigen Hohlräumen von Vulkangesteinen auskristallisieren und diese komplett ausfüllen (Abb. 4.22). Weiterhin findet man im Umfeld vulkanischer Aktivitäten eine Reihe von Erzmineralen sowie Minerale aus der Gruppe der Zeolithe.

Abb. 4.19 Ignimbritisches Gestein aus Sardinien, Italien. Strandgeröll. Gut zu erkennen ist der große Fremdgesteinseinschluss (Breite 35 mm) in Bildmitte. Hier handelt es sich um Gesteinsfragmente, die das Magma beim Austritt aus dem Schlot mitgerissen hat. Etwas oberhalb ist ein längliches, schwarzes Filament zu erkennen, eine sogenannte Flamme («Fiamma»). Flammen sind geschmolzene Gesteinsgläser, die teilweise lagig in die Ignimbrite eingeregelt sind.

Abb. 4.20 Älvdalen Ignimbrit. Strandgeröll aus Bornholm, Dänemark; Herkunft Dalarna, Schweden, Transport über eiszeitliche Gletscher. Im Gegensatz zu dem verhältnismäßig jungen Ignimbrit aus Abb 4.19 ist dieser zu einem kompakten und zähen Gestein verdichtet, Flammen sind deutlich zu erkennen und lagig eingeregelt. Alter 1,6 Mia. Jahre. Bildbreite 70 mm.

Meist können wir beobachten, dass Küstenregionen von vulkanischen Inseln schwarzen Sand besitzen. Vulkanische Sande sind demzufolge reich an mafischen Mineralen wie Olivinen, Amphibolen, Pyroxenen und dunklen magnetischen Erzmineralen. Viele der auch anderenorts selten auftretenden Minerale der vulkanischen Küstengebiete sind aber chemisch nicht sonderlich stabil und anfällig für erosive Prozesse, wie beispielsweise der Olivin. Ihr Auftreten deutet auf eher junge Sedimentbildung bzw. frisch entstandenen Sand hin.

Eine weitere Gruppe von vulkanischen Gesteinen stellen die Porphyre dar. Der Begriff «Porphyr» kann allerdings in mehrfachem Zusammenhang stehen und verwendet werden. Unter porphyrischem Gefüge versteht man ein Nebeneinander zweier Korngrößenklassen. In einer sehr feinkörnigen Grundmasse, die mit bloßem Auge und auch mit der Lupe nicht auflösbar ist, schwimmen wenige größere Kristalle, meist Quarz, Plagioklas und Kalifeldspat. Die Geschiebeporphyre der Nord- und Ostseeküsten sind nach ihrer Zusammensetzung meist Rhyolite oder Trachyte, werden aber aufgrund ihrer porphyrischen Struktur unter Zusatz des Herkunftgebietes als Porphyr bezeichnet (z. B. Bredvad-, Älvdalen-, Dala-Porphyre). Darüber hinaus können diese Porphyre, wie beispielsweise viele der aus dem schwedischen Dala-Gebiet stammenden, durch pyroklastische Geschehen entstanden sein, weshalb man sie auch den Ignimbriten zurechnen kann.

Porphyre gehen auf helle, SiO_2-reiche Magmen zurück und sind entweder direkt vulkanischen Ursprungs oder sie bestehen aus Magmen, die dicht unter der Oberfläche stecken geblieben sind und dort erkalteten. Letztere werden dann als Granitporphyre bezeichnet. Die Abkühlung erfolgte in beiden Fällen viel schneller als diejenige der Plutonite, was zu der feinkörnigen Grundmasse führt. Die großen Einsprenglinge sind zuvor tiefer im Erdinneren bei langsamerer Abkühlung auskristallisiert und anschließend mit dem Magma aufgestiegen. Porphyrisches Gefüge entsteht also durch einen Wechsel in den Abkühlungsgeschwindigkeiten. Die meist rötliche Farbe wird durch feinst-

Abb. 4.21 Links: erstarrte, blasige Lava von einem Ausbruch des Krafla Vulkans 1995, Island. Schillernde Oxidschichten sind erkennbar. Breite des Steines 45 mm. Rechts: Erstarrte Lava vom letzten Ausbruch des Krafla Vulkans, Island, 2017. Deutliche Fließtextur ist erkennbar. Breite des Steines 80 mm.

verteilten Hämatit erzeugt, der in der frühen Abkühlungsphase durch zirkulierende und oxidierend wirkende Wässer gebildet wurde.[74] Geschiebeporphyre haben Merkmalskombinationen, die sich sehr gut bestimmten Herkunftsgebieten zuordnen lassen und sich daher als Leitgeschiebe eignen.

Abb. 4.22 Ostsee-Melaphyr. Alter Basalt aus dem Ostseegrund (Alter 1,6 Mia. Jahre). Zirkulierende Lösungen haben nach und nach die Hohlräume mit Mineralen gefüllt. Strandgeschiebe Bornholm, Dänemark. Länge 70 mm.

Abb. 4.23 Verschiedene dunkle Küstensande von den Vulkaninseln Zypern, Santorini, Teneriffa und La Gomera (v.l.n.r).

Abb. 4.24 Geschiebeporphyre aus Roenne, Bornholm, Dänemark. Im Vordergrund ein Aland Quarzporphyr mit einem Alter von etwa 1,6 Mia. Jahren. Breite des Steins 55 mm. Deutlich zu erkennen ist die jeweils sehr feinkörnige Grundmasse, in der rundliche graue Quarze und fleischfarbene Kalifeldspatkristalle schwimmen. Links vorne ein Porphyr mit dunkler Grundmasse, aber vergleichbarer Struktur.

4.2 Sedimentgesteine oder Sedimentite

Im Unterschied zu den bisher behandelten magmatischen Gesteinen besitzen die Sedimentgesteine eine sekundäre Bildungshistorie. Sedimente bestehen aus zersetzten, zertrümmerten oder zerfallenen Gesteinen. Verfestigen sich Sedimente durch Druck, mineralische Lösungen, Kristallisation oder weitere Prozesse, so entstehen Sedimentgesteine. Den Prozess der Zusammenfügung einzelner Sedimentpartikel zu einem Gestein nennt man Diagenese. Allgemein lassen sich Sedimente in klastische (und pyroklastische), chemische und biogene Sedimente einteilen, eine ähnliche Einteilung hatten wir bereits bei den Sanden vorgenommen. Hier wollen wir allerdings nur auf die klastischen, also aus zertrümmerten Teilen bestehende Sedimente näher eingehen.

Ausgangsgesteine für die Bildung von Sedimenten können alle Arten von Gesteinen einschließlich Sedimentgesteinen selbst sein. Abgesehen von örtlichen Residualbildungen haben Sedimente und ihre Einzelpartikel einen je individuellen Transportweg hinter sich. Wir unterscheiden zwischen der Entstehung des Sediments, seinen Transportbedingungen (dem Transportregime) und dem Ablagerungs- oder Sedimentationsmilieu. Mit letzterem wird der Ort bezeichnet, an dem schließlich das Sediment nicht mehr weiter transportiert wird. Kontinentale Sedimentationsmilieus lassen sich wie folgt unterscheiden und benennen, überall dort finden sich jeweils auch typische Sande:[75]

alluviale Milieus	Schuttfächer am Rande von Bergen oder in Gebirgssenken
äolische Milieus	Wüsten und wüstenähnliche breite Flusstäler in Trockenzonen
limnische Milieus	Ablagerungen in Seegebieten und kleinräumige Küstenablagerungen
glaziale Milieus	Gletscherablagerungen, Moränenschutt, Schmelzwasserablagerungen
litorale Milieus	an den Meeresküsten (marine Milieus) oder auch großen Flussdeltas
bathyale Milieus	Sedimentablagerungen am Kontinentalschelf und Ablagerungen der Suspensionsströme der Kontinentalböschung
pelagische Milieus	Schlamm, Feinsand, Schluff im Bereich der Tiefsee

Sandsteine entstehen aus Sand durch den Prozess der Diagenese. Dabei kann zwischen Korn, Matrix und Zement unterschieden werden. Mit «Matrix» wird das feinkörnigere Material bezeichnet, welches sich zwischen den eigentlichen Sandkörnern befindet und mit diesen gleichzeitig abgelagert wurde. Das Bindemittel umfasst Matrix und Zement, wobei letzterer kieseliger oder karbonatischer Natur sein kann und aus chemischen Ausfällungen in den Korn- bzw. Matrixzwischenräumen besteht. Je nach Zusammensetzung dieser Komponenten entsteht Quarzsandstein aus reinen Sandkörnern und kieseligem Bindemittel bei gering ausgeprägter Matrix oder Kalksandstein, bei dem der Zement karbonatischer Natur ist. Als Feldbezeichnungen haben sich

die alten Begriffe «Arkose» und «Grauwacke» für eine erste Bestimmung gehalten. Als «Arkose» bezeichnet man dabei Sandsteine, die neben Quarzkörnern mindestens 25 % Feldspat führen. «Grauwacke» heißen Sandsteine, deren pelitische (tonige) Matrix Sandkörner und Gesteinsbruchstücke sowie tonige Komponenten verbindet. Diese Kombination unterscheidet sich deutlich von den reinen Sandsteinen, weshalb Grauwacken auch «dreckige» Sandsteine genannt werden.

Die Klassifikation der Sandsteine ist nicht ganz einheitlich geregelt. Stets werden aber die relativen Mengenverhältnisse (Volumenprozente) zwischen Quarz, Feldspat, Gesteinsbruchstücken oder Gesteinsklasten und Matrix herangezogen. Nach Füchtbauer (1988) gilt folgende Einteilung:

1. Quarzsandstein	> 90 % Quarz
2. Sandstein (ohne Zusatzbezeichnung)	50–90 % Quarz
3. Feldspatsandstein	> 50 % Feldspäte
4. Gesteinsbruchstück-Sandstein (Litharenit)	> 50 % Gesteinsklasten
5. Feldspatreicher Sandstein (Arkose)	20–50 % Feldspäte
6. Sandstein mit vielen Gesteinsbruchstücken (Litharenit)	25–50 % Gesteinsklasten
7. Feldspatführender Sandstein	10–25 % Feldspäte
8. Sandstein mit Gesteinsbruchstücken	10–25 % Gesteinsklasten
9. Schwach feldspatführender Sandstein	< 10 % Feldspäte
10. Sandstein mit wenig Gesteinsbruchstücken	< 10 % Gesteinsklasten

Abb. 4.25 Sand aus dem Schwarzwald, Schluchsee, Deutschland. Frisches Sediment unsortiert, fehlende kompositionelle Reife und ohne Kantenrundung. Gut zu erkennen sind die verschiedenen kristallinen Komponenten Quarz (Q), Feldspat (F) und Gesteinsbruchstücke (GB), die beispielhaft gekennzeichnet sind. Bildbreite 7,5 mm.

Besteht das Sediment aus Komponenten, deren Durchmesser über 2 mm liegt, entstehen bei eckigen Bruchstücken Brekzien und bei runden Komponenten Konglomerate. Brekzien enthalten meist sehr verschieden große Bruchstücke, da die Komponenten nur geringe Transportwege hinter sich haben, beispielsweise Hangrutschungen. Im Falle von Zerdrückungsbrekzien wird das Ausgangsgestein sogar vor Ort zertrümmert und verkittet. Bestehen Brekzien oder Konglomerate aus nur einer Gesteinssorte, werden sie «monomikt», im anderen Falle als «polymikt» bezeichnet. Im Gegensatz zu Brekzien wurden die Komponenten von Konglomeraten einem längeren Transportweg unterzogen. Viele Konglomerate sind fluviatilen Ursprungs und lagerten sich im Strömungsschatten der Flüsse ab, wo die Transportenergie nachlässt (Flussschotter). Sehr gute Rundung deutet aber meist auf eine marine Herkunft aus Brandungsgeröllen hin. Die Untersuchung von Verteilung und Art der Komponenten kann Aufschluss über das ehemalige Liefergebiet geben. Dies ist insbesondere dann von Interesse, wenn das Konglomerat den letzten Zeugen eines abgetragenen Gebirges darstellt. Pelitische Sedimente mit Korngrößen unter 0,063 mm führen zu Löß oder Siltsteinen, noch kleinere Durchmesser zu Tonsteinen oder Tonschiefern im verfestigten Zustand.

Diagenetisch verfestigte Gefüge lassen sich in zwei Gruppen einteilen. In einer Gruppe wird die Verfestigung wie beschrieben durch Zementbildung oder chemische Veränderungen bewirkt, wohingegen in der anderen Gruppe die Verfestigung durch Kompaktion entsteht. Dabei verschweißen die Körner, meist Quarz, regelrecht untereinander. Je dicker die aufliegenden Sedimentschichten in Laufe der Zeit werden, desto größer wird der Druck auf die einzelnen Kornkontakte. Der Druck führt zusammen mit Mikrobewegungen zum Anlösen (Drucklösung) und Verschweißen der Kontaktstellen. Kompaktionsgefüge bilden sich im Kornverband bei wachsender Auflast meist noch vor einer Zementation, bei welcher dann die noch verbleibenden Lücken ausgefüllt werden.

Abb. 4.26 Brekzie. Gut zu erkennen sind die kantigen Bruchstücke aus Granit sowie das schwarze, kieselige Bindemittel. Die Bruchstücke zeigen keinerlei Rundung, was auf einen sehr geringen bis fehlenden Transportweg deutet. Strandgeröll Hasle, Baltischer Strand, Bornholm, Dänemark. Größe des Steins 49 × 65 mm.

Abb. 4.27 Rechte Seite, oben: Alluviale Schuttfächer in einem Kar, einem Trog, der durch Gletscher ausgeschürft wurde. Gut zu erkennen sind die nachrutschenden Sedimente, die sich am Boden des Kars sammeln. Rechts der Mitte sehen wir einen Bach, der offenbar das Hochland entwässert und Sand und weitere Sedimente ins Meer verbringt. Bei Hammerfest, Nordnorwegen.

Abb. 4.28 Rechte Seite, unten: Sedimentschichten, die im Zuge der kaledonischen Gebirgsbildung zwischen Ordovizium und Silur senkrecht gestellt wurden. Kjoellefjord, Nordnorwegen.

Abb. 4.29 Schichttextur in den Sedimenten des Oberen Keupers, die vor etwa 210 Mio. Jahren abgelagert wurden (Bunte Mergel). Zu dieser Zeit lebten in Mitteleuropa Saurier, deren Knochen und Spuren sich in Triasablagerungen finden. Der Keuper gehört zur erdgeschichtlichen Formation der Trias und besteht aus verschiedenfarbigen tonigen Sedimenten mit zwischengelagerten Sandbänken. Die Schrägstellung der Schichtenfolge ist zu beachten. Am Fuße des Aufschlusses ist die Bildung eines Schuttfächers aus Sand in kleinem Maßstab zu beobachten. Neues Sediment entsteht aus altem Sedimentgestein. Hohenhaslach, Deutschland.

Abb. 4.30 Stark angewitterter, schieferiger Sandstein aus dem Anstehenden aus Vardø, Varangerfjord, Nordnorwegen. Die Varangerhalbinsel besteht aus proterozoischen Sedimenten; Sedimenten also, die präkambrischen Alters sind und zu den ältesten gehören, die man in Europa finden kann. Länge 110 mm.

Abb. 4.31 Detailansicht des Vardø-Sandsteins aus Abb. 4.30. Einzelkörner angerundet, geringer Matrixanteil. Mittlere Sortierung. Auflicht. Bildbreite 4,2 mm.

Abb. 4.32 Schichttextur an einem Sandstein aus dem Kambrium, Kalmarsundsandstein. Geschiebestein aus Bornholm, Dänemark. Größe des Steins 52 × 68 mm.

Abb. 4.33 Buntsandstein aus dem Schwarzwald, Deutschland. Konglomerat mit sandiger Matrix. Die rötliche Farbe stammt von Eisenhydroxiden. Gute Rundung lässt auf lange Transportwege schließen. Größe des Steins 75 × 90 mm.

Abb. 4.34 Nexö-Sandstein aus S-Bornholm, Dänemark. Das Detailbild zeigt Quarz- und Feldspäte mit scharfkantigen Körnern. Es handelt sich um eine Arkose aus fluviatilem Milieu. Der Nexö-Sandstein wurde während des Unterkambriums direkt über dem alten Grundgebirgssockel abgelagert.

Abb. 4.35 Trockenrisse an einem Sandstein aus dem Keuper (Stubensandstein). Austrocknende Schlammpfannen rissen auf und wurden nachfolgend von Sandsedimenten überzogen. Der Sand drang in die Risse ein und konservierte diese. Die grünen Mergelreste zeugen sozusagen von einer vor über 200 Mio. Jahren versteinerten Pfütze. Hohenhaslach, Deutschland. Bildbreite 11 cm.

Viele Sedimentgesteine sind fossilführend, da sie anders als magmatische Gesteine unter sogenannten Normalbedingungen entstehen. Das bedeutet, dass zumindest die kontinentalen Sedimente bei Umgebungstemperatur und Umgebungsdruck abgelagert werden und daher Lebewesen im Bereich der Ablagerungsmilieus existieren können. Ihre Spuren fossilisieren schließlich im diagenetischen Prozess.

Den Sedimentgesteinen ist, bedingt durch ihre Entstehungsgeschichte, eine mehr oder weniger ausgeprägte geschichtete Textur eigen. Diese kann bereits im Handstück sichtbar sein, tritt aber ansonsten in Geländeaufschlüssen deutlich zutage.

In ihrer Menge übertreffen die Meeressedimente alle anderen Ablagerungen und bilden demzufolge auch die volumenstärkste Gruppe von Sedimentgesteinen. Die Festlandssedimente, darunter Sand, werden der Schwerkraft folgend durch Flüsse Richtung Meer verbracht. Grobklastische Sedimente wie Kies und Sand verbleiben küstennah bzw. im Bereich der Kontinentalschelfe. Mit wachsender Entfernung vom Festland sinkt die Korngröße der Sedimente von Sand auf Silt und schließlich Ton. Tone, die bedingt durch ihre sehr geringen Kornabmessungen lange im Wasser in der Schwebe bleiben, werden weit verfrachtet und stellen mit 85 % die Hauptmasse der marinen Sedimente. Interessante Sonderfälle bilden sogenannte «dropstones». Das sind Steine, die auf Eisschollen solange über das Meer transportiert wurden, bis das Eis schmolz. Dadurch gelangen diese findlingsartigen Sedimente an ganz unerwartete Orte, lassen sich aber im besten Fall ihrem Entstehungsort rückwärts zuordnen.

In der Tiefsee findet sich kein wesentlicher Sandanteil mehr. Allerdings kann dort ein rhythmischer Aufbau in gradierter Schichtung beobachtet werden. Dabei werden grobe Körnungen von zunehmend feineren Körnungen überlagert und meist mit Tonen abgeschlossen, auf die wiederum grobes Material folgt und einen neuen Rhythmus beginnen lässt. Verursacht wird dieses Phänomen von plötzlich auftretenden Hangrutschungen teils gigantischen Ausmaßes. Vom Bereich des steilen Kontinentalhanges rutschen turbulente, hochdichte Sedimentsuspensionsströme in Richtung Tiefsee, die «Trübeströme» oder *«turbidity currents»* genannt werden. In den sich hieraus bildenden Gesteinen, den Turbiditen, lassen sich ganz verschiedene Muster erkennen, die charakteristisch sind und Bezeichnungen wie «Bouma-Sequenz», «Stow-Sequenz» oder «Sparks-Sequenz» tragen. Experten sind in der Lage, die jeweiligen Sequenzen am anstehenden Gestein einzumessen und zu identifizieren. Ganz besonders im Kontext mit der Erkundung von Erdölvorkommen sind Untersuchungen von Turbiditfolgen von Bedeutung. Auch ein verstärktes Interesse an der Erforschung von Sanden und Sedimenten im Allgemeinen nach dem Zweiten Weltkrieg ist auf die globale Suche nach fossilen Erdöllagerstätten zurückzuführen.

Der weitaus größte Teil des Meeresbodens besteht aus biogenen Schlämmen, also der Massenanreicherung von Schalen und Schalenfragmenten mariner Organismen. Diese lassen sich nach dem Material unterscheiden, aus dem ihre Skelett- oder Gehäuseteile aufgebaut sind.

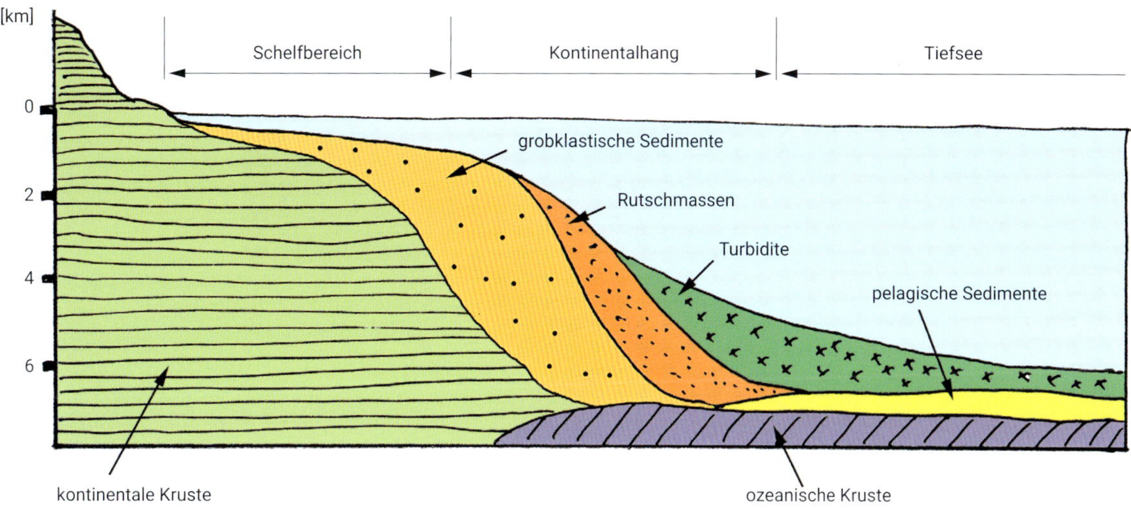

Im Wesentlichen sind dies entweder kalkhaltige Schalen, also Schalen, die Calziumcarbonat als Hauptbestandteil besitzen, oder kieselige Skelette, die aus Siliziumdioxid (Kieselsäure) bestehen. Beide Substanzen besitzen im Meereswasser unterschiedliche Löslichkeit. Während kalkige Organismenteile eine verhältnismäßig hohe Löslichkeit aufweisen, ist diejenige von kieseligen Fragmenten deutlich geringer. Die Löslichkeit von Kalk steigt allerdings – ganz entgegen der Intuition – mit sinkender Wassertemperatur an.

Neben Schwammnadeln von Kieselschwämmen und Diatomeen sind insbesondere Radiolarien Organismen, die ein kieseliges Skelett besitzen und in gesteinsbildender Häufigkeit auftreten. Radiolarien weisen Durchmesser von maximal 0,5 mm auf und leben vorwiegend im oberflächennahen Wasser. Beim Absinken von Schalen und Skeletten reichert sich speziell Kieselsäure in den Tiefseesedimenten an, da das Calziumcarbonat zuvor nahezu vollständig in den kalten Tiefseewasserschichten in Lösung geht. Es existiert also eine Meerestiefe, unterhalb der die (pelagischen) Sedimente kalkfrei bleiben. Diese CCD (calcite compensation depth) genannte Grenze liegt heute bei etwa 4800 m, schwankte jedoch in geologischen Zeiträumen. Bei bekannter CCD können Sedimentforscher anhand des Kalkgehaltes die jeweils zu einer Schichtung gehörende Meerestiefe abschätzen.

Weite Teile der Tiefsee sind mit Radiolarienschlamm bedeckt, der durch zunehmende Auflastungen und Diagenese zu einem Gestein verfestigt, welches «Radiolarit» genannt wird und je nach Beimengungen rötliche, grüne oder schwarze

Abb. 4.36 Bereiche der marinen Sedimentablagerungen. In der kontinentalen Kruste überwiegen kristalline Gesteine, die ozeanische Kruste wird überwiegend von Basalten und Gabbros gebildet. Grobklastische Sedimente fassen Sande, Tone und Karbonate zusammen, während am Fußbereich der mit ca. 4 Grad geneigten Kontinentalabhänge gradiert geschichtete Ablagerungen der Turbidite vorherrschen (nach Rothe 2010).

Farbe annehmen kann. Dabei beträgt die Akkumulationsrate ungefähr 1 mm pro 1000 Jahren. Aus den Alpen sind rote, jurassische Radiolarite bekannt, die sich durch ihre schöne Färbung und Bänderung leicht zwischen den Schottern des Rheins identifizieren lassen. Radiolarit ist hart und spröde und zerbricht bei angreifenden Schubspannungen im Rahmen tektonischer Prozesse während der Gebirgsbildung. Eindringende und auskristallisierende Minerallösungen kitten die Bruchstücke zusammen und bilden die charakteristischen weißen Adern, die sich oftmals finden (sogenanntes «gequältes Gestein»). Unsere Vorfahren fertigten aus harten, scharfkantigen Radiolaritsplittern sehr wirkungsvolle und brauchbare Werkzeuge an.

Ein sehr bekanntes und bei Strandwanderern beliebtes Gestein, welches ebenso aus amorpher Kieselsäure (Opal) besteht, ist der Feuerstein. Feuerstein oder Flint ist meist sehr homogen, zäh, hart, bricht muschelig und ist bei Beherrschung entsprechender Fertigkeiten bestens für die Herstellung von sehr scharfen Schabern, Pfeilspitzen und Messern geeignet. Bereits in der Steinzeit gab es einen regen Handel mit diesem für die damaligen Jäger so wichtigen Rohmaterial. Der Name «Flintstein» weist darauf hin, dass Feuersteine in den «Flinten» früherer Zeit beim Schlag gegen Pyrit für den Zündfunken sorgten. Feuersteine sind sekundäre Bildungen aus biogenem Opal, die in knolliger Form meist in kreidezeitlichen Ablagerungen in großen Mengen zu finden sind. Dort entstanden sie aus gelöster Kieselsäure verschiedener Meeresorganismen wie Coccolithen oder Schwammnadeln. Zirkulierende Minerallösungen schieden sich nach Transport an geeigneten Kernen wieder ab und bildeten die teils skurrilen Formen, die gerne von Strandwanderern gesammelt werden.

Von den kieseligen Knollen des Feuersteins sind die nicht minder bizarr gestalteten Konkretionen in Lößablagerungen zu unterscheiden. Wie ersterer, sind auch diese gewöhnlich bis handtellergroß und oft sehr skulptural geformt, was ihnen den Namen Lößkindl oder Lößpuppen eingebracht hat. Löß ist das bedeutendste fossile Staubsediment und besteht überwiegend aus Quarz mit einem Kalkanteil von maximal 30 %. Die Korngröße liegt im Bereich Grobsilt meist bei 0,02–0,05 mm. Die mäch-

Abb. 4.37 Radiolaritgestein, durch Eisenbeimengungen rötlich gefärbt. Nach Zersplitterung durch gebirgsbildende Vorgänge mit Quarz verkittet. Rheinschotter bei Kehl, Deutschland. Größe des Steins 60 × 74 mm.

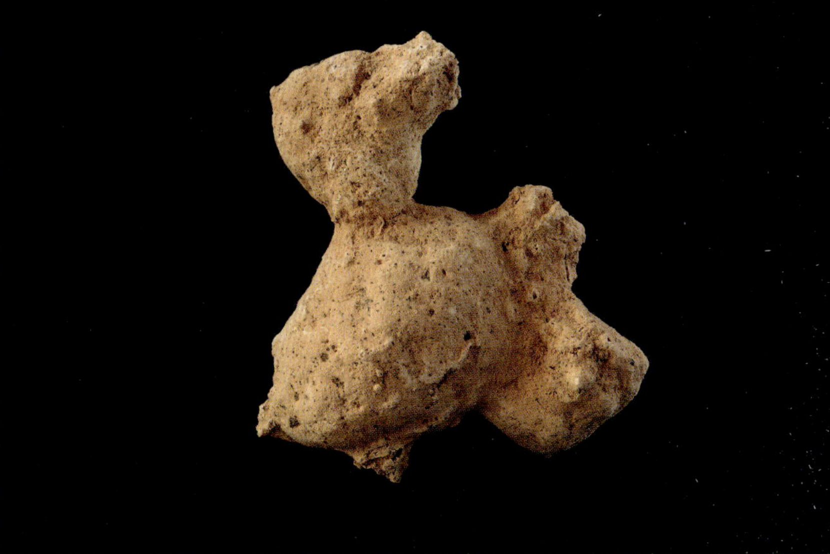

tigsten Lößschichten entstanden während des Pleistozäns durch Windausblasungen und Ablagerung im Leebereich großer Flusstäler und Gebirge, und ergeben sehr fruchtbare Böden. Zirkulierende kalkhaltige Lösungen in den Sedimenten lagerten sich schichtweise an Wurzelresten oder anderen Fremdkörpern an.

Bevor wir uns mit den metamorphen Gesteinen beschäftigen, werfen wir einen Blick auf eine sehr bemerkenswerte Gruppe von Sandsedimenten, die Ooide, die in unserer Einteilung der Sandgruppe 3 zuzuordnen sind. Als «Ooide» bezeichnet man rundliche oder eiförmige Körner in Abmessungen von etwa Sandkorngröße, die aus einem Kern und um diesen konzentrisch gewachsenen Schalen aus Kalk (Calcit oder Aragonit) bestehen. Dieser schalenförmige Aufbau führt mit jeder weiteren Schale zu einer zunehmenden Verrundung des ursprünglichen Kerns, der aus einem Quarzkorn oder auch anderen Partikeln bestehen kann. Ooidsande bilden sich bevorzugt rollend auf dem Meeresboden, wobei bestimmte Sättigungsbedingungen von Kalk und Salz im Wasser eingehalten werden müssen. Je geringer die Meerestiefe und umso größer die Wasserbewegung, desto dicker werden die Hüllen bei permanenter Bewegung. Messungen an Ooiden des Cat Cay in Florida ergaben an den äußeren 10 % der Hüllschicht ein Alter von 225 Jahren, wohingegen die inneren Schichten mit 2530 Jahren sehr deutlich älter waren. Am Persischen Golf konnte nachgewiesen werden, dass Ooide offenbar jahrelang in Ruhe verharren, ehe sie dann wieder in Bereiche stärker bewegten Wassers verfrachtet werden, wo das Wachstum der Hüllen bevorzugt stattfindet.[76] Man kann sich das Wachstum der Ooidschalen etwa wie das Wachstum eines rollenden Schneeballs vorstellen, dem Schale für Schale bei Bewegung hinzugefügt wird. Neben diesen eher technischen Aspekten sind Ooidsande besonders auffallend und durch ihre Gleichmäßigkeit seltsam schön. Man findet sie nicht nur im marinen Umfeld, sondern auch an einigen Binnenseen (lakustrische Vorkommen). Berühmt sind die Vorkommen auf den Bahamas, in Florida, am Golf von Suez und am Persischen Golf. Unter «Oolith» versteht man Sedimentgesteine, die sich aus mit Bindemittel verfestigten Ooidsanden zusammensetzen.

Abb. 4.38 Links: Konkretion aus zirkulierenden Kieselsäuren, Flint. Hirtshals, Dänemark. Die unterschiedlichen Farben sind durch eine unterschiedliche Witterungsexposition verursacht. Länge 70 mm. Rechts: Konkretion aus zirkulierenden kalkhaltigen Lösungen, «Lößkindl». Mettertal bei Sachsenheim, Deutschland. Breite 70 mm.

Abb. 4.39 Sandstein aus der Flyschzone des Walmendinger Horns im Kleinwalsertal, Österreich. Die schrittweise Vergrößerung zeigt die zum Teil bereits herausgewitterte helle Spaltfüllung, die an diesem Stück aus länglich auskristallisiertem Calziumcarbonat besteht. Der Sandstein selbst besteht aus kaum verrundeten Körnern in schlechter Sortierung und mit inhomogener Zusammensetzung (unreifer Sand als Ausgangsmaterial). Größe des Steins 97 × 140 mm.

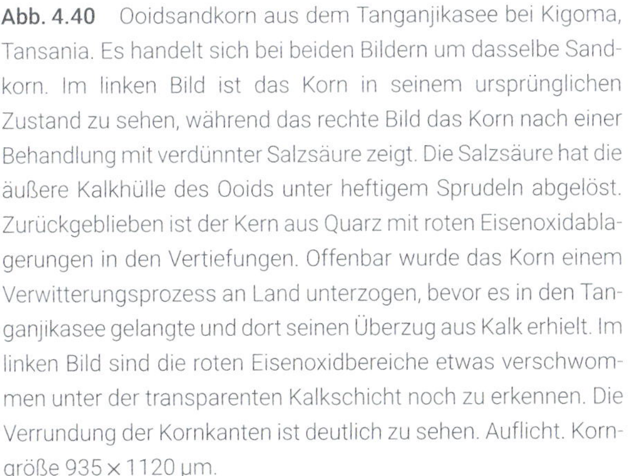

Abb. 4.40 Ooidsandkorn aus dem Tanganjikasee bei Kigoma, Tansania. Es handelt sich bei beiden Bildern um dasselbe Sandkorn. Im linken Bild ist das Korn in seinem ursprünglichen Zustand zu sehen, während das rechte Bild das Korn nach einer Behandlung mit verdünnter Salzsäure zeigt. Die Salzsäure hat die äußere Kalkhülle des Ooids unter heftigem Sprudeln abgelöst. Zurückgeblieben ist der Kern aus Quarz mit roten Eisenoxidablagerungen in den Vertiefungen. Offenbar wurde das Korn einem Verwitterungsprozess an Land unterzogen, bevor es in den Tanganjikasee gelangte und dort seinen Überzug aus Kalk erhielt. Im linken Bild sind die roten Eisenoxidbereiche etwas verschwommen unter der transparenten Kalkschicht noch zu erkennen. Die Verrundung der Kornkanten ist deutlich zu sehen. Auflicht. Korngröße 935 × 1120 µm.

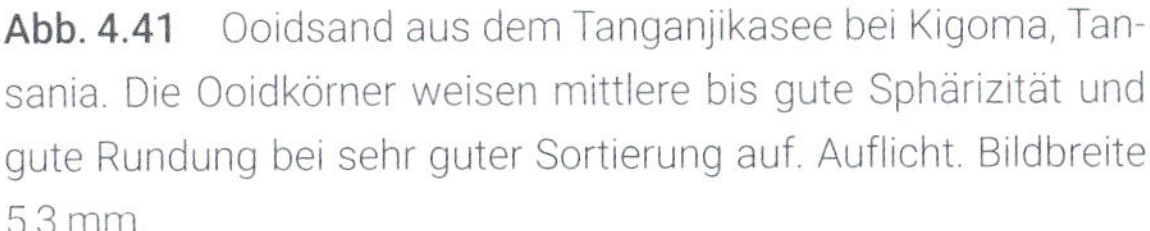

Abb. 4.41 Ooidsand aus dem Tanganjikasee bei Kigoma, Tansania. Die Ooidkörner weisen mittlere bis gute Sphärizität und gute Rundung bei sehr guter Sortierung auf. Auflicht. Bildbreite 5,3 mm.

Abb. 4.42 Mariner Ooidsand aus dem Golf von Suez bei El Ein Bay, Ägypten. Die Körner sind meist perfekt gerundet und besitzen mittlere bis hohe Sphärizität. Auflicht. Bildbreite 3,6 mm.

4.3 Metamorphe Gesteine oder Metamorphite

Zuletzt nun betrachten wir die Familie der Metamorphite oder Umwandlungsgesteine. Der Begriff «Metamorphose» stammt aus dem Griechischen und bedeutet «Wandlung, Verwandlung», und findet sich in vielen Wissenschaftszweigen, in der Geologie, der Zoologie und der Botanik. Der Metamorphosebegriff der Gesteinskunde folgt der klassischen Definition nach v. Winkler (1967). Sie lautet wie folgt:

> «Metamorphose ist die mineralogische Veränderung von Gesteinen unter Beibehaltung des festen Zustandes infolge physikalischer und chemischer Bedingungen, die außerhalb des Bereichs der Verwitterung und der Diagenese in der Tiefe der Erde geherrscht haben und die von denjenigen Bedingungen verschieden sind, bei denen die Gesteine entstanden sind.»

Alle Gesteine, die bisher behandelt wurden, können durch den Vorgang der Metamorphose in andere Gesteine umgewandelt werden. Für eine solche Umwandlung sind hohe Drücke und hohe Temperaturen erforderlich, die dazu führen, dass das Ausgangsgestein ohne geschmolzen zu werden, eine Umkristallisation im festen Zustand erfährt. Es lassen sich dabei verschiedene Arten der Gesteinsmetamorphose unterscheiden. Das macht die Sache kompliziert. Aus einem Basalt beispielsweise können je nach Bildungsbedingungen ganz unterschiedliche metamorphe Endprodukte entstehen, so etwa Grünschiefer, Amphibolit oder Eklogit, um nur einige zu nennen. Bei der Umwandlung liegen zum Teil so extreme Bedingungen vor, dass kilometerdicke Gesteinspakete bei Gebirgsbildungsprozessen wie Papier gefaltet werden.

Zwei Haupttypen sind zu unterscheiden. Bei der Regionalmetamorphose haben wir es vorwiegend mit Vorgängen der Gebirgsbildung zu tun. So begann beispielsweise vor etwa 53 Mio. Jahren die afrikanische Platte sich direkt nach Norden zu bewegen und löste komplexe Überschiebungen und Auffaltungen aus, die zur Bildung des Alpenbogens mit seinen typischen metamorphen Gesteinen führten. Der Beginn der Gebirgsbildung lag schon deutlich davor, hält aber bis heute an. Jahr für Jahr schiebt sich die afrikanische Platte 5 cm nach Norden vor und hebt die Alpen um etwa 5 mm jährlich an. Ähnliches findet im Kaukasus und Himalaya statt.

Dringt flüssige Lava in Gesteinsverbände vor und erkaltet innerhalb der Erdkruste (magmatische Intrusion, Plutonbildung), kommt es beim umgebenden Gestein durch Druck und Temperatur zu Veränderungen. Eine solche Kontaktmetamorphose ist lokal begrenzt und kann von wenigen Zentimetern zu Kilometern variieren. Meist sind geringe Drücke, aber sehr hohe Temperaturen wirksam. Dabei wird zum Beispiel Kalkstein zu Marmor, und Sandstein zu Quarzit umgewandelt. «Skarne» (Kalksilikatgesteine) nennt man Gesteine, die im Kontaktbereich von Quarz und Karbonat-haltigen Ausgangsgesteinen, meist Sedimentiten, entstehen, indem sie

durch eindringendes Magma kontaktmetamorph überprägt wurden und zusätzlich ein Stoffaustausch mit chemisch reaktiven, heißen Lösungen stattfand (Metasomatose). Dabei kommt es zu einer Vielzahl von interessanten Mineralneubildungen, die im Kontaktbereich ringförmig um den Intrusionsherd entstehen und die sich dann auch in Verwitterungsprodukten, dem Sand, wiederfinden. Je nach Zusammensetzung von Schmelze und liegendem Gestein kann es zu abbauwürdigen Mengen an seltenen Mineralen und auch Erzen kommen (Beispiel Rio Marina auf der Insel Elba).

An Plattengrenzen oder Subduktionszonen schieben sich Platten aufeinander, wobei eine der Platten, meist die schwerere, ozeanische, subduziert, d. h. unter die andere, leichtere, meist kontinentale Platte geschoben wird. Hierbei kommt es zu erheblichen Druck- und Scherbeanspruchungen und zu einem Anstieg der Temperatur. Es konnte nachgewiesen werden, dass bei der Subduktion der ozeanischen Platten Teile von diesen abgeschabt werden, sodass sich Akkretionskeile aus ozeanischen Sedimenten am Rand der Kontinentalplatten im Bereich des Abtauchens bilden (tektonische Erosion).[77]

Unter metamorphen Fazien versteht man Felder mit definierten Druck-/Temperaturverhältnissen, wie etwa die Eklogitfazies bei Temperaturen um 600 °C und ca. 20 000 bar Druck angesiedelt ist. Metamorphe Faziesserien und deren Abfolge liefern wichtige Hinweise auf die

Abb. 4.43 Linke Seite: Kandersteg, Schweiz. Gefaltete Schichten eines Bergmassivs, rechts eine Ausschnittvergrößerung. Mesozoische Sedimentgesteine des Helvetikums.

jeweilige geotektonische Position der Gesteine. Bei der Umwandlung treten je nach chemischer Zusammensetzung der in Kontakt gebrachten Gesteine bestimmte Mineralgesellschaften auf. Zu den typischen Mineralen metamorpher Gesteine zählen Sillimanit, Disthen, Granat, Andalusit, Staurolith und Epidot. Einige davon sind uns bereits bei der Gruppe der Schwerminerale in Sandseifen begegnet. Aus dem Vorkommen dieser Minerale im Sand können Rückschlüsse auf Bildungsbedingungen im Gestein gezogen werden sowie auf das Vorkommen der entsprechenden Gesteine im Liefergebiet des Sandes.

Kommt es bei der Metamorphose zu sehr hohen Temperaturen, können die beteiligten Gesteine unter bestimmten Bedingungen in Teilen aufschmelzen. Die daraus neu entstehenden Gesteine werden Migmatite genannt. Der Aufschmelzvorgang geht nicht soweit, dass das Gestein vollständig schmilzt und rekristallisiert, also zu den Magmatiten zu zählen wäre, sondern es kommt zu Teilschmelzen und deren Kristallisaten. Charakteristisch ist eine Struktur von ineinander verschlungenen Bändern und Schlieren von helleren (Leukosom) und dunkleren (Melanosom) Anteilen. Es muss kein stringenter Parallelverlauf der Strukturen vorliegen, meist sind Faltun-

Abb. 4.44 Oben links: Metamorphit aus den Schweizer Alpen, Jungtal, Wallis. Stein 7,5 × 11 cm. Gut zu erkennen sind die lagige Textur und die glimmerreichen Schichten. In der Mitte eine gefaltete Quarzader. Es handelt sich um einen an Muskovit-reichen Paragneis, Ausgangsgestein war ein Sedimentgestein. Rechts: Strandgeröll aus Bavnodde, Bornholm, Dänemark. Der Stein bezeugt den Übergang zwischen Granit (oben) und einem glimmerreichen Grünschiefer. Die Intrusion der granitischen Schmelze hinterließ den gut zu erkennenden Kontakt-Hof zu dem älteren Schiefergestein, welches seinerseits metamorpher Natur ist. Größe des Steins 53 × 73 mm.

Abb. 4.45 Unten links: Kontaktbereich zwischen granitischem Magma (hell) und einem Gabbro. Man erkennt sehr gut das im Zuge der Intrusion verästelte Eindringen der ehedem dünnflüssigen Schmelze in das dunkle Gestein. Ein Kontakt-Hof ist in diesem Fall nicht deutlich ausgeprägt. Strandgeröll, Vang, Bornholm, Dänemark. Breite des Ausschnitts 20 cm.
Unten rechts: Gneis, Gasenried, Wallis, Schweiz. Typische ausgewalzte, geschichtete Struktur mit Quarz- und Feldspatkristallen; Zwischenschichten aus Chlorit-haltigen, grünlichen Glimmer-Lagen. Angeschliffenes Handstück, Bildbreite 12 mm.

gen und Wellungen unterschiedlicher Wellenlängen entwickelt, die aus einer duktilen Deformation des Gesteins unter allseitigem Druck resultieren. Im Gegensatz dazu sind in Gneisen die Foliationsebenen zwischen hellen und dunklen Lagen immer parallel eingeregelt. Im Migmatit, dessen Struktur nur in etwas größeren Maßbereichen von Gneisen unterscheidbar ist, schmelzen die helleren und damit saureren Bereiche zuerst und bilden nach ihrer Abkühlung eine granitische Zusammensetzung. Die dunklen Bereiche bestehen aus Biotit, Hornblenden und selten Granat, und sind nicht aufgeschmolzen. Anteile des unveränderten Ausgangsgesteins sind meist vorhanden (vgl. Abb. 4.2).

Migmatite finden sich (oft, aber nicht nur) in Gebieten mit alten, proterozoischen und abgetragenen Grundgebirgsarealen, wo sie in den Sockelregionen der Gebirgsbildung unter hochgradiger Metamorphose entstanden sind. Heute sind sie sehr gut als eiszeitliche Geschiebe aus dem Gebiet des baltischen Schildes im Ostseeraum anzutreffen und zeugen von ihrer bemerkenswerten Vergangenheit.

Abb. 4.46 Aus der Metamorphose von reinem Quarzsandstein entsteht Quarzit. Das Bild zeigt den Dünnschliff eines solchen Quarzits mit deutlich lagiger Struktur und ineinander verzahnter Quarzkörner. Die ursprünglich wohl wesentlich stärker gerundeten Quarzkörner erfuhren während der Metamorphose eine teilweise Rekristallisation. Bei Verwitterung löst sich der im Bild gut erkennbare Kornverband entlang der Korngrenzen auf und bildet jeweils einzelne Sandkörner. Durchlicht. Probe zwischen gekreuzten Polarisatoren. Bildbreite 3 mm.

Abb. 4.47 Amphibolit, Jungtal, Schweiz. Der Amphibolit besteht aus Amphibol und Plagioklas sowie einigen Beimengungen und ist wichtiger Vertreter der gleichnamigen metamorphen Fazies. Größe des Steins 85 × 120 mm.

Abb. 4.48 Augengneis, Gasenried, Schweiz. Die hellen Kalifeldspat-Kristalle («Augen») sind während der Metamorphose entstanden. Der Kristall links oben hat sich zudem während der Einregulierung der Schichten durch Scherbewegung gedreht. Länge 70 mm.

Abb. 4.49 180-Grad-Gesteinsfalte aus gebändertem Paragneis. Dunkle mafit- und biotitreiche Lagen wechseln mit hellen, mafitarmen Lagen. Hochland westlich von Rysttad, Valle, Norwegen. Abmessungen 260 × 180 cm.

Abb. 4.50 Eklogit. Geröllstein aus der Rhone bei Salgesch, Schweiz. Eklogite sind Hochdruckgesteine aus der nach ihnen benannten Eklogitfazies. Eklogite sind sehr harte und zähe Gesteine mit hoher Dichte und bestehen typischerweise aus Pyroxen, Omphazit und Granat. Beigemengt finden sich zuweilen Quarz, Disthen, Glaukophan, Zoisit, Muskovit und Rutil.[78] Zur Bildung von Eklogit werden Drücke von über 12 000 bar benötigt. Dazu ist eine tektonische Versenkungstiefe von mindestens 35-40 km erforderlich, um basaltische Gesteine der ozeanischen Kruste in Eklogite umzuwandeln. Sie zeigen damit umgekehrt an, dass tektonische Bewegungen bis in den Grenzbereich von Erdkruste und Erdmantel stattgefunden haben mussten. Das vorliegende Exemplar stammt vermutlich aus der Zermatt-Saas-Decke, der größten Ophiolitdecke der Alpen (zu diesem Begriff siehe Erläuterung in Kap. 7). Das Exemplar zeigt weiße Zoisit-Pseudomorphosen nach dem prograd entstandenen Mineral Lawsonit (Bestimmung nach Meyer 2019). Gut zu erkennen sind außerdem die roten Granate mit Verwitterungsspuren. Größe des Steins 86 × 52 mm.

Abb. 4.51 Migmatit. Geschiebestein aus Vang, Bornholm, Dänemark. Größe des Steins 130 × 165 mm.

Abb. 4.52 Suevit oder Rückfallbrekzie, Nördlinger Ries, Steinbruch bei der Aumühle, Deutschland. In der Bildmitte befindet sich ein Glaskörper mit blasiger Struktur, rechts oben im Bild ein dunkler Glaskörper, der an Obsidian erinnert und vollständig durchgeschmolzen und auch zertrümmert ist. Größe der Probe 37 × 45 mm.

Eine ganz besondere und sehr extreme Form der Metamorphose stellt die Schockwellen- oder Impakt-Metamorphose dar, die ausschließlich in Verbindung mit Meteoriteneinschlägen vorkommt. Die maximale Geschwindigkeit, die Meteoriten beim Einschlag auf die Erde aufweisen können, liegt zwischen 70 000 und 200 000 km/h, je nachdem, ob der Körper mit der Richtung der Erdgeschwindigkeit oder entgegengerichtet zu dieser auftrifft. Abhängig von der Masse des Meteoriten entstehen im Kollisionszentrum Drücke bis zu 1 000 000 bar bei Temperaturen von über 10 000 °C. Beim Aufschlag wird die Bewegungsenergie des Meteoriten an das umgebende Gestein abgegeben, welches zum Teil aufschmilzt, metamorph umgewandelt oder zertrümmert wird. Der Rieskrater in Nördlingen ist mit 25 km Durchmesser und 600 m Tiefe einer der größten zugänglichen Krater der Welt. Wie in Kapitel 2 ausgeführt, schlug hier vor 14,6 Mio. Jahren ein ca. 1 km großer Gesteinsbrocken ein und verdampfte dabei vollständig. Durch Bohrungen konnte gezeigt werden, dass der Krater von einem speziellen Impaktgestein, dem Suevit, mit einer Schichtdicke von bis zu 400 m aufgefüllt ist. Dieser Suevit besteht neben zertrümmerten Gesteinsresten aus aufgeschmolzenem Gestein in Form von glasartigen Fladen. Außerdem fanden sich Hochdruckmodifikationen von Mineralien, die nur unter den genannten Bedingungen entstanden sein konnten. Dies kann im Falle des Rieskraters als Beweis für die Impakttheorie gewertet werden und gilt dementsprechend auch als Nachweis für Meteoriteneinschläge bei anderen Vorkommen von Suevitgestein auf der Erde. Früher glaubte man zunächst an eine vulkanische Entstehung des Rieskraters, was heute als widerlegt gilt.

Ein weiterer Meteoritenkrater ist in Europa sehr gut zugänglich, aber viel weniger bekannt. Es handelt sich um den Gardnoskrater im Hallingdal bei Nesbyen in Norwegen. Erst in den 1990er-Jahren gelang der Nachweis eines Meteoriteneinschlags. Ganz im Gegensatz zu dem recht jungen Rieseinschlag liegt das Impaktereignis beim Gardnoskrater sehr weit zurück, was die starke Überprägung der Kraterstruktur erklärt, die daher lange Zeit unentdeckt blieb. Der Krater besitzt einen Durchmesser von 5 km und weist einen kleinen Zentralberg auf. Das Impaktereignis wird auf das späte Präkambrium datiert und fand je nach Quellenangabe vor etwa 500–600 Mio. Jahren statt. Zu dieser Zeit traf ein Gesteinskörper von ungefähr 250–300 m Durchmesser auf das vor Ort befindliche alte Grundgebirge aus granitischen Gneisen, Quarziten und Amphiboliten auf. Infolge des Einschlags entstanden zwei typische Impakt-metamorphe Gesteinsarten. Im Zentralbereich des Kraters finden sich Suevite, wie sie auch aus dem Nördlinger Ries bekannt sind. Ringförmig um die Suevitzone liegt ein Gürtel der nach dem Ort benannten Gardnos-Brekzie. Dies ist eine lithische Impaktbrekzie, die im Gegensatz zum Suevit keine geschmolzenen Gesteinsanteile besitzt. Die Gardnos-Brekzie besteht demgegenüber aus klastischen Grundgebirgsfragmenten, die sich aus Gneisen und Quarziten zusammensetzen. Viele dieser Fragmente zeigen erhebliche Belastungsdeformationen. Sie sind eingebettet in eine schwarze Matrix aus pulverisiertem Gestein, welche eine deutlich geringere Festigkeit aufweist.

Lithische Impaktbrekzien dieser Art gibt es nicht nur auf der Erde. Stellt man sich vor, dass

das Bombardement mit Meteoriten über lange Zeiträume stattfindet und nicht von einer Atmosphäre gedämpft wird, wird es schnell plausibel, dass sich auf einem Himmelskörper eine immer dicker werdende Schicht an Trümmermaterial ansammelt und nach und nach zu einer Brekzie verdichtet. Genau diese Verhältnisse finden wir auf unserem Erdmond vor, ein Umstand, der durch die geologischen Untersuchungen der Apollo-Missionen bestätigt wurde. Der Mond ist neben den Flutbasalt-Gebieten, den Maren, mit Gesteinstrümmerschichten, den sogenannten Regolithen bzw. Regolithbrekzien überzogen. Diese Trümmer setzen sich aus feldspatreichen Anorthositgesteinen, die wohl von den Hochländern des Mondes stammen, und aus Basalttrümmern, die von den Marebecken her stammen, zusammen. Letztere bildeten sich auf dem Mond vor etwa 3,5 Mia. Jahren durch gewaltige Meteoriteneinschläge, die dann zu ebenso gewaltigen Lavaausbrüchen führten. Wer es etwas bequemer haben möchte und die Reise zum Mond scheut, kann in Ruhe diese Gesteine in Form von Mond-Meteoriten untersuchen, die aber leider nur äußerst selten als geowissenschaftliche Preziosen auf der Erde gefunden werden (Abb. 4.54).

Abb. 4.53 Impaktbrekzie aus Gardnos bei Nesbyen, Norwegen. Zu erkennen sind die schwarze Matrix aus beim Einschlag pulverisiertem Gestein, das später verfestigt wurde, sowie die hellen Bruchstücke des Ausgangsgesteins. Größe des Steins 110 × 135 mm.

Abb. 4.54 Regolithbrekzie vom Mond. Deutlich sind verschiedene Fragmente von Gesteinstrümmern zu erkennen sowie die sehr feinkörnige schwarze Grundmasse. Die weißen Klasten bestehen aus Anorthit, einem Plagioklas. Die rötliche, äußere Schicht ist eine irdische Verwitterungskruste. Polierter Anschliff des Mondmeteoriten NWA 11273, Algerien. Abmessungen ca. 17 × 15 mm.

4.4 Der Kreislauf der Gesteine

Wie wir nun gesehen haben, bleibt kein Stein auf dem anderen, die drei großen Gesteinsfamilien beziehen sich aufeinander, gehen ineinander über und verwandeln sich. Überspringen wir Größenordnungen und stellen uns die Frage, wie es dabei im großen Maßstab aussieht. In einem späteren Kapitel wird uns diese Betrachtung beantworten können, wo all die Sandmassen verbleiben, die täglich durch Verwitterung und andere Prozesse weltweit entstehen.

Die Lithosphäre der Erdkruste besteht aus der leichteren kontinentalen Kruste, die überwiegend aus Graniten gebildet wird, sowie der schwereren ozeanischen Kruste aus Basalt und Gabbrogesteinen. Die Lithosphäre schwimmt auf der unter ihr befindlichen Asthenosphäre, die im Bereich der Kontinente bedingt durch deren Gewicht bis etwa 100 km Tiefe eingedellt ist. Die Erdkruste ist aber keineswegs homogen und geschlossen, sondern fragmentierte sich schon sehr früh in eine puzzleartige Struktur einzelner Platten, den Lithosphärenplatten. Diese spielen bei der Entstehung von Gesteinen eine entscheidende Rolle, da sie durch die thermischen Prozesse im Erdinneren permanent in Bewegung sind und sich verhältnismäßig frei auf der zäh-

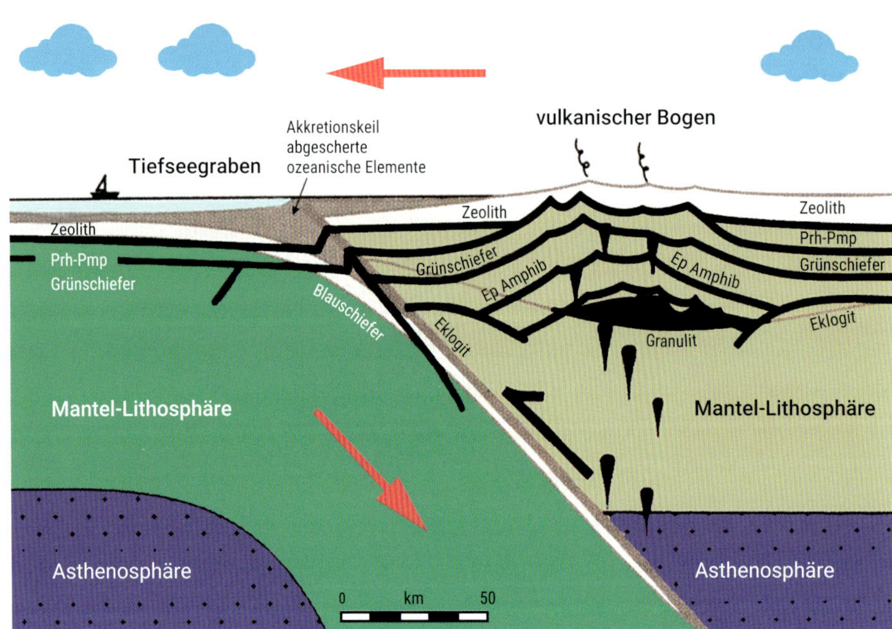

Abb. 4.55 Profil durch einen Plattenrand. Die ozeanische Lithosphäre (grün) wird unter die Kontinentalplatte (braun) subduziert. Die blaue Asthenosphäre bildet etwa die 1000 °C-Grenze. Genannt sind die Faziesserien von der Zeolith- bis zur Eklogit-Fazies. Mit den schwarzen Tropfen werden aufsteigende Magmaintrusionen symbolisiert, die sich infolge der Aufheizung und des Druckanstiegs bilden. Gut zu erkennen ist der Keil abgeschabter ozeanischer Sedimente (nach Okrusch 2009, verändert).

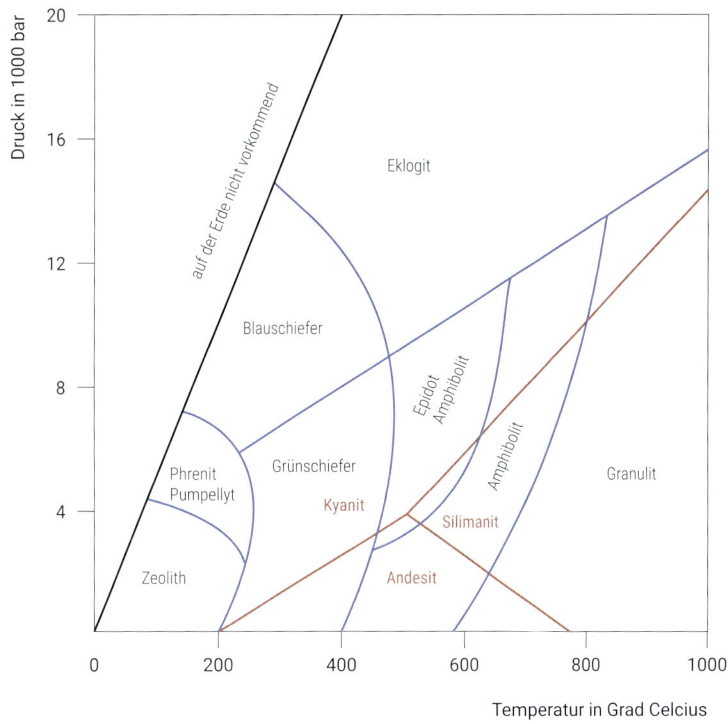

flüssig plastischen Asthenosphäre bewegen können. Ein riesiger Verschiebebahnhof, angetrieben durch Konvektionen im Erdinneren. Das Verschieben ganzer Platten und damit ganzer Kontinente (Kontinentaldrift) setzte vor etwa 3,8 Mia. Jahren ein. Die alles entscheidenden geologischen Vorgänge für die Bildung kontinentaler Gesteine spielen sich an den Rändern dieser Platten ab.

Bewegen sich zwei Lithosphärenplatten aufeinander zu, so wird, wie beschrieben, die schwerere Platte unter die leichtere geschoben (Subduktion) und in der Asthenosphäre schließlich aufgeschmolzen. Ein ungeheuerlicher Vorgang, ganze Kontinente werden im Erdinneren weitgehend zur Schmelze. Man spricht dabei sehr anschaulich von einer destruktiven Plattengrenze, als Beispiel seien die Anden genannt. Subduktionen gehen typischerweise mit Geschwindigkeiten von bis zu 9 cm/Jahr einher, was in Zusammenhang mit Reibung zu gegenseitigen Verspannungen der Platten führt, die sich irgendwann ruckartig lösen können und schwere Erdbeben verursachen. Neben vulkanischen Aktivitäten, die durch das Aufschmelzen der gewaltigen Gesteinsmassen hervorgerufen werden, findet an kollidierenden Plattengrenzen grundsätzlich eine Metamorphose der beteiligten Gesteine statt. Bei der Kollision von Platten kann der Subduktionsvorgang auch zum Stillstand kommen. Dann sinkt der ozeanische Teil nach Abriss in die Asthenosphäre und beide Kontinentalplatten driften aufeinander, unter Verdickung und Auffaltung. Alpen und Himalaya entstanden auf diese Weise.

Abb. 4.56 Druck-Temperatur-Diagramm der metamorphen Mineralfazies. Die Grenzen sind nicht scharf, sondern überlappend. In Schwarz typische Gesteine und in Rot die Grenze zwischen den indizierenden und typischen Mineralen der Metamorphite. Nach Okrusch (2009).

Driften zwei Platten voneinander fort, wie es beispielsweise am Mittelozeanischen Rücken der Fall ist, an dem zwei ozeanische Platten sich voneinander entfernen, spricht man von konstruktiven oder divergierenden Plattengrenzen. Der durch die Drift frei werdende Raum füllt sich mit aufsteigendem Mantelmaterial, die (ozeanische) Kruste wird an dieser Stelle sukzessive neu gebildet.

Im Laufe der Erdgeschichte hat es eine Vielzahl von gebirgsbildenden Vorgängen (Orogenesen) gegeben, die als direktes Resultat der Plattentektonik in der überwiegenden Zahl heute noch sichtbar sind. Die seit über 3 Mia. Jahren fortdauernde Bewegung der Kontinente führte neben dem Auffalten von Gebirgen natürlich auch zu einer vollkommenen Neupositionierung der Kontinente relativ zu den Erdpolen. Alfred Wegener fand dies um 1915 heraus und machte es an der nahezu perfekten Passform der afrikanischen und südamerikanischen Küstenlinien plausibel. Viel später erst wurde seine Theorie durch Gesteinsuntersuchungen, Fossilreste und andere Belege bewiesen.

Heute kann man die ehemalige Position von Gesteinsmassen recht präzise durch eine interessante Technik bestimmen. Sie bedient sich der Tatsache, dass in fast allen Gesteinen magnetische Partikel (z. B. das auch im Sand häufige Mineral Magnetit) gleichsam eingefroren sind. Solche Partikel besitzen die magnetische Ausrichtung ihres damaligen Entstehungsortes und sind wie auf einer Festplatte gespeichert. Diese Informationen kann man auslesen und zur heutigen Ausrichtung des Erdmagnetfeldes in Beziehung setzen. Wenn also ein Forschender beispielsweise an einem Stück Sandstein aus dem Paläozoikum die Ausrichtung der Miniaturmagnete gegenüber dem heutigen Nordpol und deren Einfallswinkel misst, kann er bei bekanntem Alter der Probe genau feststellen, an welchem Ort der Erde sich das Stück Sandstein

Abb. 4.57 Gesteinsauffaltungen zur Zeit der kaledonischen Orogenese, im Zuge derer die Urkontinente Laurentia und Baltica vor etwa 450 Mio. Jahren aufeinandertrafen. Alter der Gesteine um 1,5–1,8 Mia. Jahre. Hochland westlich von Rysttad, Valle, Norwegen. Bildbreite ca. 2 m.

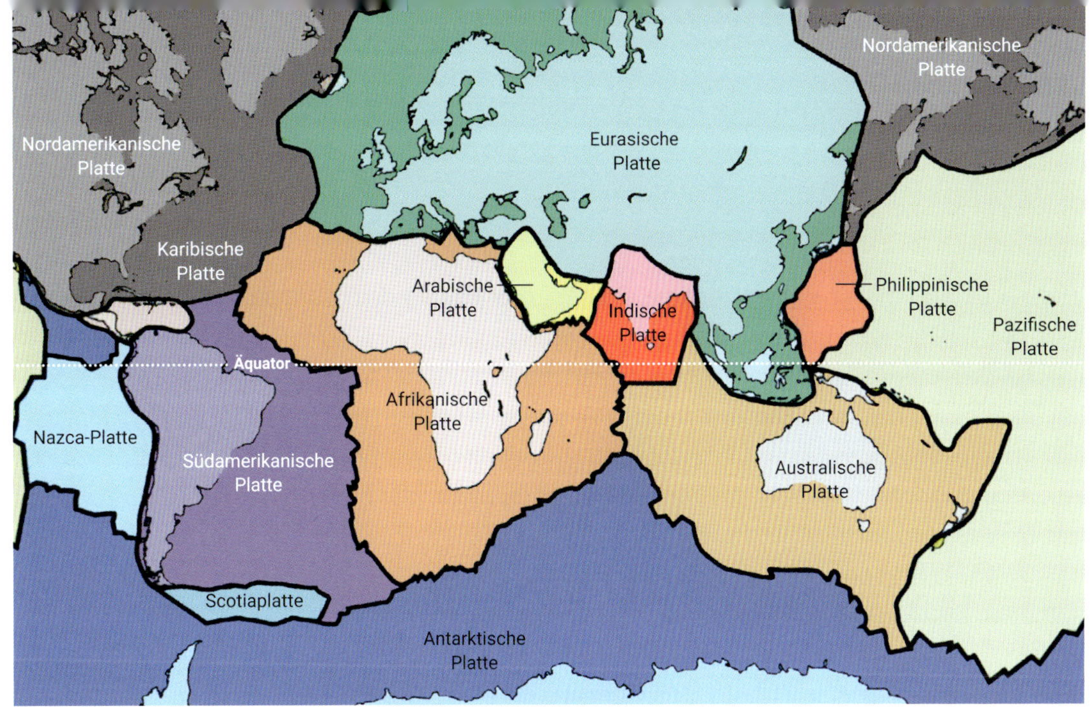

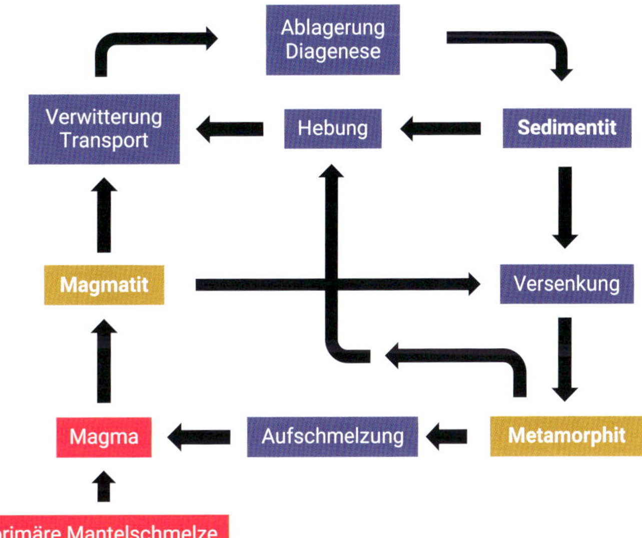

Abb. 4.58 Heutige Verteilung der Lithosphärenplatten (aus Welsch, N. et al.: Erde und Leben. Berlin 2017).

Abb. 4.59 Kreislauf der Gesteine, vereinfachtes Schema. Die drei großen Gesteinsfamilien der Magmatite, Sedimentite und Metamorphite befinden sich in einem über geologische Zeiträume betrachtet permanenten Wandel. Hebung, Senkung, Verwitterung, Transport und Aufschmelzen überführt die Gesteine je nach vorherrschendem Prozess ineinander über. Ausgehend von primärer Mantelschmelze entstanden Urbasalte und Magmatite, die nach Verwitterung, Transport und Diagenese zu Sedimentiten kompaktierten. Wurden Gesteine durch tektonische Prozesse hohen Temperaturen und Drücken ausgesetzt, entstanden Metamorphite, die nach tektonischen Hebungsprozessen wiederum verwitterten.

damals befand, als es sich verfestigte. Dies ist das Prinzip der geomagnetischen Forschung bzw. des Paläomagnetismus.

Nach Bildung erster fester Kontinente und mit Beginn der Plattenbewegungen begann auch ein Prozess der Umwandlung vorhandener Gesteine in andere Gesteinsarten. Eine wesentliche Rolle spielte dabei das Wasser. Wasser wirkt auf vielfältige Weise auf den Kreislauf der Gesteine ein. An der Erdoberfläche ist Wasser der treibende Motor der Erosion und des Abtransportes der Verwitterungspartikel. Im Erdinneren ist es in den Schmelzen gelöst oder an Minerale gebunden. Wasser senkt den Schmelzpunkt und die Viskosität von Magmen, in denen es in bis zu 10 % enthalten sein kann.

Fassen wir den Kreislauf der Gesteine zusammen: Durch die Verwitterung und die Abtragung beliebiger Gesteine bilden sich Sedimente, die sich nach Kompaktierung und Auspressen des Wassers aus den Porenräumen zu Sedimentiten verdichten und irgendwann über die Plattentektonik zu Subduktions- oder Kollisionszonen transportiert werden. Durch Druckeinwirkung und hohe Temperaturen an den Kontaktzonen entstehen aus den Sedimentiten schließlich Metamporphite. Die dabei gebildeten Gesteine können im Zuge von Gebirgsbildungsprozessen bei Plattenkollisionen erneut angehoben und erodiert, abgetragen und sedimentiert werden. Ein Teil der Gesteine wird noch weiter subduziert, das heißt in Richtung Asthenosphäre ins Erdinnere geschoben und dort aufgeschmolzen. Geschmolzenes Gestein, flüssige Magma, steigt schließlich an den Plattenrändern wieder in Richtung Erdoberfläche auf. Bei langsamer Erstarrung des Magmas noch innerhalb der Erdkruste entstehen Plutone und Plutonite, die ebenfalls wieder eines Tages der Verwitterung anheimfallen werden, sobald die Plutone freigelegt sind. Gelangt das Magma durch vulkanische Tätigkeit auf die Erdoberfläche, bildeten sich Vulkanite. Auch diese fallen der Verwitterung anheim und werden einst zu Sedimenten und Sedimentiten. Der Kreislauf der Gesteine aus Verwitterung, Transport, Ablagerung, Kompaktierung, Senkung, Verformung, Hebung beginnt von vorne, ein Mechanismus, der seit über 3 Mia. Jahren bis heute in Gang ist.

Abb. 4.60 Ein Segment im Kreislauf der Gesteine. Sand (oben und links) als Verwitterungsprodukt wird zu einem Sandstein (Mitte) durch Diagenese verfestigt. Die einzelnen Sandkörner sind im Gesteinsverband noch zu erkennen und es verbleibt ein mehr oder minder großes Porenvolumen. Ebenso sind meist lagige Schichtungen vorhanden, die den Ablagerungsverhältnissen des Sediments entsprechen. Wird der Sandstein nun metamorphen Bedingungen unterzogen, also hohem Druck und hohen Temperaturen, entsteht ein Gestein namens Quarzit (unten und rechts), welches ganz überwiegend aus Quarz besteht und kein nennenswertes Porenvolumen mehr besitzt. Meist sind im Quarzit keine lagigen Schichtungen mehr ausgeprägt. Alle Detailaufnahmen im gleichen Maßstab mit Bildbreite 6 mm. Der Quarzsand kommt aus N-Fehmarn, Deutschland, der unterkambrische Nexö-Sandstein aus Bornholm, Dänemark, enthält neben Quarz noch viele Feldspäte, entstammt also einem unreifen Sand. Der Quarzit aus Bjerregard, Dänemark, ist frei von Nebengemengeteilen und besteht vollständig aus metamorph verbundenen Quarzkörnern. Letzterer besitzt ein Alter von etwa 1 Mia. Jahren und stammt vermutlich ursprünglich aus Norwegen. Bildbreite Hauptbild 17 cm.

— 5 Ein Leben in Zyklen

«der Weg
hinauf hinab
einer
und derselbe»

Heraklit von Ephesos, Fragment 60,
Übersetzung Paul Good

Von Steinen wurde berichtet und von Sand. Wie aber wird aus Steinen Sand, welche Mechanismen wirken dabei? Welche Geschichten mögen sich dahinter verbergen und wie lassen sie sich herausfinden? All diese Fragen werden wir in diesem Kapitel streifen, am Strand flanieren und dabei ganz Erstaunliches über das Leben der Sandkörner in Zyklen erfahren.

«wir begannen als mineral, wir versteinerten
und gingen als pflanze hervor, wir verwelkten
und wuchsen zum tier heran, wir verendeten
und wurden mensch, alles vorherige vergessend
ausser im frühling, wenn wir uns beinahe
des grüns wieder entsinnen
die menschheit, sie wandelt
auf einem sich entrollenden weg, obwohl wir
dabei zu schlafen scheinen ist da eine innere wachheit
die den traum führt: sie wird uns einmal aufschrecken
zurück zur wahrheit dessen, was wir sind»

Jalad ad-Din Rumi, Mathnawi, um 1250, V 2211-20[79]

Vorhergehende Doppelseite:
Gasenried, Riedgletscher (2016),
Schweiz

5.1 Ein Strandspaziergang

Stellen wir uns einmal vor, wir wandern an einem regnerischen Tag auf einer Ostseeinsel irgendwo entlang der Wasserlinie. Abgerundete, bunte Geröllsteine liegen nassglänzend im Sand, die immer wieder von den zurückweichenden Wellen freigegeben werden. Gerade beschließen wir umzukehren, als wir auf einen cremefarben gestreiften Stein aufmerksam werden. Es ist ein Sandstein, wie er hier eigentlich häufiger zu finden ist, aber er enthält eine außergewöhnliche Struktur. Die Spur eines Lebewesens offenbar. Das macht uns neugierig; nicht ein Fossil also, sondern die Spur eines Tieres, wie wir vermuten. Was, wenn es gelänge, die Herkunft des Steines im Geiste zu rekonstruieren, seinen Weg hierher im Laufe der Jahrmillionen? Sammeln wir ihn also auf, betrachten ihn näher, beschäftigen uns mit ihm und starten den Versuch, seine Geschichte zu erzählen, die Geschichte eines Strandsteines. Damit wollen wir unser Kapitel beginnen.

Abb. 5.1 Westküste Bornholms, Strandsteine (Geschiebe) eiszeitlicher Herkunft.

In einem Gebiet, welches wir heute dem südöstlichen Schweden zuordnen, kroch vor ungefähr 540 Mio. Jahren ein kleines Wesen auf dem sandigen Boden des Meeres. Der Sand freilich war schon viel älter und stammte aus den Resten eines im Abtragen befindlichen gewaltigen Gebirges, des Gondwanalandes, welches schon lange nicht mehr existierte. Zu dieser Zeit, dem Unteren Kambrium, barg das Meer bereits eine Reihe von Lebensformen, die sich seit dem unbelebten Präkambrium entwickelt hatten. Das Land hingegen war völlig unbesiedelt, leer und öde. Keine Pflanzen bedeckten den Boden, auch Tiere gab es keine. Die Kontinente, wie wir sie heute kennen, existierten noch nicht, sie hatten andere Umrisse und befanden sich im Zuge der Kontinentaldrift an einem anderen Ort auf der Erdkugel. Afrika und Südamerika waren noch nicht getrennt. Das kleine schwedische Tier, welches wohl einem Wattwurm heutiger Tage geähnelt haben mochte, kroch in der Nähe des südlichen Wendekreises ins Meer. Dort lag Schweden im Unteren Kambrium.

Im Laufe der Jahrtausende hatte sich bereits eine Anzahl von Sandschichten gebildet, die jeweils geringfügige Farbunterschiede aufwiesen, je nachdem, welche Meeresströmungen gerade vorherrschten, und entsprechende Sandfrachten mit sich führten und schließlich ablagerten. Ganz nach seiner Gewohnheit grub sich das Tier senkrecht in den Boden eine kleine Röhre, um sich dort aufzuhalten oder auf Beute zu lauern, die die Strömung herantrieb. Vielleicht hat es sich aber auch von dem Sand ernährt, den es beim Graben aufnahm und nach Nahrung durchsiebte, vielleicht auch die kleine Röhre mit Sekreten zu stabilisieren gesucht. Als das Tier nun seine Röhre wieder verließ – natürlich wissen wir nicht, warum – floss oder sickerte der umliegende lose Sand in die leere Röhre zurück und füllte sie vollständig auf, wobei sich die

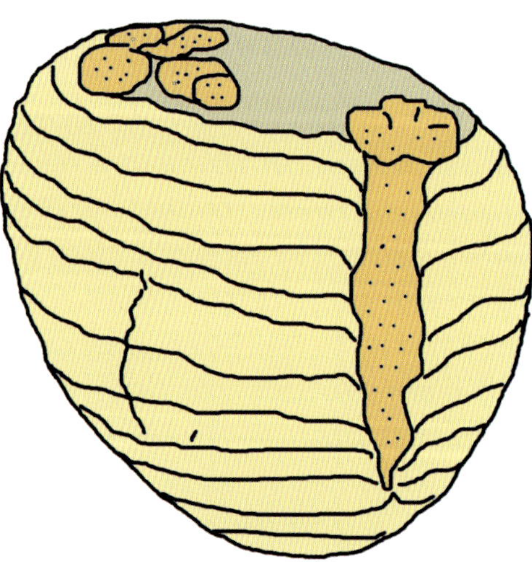

Abb. 5.2 Strandgeschiebe aus Bornholm, Dänemark, mit Spurenfossil *Monocraterion tentaculatum* (rechts als Schema). Breite 50 mm.

ursprüngliche Schichtung verlor. Das Tier aber kam nicht mehr zurück. Zwei kleine Kringel hinterließ es auf dem Meeresboden.

Zeit ging ins Land und das Meer schüttete weitere Sandlagen über die Szenerie, Jahrtausend für Jahrtausend. Weniger beständige Mineralkörner zerfielen und wurden abtransportiert oder gingen in Lösung, Quarz blieb zurück. Der Sand sortierte sich und erhöhte seine Packungsdichte wie es Kugeln in einem Glas tun, wenn es leicht geschüttelt wird. Je höher und mächtiger sich die Sandschichten über dem alten Stück Meeresboden anhäuften, desto größer wurde auch das auf ihm lastende Gewicht. Kontinuierlich stieg der Druck, fast das gesamte Wasser war mittlerweile aus den Zwischenräumen der Körner verdrängt, der Sand verfestigte sich zunehmend, nur der Porenwasserdruck hinderte die Körner noch am Zerbrechen. Im Laufe der nachfolgenden Jahrmillionen wurden schließlich die Sandkörner an ihren Berührpunkten so stark gegeneinandergepresst, dass der Prozess einer Drucklösungskompaktion einsetzte. Dabei ging Kieselsäure der Oberfläche teilweise in Lösung, zirkulierte zwischen den Körnern und lagerte sich an anderer Stelle als silikatisches Bindemittel wieder ab. An den direkten Kontaktstellen wuchsen die Kristallgitter zusammen, bis Druckspitzen sich ausglichen. Sandstein entstand aus dem vormals losen Meeressand.

All diese Vorgänge spielten sich in sehr langen Zeiträumen gleichzeitig ab. Während an der Oberfläche des Meeresbodens neue Sedimentlagen hinzukamen, auf denen andere Tiere krochen, verfestigten sich die weit unten liegenden Schichten mehr und mehr. Auf das Erdzeitalter des Kambriums folgte das Zeitalter des Ordoviziums. Trilobiten beherrschen das Meer, Vulkanismus das Land. Im darauffolgenden Silur verlief der Erdäquator über Südskandinavien, das Meer dehnte sich erheblich aus. In den silurischen Meeren erschienen erste echte Fische mit Kiefern sowie tropische Korallen. Gefäßpflanzen eroberten das Festland Stück für Stück und erste Gliederfüßler wagten sich aus dem Wasser. Sie erlebten ein Jahr mit 400 Tagen; zur damaligen Zeit drehte sich die Erde noch

Abb. 5.3 Ostsee, Hohwacht, Deutschland. Oberfläche eines Sandsteins mit Spurenfossil *Monocraterion tentaculatum*. Der innere Kreis entspricht dem Durchmesser der Wohnröhre, der äußere Kreis stellt die Grenze des nachrieselnden Sandes dar. Bildbreite 20 mm.

schneller um ihre Achse, es passten mehr Tage in ein Jahr. Die kaledonische Gebirgsbildung erreichte ihren Höhepunkt und faltete das heutige Norwegen zu einem kilometerhohen Gebirgszug auf. Im Zeitalter des Devons bildeten Afrika, Südamerika, Vorderindien, Australien und die Antarktis immer noch den gewaltigen Großkontinent Gondwana.

Über 100 Mio. Jahre sind bereits vergangen, seit unser kleines Tier seine Wohnröhre verließ. Im Devon machte die Entwicklung der Fische dann gewaltige Fortschritte, Panzerfische insbesondere. Auf dem Land tauchten erste bärlappartige Pflanzen auf, später erste Bäume. In der nachfolgenden Karbonzeit flogen erstmals Insekten zwischen den Pflanzen der Küstensümpfe. Dort bildeten sich riesige Wälder, die zu den mächtigen Kohlevorkommen beitrugen und für das Zeitalter prägend wurden. Schuppenbäume und Siegelbäume bildeten Wälder auch auf dem Land. Die variszische Gebirgsbildung erreichte ihre Hauptphase, in der die vereinigte nordamerikanische und europäische Platte mit Gondwana kollidierte, was gewaltige Plattenauffaltungen und Gebirgsbildungen nach sich zog. Noch heute findet man marine Kalke aus dem devonischen Meer oben auf den Gipfeln des Himalayas in fast 9000 m Höhe, wo sie dann wieder zu Sand zerfallen.

Über unserem Stück Meeresboden türmte sich das Old-Red-Festland und wurde langsam durch Wasser, Wind und Flüsse wieder abgetragen. Seine Sedimente sammelten sich in den vorgelagerten Senken und wuchsen zu Mächtigkeiten von mehreren Kilometern heran. In der auf das Karbon folgenden Permzeit gab es die ersten Nadelwälder, während auf dem Land sich die Reptilien immer mehr gegenüber den Amphibien durchsetzen konnten, da das Klima wärmer und wüstenähnlicher wurde. Im zurückweichenden und verdampfenden Zechsteinmeer bildeten sich 1000 m dicke Salzschichten, die uns heute diesen wertvollen Rohstoff liefern. Das sich anschließende Erdmittelalter oder Mesozoikum, gebildet aus Trias, Jura und Kreide, gilt als das Zeitalter der Saurier, die in Deutschland erstmals im Keuper erschienen. Sie verschwanden erst wieder von der Erde mit dem Einschlag des Chicxulub-Meteoriten vor 66 Mio. Jahren, am Ende der Kreidezeit und dem Beginn des Paläogens vollständig. Über 70 % des gesamten damaligen Lebens verschwand mit ihnen. Was wäre wohl aus ihnen ohne diese kosmische Katastrophe geworden?

Die Sandkörner des Stückchen Meeresbodens aus dem Unterkarbon waren mittlerweile fest zu Stein verbacken. Die Spur unseres Tieres aber ist sichtbar geblieben, wenngleich unsichtbar noch tief im Untergrund verborgen. Während sich die Kontinente verschoben, hoben sich ehemals sedimentsammelnde Senken zu Bergzügen und wurden dort der Verwitterung preisgegeben. Regen und Flüsse transportierten die Schuttmassen erneut in Richtung Meer. Über eine halbe Milliarde Jahre gingen so ins Land, bis dann im Zeitalter des Pleistozäns, 1,5 Mio. Jahre vor unserer Zeitrechnung, große Klimaschwankungen einsetzten. Warmzeiten und Kaltzeiten wechselten sich ab, die mittleren Jahrestemperaturen fielen um bis zu 15 Grad. Große Gletscherschichten entwickelten sich am Nordpol und zogen über Skandinavien nach Süden. Die Mächtigkeit des Eispanzers erreichte mancherorts über 3 Kilometer. Dabei führten die

Gletscher gewaltige Massen an Gesteinen, Sand und Schlamm als Verwitterungsprodukte mit sich. Nach dem Rückzug des Eises in den Warmzeiten bedeckten diese Schuttmassen dann bis zu 100 m hoch das Land. Doch was passierte mit dem Stück Meeresboden, auf dem unser Tier einst kroch?

Schicht um Schicht des auflastenden Gesteins wurde mit zunehmender Hebung des Landes weiter abgetragen, bis eines Tages kambrische Schichten ans Tageslicht traten. In Risse und Spalten des verfestigten Sandsteins drang Wasser, Frost sprengte den Verband und die Wohnröhre unseres Tieres wurde Teil eines faustgroßen Fragments, welches schließlich vom herannahenden Eis aufgegriffen und weiter nach Süden transportiert wurde. Kilometer für Kilometer schob das Eis den Stein voran, er geriet in Kontakt mit anderen Steinen und Geröllbrocken, fror für ein paar Tausend Jahre hier und da ein, bis er eines Tages endgültig freigegeben wurde. Dies geschah vermutlich am Ende der letzten großen Vereisungsperiode, der Weichsel-Eiszeit. Einen weiteren Vorstoß des Eises gab es seither nicht mehr. Sein Abschmelzen entlastete die Landmassen derart, dass sie sich bis zum heutigen Tag jährlich um knapp 8 cm heben. In den folgenden Jahrtausenden schleuderten Wellen und Gezeitenwechsel den Stein umher und ließen seine Gestalt weiter ebnen und runden, da sich bei starkem Aufprall Körner aus der Matrix lösten oder ganze Bereiche abgetrennt wurden. Körner des Steines sind Sandkörner des Urmeeres aus dem Kambrium, die damit nach einer Zeitreise von über einer halben Milliarde Jahren sich mit den Abermilliarden von Sandkörnern des heutigen Strandes vermischen. Korn für Korn wurde die Wohnröhre unseres Tieres der Länge nach freigelegt und sichtbar, mit ihr die wechselnd cremefarbenen Schichtungen des Untergrundes. Bis unser Blick schließlich am Ende eines Nachmittagsspazierganges auf eben diese Struktur fiel. Heute wird das Spurenfossil *Monocraterion tentaculatum* genannt. Viel mehr weiß man von ihm nach wie vor nicht; nur, dass es zu den ältesten Spuren komplexeren Lebens zählt, die man in Deutschland finden kann. Wie gut, dass wir auf diesen kleinen Schatz und Zeugen der Erdgeschichte aufmerksam wurden.

Die Geschichte des von uns betrachteten Sandsteins ist gleichzeitig auch eine Geschichte der Sandkörner, aus denen er gebildet wurde. Nach Auflösung der verbindenden Matrix durch Verwitterung werden die vor 500 Mio. Jahren gleichsam in einer Zeitkapsel gefangenen Körner wieder freigesetzt. Prinzipiell könnte die Geschichte nun wieder von vorne beginnen, allerdings unter dem Vorzeichen, dass die vergangene Zeit ja bereits ihre Spuren an den Sandkörnern hinterlassen hat. Diese Körner mit all ihrer Vorgeschichte würden sich dann, aus der Zeitkapsel des Sandsteines entlassen, auf eine neue Reise begeben, die dort beginnt, wo die Ostsee sie heute aufnimmt. Ein potenzieller Strandwanderer auf einem Kontinent der fernen Zukunft mag dann eines der Körner erneut, eingebunden in einen ganz anderen Stein, aufsammeln und interessiert betrachten. Geschichte reiht sich an Geschichte. Vorausgesetzt natürlich, dass es die Menschheit und aus ihrer Mitte einige aufmerksame Individuen auch in ein paar Hundert Millionen Jahren überhaupt noch geben mag.

Ära		System/Periode	Serie/Epoche	Beginn vor Millionen Jahren
Phanerozoikum	Kanäozoikum	Quartär	Holozän	
			Pleistozän	2.6
		Tertiär/Neogen	Pliozän	
			Miozän	23.8
		Tertiär/Paläogen	Oligozän	
			Eozän	
			Paläozän	65
	Mesozoikum	Kreide	Oberkreide	
			Unterkreide	142
		Jura	Malm	
			Dogger	
			Lias	200
		Trias	Keuper	
			Muschelkalk	
			Buntsandstein	251
	Paläozoikum	Perm	Zechstein	
			Rotliegendes	296
		Karbon	Oberkarbon	
			Unterkarbon	358
		Devon	Oberdevon	
			Mitteldevon	
			Unterdevon	417.5
		Silur	Pridoli	
			Ludlow	
			Wenlock	
			Llandovery	444
		Ordovizium	Oberordovizium	
			Mittelordovizium	
			Unterordovizium	488
		Kambrium	Oberkambrium	
			Mittelkambrium	
			Unterkambrium	542
Präkambrium	Proterozoikum	Neo Proterozoikum	Ediacarium	630
			Cryogenium	850
			Tonium	1000
		Meso Proterozoikum		1600
		Paläo Proterozoikum		2500
	Archaikum			4000
	Haderum			4600

Abb. 5.4 Die Erdzeitalter im Überblick. Die Darstellung der einzelnen Zeiträume ist nicht maßstäblich (nach Hann 2018).

5.2 Ein fossiler Sand

Lassen wir unseren Strandflaneur aber ruhig in der Gegenwart bleiben und auf seiner Insel noch ein gutes Stück weiter Richtung Südspitze wandern, bis sich der Küstenstreifen zu einer außergewöhnlich schönen, hellen und weiten Dünenlandschaft öffnet. Anders als zuvor finden sich hier keinerlei Geschiebesteine, ringsum ist nur Sand; hier im Norden Europas eine fast unwirkliche Anmutung südlichen Flairs. Das Besondere aber ist der Sand selbst. Er zeigt nicht die häufige beige-bräunliche oder graue Färbung, sondern leuchtet und glitzert in der Sonne beeindruckend gleichmäßig strahlend weiß.

Abb. 5.5 Weiter Sandstrand mit Dünen bei Dueodde. Südküste Bornholm, Dänemark.

Was den Sand einzigartig macht, ist seine Feinheit, Reinheit und seine fast perfekte Sortierung. Der Sand von Dueodde, so heißt der nahegelegene Ort an der südlichsten Spitze der Insel, war eine Zeitlang weltberühmt für diese Eigenschaften. Dueodde-Sand wurde als Löschsand verwendet zu einer Zeit, als man zum Schreiben noch die Gänsefeder in ein Tintenfass tauchte. Die Tinten waren damals nicht so schnelltrocknend wie die heute zur Verfügung stehenden synthetischen Produkte und der Tintenauftrag nicht so gleichmäßig wie derjenige moderner Schreibgeräte. Es war daher üblich, Sand aus einem speziellen Döschen auf das beschriebene Papier zu streuen, um die überschüssige Tinte aufzunehmen, «Löschsand» also. Je feiner der Sand beschaffen war, der zur Hand war, desto besser konnte er kapillar die noch flüssigen Tintenanteile aufsaugen. Um auf die Einzigartigkeit des Dueodde-Sandes aufmerksam zu machen, wurde 1938 sogar eine ganze Schiffsladung davon zur Weltausstellung nach London verfrachtet.[80]

Was ist nun das Geheimnis dieses Sandes, wie kommt er zu seinen Eigenschaften? Zur Klärung dieser Fragen muss unser Strandwanderer seine Aufmerksamkeit den flachen Klippenplateaus entlang der Küste zwischen Snogebaek und Dueodde widmen. Hier besteht der Untergrund aus grünem sandigem Schiefer aus der Kreidezeit. In der Oberkreide war der südwestliche Ostseeraum vom Meer überflutet und in Küstennähe des Kreidemeeres bildeten sich im Flachwasser sandige Ablagerungen. Im Laufe der Oberkreide entstanden insgesamt drei dieser grünen Formationen. Die älteren zählen zur «Arnager Formation», die jüngste, die gleichzeitig als Abschluss der Kreidezeit gilt, wird zur «Bavnodde Grünsand Formation» gerechnet. Das Alter der Schichten liegt bei etwa 65–80 Mio. Jahren. Grünsande und Grünschiefer wechseln sich in den Aufschlüssen der Küste mit Kalkbänken ab. Besonders schön sind die Schichten bei den Ortschaften Arnager und Bavnodde aufgeschlossen, nach denen sie benannt wurden.

Das Sediment der Grünsandschichten ist nur lose gebunden, enthält neben Quarzsand auch lehmige und siltige Anteile und verwittert sehr schnell zu einem grünlichen Sand. Dieser erhält seine Farbe durch ein bemerkenswertes Mineral, den Glaukonit. Glaukonit liegt meist in Form kleiner, elliptischer Körner vor, die in etwa die Größe der Sandkörner besitzen. Es handelt sich um ein komplex aufgebautes grünes Tonmineral, ein Schichtsilikat, welches in den Aggregaten von anderen Schichtsilikaten (Illit, Smektit und Chlorit) und weiteren Mineralen in unterschiedlichen Mengenverhältnissen begleitet wird. Unter Sauerstoffeinwirkung wandelt sich die Farbe von Grün zu einem Braunton. Oftmals stellen Glaukonitkörner die Ausgussformen von winzigen Foraminiferen dar, einer sehr artenreiche Gattung von gehäusetragenden Protisten, die man zu den Wurzelfüßern zählt. Glaukonit ist an Sedimentite gebunden und entsteht in flachmariner Umgebung bis maximal 200 m Tiefe in gemäßigtem bis tropischem Klima.

Da Glaukonit nicht sehr verwitterungsbeständig ist, wurde er aus den lockeren Schiefern der Formationen schnell ausgewaschen, woraufhin die Grünschiefer und Grünsande auch recht schnell zu feinem Quarzsand erodierten, dessen Farbe durch Fehlen weiterer Komponenten in nennenswerter Menge ein reines Weiß ist. Durch küstennahe Strömungen und Windtransport

Abb. 5.6 Bornholm, SW-Küste bei Arnager, Dänemark. Zu erkennen ist die im Anstehenden unten befindliche Grünsand-Formation, die von Kalkbänken der oberen Kreide überlagert wird.

Abb. 5.7 Arnager Grünsand. Sehr feiner Sand mit Korngrößen unter 0,1 mm. Recht gute Sortierung. Auflicht. Bildbreite 5,2 mm.

Abb. 5.8 Bavnodder Grünsand. Gut zu erkennen sind die recht kantigen, nur angerundeten Quarzkörner und die grünen, elliptischen, gut gerundeten weichen Glaukonitkörner. Auflicht. Bildbreite 1,0 mm.

erhöhte sich die Sortiergüte weiter und der ausgewaschene Sand lagerte sich im Gebiet des heutigen Dueodde ab. Der recht geringe Transportweg reichte zwar nicht aus, um die Sphärizität zu erhöhen, die Körner zeigen jedoch gegenüber denjenigen des Ausgangsgesteins eine erkennbare Rundung. Es ist zu vermuten, dass der kreidezeitliche Sand, der zur Bildung der grünen Schiefer beitrug, durch dessen Herkunft und Transport bereits vorsortiert, aber nur unwesentlich gerundet war. Dueodde-Sand ist also ein fossiler Sand aus der Kreidezeit, der wohl eines Tages erneut in einer marinen Senke angereichert und kompaktiert werden könnte. Auch in diesem Fall nähme dann eine weitere Geschichte ihren Lauf.

Beide Geschichten spielen auf der Insel Bornholm, und dies ist kein Zufall. Bornholm ist wie ein kleines Musterstück der Geologie, Schauplatz und auch Fundort vieler Erdzeitalter und deren Schichtfolgen, vom Präkambrium bis hin zu Eiszeitrelikten. Bornholms kristalline Gesteine sind Produkte der noch nicht sehr lange in der Forschung bekannten dano-polonischen Orogenese.[81] Bedingt durch seine Lage inmitten der Ostsee finden sich an Bornholms Küsten zudem interessante und verschiedenartige Sande. Für den Geschiebekundler bieten sich nahezu paradiesische Verhältnisse, da die Küstenabschnitte großteils von eiszeitlichen Geschieben aus den skandinavischen Ländern bedeckt sind. Fast alle wichtigen Gesteinsarten finden sich hier auf engem Raum. Eine Herausforderung für Sammler.

Beide Geschichten haben überdies einen gemeinsamen Kern: Aus Gesteinen wird Sand und aus Sand wird wieder Gestein. Ein Kreislauf, der uns ähnlich bereits bei der Umwandlung der Gesteine untereinander begegnet ist. Es kommt aber hier ein besonderer, sandspezifischer Aspekt hinzu. Für ein definiertes Sandkorn lässt sich nämlich am Ende eines geologischen Prozesses durchaus ein weiterer anschließen, der auf dasselbe Korn einwirkt. Das Korn wurde zwar verändert, bleibt aber sozusagen als Individuum im Folgeprozess identifizierbar. Gesteine verändern sich demgegenüber in Textur und Zusammensetzung, werden zersetzt und entindividualisiert, werden unerkennbar. Ausnahmen sind in beiden Fällen natürlich vorhanden.

Wenden wir uns zu unserer eingangs gestellten Frage zurück. Woher kommt der Sand und was wird aus ihm; genauer, was wird aus den einzelnen Körnern?

Abb. 5.9 Dueodde-Sand, bestehend nahezu monomineralisch aus Quarz. Vereinzelt treten auch farbige Quarzkörner auf, die den weißen Gesamteindruck aber nicht verändern. Der Durchmesser vieler Körner liegt mit ca. 0,07 mm an der unteren Grenze für die definitionsgemäße Einordnung in die Korngrößenfraktion «Sand». Auflicht. Bildbreite 1,4 mm.

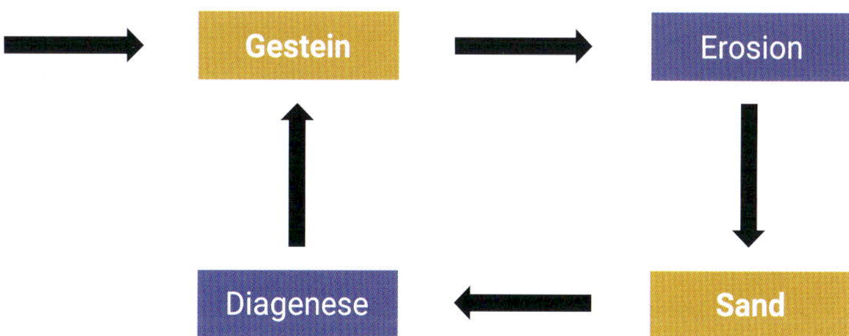

Abb. 5.10 Eiszeitliches Geschiebe und anstehendes Gestein an Bornholms NW-Küste bei Salomons Kapell. Man erkennt im Vordergrund Geröllsteine mit Durchmessern um 30 cm, die aus mittelschwedischen Porphyren, Graniten und Ignimbriten bestehen. Das anstehende Gestein ist 1,4 Mia. Jahre alter Hammer Granit, benannt nach der nahegelegenen Burg Hammershus aus dem 14. Jahrhundert.

Abb. 5.11 Vereinfachtes Schema für einen Kreislauf des Sandes

5.3 Lebenslauf eines Sandkorns, erster Teil

In Kapitel 3 wurde der Reifegrad von klastischen Sedimenten als Merkmal eingeführt. Zunehmende kompositionelle Reife lässt sich als zunehmender Gehalt an Quarz und gleichzeitig abnehmender Gehalt an verwitterungsanfälligeren Mineralen wie Feldspat, Olivin und Pyroxenen beschreiben. Ganz am Ende bleibt reiner Quarz als das mechanisch und chemisch beständigste Mineral übrig, welches zudem eines der häufigsten ist. Wir stellen in den weiteren Betrachtungen zu Herkunft, Transport und Ablagerung daher Quarz in den Mittelpunkt.

Nahm man früher an, dass Quarzsand sich in Flüssen aus dem schrittweisen Abschleifen von gröberen Kieseln bildet, erkannte man schon zu Beginn des 19. Jahrhunderts, dass er stattdessen ganz überwiegend aus der Dekomposition von kristallinen Gesteinen hervorgeht. Diese Erkenntnis ist bis heute gültig. Da Granite zu den häufigsten plutonischen und damit kristallinen Gesteinen zählen, sind sie die Hauptquelle aller Quarzsandkörner allgemein. Nimmt man die metamorph überprägten Plutonite dazu, lässt sich zusammenfassen, dass Quarzsand nahezu exklusiv von Graniten, granitähnlichen Gesteinen und den Gneisen der Kontinentalmassen abstammt.[82] Der Ursprung von Sand ist also sehr eng mit dem Auftreten und der Verwitterung von kristallinen Gesteinen verbunden. Die Abmessungen von Sandkörnern entsprechen daher auch, wie schon erwähnt, weitgehend den Korngrößen der Minerale im Granit. Wir wollen nun einmal einen typischen Lebenslauf eines Sandkorns kontinentaler Herkunft näher betrachten; «kontinental» deshalb, weil Sande ozeanischer Inseln und Archipele ganz anders zusammengesetzt sind (Gruppe 4) und in ihrer Entstehung auch anderen Gesetzen folgen.

Abb. 5.12 Magmatisches Gestein an einer meeresexponierten Klippe im Nordosten von Sardinien, Italien. Deutlich erkennbar sind die ausgewaschenen, aber noch am Gestein anhaftenden, teils idiomorphen Quarz- und Feldspatkristalle. Das Korn in der Bildmitte wird sich bald ablösen, ein Sandkorn entsteht.

Abb. 5.13 Entstehung eines Sandes an der Küstenlinie unmittelbar aus dem anstehenden Gestein. Man erkennt im oberen Bildteil stark angewitterten Granit mit rötlichen Feldspäten und darunter den entsprechend gefärbten Sand, weitgehend in der Zusammensetzung des anstehenden Muttergesteins. Bildbreite um 50 cm.

Abb. 5.14 Detailaufnahme des Küstensandes aus dem vorhergehenden Bild. Man erkennt das recht junge Sediment an der geringen Abrundung und der geringen kompositionellen Reife der Mischung. Bildbreite ca. 8 mm.

Kontinentaler Sand ist ein Produkt der Schwerkraft. Von seiner Entstehung, etwa durch das Ausbrechen aus dem Muttergestein in einem Gebirgszug bis hin zur Ablagerung in einer Meeressenke, ist ein Sandkorn den freien Kräften der Natur ausgesetzt und folgt der Schwerkraft solange, bis es den zunächst tiefsten Punkt seiner Reise erreicht hat, die – wie wir sehen werden – dort aber noch lange nicht enden muss.

Zunächst aber schauen wir uns das Leben eines einzelnen, fiktiv gedachten Quarzkornes genauer an und verfolgen es auf seinem Weg Richtung Meer. Natürlich gibt es eine Unzahl von möglichen Verläufen, im Grunde ebenso viele, wie es Sandkörner gibt. Viele dieser Lebenspfade ähneln sich aber in grundsätzlichen Mustern, einen recht typischen davon greifen wir uns heraus.

Kristalline Gesteine sind in ihrem Aufbau meist sehr massiv. Granit galt zu früheren Zeiten als Garant und Symbol für Festigkeit, Unzerstörbarkeit und Alter. Granit ist jedoch keineswegs unzerstörbar. Ganz im Gegenteil. Durch seinen grobkristallinen Aufbau und seine Zusammensetzung aus ganz verschieden resistenten Mineralien ist er sogar einigermaßen empfindlich gegenüber physikalischer, chemischer und biologischer Verwitterung.

Haben sich erst einmal durch Lösungsprozesse, Temperaturwechsel oder Druckbelastungen Hohlräume, Spalten oder Auswaschungen im Gestein gebildet, können Pflanzenwurzeln eindringen oder kann eingesickertes Wasser gefrieren und Partikel verschiedener Größe aus dem Gefüge herausbrechen. Es entsteht zunächst bröseliger Gesteinsgrus und je nach weiterem Fortgang schließlich Sand.

Abb. 5.15 Erosionsprozesse demonstriert an einem grobkristallinen Ganggestein aus dem nordöstlichen Sardinien, Italien. Die Proben stammen aus unmittelbarer Nähe zueinander: Abgerundeter Strandstein, angewittertes Handstück von einer wetterexponierten Klippe, Gesteinsgrus am Fuße der Klippe und Sand am Fundort der Proben. Bildbreite 200 mm.

Abb. 5.16 Sandanalyse aus der Abbildung zuvor. Der Sand ist relativ jung und nach nur kurzem Transportweg kompositionell unreif und nur kantengerundet. Links Quarz, in der Mitte Gesteins- und Schalenfragmente und rechts Alkalifeldspäte. Ein Teil der Gesteinsfragmente stammt aus Geröllen nichtlokaler Herkunft. Nach entsprechender Zeit wird nur der Quarz und ein Teil der Fragmente überdauert haben. Cala Bitta, Sardinien, Italien.

Abb. 5.17 Verwitterungsprozess an einem Rhyolith. Rhyolith ist das vulkanitisch-ignimbritische Äquivalent zu Granit. Gut zu erkennen ist die Aushöhlung des Gesteins, einige Komponenten sind komplett in Lösung gegangen. Es bilden sich sogenannte Tafoni-Texturen. Sardinien. Breite des auf einem Spiegel liegenden Steines 80 mm.

Abb. 5.18 Der Verwitterungsprozess schreitet entlang von Rissbildungen im Gestein fort und führt zu abgerundeten Blöcken («Wollsacktextur»). Granitgestein, Nordsardinien, Italien.

Abb. 5.19 Verwitterungsprozess bei Granit. Flechten befördern den chemischen Angriff auf das Gestein. In der Abbildung ist die Oberfläche anstehenden Granitgesteins in wetterexponierter Lage auf Bornholm, Dänemark, zu sehen. Bald wird der keilförmige Bereich durch Frostsprengung vom Gesteinsblock getrennt.

Das Verhältnis von physikalischer und chemischer Verwitterung hängt sehr von der geografischen Höhenlage und der Exposition des betreffenden Gesteines ab. Während in den Niederungen und Tallagen chemische Erosionsprozesse überwiegen, sind die Gesteine umso stärker den mechanischen Angriffen ausgesetzt, je höher ein Gebirge aufragt, in dem sie sich befinden. Gebirge werden dadurch Stück für Stück in geologischen Zeiträumen abgetragen und eingeebnet. Wind, Niederschläge und Temperaturwechsel zehren am Gestein, das unaufhaltsam zerfällt und dessen Komponenten sich in Schuttkegeln, den Alluvialfächern, um die Bergspitzen anhäufen und zu Tal rutschen. Regenschauer spülen die Bruchstücke und kleineren Bestandteile, so auch unser frisch entstandenes Sandkorn – es sei aus Quarz – in Rinnsalen dem nächsten Bach zu. Eine lange Reise Richtung Meer nimmt ihren Anfang.

Verfolgen wir es dabei weiter. Der Gebirgsbach bzw. das aus Gletschertoren austretende Schmelzwasser hat genug Energie, um das Sandkorn in turbulenter, wirbelnder Strömung die Hänge herab in einen Fluss des Tales zu tragen. Alles Weitere hängt nun von seinem Durchmesser ab. Sehr kleine Körner können in Suspension bleiben und werden als Schwebfracht rasch mit der Strömung fortgetragen. Sandkörner in typischer Dimensionierung rollen und hüpfen jedoch nur kurze Strecken über den Grund des Flusses dahin, ein oft unterbrochener Vorgang, der lange Zeit andauern kann. Das liegt daran, dass Strömungen in Gerinnen, wie sie Flussbette näherungsweise darstellen, direkt am Boden theoretisch eine Geschwindigkeit von Null aufweisen. Die bodennahen Strömungsprozesse lassen sich physikalisch mithilfe der sogenannten Grenzschicht beschreiben, die sich durch Reibungsvorgänge zwischen der Strömung und dem Flussbett ausbildet. Nach oben, Richtung Wasseroberfläche, geht die Grenzschicht in die Hauptströmung des Flusses über. Die Dicke der Grenzschicht hängt wesentlich von der Rauheit des Bodens ab, die bei einem Kiesbett größer ist als bei einem eher glatten Sandbett. Damit ist erklärbar, warum, je nach Randbedingungen, kleine Partikel,

Abb. 5.20 Typische, sogenannte wollsackförmige Verwitterung. Vanggranit, Nordwest-Bornholm, Dänemark.

Abb. 5.21 Links: Unverwitterter Geröllstein von der dänischen Meeresküste (Durchmesser 65 mm). Rechts: Stark verwitterter Granit aus dem norwegischen Hochland. Die Form der Steine hat in diesem Fall unterschiedliche Ursachen. Geröllsteine werden durch Stein-zu-Stein-Kollisionen in der Meeresbrandung zunehmend gerundet. Der Hochgebirgsstein hingegen nimmt durch abrasiven Gletschertransport und die sich anschließende schalenförmige Verwitterung an der Erdoberfläche, wie sie für Granite typisch ist, seine Form an.

Abb. 5.22 Gletschertal mit Bach, Seitenmoränen und sandigen Schuttfächern. Geburtsort von Millionen neuer Sandkörner. Riedgletscher, Schweiz, 2010.

Abb. 5.23 Sandprobe aus dem Tal des Riedgletschers, Schweiz. Die Körner sind kantig und frisch und bestehen aus Fragmenten der meist metamorphen und glimmerreichen Gesteine des umgebenden Gebirges. Bildbreite 8 mm.

wie sie Sandkörner darstellen, gegebenenfalls sehr lange Zeit in Bodennähe verbleiben, sofern die Sinkgeschwindigkeiten größer sind als die Geschwindigkeitskomponenten durch auftreibende Sog- oder Wirbelkräfte.

Neben der Schwerkraft, die das Sandkorn absinken lässt, greifen noch weitere Kräfte an ihm an: die Reibungskraft der Strömung und die Auftriebskraft, letztere verursacht durch die über das Sandkorn hinwegfließende Strömung. Auftriebskräfte versuchen das Sandkorn anzuheben, wie die über einen Flügel strömende Luft diesen durch den formbedingt entstehenden Unterdruck nach oben zieht. Es kommt zu hüpfenden Bewegungen der Sandkörner durch das Wechselspiel von Auftrieb, Vortrieb in der Strömung und erneutem Absinken an anderer Stelle. Flüsse besitzen also neben Schwebfrachten in der Hauptströmung auch Rollfrachten auf dem Boden und Springfrachten in der Grenzschicht, die die Milliarden von Sandpartikel bilden, die entlang des Flussbettes transportiert werden.

Unser Korn wird im weiteren Verlauf seiner Reise aber mit großer Wahrscheinlichkeit im Strömungsschatten irgendeiner Ausbuchtung des Flusses oder am Rande eines seiner Schwemmfächer für unbestimmte Zeit abgelagert und nach und nach von anderen Sedimenten überschichtet, bis es eines Tages z. B. durch Schmelzwasserströme erneut freigesetzt wird und seinen Weg fortsetzen kann. Dieser intermittierende Prozess ist charakteristisch für fluviatilen Transport. Je nach Gefälle und nach Art des Flusses, und natürlich nach Größe und Beschaffenheit des Sandkornes, kann auf diese Weise eine Strecke von 100 km zwischen 1000 Jahren und 1 Mio. Jahren dauern[83], wohingegen kleine Partikel (wie etwa Schluff oder Ton) den gleichen Weg – in Suspension befindlich – innerhalb weniger Stunden zurücklegen mögen. Der Partikeldurchmesser entscheidet also ganz erheblich über das Verhältnis aller angreifenden Kräfte und damit auch über das zeitliche Geschehen und das Schicksal des Kornes.

Bei all dem erweist sich das von uns begleitete Quarzkorn als außerordentlich stabil und widerstandsfähig. Es hat im Gegensatz zu manchen anderen Mineralien (von Feldspat war in diesem Zusammenhang bereits die Rede) nur eine verschwindend geringe Löslichkeit in den meisten Chemikalien und ist auch mechanisch recht unempfindlich gegen die Korn-zu-Korn-Kollisionen, wie sie im Flusswasser andauernd stattfinden. Das Wasser verzögert und dämpft die Bewegungen, wie jeder leicht feststellen kann, der versucht, unter Wasser zwei Kugeln gegeneinander zu werfen.

Es ist zu vermuten, dass das Sandkorn eines Tages wohl an den Strand eines Meeres gespült wird. Etwa 80–90 % der Küstensande erreichten über den Flusstransport das Meer; allein die Sedimentfracht des Mississippi beträgt jährlich 470 Mio. Tonnen[84]. Hätten wir nun die Gelegenheit, das Korn unter ein Mikroskop zu legen, würden wir die erstaunliche Beobachtung machen, dass es weitgehend unbeschadet aussieht. Zwar sind die Ecken und Kanten gebrochen und die Oberfläche mit charakteristischen Spuren übersät, aber es hat insgesamt keine deutlich runde Gestalt angenommen, wie es wohl zu vermuten gewesen wäre. Es sieht weitgehend genau so aus, wie es einst aus dem Gestein der Hochgebirgsregion herausgewittert ist. Selbst sehr lange und mächtige Ströme, wie der Mississippi, sind, wie man zeigen konnte, nicht in der Lage, Sandkörner aus Quarz wesentlich abzurunden; der abrasive Verlust läge bei nur etwa 5 %. Sogar ein mehrfach wiederholter Transport durch solche Ströme würde nicht ausreichen, um ein Sandkorn vollständig abzurunden und der Kugelgestalt anzunähern.[85] Wie aber kommt es dann zu all den teils perfekt kugelrund geformten Körnern, die wir an den Stränden sehr häufig finden?

Von gröberen Gesteinsbruchstücken und Kieseln weiß man aus Erfahrung, dass sie sich schon nach relativ kurzen Transportwegen deutlich abrunden. Folgt man zu Fuß einem Gebirgsbach talwärts, kann man den Effekt der zunehmenden Kantenabrundung der Bachkiesel feststellen. Theoretisch ließen sich Bachgerölle mit gewissem Aufwand sogar kennzeichnen und nachverfolgen.

Bei Sand stellt sich die Situation demgegenüber deutlich schwieriger dar. Einzelne Sandkörner lassen sich nicht markieren und hinsichtlich ihrer Eigenschaftsänderungen verfolgen. Sedimentologen sind also auf statistische Messungen angewiesen, die Aussagen über die relative Verteilung der Korngrößen in Abhängigkeit vom zurückgelegten Weg gestatten. Entnimmt man an verschiedenen Stellen eines langen Stromes Proben, müsste sich – so die Vermutung – eine deutliche Zunahme der mittleren Rundung zeigen. Derartige Analysen wurden in den 1940er-Jahren durch die damals führenden US-amerikanischen Geologen William C. Krumbein, Haakon Wadell und Francis Pettijohn durchgeführt. Insbesondere Krumbein beschäftigte sich intensiv mit den für Sandkörner charakteristischen Größen Gestalt und Rundheit und führte entsprechende Messmethoden und Definitionen ein, die großteils heute noch Gültigkeit besitzen. Die Messungen an Flüssen brachten aber keine eindeutigen Zusammenhänge. Wie geschildert, konnte speziell am Mississippi keine valide Funktion zwischen Transportstrecke und Abrundung gefunden werden. Man erklärte sich das Ergebnis dadurch, dass die Feldmessungen durch eingebrachte Sandfrachten von Nebenflüssen verfälscht wurden, sodass man in der Folge stattdessen zu Untersuchungen im Labor mit Schleudertrommeln überging. Dabei konnten Transportwege von vielen Tausend Kilometern wie im Zeitraffer durch rotierende und mit Sediment

Abb. 5.24 Beispiele für nahezu perfekt sphärische Sandkörner. Abbildungen jeweils skaliert auf gleichen Bilddurchmesser. Obere Reihe: Santa Cruz Lomas de Arena, Bolivien d = 1090 µm; Santa Cruz Lomas de Arena, Bolivien d = 1140 µm; Michaelmas Cay, Australien d = 1240 µm; Untere Reihe: Murzuk, Libyen d = 750 µm; Is Arutas, Sardinien d = 2600 µm; Coloradosandstein, USA d = 660 µm.

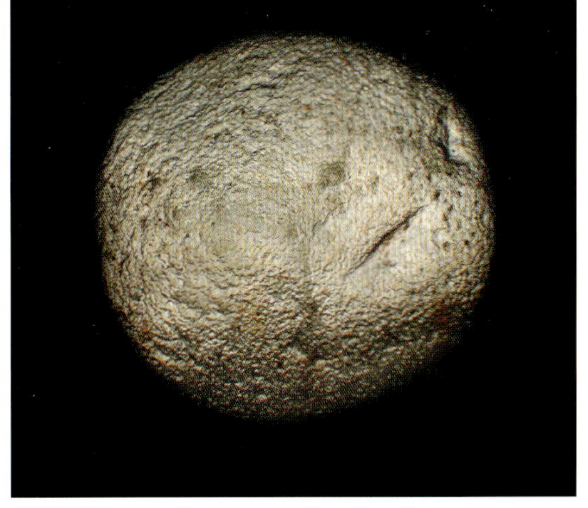

gefüllte Trommeln nachgestellt werden. Für Fraktionen in den Abmessungen von Kies ergaben sich durchaus reproduzierbare Werte. Es blieb jedoch die Schwierigkeit bestehen, den Einfluss verschiedener Korngrößenfraktionen untereinander im Labor mit vertretbarem Aufwand realitätsnah erfassen zu können. Krumbein nutzte ein Hochwasserereignis von 1938, welches weite Gebiete um Los Angeles mit Schutt und Sedimenten bedeckte, um die an Kieseln gewonnenen Erkenntnisse in einem großen Feldversuch zu bestätigen. Tatsächlich gelang es ihm, den Rundungsgrad mithilfe einer Formel zu beschreiben.[86] Nur der Sand schien dieser Formel erstaunlicher Weise nicht zu gehorchen.

Die vielen nahezu perfekt kugelförmigen Sandkörner, die man an Küsten und auch in Sandsteinen oder in Flüssen fand, schienen sich nicht ausreichend durch experimentelle und theoretische Ansätze erklären zu lassen. Die Geologen richteten schließlich ihren Fokus auf die Meeresstrände, die die Sedimente mit höherer Bewegungsenergie gegeneinander schleudern und diese nicht linear, sondern durch das Hin und Her der Wellen repetitiv bewegen. Zwar konnte gezeigt werden, dass Meeresküsten Sandkörner offenbar schneller runden, als es Flüsse vermögen, das scheinbare Paradox der sphärischen Körner war damit aber noch nicht erklärt.

Abb. 5.25 Vergleich einer Steinkugel mit einem sphärischen Sandkorn. Links: Granitkugel aus Vanggranit, Bornholm, Dänemark, Strand. Durchmesser 85 mm. Rechts: Sandkorn aus der Sahara, Murzuk, Libyen, Durchmesser 750 µm. Das Volumenverhältnis beider runder Körper beträgt ca. 1:1500 000. Die Eigenschaften bezüglich Erosion, Verhalten in Strömungen etc. sind zwischen Steinen, Kieseln und Sandkörnern sehr deutlich verschieden.

Abb. 5.26 Küstensand von Rerik auf Rügen, Ostsee, Deutschland. Detailaufnahme. Monomineralischer Quarz. Die Körner sind ausgeprägt gerundet, teils sphärisch geformt und deutlich oberflächenstrukturiert. Auflicht. Durchmesser des kugeligen Kornes links im Bild ca. 460 µm.

5.4 Lebenslauf eines Sandkorns, zweiter Teil

Das Rätsel fand dann eine überraschende Lösung, die sich den Forschern im Laufe der Jahre offenbarte: Die Reise der Sandkörner war am Strand noch lange nicht beendet! Jeder, der schon einmal ein Stück Sandstein in den Händen hielt, hatte die Lösung bereits vor sich. Milliarden von Sandkörnern werden Minute für Minute in die Meere geschwemmt und sammeln sich über lange geologische Zeiträume in großen Sedimentationströgen an. Durch den Druck der auflastenden Massen werden die Körner sukzessive kompaktiert und beginnen sich durch auskristallisierende, im Porenraum zirkulierende mineralische Lösungen zu verbinden; Sandstein entsteht. Unser Quarzkorn, das wir vom Anfang seiner Reise im Gebirge an begleitet hatten, ist also zum Bestandteil eines neu gebildeten Gesteins, eines Sedimentgesteins geworden. Und es wird eines fernen Tages sehr wahrscheinlich an einem Gebirgsentstehungsprozess teilhaben. Im Laufe von vielen Millionen Jahren wird dabei durch die stetig ablaufende Kontinentalverschiebung der zuvor in den Senken verfestigte Sandstein über den Meeresspiegel gehoben und bildet dann unter Umständen den Rücken eines neu aufgefalteten Gebirges, an dessen Felsen nun wieder Wind und Wetter nagen und das Sandkorn ein zweites Mal freisetzen mögen und in einen Schuttkegel am Fuß eines Berges entlassen. Der Zyklus beginnt von vorne. Das Korn macht sich wieder auf den Weg Richtung Meer, ein wenig kugelförmiger hingegen als Millionen Jahre zuvor. Das Rätsel ist gelöst, ein Leben in Zyklen.

Sofern Quarzkörner die obersten zehn Kilometer der Erdkruste nicht unterschreiten, sind sie im Grunde nahezu unzerstörbar. Verwitterung – Transport – Ablagerung – Diagenese – Hebung – Verwitterung – Transport und so fort. Mit jedem dieser Zyklen runden sich die Körner weiter und weiter ab, verlieren aber nur wenig an Volumen. Man schätzt, dass etwa die Hälfte aller Sandkörner bis zu sechs solcher Zyklen hinter sich gebracht haben.[87] Die Zyklen sind von Fall zu Fall von unterschiedlicher Dauer, lassen sich aber in ihrer Größenordnung zu etwa 200 Mio. Jahren abschätzen.[88] Wenn wir ein Sandkorn aus dem Devon untersuchen, wäre es demnach rein rechnerisch möglich, dass das Korn zehn dieser Zyklen durchlaufen hat, nachdem es vor etwa 2,4 Milliarden Jahren aus einem Granitblock eines längst abgetragenen Grundgebirges freigesetzt worden ist. Niemand kann eine solche Abfolge von Geschichten allerdings genau rekonstruieren.

Auch die bekannten und spektakulären Steinformationen des Coloradoplateaus im Südwesten Amerikas stellen hierfür ein gutes Beispiel dar. Als sich bei der Bildung des Riesenkontinentes Pangäa vor einer Viertel Milliarde Jahren die Meere des Erdaltertums langsam zurückzogen und das Klima immer trockener und heißer wurde, entstand auf dem Gebiet in den heutigen Bundesstaaten New Mexico, Colorado und Utah eine riesige Binnenwüste. Dabei verwitterten und zerfielen Sandsteine früherer Formationen wiederum zu Sand und wurden durch Winde (äolischer Transport) in Becken Senken abgelagert und erneut zu Sandsteinen verfestigt.[89] Der Geologe McKee konnte die äolischen Ablagerungsbedingungen für diese Formation

schlüssig nachweisen. Sandkörner des heutigen Coloradoplateaus befinden sich also mindestens in ihrem dritten Erosions-Zyklus.

Es ist eine bemerkenswerte Vorstellung, dass zu der Zeit, als das Korn aus Abb. 5.28 entstanden sein mag, die Welt eine andere war und sich seitdem ohne Unterlass wandelt, ebenso wie das an Unzerstörbarkeit grenzende Sandkorn unter nur sanfter Anpassung seiner Gestalt sämtlichen Kräften der Natur immer und immer wieder ausgesetzt war, indem Phasen der schier unendlich langen Ruhe unter der Oberfläche des Kontinents mit Phasen der Turbulenz, Abrasion und Zersetzung wechselten. Nichts Faszinierenderes lässt sich denken, als beim Blick durch eine Lupe oder ein Mikroskop auf ein gut gerundetes Sandkorn die dahinterliegende Geschichte zu imaginieren, die sich immerhin über Zeiten erstrecken kann, die der Hälfte des gesamten Erdalters entspricht.

Abb. 5.27 Sandstein (Bildbreite 48 mm) aus dem Strandgeröll von N-Fehmarn, Deutschland. Die Braunfärbung rührt von sekundär eingedrungenen eisenhaltigen Lösungen her. Links unten eine Vergrößerung der Sandsteinoberfläche mit einer Bildbreite von 2,3 mm. Unten rechts ist das zentrale Sandkorn nochmals vergrößert dargestellt. Es ist deutlich gerundet und befände sich nach seiner erneuten Auswitterung zumindest in seinem dritten Zyklus, sofern man nur einen Zyklus vor der Einbettung in den Sandstein voraussetzt. Viel wahrscheinlicher sind zwei bis drei Vorzyklen anzunehmen. Das Korn ist aus Quarz, klare Quarze wirken im Kornverband meist grau bis dunkelgrau. Bildbreite 0,65 mm.

Abb. 5.28 Herausgewitterter und gut gerundeter Sandstein von den versteinerten Dünen Colorados, USA. Der Stein (43 × 32 mm) zeigt Spuren schalenförmiger Temperaturverwitterung. Bedingt durch die starken Temperaturwechsel zwischen Tag und Nacht und die damit einhergehenden Volumenschwankungen bilden sich konzentrisch angeordnete Mikrorisse, die schließlich zu Abplatzungen führen.[90] Links Mitte: Detailaufnahme der Sandsteinoberfläche, mit gut gerundeten Quarzkörnern in dunkler Matrix (Bildbreite 5 mm). Die Sandkörner zeigen in Form und Textur Spuren äolischer Transport- und Ablagerungsbedingungen. Links unten: Herausgelöstes einzelnes Sandkorn im Hellfeld Durchlicht (Durchmesser 600 µm). Die für Trockenwüsten typische rötliche Färbung der Körner ist nur oberflächlich vorhanden und wird von Eisenoxid verursacht. Ehemalige Kontaktstellen zu angrenzenden Körnern sind zu erkennen.

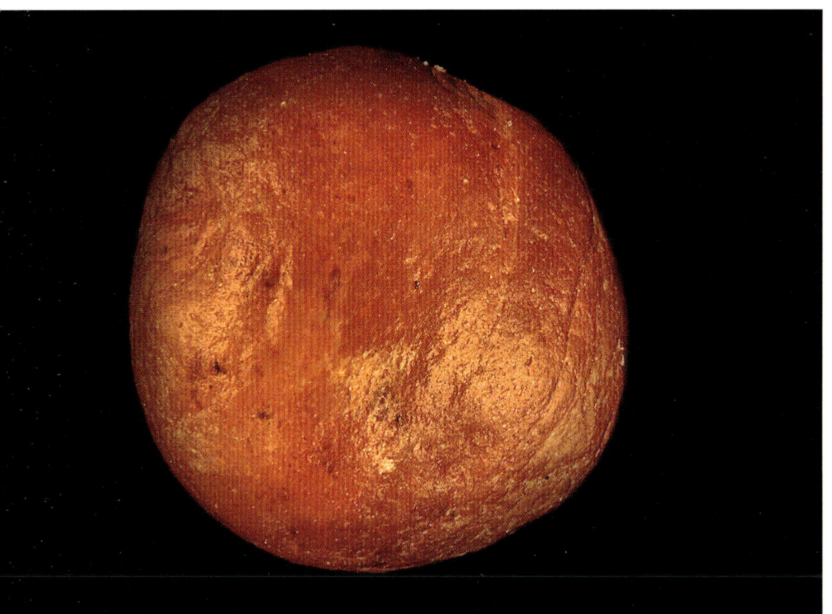

Abb. 5.29 Niemand ist in der Lage, die Geschichte eines solch sphärisch gerundeten Sandkornes vollständig zu rekonstruieren. Santa Cruz Lomas de Arena, Binnenwüste, Bolivien. Auflicht. Durchmesser 1140 µm.

Abb. 5.30 Sandkorn aus Tel Aviv-Jaffa, Israel. Das Besondere an diesem Korn ist, dass es seinerseitsaus Quarzkörnern eines vorangehenden Zyklusses besteht. Diese Subkörner sind gut gerundet und vermutlich selber nicht in ihrem ersten Lebenszyklus. Siehe auch Abb. 11.36. Bildbreite 3,8 mm.

Abb. 5.31 Sandkorn vom Naheufer, Bad Kreuznach, Deutschland. Der Rand des hier abgebildeten Sandkornes erscheint wie die Kontur eines Berges, dessen Verwitterungsprodukt und Ausgangspunkt eben jenes Sandkorn sein könnte. Das Sandkorn symbolisiert damit imposant den abstrakten Prozess des Kreislaufs der Sedimente sehr gegenständlich und selbstreferentiell. Durchlicht Hellfeld. Bildbreite ca. 760 µm.

— 6 Spurensuche

«… denn bei Betrachtungen sind selbst die Irrtümer nützlich, indem sie aufmerksam machen und dem Scharfsichtigen Gelegenheit geben, sich zu üben.»

J. W. v. Goethe: Über den Granit

Sandkörner, so haben wir gesehen, besitzen recht seltsame Eigenschaften. Ihrem Entstehen folgt nicht zwangsläufig ihr Vergehen. Sehr viele von ihnen verbringen ihr Dasein in Zyklen von schier unvorstellbarer Dauer. Doch woher wissen wir das? Und können wir vielleicht sogar noch mehr von ihrem wandelvollen Leben erfahren? Bei unserer Spurensuche wagen wir einen Blick ins Innere der Sandkörner und werden uns an Oberflächlichem erfreuen. Beides sind Kapitel im Tagebuch eines Sandkorns. Wir wollen es nun aufschlagen und ausführlich darin blättern.

«Hernach nahm ich ein Korn Grobsand, von der Sorte Sand, womit hierzulande Zinngeschirr und anderer Hausrat gescheuert wird: dies Sandkorn brachte ich vor das Vergrößerungsglas, mit dem ich die Tierchen beobachtet hatte und ich muß in Folge meiner sorgfältigen Abmessung nach dem Augenmaß sagen; daß die Achse des Sandkorns mehr als tausendmal länger war als die Durchmesser eines der kleinen Tierchen, die ich in großen Mengen zu sehen bekam.»[91]

So berichtete der Mann, der als einer der ersten umfangreiche und systematische Untersuchungen mit einem Mikroskop anstellte, Anthony van Leeuwenhoek, am 16. September 1692 an die Mitglieder der königlichen Gesellschaft zu London in einem Brief. Freilich ging es van Leeuwenhoek in diesem Brief weniger um Sand als vielmehr um die Entdeckung der «kleinen Tierchen», die Bakterien, deren – zumindest damals – unvorstellbar geringe Größe er mit dem kleinsten relevanten im Alltag vorkommenden Einzelteil, dem Sandkorn, als Maßeinheit verglich.

Aber van Leeuwenhoek hat sich durchaus auch intensiv mit Sand beschäftigt. Er war der erste Wissenschaftler, der die individuelle und typische Ausprägung eines jeden Sandkornes erkannt und beschrieben hat:

Vorhergehende Doppelseite:
Rhone bei Siders, Schweiz

«... man kann in einer beliebigen Menge an Sand keine zwei Partikel finden, die vollständig einander gleichen, und wenn es auf den ersten Blick auch so scheint, sind sie doch vollständig verschieden.»,

schrieb er 1703, also viel später, an die Royal Society.[92] Darüber hinaus stellte er wohl auch erstmals Überlegungen und Versuche zur Abrasion und den Mechanismen zur Gestaltbildung der Sandkörner an. Er fügte seinen Briefen auch selbst angefertigte Abbildungen minutiös dargestellter einzelner Körner bei, die er am Mikroskop zeichnete. Van Leeuwenhoek hatte allerdings eine sehr ausgeprägte Imaginationsgabe und so finden sich in manchem Sandporträt auch Darstellungen winziger menschenähnlicher Wesen, die er im jeweiligen Korn zu erkennen meinte und die er auch in seinen Texten ausführlich beschrieb. Wesen in der Innenwelt der Sandkörner.

Nicht viel weniger Imaginationsgabe war in unserem letzten Kapitel vonnöten, in welchem wir die hypothetische Geschichte eines ganz realen Sandkornes erzählt hatten, den Weg, den es genommen haben mag im Laufe eines der Zyklen seines langen Daseins. Aber wir haben nur einen der vielen denkbaren Lebenspfade des Kornes untersucht. Es hätte nach der Freisetzung aus seinem Muttergestein ebenso gut auf einen Gletscher gefallen sein können, um für Hunderttausende von Jahren im ewigen Eis eingefroren zu bleiben. Oder es hätte sich in einer Gebirgsregion am Rande der Sahara nach Jahrmillionen wieder aus einem Sandsteinverband gelöst und wäre mit dem Wind davongetragen worden. Auch hätte es den direkten Weg ins Meer nehmen können, als ehemaliger Bestandteil einer Felsenklippe an einer Meeresküste. Vieles mehr ist denkbar. Jedes Sandkorn hat seine eigene Geschichte.

Spätestens an dieser Stelle wollen wir uns erneut die Frage stellen, ob sich diese Geschichten auch umgekehrt erzählen lassen. Ist es möglich, einem Sandkorn seine eigene Geschichte zu entlocken? Lässt sich seine Herkunft erschließen? Wir hatten die Frage bereits mit «nein» beantworten müssen. Aber dabei wollen wir es nicht bewenden lassen. Ereignisse, besonders geologische Ereignisse, hinterlassen Spuren. Diesen Spuren werden wir nachgehen und sehen, dass zumindest gewisse Rückschlüsse möglich sind, die uns gestatten, einen kleinen Einblick in die individuelle Vergangenheit einzelner Sandkörner zu erhalten. Dabei lassen sich zwei grundlegende Fragestellungen aufzeigen, die nachfolgend getrennt und ausführlich behandelt werden:

Fragestellung 6.1: Von welchem Gestein stammt das Korn ursprünglich? Wurde es nach einem vorangehenden Zyklus aus einem Sedimentgestein freigesetzt, stammt es direkt und primär aus einem magmatischen Gestein oder wurde es metamorphen Prozessen unterzogen? Ebenso wäre eine hydrothermale Bildung in Gängen oder Klüften möglich. Diese Fragen lassen sich in der Hauptsache durch Untersuchung des Korninneren mit gewisser Treffsicherheit beantworten. Auch die Kornform und noch weitere Faktoren sind zu berücksichtigen.

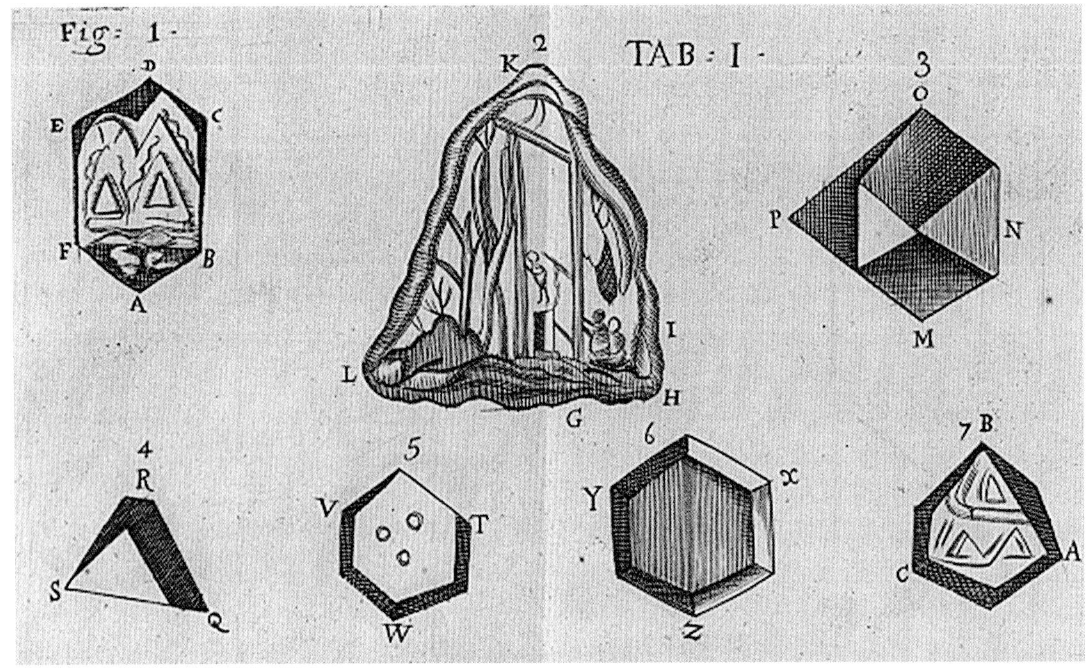

Fragestellung 6.2: Welchem Milieu, welcher Umgebung ist das Korn zuzurechnen? Wurde es einst per Wind, Fluss oder Gletscher transportiert? Stammt es aus einer Wüste, einem See oder dem Meer und wie wurde es schließlich abgelagert? Für diesen zweiten Fragekomplex müssen wir eher das Äußere der Körner mit all seinen Spuren und Strukturen betrachten, die sich als Folge der angreifenden physikalischen Kräfte und chemischen Einwirkungen auf der Oberfläche wie in ein Tagebuch eingeschrieben haben.

Abb. 6.1 Darstellung von Sandkörnern nach Leeuvenhoek. Man beachte das mittlere Korn, welches in der rechten unteren Ecke und in der Mitte menschliche Wesen zu enthalten scheint. Philosophical Transactions vol. 24 p. 1537 (1703) © The Royal Society.

6.1 Das Herkunftsgestein oder: Die Innenwelt der Sandkörner

Beschäftigen wir uns also zuerst mit dem Herkunftsgestein und den Hinweisen, an denen es im Sandkorn noch erkannt werden kann. Hierbei sind wir bei Quarzkörnern ausschließlich an den Imperfektionen, all den kleinen Abweichungen von einem idealen Kristall interessiert. Wagen wir einen Blick ins Sandesinnere. Um es vorwegzunehmen, die kleinen Leeuwenhoek´schen Wesen werden wir leider nicht finden. Um Aussagen über das Herkunftsgestein treffen zu können, müssen wir nach Merkmalen Ausschau halten, die nicht oder nur unwesentlich durch anschließenden Transport und abrasive Einflüsse verändert und überprägt werden können. Dabei beschränken wir uns auf solche Eigenschaften, die ohne allzu großen apparativen Aufwand allein mithilfe eines Mikroskops und seiner Polarisationseinrichtung bestimmbar sind. Vier Merkmale vertiefen wir der Reihe nach, drei davon beschäftigen sich mit dem Inneren der Körner:

— Einschlüsse in Sandkörnern
— Verhalten unter polarisiertem Licht
— kristalline Struktur
— Korngestalt

6.1.1 Einschlüsse in kristallinen Sandkörnern aus Quarz

Hätten wir ein vollkommen rundes, homogenes und monokristallines Sandkorn vor uns, gäbe es natürlich auch keine rückverfolgbaren Spuren. Fast alle Quarzkristalle besitzen aber Fremdkörper, sogenannte Einschlüsse in ihrer kristallinen Matrix, die Zeugnisse aus der Entstehungsgeschichte des Kristalls darstellen. Diese Einschlüsse machen etwa 1 % bis maximal 5 % eines Wirtskristalles aus.[93] Während der Wachstumsphase können Kristalle Fremdkörper aufnehmen und einschließen, die kristallin, gasförmig, flüssig oder glasartig amorph sind. Auch im Zuge von Rekristallisationsvorgängen kommt es zur Bildung von Fremdphasen oder Mineralneubildungen im Wirtskristall.

Ganz besonders interessant sind flüssige und gasförmige Einschlüsse. Diese bilden sich meist während der Entstehung des magmatischen oder vulkanischen Gesteins tief im Inneren der Erde, indem winzige Mengen von Flüssigkeiten in den stetig wachsenden Kristall eingeschlossen werden. Sie bleiben dort wie in einer Zeitkapsel für Jahrmillionen verschlossen. Die Abmessungen dieser Flüssigkeitseinschlüsse (in der meist englischsprachigen Literatur *fluid inclusions*) bewegen sich in der Größenordnung von wenigen Tausendstel Millimetern. Viele Einschlüsse sind noch kleiner und mit Abmessungen unter einem Mikrometer selbst mikroskopisch kaum

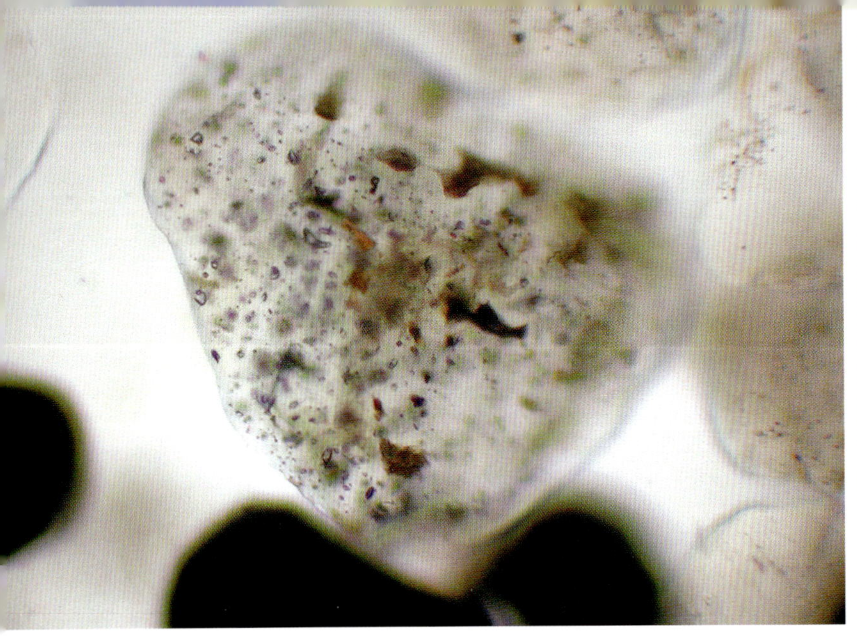

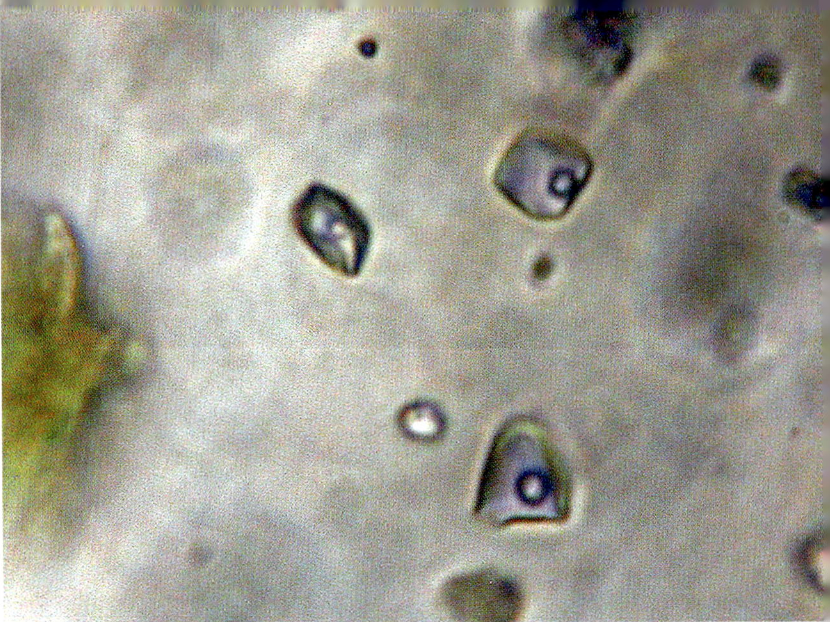

aufzulösen. Die Trübung von Milchquarzen ist auf Millionen solcher Mikro-Einschlüsse zurückzuführen. Ihre Dichte beträgt dort Schätzungen Roedders zufolge um eine Milliarde Einschlüsse je Kubikzentimeter![94]

Feste Einschlüsse sind meist etwas größer und können in seltenen Fällen Abmessungen von bis zu einem Millimeter oder mehr erreichen. Etwas häufiger sind demgegenüber mehrphasige Einschlüsse, die beispielsweise aus einem Flüssigkeitströpfchen und einer Gasblase bestehen. Dieser Einschlusstyp wird «Libelle» (von lat. *libella* = Wasserwaage) genannt.[95]

Im Mikroskop können wir erstaunt beobachten, dass sich Libellen in permanenter Bewegung befinden. Dies ist bei sehr kleinen Libellen mit Durchmessern unter 2 µm auf die Brownsche Molekularbewegung zurückzuführen. Es ist unglaublich faszinierend und fast unheimlich sich vorzustellen, dass die winzige und oft hektische Bewegung der kleinen Gasbläschen im Inneren solcher Kristalle und Sandkörner bereits seit Millionen von Jahren stattfindet, unbeobachtet, im tiefen Dunkel des Erdinneren und in massiven Gesteinen verborgen. Milliarden von Mikrobewegungen in Abermilliarden von Sandkörnern und Kristallen über und unter der Erdoberfläche, ohne Pause.

Leeuvenhoeks fantastische Zeichnungen von den Innenwelten der Sandkörner waren nichts anderes als Darstellungen von Einschlüssen mit ihren teilweise bizarren Formen. Freilich muss man ihm die recht einfache optische Ausrüstung zugutehalten, die uns aber gerade deshalb eine gewisse Bewunderung abnötigt und auf dem Gebiet der Biologie immerhin erstaunliche Ergebnisse lieferte. Die ersten systematischen Forschungen zu Mineraleinschlüssen kamen nach 1900 auf.

Das Ziel aller Einschlussuntersuchungen ist es, Informationen aus den eingeschlossenen Substanzen zu gewinnen. Durch geeignete Messverfahren können physikalische Daten wie Dichte und Umwandlungstemperaturen bestimmt werden. Auch die chemische Zusammensetzung der Substanzen lässt

Abb. 6.2 Links: Einschlussreiches Sandkorn aus Bjerregard, Dänemark. Rechts: Libellen in dem links abgebildeten Sandkorn. Starke Detailvergrößerung einer Schärfeebene im Inneren des Kornes. Die Libelle rechts oben im Bild besitzt eine Diagonale von nur 4,8 µm, das Bläschen darin einen Durchmesser von ca. 1,5 µm. Die Bläschen befinden sich in permanenter Bewegung!

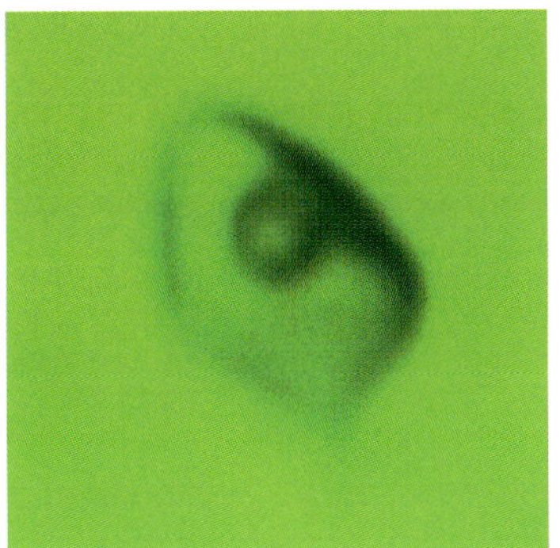
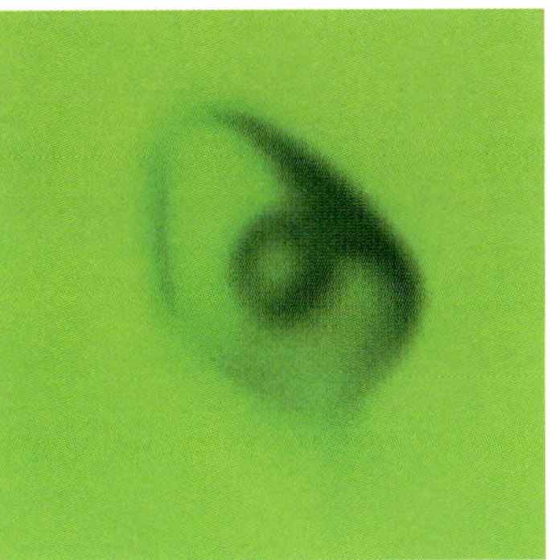
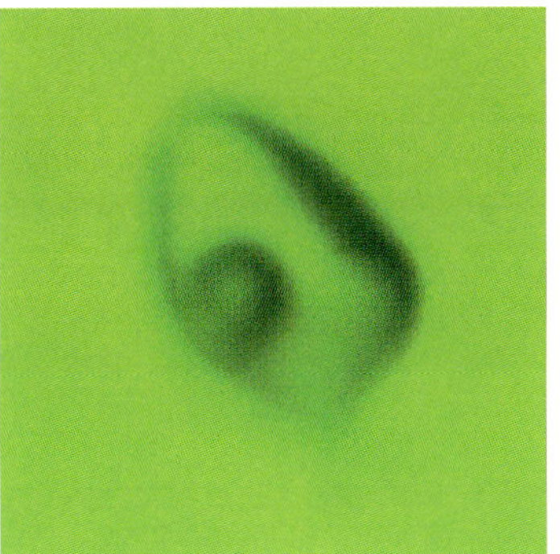
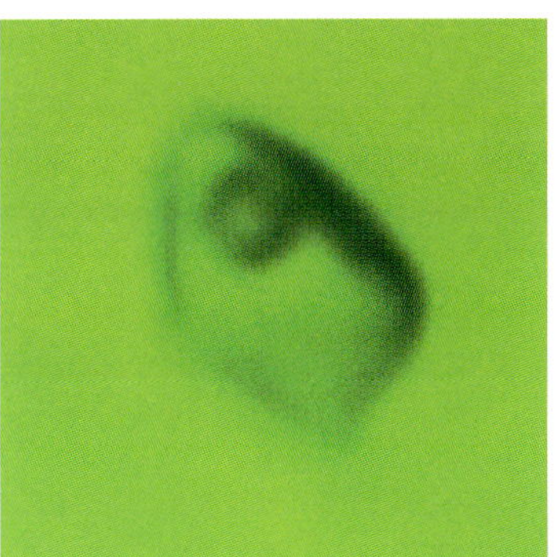

sich je nach verwendetem Verfahren direkt messen oder aber aus optisch gewonnenen Daten indirekt ableiten.

Libellen sind mehrphasige Einschlüsse, die dadurch zustande kamen, dass ein ursprünglich heißes und homogenes Fluid während der Gesteinsbildung in den wachsenden Kristall eingeschlossen wurde. Bei Abkühlung in geologischen Zeiträumen blieb das Volumen des Hohlraumes weitgehend gleich, während das Fluid sich physikalisch bedingt stärker zusammenzog, sodass durch Unterdruck eine Gasphase entstand, die nun als Blase im Fluid sichtbar wird. Geht man davon aus, dass der Einschluss in der weiteren zeitlichen Abfolge keine von außen kommende Veränderung erfuhr, liegt damit eine interessante und mehrteilige gespeicherte Information vor. Neben der chemischen Zusammensetzung des Fluides kann die Bildungstemperatur des Kristalls bzw. des Einschlusszeitpunktes verhältnismäßig einfach mithilfe der sogenannten Mikrothermometrie rekonstruiert werden. Der Prozess wird dabei gleichsam umgekehrt, indem die Probe samt Libelle auf einem speziellen Heiztisch unter ständiger Beobachtung durch das Mikroskop solange erhitzt wird, bis die Gasblase verschwindet. Die so ermittelte Temperatur wird Homogenisierungstemperatur genannt und ist zusammen mit weiteren Angaben (Füllgrad, Salinität, Isochorenverlauf) eine der wichtigsten Informationen aus der Einschlussforschung, da sie Rückschlüsse auf die Bildungsbedingungen des Einschlusses ermöglicht. Mit solchen Methoden sind selbst Aussagen zur Bildung von Sedimentationsprozessen möglich. An einem Sandstein aus der Kreidezeit konnte beispielsweise die Homogenisierungstemperatur von Anwachssäumen an Sandkörnern zu 50 °C bestimmt werden. Dies entspricht nach Umrechnung mit dem geothermischen Koeffizienten einer Versenkungstiefe von 1000 Metern zur Zeit der Zementation (Beispiel nach Almon in Füchtbauer[96]). Schier unglaublich, dass die kleinen Bläschen dem Geologen erzählen, dass der Sandstein 1000 m unter dem Erdboden lag, als sie entstanden sind.

Liegen wässrige Einschlüsse vor, kann deren Salzgehalt (Salinität) gemessen werden. Reines Wasser gefriert bei 0 °C.

Abb. 6.3 Fluider Einschluss mit Gasblase (Libelle) in einem Sandkorn aus dem Riedgletscherbach, Schweiz. Der Einschluss wurde viermal kurz hintereinander aufgenommen. Die Wanderung der kleinen Gasblase von Bild zu Bild ist gut zu erkennen. Der Einschluss hat eine Abmessung von nur 5,5 × 7,3 µm. Durchlicht mit kontraststeigerndem Grünfilter.[97]

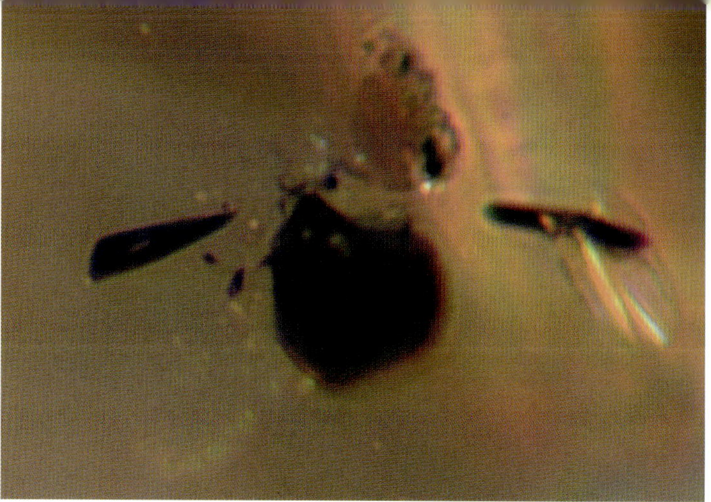

Enthält der Einschluss gelöste Salze, setzen diese bekanntlich den Gefrierpunkt herab. Kennt man durch Messung am Heiztisch den Gefrierpunkt des Flüssigkeitseinschlusses (Kryomessung), so kann der Salzgehalt nachträglich berechnet werden und wichtige Informationen beispielsweise für Lagerstättenuntersuchungen liefern. Mit geeigneten Verfahren können größere Einschlüsse geöffnet werden, um die enthaltenen Gase und Flüssigkeiten direkt zu analysieren. Spektroskopische Verfahren (Raman-Spektroskopie) erlauben Aussagen über die chemische Zusammensetzung durch direkte Messung bis hinunter zu einer Größe von 2 µm.

Die wissenschaftliche Beschäftigung mit Mineraleinschlüssen fand und findet Anwendung bei der Erkundung von Lagerstätten seltener und bedeutender Minerale wie etwa Wolfram und Fluorit oder Kupfer. Sogar extraterrestrisches Material ist über Einschlüsse hinsichtlich dessen Bildungsbedingungen untersuchbar. Einschlussuntersuchungen finden weiterhin bei paläoklimatologischen Forschungen Berücksichtigung und bei der Aufspürung von Öllagerstätten.

Für die Herstellung von Glas, insbesondere von Spezialgläsern, werden hochreine Quarzsande benötigt, die im Tagebau in Sandgruben gewonnen werden. Jegliche Art von Zusatzstoffen, wie sie Einschlüsse darstellen, verändert die optischen Eigenschaften des Glases. Geeignete «Glassande» werden daher durch Einschlussanalysen bestimmt und in ihrer Zusammensetzung überwacht.

Bei Edelsteinen, ganz speziell bei Diamanten, gilt, dass sie als besonders wertvoll gelten, wenn sie möglichst wenige oder im besten Fall gar keine Einschlüsse besitzen. Diamanten werden als «lupenreine» Diamanten bezeichnet, wenn sie bei Betrachtung durch eine 10-fache Lupe keinerlei Einschlüsse erkennen lassen. Sie erzielen höchste Preise und sind umso seltener, je größer sie sind. Allerdings bleibt zu beachten, dass typische Einschlüsse mit ihren charakteristischen Zusammensetzungen, Verteilungen und ihrer ableitbaren Genese ein Garant für die Echtheit von Diamanten und anderen Edelsteinen sein können. Zwar lassen sich bereits Fälschungen mit ebenso gefälschten Einschlüssen gezielt herstellen, diese sind aber von Experten meist dennoch identifizierbar.[98] Man kennt für einige Edelsteintypen, darunter Korund und Diamant, mittlerweile spezifische Einschlusstypologien, die einen Fingerabdruck der zugehöri-

Abb. 6.4 Einschluss in einem Diamanten. Bedingt durch die extrem hohen Druck- und Temperaturverhältnisse bei der Bildung von Diamanten im Erdinneren kommen dort keine flüssigen Einschlüsse vor. Im Bild handelt es sich um einen mehrteiligen Einschluss vermutlich aus Grafit oder einer Grafitauskleidung. Schmuckdiamant Montblanc Sonderedition. Bildbreite links 640 µm, rechts 160 µm.

gen Lagerstätte, dem Fundort also, liefern können. Ein vollkommen einschlussfreier Idealdiamant ist demgegenüber optisch praktisch nicht von einer ebenso einschlussfreien Fälschung zu unterscheiden.

Für den Liebhaber geben kleine Einschlüsse dem Stein eine geradezu persönliche Note, die die geologische Entstehungsgeschichte im Stein individuell und unverwechselbar konserviert. Das gilt besonders für Diamanten mit ihrer sehr außergewöhnlichen und interessanten Entstehungsgeschichte. Diese ist in drei zeitlich getrennte Abschnitte unterteilbar. In einer präkambrischen Frühphase stiegen Magmen in subkrustale Regionen auf und bildeten dort ausgedehnte Herde, in denen sich Olivin-Aggregate anreicherten. In einer wesentlich späteren Phase, vermutlich in der Karbonzeit, ereignete sich der Aufstieg der Magmenmassen unter hohem Druck in Spalten der Erdkruste unter Differenzierung der Magmen und Umwandlung der Olivinknollen und Peridotite zu Eklogitgesteinen. Bei Drücken bis über 100 000 bar und Temperaturen um 1300 °C bildeten sich Diamanten in periodischen Schüben. Offenbar kristallisierten die Diamanten aus fluidem Kohlendioxid aus. Nach abermals vielen Millionen Jahren wurden die Diamanten schließlich zusammen mit ihrem Muttergestein in eruptiven Ereignissen infolge von Vulkanausbrüchen emporgeschleudert. Es entwickelte sich Kimberlit, ein brekziöses Trümmergestein mit Resten des Eklogits als Muttergestein. Diese dritte Phase spielte sich bei den südafrikanischen Diamantvorkommen in der Kreidezeit ab.

Der Diamant stammt aus unerreichbaren Tiefen der Erde. Seine Einschlüsse gestatten einen einzigartigen Einblick in dessen exotische Bildungsbedingungen und tragen daher zwar implizit, aber doch recht wesentlich zu seiner fast mythischen Faszination bei. Sie entstanden während aller drei Phasen der Diamantgenese, sind aber niemals flüssig, sondern stets fester, meist kristalliner Natur.

In Kristallen lassen sich verschiedene Generationen von Einschlüssen trennen. Man unterscheidet zwischen primären (syngenetischen), sekundären (epigenetischen) und pseudosekundären Einschlüssen. Primäre Einschlüsse entstehen während des Wachstums des Kristalls und befinden sich daher häufig auf dessen Wachstumszonen. Sekundäre Einschlüsse bilden sich demgegenüber erst nach erfolgter Kristallisation des Wirtskristalls. Sie sind meist an Formen gebunden, die sich aus einer späteren Umbildung des Kristalls ergeben. Hierzu zählen Risse aus mechanischer Zerstörung infolge metamorpher Prozesse oder chemischer Umbildungen durch korrosive Prozesse. Sekundäre Einschlüsse treten häufig in großer Zahl an ausgeheilten Rissflächen auf. Pseudosekundäre Einschlüsse entstehen zwar während des Wachstums, zeigen aber Eigenschaften sekundärer Bildungen.[99]

Um Informationen über die Entstehung eines Sandkorns zu erhalten, ist es erforderlich oder zumindest hilfreich, zwischen primären und sekundären Einschlüssen unterscheiden zu können. In diesem Fall ist man in der Lage, Aussagen über die Kristallisation selbst und auch über die Zeit danach zu treffen, die den weiteren Verlauf der Entwicklungsgeschichte abbildet. Dies wird

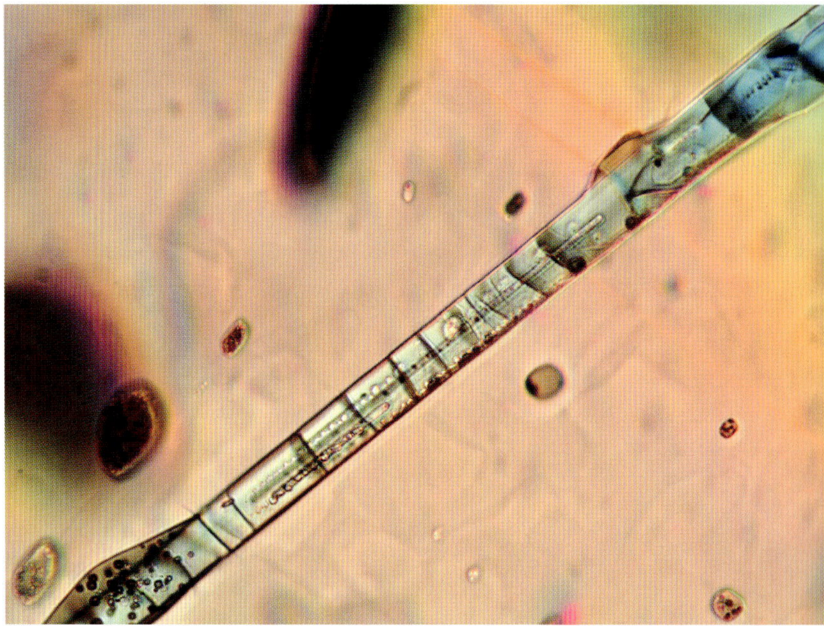

Abb. 6.5 Mariner Sand aus Tangalle, Sri Lanka. Das mittlere Sandkorn birgt zwei deutliche Einschlüsse, der untere davon ist metallischer Natur. Es handelt sich um Primäreinschlüsse, die während der Kristallisation des Sandkornes entstanden sind. Das Korn besitzt eine Breite von 400 µm.

Abb. 6.6 Sandkorn aus Whatipu Beach, Auckland, Neuseeland. Das Korn besteht aus Quarz und besitzt Merkmale chemischer Verwitterung. Die starke und typische Rundung lässt auf eine Vorgeschichte in äolischem Umfeld schließen. Deutlich zu erkennen ist der zentrale und primär gebildete Einschluss aus einem Erzmineral und dessen gelbliche Oxidationsprodukte. Durchlicht, Korngröße 500 × 710 µm.

Abb. 6.7 Sandkorn aus Lovina, Bali, Indonesien. Deutlich ist die große Zahl an mehrphasigen, festen Einschlüssen zu erkennen. In der Mitte befindet sich ein opaker, dunkler Schmelzeinschluss. Korngröße 315 × 420 µm. Durchlicht, gekreuzte Polarisatoren.

Abb. 6.8 Detailaufnahme eines komplexen mehrphasigen Einschlusses in einem Sandkorn aus Klinozoisit im Durchlicht unter gekreuzten Polarisatoren. Durchmesser des röhrenförmigen Einschlusses 12,6 µm. Lovina, Bali, Indonesien.

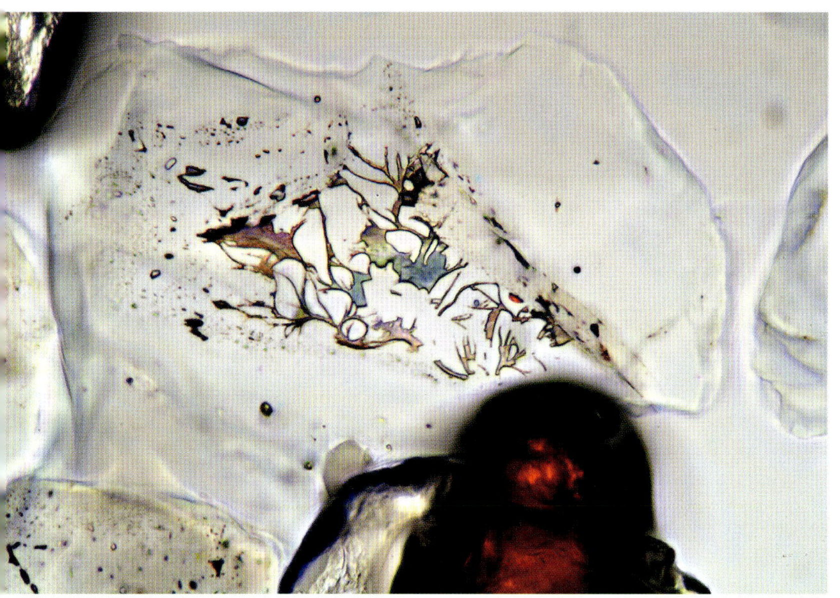

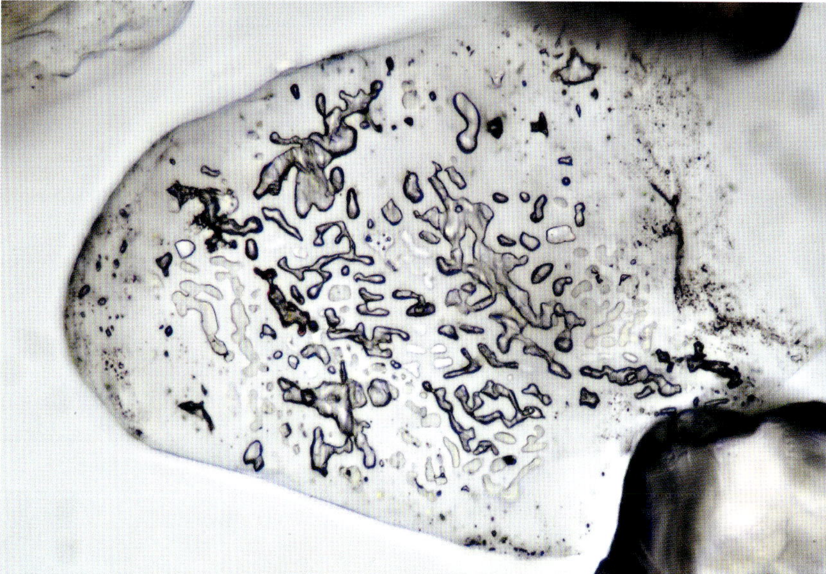

möglich, wenn beide Einschlusstypen in einem einzigen Sandkorn auftreten. Der Vollständigkeit halber sei erwähnt, dass neben Quarz auch sehr viele weitere Minerale Einschlüsse tragen, die diagnostisch genutzt werden können.

Hier einige Kriterien, an denen primär gebildete Einschlüsse erkannt werden können:[100]

- Auftreten einzelner, nicht gruppierter Einschlüsse in einem ansonsten einschlussfreien Korn.
- Große Abmessung (um 10 % des Kristalls).
- Gruppierungen mit Zufallsverteilung weniger Einschlüsse im Raum.
- Geradlinige Anordnung, die im Zusammenhang mit Wachstumszonen des Kristalls steht.

Kriterien für sekundär gebildete Einschlüsse sind:

- Sehr dünne bzw. flache Einschlüsse.
- Massenhafte Häufung von Einschlüssen auf Flächen ohne Bezug zur Kristallorientierung. Sie spiegeln Verheilungsprozesse von Rissen wider.
- Gebogene oder gewölbte Flächen, die nicht mit Kristallrichtungen korrelieren.

Ein besonders beeindruckendes Beispiel für Erkenntnisse, die Untersuchungen von Sandkörnern und ihren Einschlüssen zu liefern in der Lage sind, wollen wir an dieser Stelle einfügen. Es handelt sich um die Geschichte der Zirkone aus den australischen Jack Hills; wir waren in Kapitel 3 bereits kurz darauf eingegangen. Die westaustralischen Jack Hills liegen etwa 800 km nördlich von Perth und gehören zum Yilgarn-Kraton.

Abb. 6.9 Sandkorn aus einer Mineralseife am Strand bei Bjerregard, Dänemark. Die Einschlüsse sind sekundärer Natur und vermutlich im Zuge einer Rissheilung entstanden. Korngröße 170 × 320 µm (am unteren Bildrand ein brauner Rutil).

Abb. 6.10 Sandkorn aus Bjerregard, Dänemark, mit einer flächig (planar) angeordneten Gruppe von sekundären, einphasigen Einschlüssen. Korngröße 220 × 320 µm.

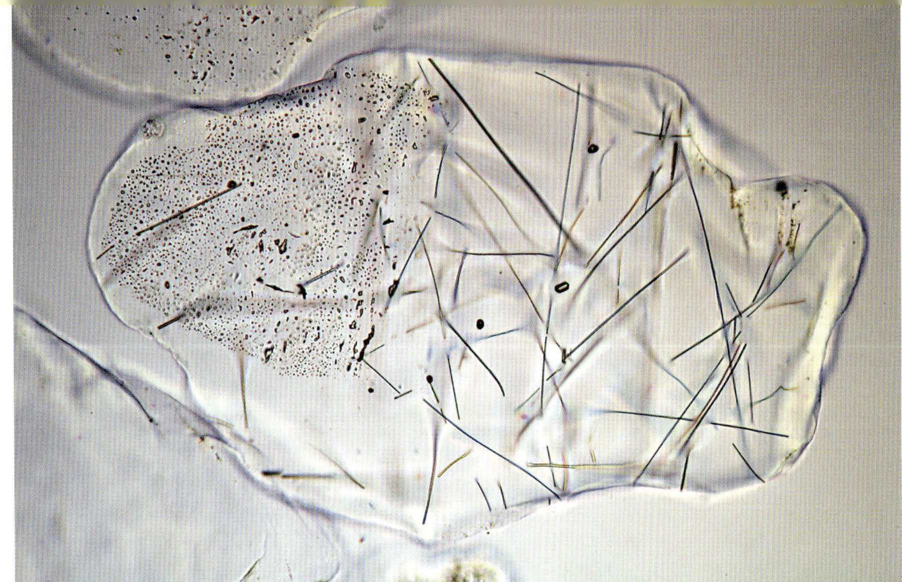

Sie wurden vor etwa drei Milliarden Jahren gebildet und sind heute weitgehend abgetragen. Es finden sich dort aufgerichtete, nahezu senkrecht stehende Schichten von roten und orangefarbenen Metasedimenten, die aus Sandsteinen und Konglomeraten bestehen. Wechselnde Schichtpakete mit schlechter Sortierung legen die Vermutung nahe, dass es sich um Sedimente von ehemaligen Alluvialfächern und Flussablagerungen handelt. Die Sedimente sind zudem metamorph überprägt, was aus dem Vorhandensein von Mineralen wie Disthen zu folgern ist. Die Sandsteine bestehen überwiegend aus detritischem Quarz. Was die Formation so überragend bedeutend macht, ist der Umstand, dass in den etwa drei Milliarden Jahre alten Metasedimenten noch

Abb. 6.11 Quarzkorn aus Bjerregard, Dänemark. Auf der linken Seite ist ein Feld sekundärer Einschlüsse zu sehen, die wohl in Zusammenhang mit einer Rissheilung stehen. Rechts Rutilnadeln, primär gebildet. Körngröße 280 × 475 µm. Duchlicht-Hellfeld.

Abb. 6.12 Ineinander verwachsene kristalline Einschlüsse in einem Quarzkorn aus Fehmarn, Deutschland. Bildbreite nur etwa 80 µm. Durchlicht, Gekreuzte Polarisatoren.

Abb. 6.13 Rechts: Quarz-Sandkorn aus Bjerregard, Dänemark, mit kristallinem Primäreinschluss. Es handelt sich um einen idiomorphen Apatitkristall (Länge 60 µm). Rechts unten im Korn ein außergewöhnlich großer Einschluss. Durchlicht, gekreuzte Polarisatoren.

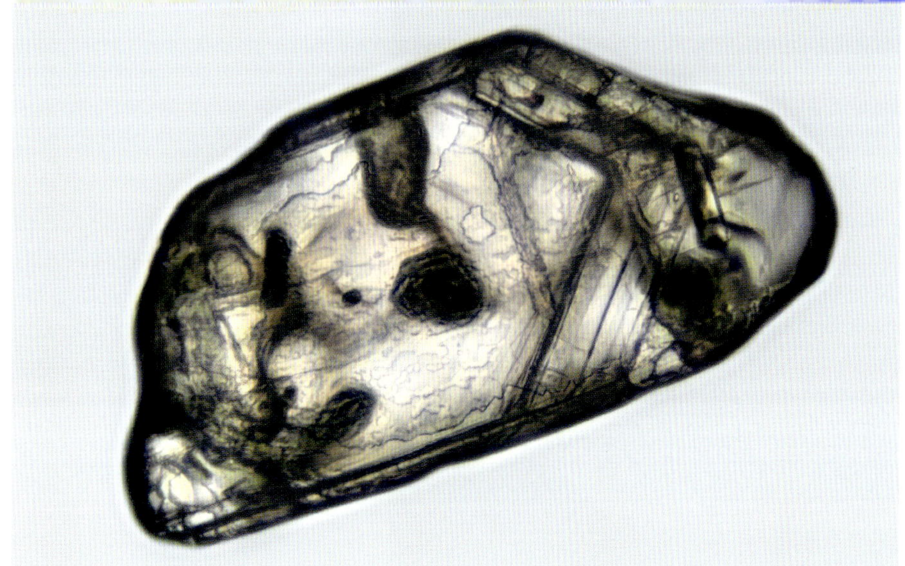

deutlich ältere Zirkonkristalle gefunden wurden. Wie bereits erwähnt, ist Zirkon ultrastabil gegenüber Verwitterungseinflüssen jeglicher Art. Einige Zirkonkristalle der Jack Hills haben zudem die Besonderheit, dass sie winzige Diamanten als Einschlüsse bergen.

Forscher zertrümmerten große Mengen von Wirtsgestein, um die Kristalle in ausreichender Zahl für Untersuchungen zu extrahieren. Die Zirkone sind älter als 4 Mia. Jahre und damit noch älter als die 3,6 Mia. Jahre alten Gneise, in welche die Sedimente eingebettet sind. Einige von ihnen bilden mit einem per Uranzerfall ermittelten Alter von 4,404 Mia. Jahren (am Erawandoo Hill) die ältesten Stückchen Erdmaterie, die man kennt. Sie sind seither Gegenstand intensiver Forschung von international zusammengesetzten Wissenschaftlerteams. Die Zirkone bergen aber noch weitere erstaunliche Informationen. Messungen des Isotopenverhältnisses von Sauerstoff (^{16}O zu ^{18}O) an Gaseinschlüssen ergaben, dass die zirkonhaltigen Gesteine während ihrer Entstehung mit Wasser in Berührung gekommen sein mussten. Da die Zirkone selbst detritisch sind, wurden sie also durch Verwitterungsvorgänge aus noch älteren Muttergesteinen herauserodiert. Weitere Untersuchungen zeigten, dass das Muttergestein der Zirkone granitischen Charakter hatte. Das ist deshalb erstaunlich, da Granite nur plutonisch im Kontext von Kontinentalkrusten entstehen können. Bislang wurde allerdings davon ausgegangen, dass Kontinentalkrusten erst deutlich später existierten. Zudem bilden sich Diamanten nur sehr tief innerhalb des festen Untergrundes der Kontinente unter sehr hohen Drücken. Zu einer Zeit, als das Muttergestein der Zirkone aus der Schmelze erstarrte, besaß die Erde also bereits Kontinentalplatten oder deren Fragmente und es gab Wasser in nennenswertem Umfang. Sollten sich die Hypothesen aus Messungen und Beobachtungen an den Zirkonen bestätigen, war die Erde zu dieser frühen Zeit schon durch ein Urmeer und zumindest teilweise durch Kontinente bedeckt.[102] Die Erde muss also eine entsprechende Abkühlung erfahren haben, um flüssiges Wasser zu halten. Dieses stammte eventuell aus kohligen Chondriten, aber nicht aus Kometen, wie seither angenommen. Im

Abb. 6.14 Sandkorn, gebildet aus einem detritischen, kantengerundeten Zirkonkristall. Deutlich erkennt man einen zentralen Fremdkristalleinschluss im Inneren des Kornes sowie weitere, offenbar primär gebildete Einschlüsse. Weiterhin sind sehr schön auf der rechten Seite des Kristalls die Anwachssäume der Kristallbildungsphase zu erkennen. Schwermineralseife bei Hohwacht, Deutschland. Abmessungen des Kristalls 260 × 125 µm. Dieses Länge/Breite Verhältnis unter drei deutet auf ein magmatisches Ursprungsgestein hin.[101]

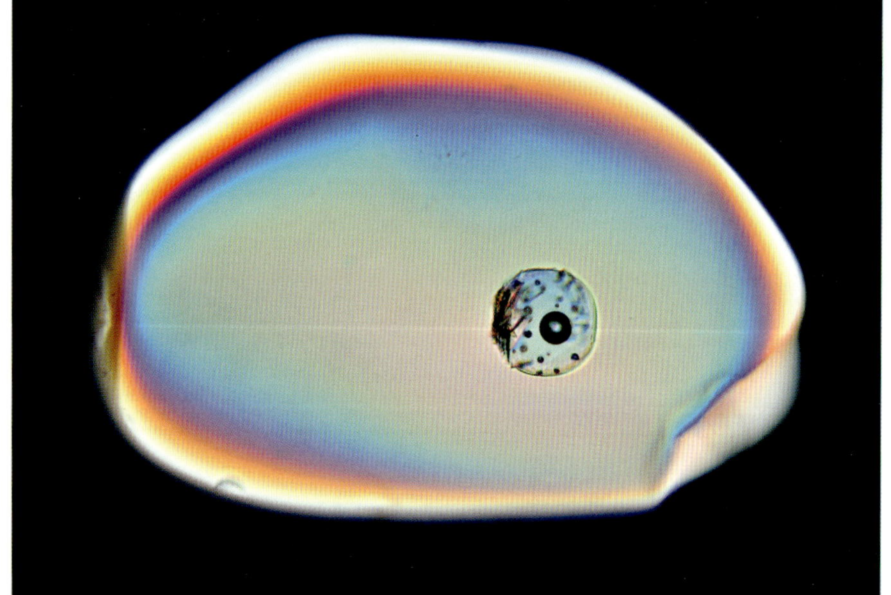

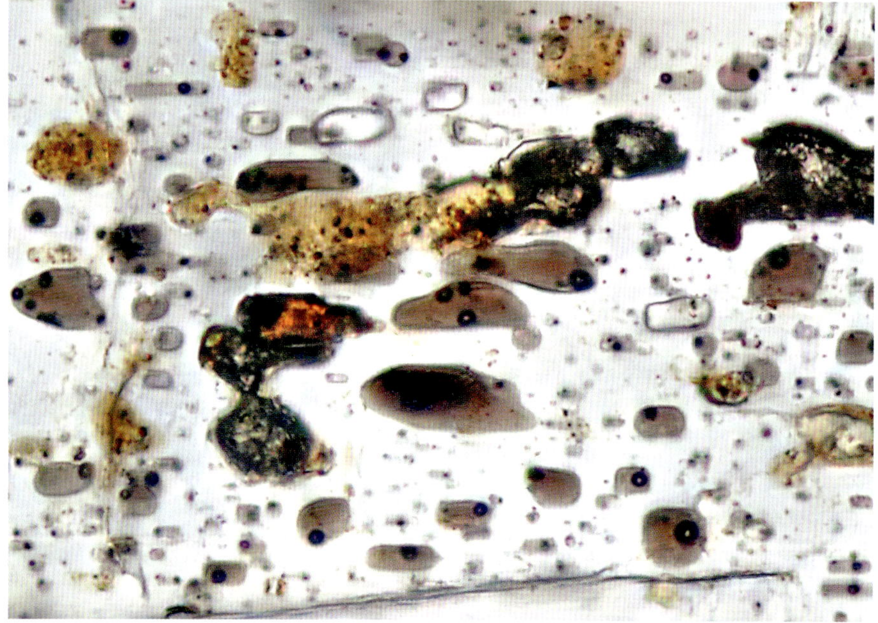

Abb. 6.15 Gut gerundetes Sandkorn aus Quarz mit primärem 3-Phasen Einschluss. Gekreuzte Polarisatoren. Whapitu Beach, Auckland, Neuseeland. Durchlicht. Körngröße 245 × 365 µm.

Abb. 6.16 Primäre, wachstumssynchrone, tubuläre Einschlüsse in einem Sandkorn aus Disthen. Kerala, Indien. Gekreuzte Polarisatoren. Durchlicht. Bildbreite ca. 200 µm.

Abb. 6.17 Das Innere eines Klinozoisit Sandkorns aus Bali, Indonesien. Orientierte Schmelzeinschlüsse mit bräunlicher Färbung und festen Gasblasen (Typ 2), rein kristalline Einschlüsse sowie Schmelzeinschlüsse amorpher Form (rechts oben) und weitere Einschlüsse unbekannter Zusammensetzung, aber von bestechender Schönheit. Durchlicht. Bildbreite 160 µm.

Jahr 2015 fanden Forscher dann in etwas jüngeren Zirkonen der Jack Hills (4,1 Mia. Jahre alt) Grafitkristalle, deren Isotopenverhältnis von Kohlenstoff ^{12}C zu ^{14}C mit demjenigen von Lebewesen übereinstimmt. Das wäre ein neuer Altersrekord für das Auftreten von Leben auf der jungen Erde.[103] Zurück bleibt die Erkenntnis, dass ein paar winzige Schwermineralsandkörner aus einschlusshaltigem Zirkon in der Lage sind, ganz erstaunliche Geschichten zu erzählen. Sie liefern Einblicke in Zusammenhänge, die zum Verständnis des frühesten Abschnitts der Erdgeschichte wesentlich beitragen und vielleicht dazu führen können, seitherige Annahmen zu korrigieren oder zum Teil sogar zu revidieren.

Kehren wir nun zu unserem Thema zurück und betrachten neben der zeitlich determinierten Einschluss-Genese die am häufigsten vorkommenden Einschlussarten (Typ 1 bis 5), die sich an Sandkörnern mithilfe eines Mikroskops beobachten lassen:

Typ 1: Wässrige Lösung mit Gasblase. Dies ist die häufigste Anordnung, die nur bei vulkanischen Sandkörnern fehlt. Insbesondere, wenn sich die Gasblase bewegt («Libelle»), ist die Identifikation leicht. Stets tritt nur eine Gasblase auf, sofern die Kavität nicht zu zerklüftet ist. Die Flüssigkeit ist meistens klar und farblos.

Typ 2: Silikatische Schmelze mit Gasblase. Liegt ein Zweiphaseneinschluss vor, bei dem sich die Gasblase nicht bewegt, handelt es sich bei plutonischem Herkunftstyp des Sandkornes höchstwahrscheinlich um einen Schmelzeinschluss. Meist sind mehrere Gasblasen vorhanden. Gasblasen vom Einschlusstyp 2 bewegen sich nicht und haben oftmals unregelmäßige Formen. Die Homogenisierungstemperaturen liegen bei Glas-/Schmelzeinschlüssen meist über 1000 °C und damit über denen von Typ 1.

Typ 3: Flüssiges Kohlendioxid mit Gasblase. Gase und Flüssigkeiten gehen bei Vorliegen eines genügend hohen Druckes oberhalb einer spezifischen Temperatur in die fluide Phase über. In diesem Zustand besitzen sie sowohl Eigenschaften von Gasen als auch von Flüssigkeiten. Das bedeutet, dass solche sogenannten fluiden Mischphasen bei Druckabfall sich einerseits ausdehnen wie Gase, aber andererseits die Eigenschaft von Flüssigkeit besitzen und Salze lösen können.[104] Wird eine fluide Mischphase bei der Kristallbildung eingeschlossen, trennen sich ihre Bestandteile bei Abkühlung unter die kritische Temperatur wieder. Diese beträgt für Wasser 374 °C und für Kohlendioxid nur 31,3 °C. Letztere wird oft schon beim Mikroskopieren durch die aufheizende Wirkung der Lichtquelle erreicht. Oberhalb von 31,3 °C gehen zweiphasige Kohlendioxideinschlüsse daher auch wieder in eine fluide Mischphase über, bei der die Gasblase verschwindet. Durch gezielte Temperatursteuerung kann ein CO_2-Einschluss deshalb leicht durch Messung seiner Homogenisierungstemperatur identifiziert werden, die dann der genannten kritischen Temperatur entspricht. Erneute Abkühlung bringt die Blase wieder zum Vorschein.

Typ 4: Wässrige Lösung mit flüssigem CO_2 und Gasblase: ein Dreiphasen-Einschluss aus wandbedeckendem Wasser, innerhalb dessen sich das CO_2 befindet, innerhalb dessen wiederum eine Gasblase zu beobachten ist. Wie bei Typ 3 kann der Einschluss identifiziert werden, wenn bei Temperaturen über 31 °C beide CO_2 Phasen homogenisieren.

Typ 5: Wässrige Lösung mit festem Kristall und Gasblase. Sollte es sich um einen isotropen Kubus handeln, liegt ein Salzkristall (Halit) vor. Dies ist mit gekreuzten Polarisatoren unter drehendem Tisch zu überprüfen. Andere Kristallarten können mit gewissem Aufwand optisch nachgewiesen werden.

Zwei Zitate mögen unserem Ausflug in die Welt der Einschlüsse, der Innenwelt der Sandkörner, nachgestellt werden. Der Einschlussforscher Edwin Roedder mahnte damit zur Geduld und warnte vor voreiligen Schlussfolgerungen aus nur scheinbar konsistenten Daten. Insbesondere das zweite Zitat erinnert an Goethes Mahnung, dass beim Übergang von Erfahrung (also Messung) zum Urteil (also zur Schlussfolgerung) die größten Gefahren auf den Forscher lauern. Hier also Roedder:[105]

> «One is tempted to conclude that the price of success in fluid inclusion studies is eternal vigilance.»
>
> «It is surprisingly easy to get beautiful, consistent, reproducible, but incorrect numbers.»

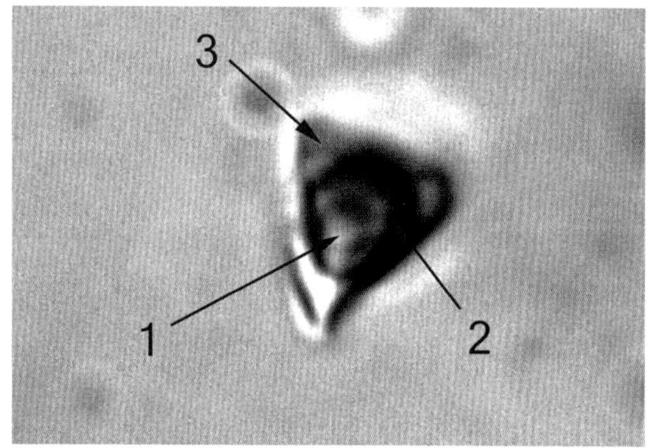

Abb. 6.18 Sandkorn aus Bjerregard, Dänemark. Zu erkennen ist ein dreiphasiger Einschluss mit beweglicher Libelle (kleinste mittige Blase 1). Die kleine Blase hat einen Durchmesser von 1,2 µm, die sie umschließende (2) einen Durchmesser von 3,8 µm. Die Einschlusskavität selbst ist dreieckig (3). Der Einschluss liegt inmitten eines Quarzkornes, was die schlechte Abbildungsqualität erklärt. Ölimmersion, Hellfeld.

Neben aller Systematik und auch neben der Möglichkeit, Einschlüsse wissenschaftlich nutzbar zu machen, sollte man sich immer wieder vor Augen führen, welche Schönheit sich in manchen Einschluss-Szenarien verbirgt. Schwebende Wolken aus Miniaturbläschen, Kristalle in Kristallen, seit Millionen von Jahren tanzende Blasen und haarfeine geometrische Strukturen sind zu entdecken. Einschlüsse machen Sandkörner erst zu vollkommenen Unikaten, und das trotz ihrer ins Unvorstellbare reichenden Vielfalt und Anzahl.

Verlassen wir zunächst die Welt der Einschlüsse und kommen zum nächsten Merkmal, welches Hinweise zum Herkunftsgestein der Körner liefern kann.

6.1.2 Verhalten unter polarisiertem Licht

Mehrfach haben wir schon in den Bildunterschriften «gekreuzte Polarisatoren» erwähnt. Was hat es damit auf sich? Polarisationsfilter sind Fotografen wohl bekannt, und sie sind auch unverzichtbar bei der genaueren Untersuchung von Sand. Zwei von ihnen werden für unser kleines Experiment benötigt. Dazu legt man ein paar klare und größere Sandkörner auf einen der beiden Filter, den man über ein weißes Blatt Papier oder über eine Taschenlampe hält. Darüber führt man anschließend den zweiten Filter und dreht ihn so lange, bis der Hintergrund schwarz wird. Wir stellen nun fest, dass einige der Sandkörner plötzlich in bunten Farben, den Interferenzfarben, zu sehen sind. Dies ist die Anordnung, wenn von gekreuzten Polarisatoren die Rede ist. Der physikalische Hintergrund ist leicht erklärt. Wir hatten in Kapitel 3 Sonnenlicht vereinfacht als Bündel von Lichtwellen kennengelernt. Diese Wellen schwingen in allen möglichen Richtungen. Ein Polarisationsfilter lässt ausschließlich Wellen durch, die nur in eine Richtung, die Durchlassrichtung, schwingen. Legt man nun einen zweiten Filter um 90 Grad verdreht darauf, wird folgerichtig auch die Durchlassrichtung des ersten Filters gesperrt und der Hintergrund bleibt schwarz. Warum aber sieht man die Sandkörner trotzdem? Die Sandkörner in der Mitte besitzen eine Eigenschaft, die Doppelbrechung genannt wird, und die bewirkt, dass die Wellenzüge aufgespalten werden und hinter dem zweiten Filter interferieren, was dann die bunten Farberscheinungen hervorruft. Der genauere, recht komplexe physikalische Hintergrund mag hier nicht interessieren. Aber es ist wichtig zu wissen, dass die zutage tretenden Farbfolgen nicht nur sehr schön, sondern für die Bestimmung der Minerale entscheidend sind, ein Effekt, der in Polarisationsmikroskopen genutzt wird.

Würden wir nun die Sandkörner um ihre eigene Achse drehen, könnten wir beobachten, dass sie während einer Umdrehung um 360° ihre Helligkeit systematisch verändern, wobei sie in vier genau 90° voneinander entfernten Positionen dunkel erscheinen (Auslöschungsstellungen). 45° von diesen Auslöschungsstellungen entfernt erreichen sie jeweils ihre maximale Helligkeit. Wozu interessiert uns das? Ganz einfach, weil Sandkörner, die unter starker Spannung standen, etwa einer Metamorphose, von dieser Regel abweichen. Sie besitzen eine sogenannte undulöse

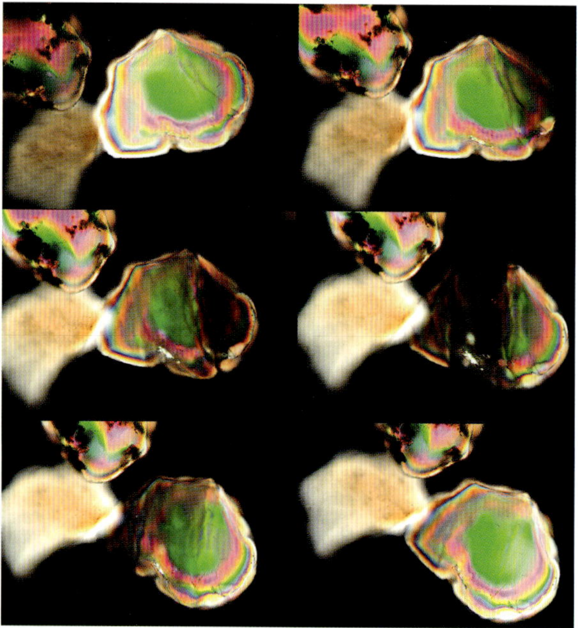

oder wellige Auslöschung, werden also nicht homogen dunkel, weil die Auslöschungsstellung wie eine Art Schatten über das Korn wandert. Damit kann also Druckbelastung von Kristallen nachgewiesen werden. Extern einwirkende Spannung ausreichender Höhe führt also zur Deformation von Kristallen, die sich in undulöser Auslöschung optisch bemerkbar machen kann. Bei noch höherer Spannungsbelastung lagern sich vermehrt Gruppen sehr kleiner Einschlüsse in den Kristall ein und führen zur Bildung von Deformationslamellen, auch Böhm-Lamellen genannt. Diese finden sich vorwiegend in Quarzkörnern metamorph überprägter Gesteine. Auch sie können unter dem Mikroskop im polarisierten Licht beobachtet werden. Bei noch weiterem Spannungsanstieg entstehen Risse und Brüche im Korn, bis schließlich polykristalline Aggregate durch Rekristallisationsvorgänge entstehen.[106] Wir können also durch entsprechende Beobachtung von Sandkörnern erschließen, unter wie hohem Gebirgsdruck sie einst gestanden haben mögen. Ein an sich sehr erstaunliches Phänomen.

Abb. 6.19 Zwei handelsübliche Polarisationsfilter um 90 Grad verdreht und übereinandergelegt, lassen kein Licht mehr durch (schwarze Mitte). Bringt man einen doppelbrechenden und transparenten Kristall zwischen beide Filter, erscheint dieser hell und leuchtet mit bunten Interferenzfarben. Im Bild sind Muskovit-Plättchen eingebracht.

Abb. 6.20 Sandkorn aus Bjerregard, Dänemark. Sechs Phasen einer deutlich ausgeprägten undulösen Auslöschung. Reihenfolge: von rechts oben nach links unten in Schritten von 10-Grad-Korndrehung im Uhrzeigersinn. Gut zu sehen ist, wie die Auslöschung schattenförmig und partiell über das Korn hinwegläuft. Korn aus Quarz. Gekreuzte Polarisatoren.

Die beschriebenen spannungsinduzierten Strukturen können durch Rekristallisation des Sandkorns wieder vollständig rückgängig gemacht werden. Ähnliche Prozesse sind aus dem Alltag bekannt. Stahl, beispielsweise, kann gehärtet werden, indem das Gefüge durch Erhitzung und nachfolgende Abschreckung verspannt wird. Ebenso wird das Gefüge wieder weich, indem die Verspannungen des Gitters durch Glühen gelöst werden. Quarzkörner zeigen demnach im spannungsfreien Zustand und auch im Zustand sehr hoher Spannungen keine undulöse, sondern eine homogene Auslöschung. Dies mutet zunächst seltsam an, erklärt sich aber aus den Rekristallisationsvorgängen bei sehr hohen Drücken und Temperaturen bei extremer Metamorphose.[107]

Abb. 6.21 Sandkorn aus Quarz vom Sehlendorfer Strand, Ostsee, Deutschland. Bei den streifigen Strukturen handelt es sich um Böhm-Lamellen, die hier in mindestens zwei Richtungen orientiert sind. Das Korn hat demnach eine erhebliche Metamorphose erfahren. Korngröße 310 × 465 µm.

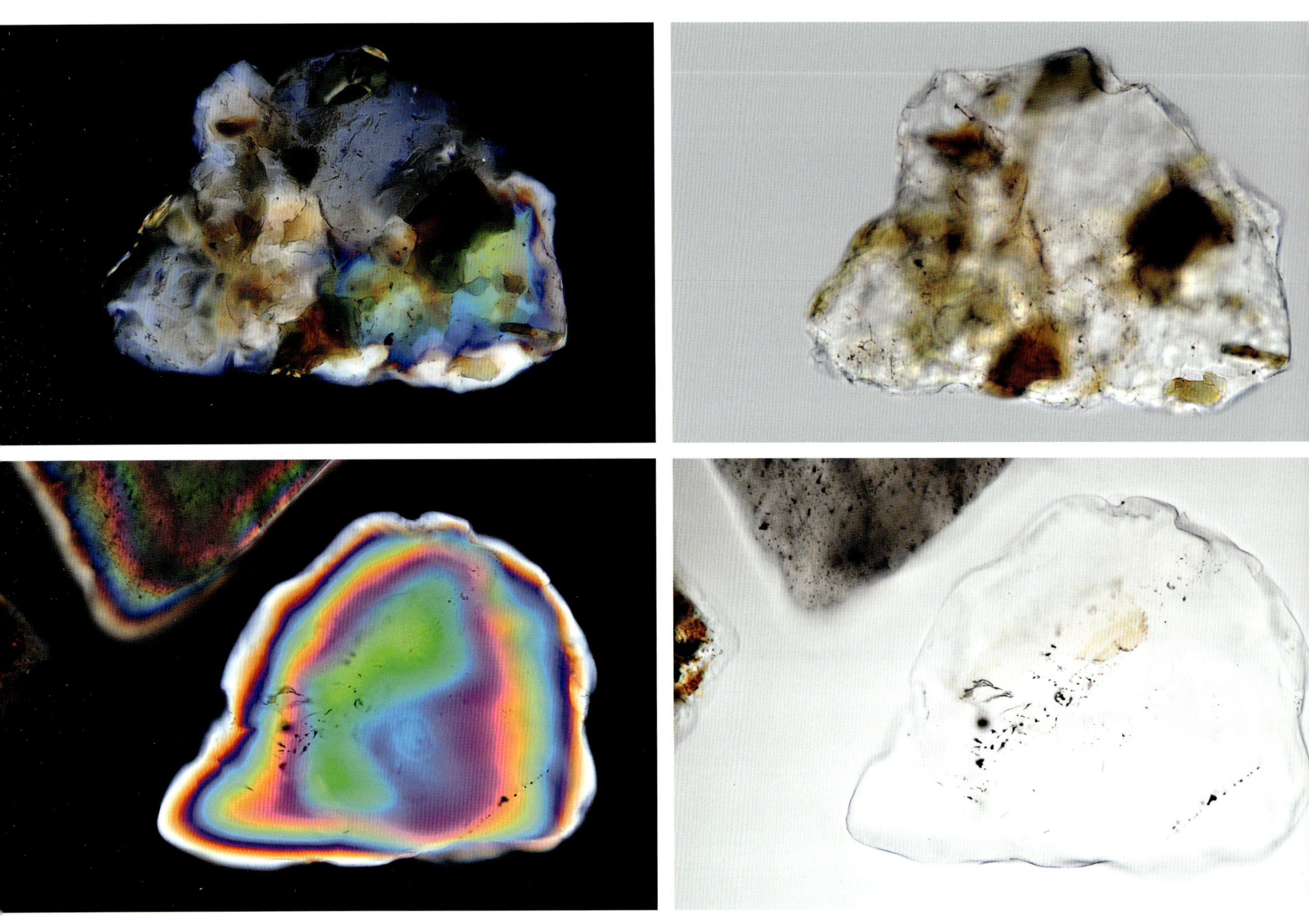

Abb. 6.22 Obere Reihe: Polykristallines Sandkorn, Riedgletschertal, Schweiz. Körngröße 220 × 380 µm. Untere Reihe: Monokristallines Quarzkorn von der Copacabana, Rio de Janeiro, Brasilien. Körngröße 295 × 395 µm. Jeweils links: Aufnahmen mit gekreuzten Polarisatoren, jeweils rechts: Aufnahmen im Hellfeld.

6.1.3 Kristalline Struktur

Betrachten wir Sandkörner von mittlerer Größe, also zwischen 200 und 600 µm, können wir grob zwei Arten von Internstrukturen erkennen. Die einen Sandkörner sind homogen und besitzen außer eventuellen Einschlüssen keine weiteren Unterstrukturen. Sie sind monokristallin. Im Gegensatz hierzu finden sich auch Sandkörner, die ihrerseits aus mehreren kleineren Körnern zusammengesetzt scheinen. Diese Sandkörner nennt man poykristallin; sie bestehen allerdings nicht aus diagenetisch in Sandsteinen zusammengewachsenen einzelnen Sandkörnern, sondern aus Kristalliten verschiedener Bildungsgenese. Bei genaueren Untersuchungen ist es darüber hinaus wichtig zu unterscheiden, wie die Grenzen der Subkörner beschaffen sind. Hier finden sich glatte, polygonale und suturierte (irregulär-verzahnte) Grenzverläufe. Neben der Beschaffenheit dieser Grenzen ist die Form der einzelnen Subkörner beschreibbar als tendenziell gleichgroß und eher längsgestreckt.

6.1.4. Korngestalt

Neben den aufgeführten Merkmalen des Korninneren lässt sich auch die Form oder Gestalt der Sandkörner diagnostisch verwenden. Kornform und Rundungsgrad wurden schon im Kapitel 3 besprochen. In unserem jetzigen Zusammenhang interessieren noch weitere Merkmale, die in der Literatur mit Fachbegriffen belegt werden. Idiomorphe Körner sind durch ihre Kristallflächen begrenzt (Gegensatz: xenomorph). Idiomorphe Kristalle zeigen im Gesteinsverband ihre charakteristische Kristallgestalt, während xenomorphe Kristalle keine charakteristische Eigengestalt entwickelt haben, beispielsweise, weil ihre Kristallisation zu einem späteren Zeitpunkt und zwischen anderen, bereits auskristallisierten Mineralen stattfand.

Wir wollen mit diesem Vorwissen nun der Frage nach möglichen Herkunftsgesteinen der Sandkörner näherkommen. Hierbei verwenden wir die folgende Einteilung, immer bezogen auf Sandkörner aus Quarz, und fassen Merkmale in knappen Steckbriefen zusammen:

- Herkunftsgestein magmatisch, Plutonite
- Herkunftsgestein magmatisch, Vulkanite
- Herkunftsgestein hydrothermal gebildet, Ganggesteine
- Herkunftsgestein metamorph, Metamorphite

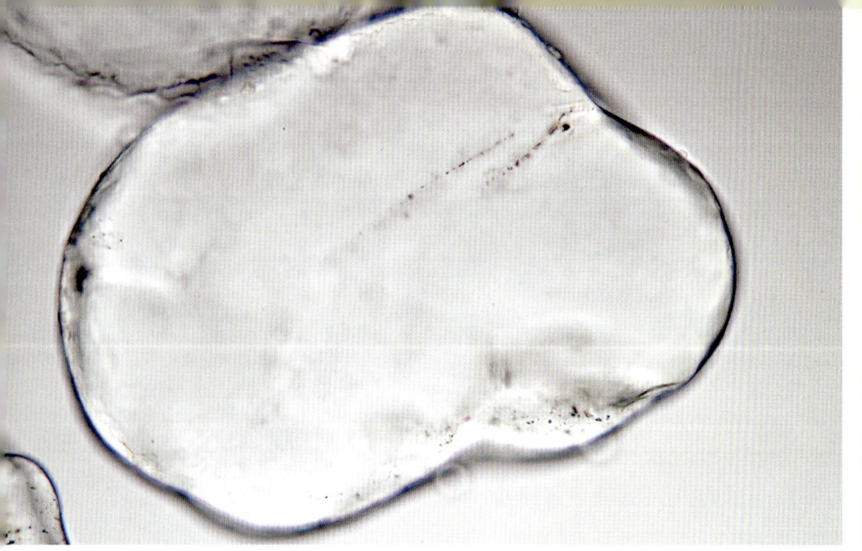

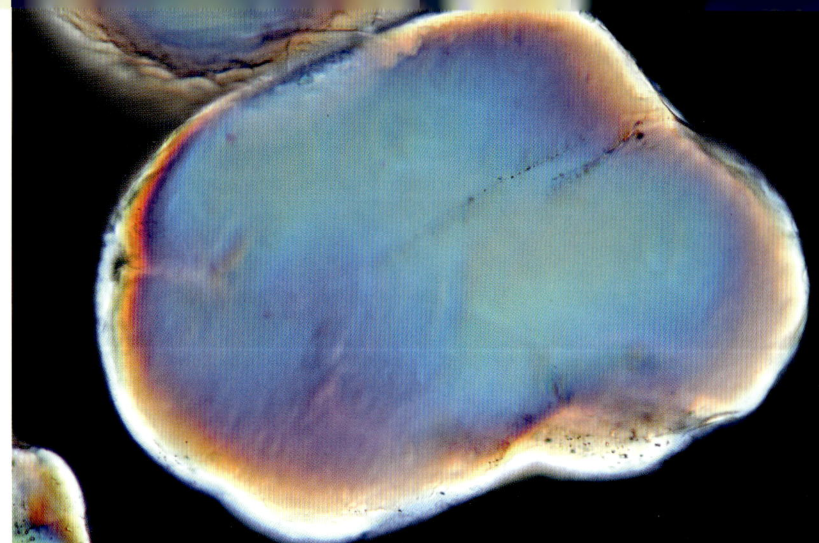

6.1.5 Steckbrief: Herkunftsgestein magmatisch, Plutonite

a) Einschlüsse

- ein- und mehrphasige Einschlüsse
- > 50 % an mehrphasigen Einschlüssen, oft in großer Zahl
- perlschnurartige Einschlüsse
- keine Glaseinschlüsse
- mineralische Einschlüsse unregelmäßig verteilt, nicht häufig
- mineralische Risse eher farblos

b) Verhalten unter polarisiertem Licht

- homogene oder leicht undulöse Auslöschung

c) kristalline Textur

- monogranular, monokristallin

d) Korngestalt

- unregelmäßige Gestalt
- meist äquidimensional
- xenomorph (ohne ausgeprägte Kristallflächen)

Abb. 6.23 Quarzkorn aus Pellworm, Nordsee. Das Korn ist monokristallin, wie das rechte Bild bei gekreuzten Polarisatoren offenbart und zeigt gerade Auslöschung. Es enthält zwei kleine Reihen perlschnurartiger Einschlüsse und ist ansonsten merkmalsarm. Es stammt mit großer Wahrscheinlichkeit von einem granitischen Gestein ab. Körngröße 230 × 235 µm.

6.1.6 Steckbrief: Herkunftsgestein magmatisch, Vulkanite

a) Einschlüsse

- ausschließlich feste Einschlüsse, keine fluiden Phasen bedingt durch hohe Bildungstemperaturen
- Einschlüsse glasig, Schmelzeinschlüsse
- > 50 % einphasig
- Einschlüsse teils unregelmäßig und amöbenförmig

b) Verhalten unter polarisiertem Licht

- homogene Auslöschung (Kristallisation erfolgte überwiegend ohne externe Druckbelastung)

c) kristalline Struktur

- monokristallin

d) Korngestalt

- idiomorph, oft bipyramidal (Hochquarz)
- Kristalle mit geraden Kanten und gerundeten Ecken
- korrodierte Kornränder, teils größere Korrosionsbuchten
- Körner meist glasklar und wie poliert wirkend

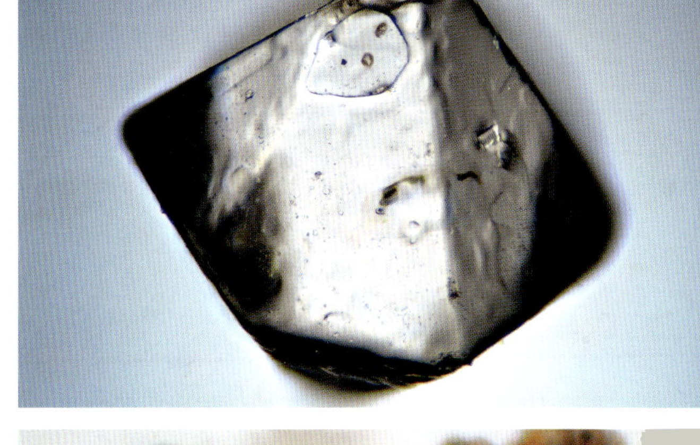

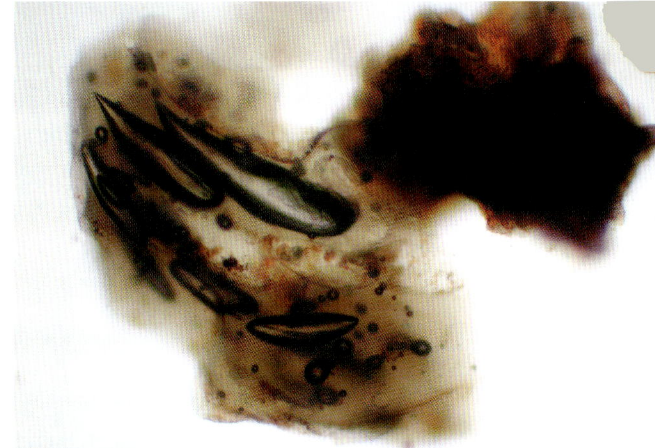

Abb. 6.24 Sandkorn aus Playa Santa Clara, Pazifikküste, Panama. Typisch bipyramidales Quarzkorn vulkanischen Ursprungs. Auf der rechten Seite sind Korrosionsspuren zu erkennen. In der Umgebung des Küstenfundortes befinden sich Vulkane (El Valle). Kantenlänge 1 mm. Aufnahme im polarisierten Durchlicht.

Abb. 6.25 Sandkorn vom Ufer des Lago Conguillio, Chile. Der See, von dessen Ufer die Probe stammt, liegt am Fuße des Vulkanes Sierra Nevada. Das Korn besteht aus einer mikrokristallinen bis glasigen Matrix mit großen zulaufend geformten Gasblasen. Diese konservieren eine Gas-Wasserdampfmischung, die zum Zeitpunkt des Ausbruchs eingefangen wurde. Durchlicht.

Abb. 6.26 Sandprobe von der Azoreninsel Faial, Faia Praia do Norte, Portugal. Das Bild zeigt Olivine und vulkanische Gläser. Typische Bruchformen sind zu erkennen sowie die teils polierte, teils mattierte und teils blasige Struktur der Oberflächen. Bildbreite 5,5 mm.

6.1.7 Steckbrief: Herkunftsgestein hydrothermal gebildet, Ganggesteine

Die hydrothermale Bildung von Mineralen und Quarz («Gangquarze» etc.) erfolgt in Spalten, Gängen und Hohlräumen durch Ausfällung aus heißen, mineralreichen, wässrigen Lösungen. Die Temperaturen können dabei bis zu 400 °C erreichen und überlappen sich mit Prozessen der niedriggradigen Metamorphose. Ganggesteine und Pegmatite entwickelten sich im Dachbereich von Granit-Plutonen. Beim Aufstieg der Schmelze aus dem Erdinneren bildeten sich im umgebenden Gestein Risse, in die die Gesteinsschmelze eindrang. Größere Risse und Gänge ergaben nach langsamer Abkühlung Gesteinskörper mit grobkörniger Textur, die zu Pegmatiten auskristallisierten. Dabei entwickelten sich meist weiße Quarzkerne, flankiert von rötlichen Feldspatbändern. In schmaleren, oft von der Tektonik vorgezeichneten Spaltensystemen treten Aplite auf. Während diese aplitischen Ganggesteine hell und durch die rasche Abkühlung extrem feinkörnig sind und sich einzelne Minerale mit bloßem Auge nicht unterscheiden lassen, stellen Pegmatite das genaue Gegenteil dar. Das prägende Kennzeichen der Pegmatite ist ihre Grobkörnigkeit. Mineralisch werden sie dominiert von Quarzen, Kalifeldspäten und häufig auch von seltenen Mineralen, die in außergewöhnlich großen Kristallen sogar bis Metergröße zu finden sind. Pegmatite sind meist auffällig und bunt.

Beim weiteren Magmaaufstieg drangen in Krustenstockwerken oberhalb der Plutondächer mineralreiche, wässrige und überhitzte Lösungen in das Nachbargestein ein und kristallisierten dort in der sogenannten hydrothermalen Phase aus, die auf das zuvor beschriebene (pneumatolytische) Stadium folgte. Die Temperaturen lagen bei dieser hydrothermalen Bildung zwischen 400 und 500 °C. Stets war Wasser in flüssigem und dampfförmigem Zustand zugegen, was zu den charakteristischen Einschlussmustern der hydrothermalen Quarze führte.

Abb. 6.27 Pegmatitgang in einem Granitpluton bei Hammeren, Bornholm, Dänemark. Sehr gut ist der helle Quarzkernbereich des Ganges zu erkennen, der von rötlichen groben Kalifeldspatkristallen gesäumt wird. Breite des Ganges ca. 15 cm.

Alle drei zusammengefassten Mineralbildungen haben die Anwesenheit heißer Minerallösungen als gemeinsames Merkmal. Je nach Bildungsbedingungen in den Gängen konnte es auch zu lokalen Druckerhöhungen kommen. Dies ist für das Verständnis der im Steckbrief aufgeführten Merkmale hilfreich.

a) Einschlüsse in Sandkörnern

— viele Flüssigkeitseinschlüsse und linienförmige Einschlussfolgen («bubble trains»)
— oft milchiges Aussehen durch die vielen Einschlüsse, Beispiel Milchquarz
— keine oder wenige feste Kristalleinschlüsse
— wenn feste Kristalleinschlüsse vorhanden, dann pegmatitische Bildung
— oft wurmförmig aussehende Chloriteinschlüsse

b) Verhalten unter polarisiertem Licht

— Auslöschung erfolgt meist homogen, aber auch leicht undulös möglich. Schatten wandert nicht bruchfrei über Subkorngrenzen

c), d) kristalline Textur und Korngestalt

— keine typischen Merkmale

Abb. 6.28 Hydrothermal gebildetes Quarzkorn aus Bjerregard, Dänemark. Unregelmäßig geformt. Sehr viele Einschlüsse, viele davon zweiphasig mit Flüssigkeit und Gasblase (Libelle). Keine festen Kristall- oder Glaseinschlüsse. Homogene Auslöschung. Bildbreite 360 µm.

6.1.8 Steckbrief: Herkunftsgestein metamorph, Metamorphite

Bei Sandkörnern aus metamorphen Herkunftsgesteinen liegen etwas kompliziertere Verhältnisse vor, da verschiedene Grade der Metamorphose zu unterscheiden sind, die auch unterschiedliche Spuren hinterlassen. Sogar die Art der Druckbeanspruchung ist von Bedeutung, nur asymmetrische Belastung führt zu einer Verformung des Materials und zu Merkmalen, die am Sandkorn gegebenenfalls identifiziert werden können.

a) Einschlüsse in Sandkörnern

Es überwiegen nadelige Einschlüsse aus Mineralen, die im Zusammenhang mit metamorphen Bildungen vorkommen, beispielsweise Granat, Disthen und Rutil. Flüssige Einschlüsse sind sehr selten, während CO_2-Einschlüsse, insbesondere bei höheren Metamorphosegraden, zunehmen. Glaseinschlüsse, wie wir sie aus vulkanischen Sandkörnern kennen, finden sich nicht. Risse und Spalten aus mechanischer Beanspruchung sind deutlich mit Sekundäreinschlüssen markiert.

b) Verhalten unter polarisiertem Licht

Ab etwa 600–800 °C rekristallisieren Quarzkörner und verlieren damit auch weitgehend ihre optischen Merkmale, die auf eine vorherige Druckbelastung hindeuten können. Bei etwas geringeren Temperaturen kommt die oben vorgestellte undulöse Auslöschung ins Spiel. Tritt sie sehr deutlich über das ganze Korn hervor, ist wahrscheinlich metamorpher Gneis das Herkunftsgestein, ist sie nur schwach ausgeprägt, kommt auch Granit infrage. Besteht das Sandkorn allerdings aus mehreren Subkörnern, die glatte Ränder zeigen, ist die undulöse Auslöschung in Verbindung mit Schiefern oder rekristallisierten Metamorphiten als Herkunftsgestein zu deuten. Starke Metamorphose, etwa bei Gneisen, führt demgegenüber zu verzahnten Kornrändern (suturiert) und gestreckten Kornformen.

c) kristalline Textur

- zusammengesetzte Körner aus mehr als 10 Subkörnern (verlässliches Merkmal)
- suturierte (verzahnte) oder granulierte Korngrenzen
- Böhm-Lamellen

d) Korngestalt

- längliche Gestalt
- xenomorph

Ausgehend von all den Geschichten, die wir hinter den Sandkörnern am Strand erahnten und die sich über Hunderte von Millionen Jahren erstreckt haben können, begaben wir uns zuvor in das Innere der Sandkörner, um zu erfahren, von welcher Art von Gestein es abstammen mag. Verlassen wir nun die Diagnostik des Inneren und wenden uns der Hülle zu, der Dermatologie gleichsam, dem Äußeren der Körner. Damit wenden wir uns der zweiten Fragestellung vom Anfang des Kapitels zu.

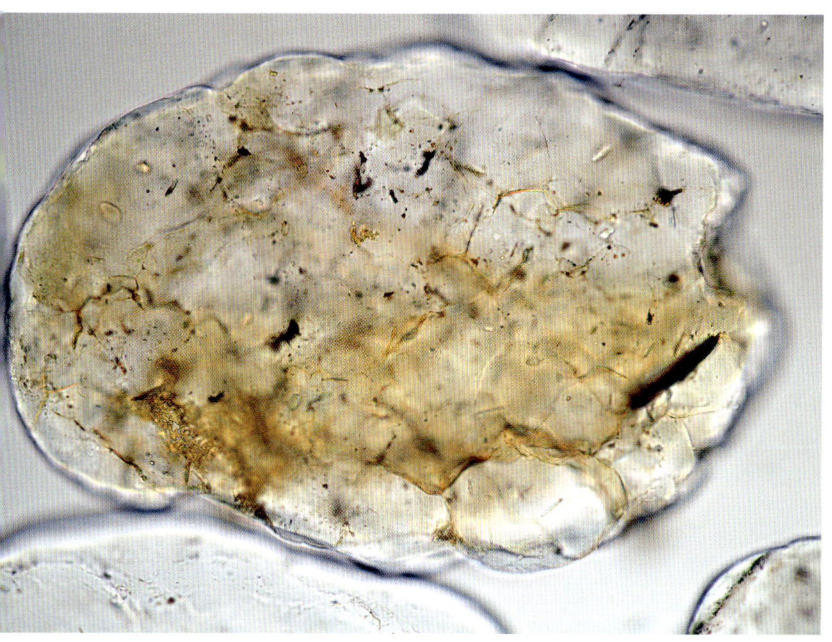

Abb. 6.29 Polykristallines und leicht länglich geformtes Sandkorn aus Fehmarn mit teils länglich geformten Subkristallen. Deutlich undulöse Auslöschung von Subkorn zu Subkorn verschieden. Im Subkorn rechts unten sowie an weiteren Stellen sind zudem kleine Rutilnadeln erkennbar. Damit sind mehrere Merkmale eines metamorphen Herkunftsgesteins gegeben. Mittlere bis starke Metamorphose ist anzunehmen. Linke Abbildung Durchlicht Hellfeld, rechte Abbildung gekreuzte Polarisatoren. Körngröße 310 × 475 µm.

6.2 Das Transport- und Ablagerungsmilieu oder: «Auf die Oberfläche kommt es an»

Das Ausgangsgestein, also der Ort der Kristallisation des Sandkornes, legt den Mineralgehalt und primäre Einschlüsse qua Geburt fest. Beide bleiben über das Leben eines Sandkornes unverändert bestehen. Daneben gibt es eine weitere Gruppe von Merkmalen, die sich im Gegensatz zur vorherigen auf der Kornoberfläche finden und durch äußere Einflüsse geprägt sind. Diese Einflüsse ergeben sich aus den unterschiedlichen Umgebungsmilieus, in denen sich Sandkörner im Laufe ihres langen zyklischen Daseins aufhalten. Alle diese Milieus hinterlassen Spuren. Wir wollen versuchen, zumindest einige davon zu entziffern.

Wie zuvor beschränken wir uns auf kristalline Sandkörner aus Quarz. Ausgehend vom Liefergebiet, dem Ort des Entstehens eines Kornes, zersetzen Verwitterungsprozesse das jeweilige Muttergestein zu Sand und weiteren Erosionsprodukten und begleiten das Korn von der Entstehung bis zu seinem jeweiligen Ende. Die Wanderschaft der Körner wird unter dem Begriff des *Transportregimes* zusammengefasst und kann sehr lange dauern und vollkommen unterschiedliche äußere Einflüsse umfassen, bis schließlich in ebenso unterschiedlichen *Ablagerungsregimes* die Sedimente in eine Ruhephase treten. Zwar ruht der Transport währenddessen, chemische Veränderungen können aber stattfinden. Dies betrifft besonders die Versenkungsdiagenese, bei der das sich bildende Sediment durch tektonische Prozesse den Einflüssen der Erdoberfläche entzogen wird. Daran kann sich, wie wir gesehen hatten, nach weiteren, sehr langen Zeiträumen eine Hebungsphase anschließen, die in einer zweiten Freisetzung gipfeln mag. Erneut entsteht ein Liefergebiet, der nächste Zyklus beginnt. In jeder Stufe dieses geologischen Kreislaufs werden neue mechanische oder chemische Spuren auf der Oberfläche der Körner erzeugt, aber auch ältere Spuren überprägt und ausgelöscht, der Prozess ist dynamisch.

Wie hängen all diese Einflüsse zusammen? Nehmen wir uns in Gedanken eine Kugel aus feinkörnigem Quarzit vor und legen sie in ein Flussbett. Wir hatten gezeigt, dass das weitere Geschehen dann überproportional von der Größe des Teils, hier der Kugel, abhängt. Wählen wir sie in der Größe einer Faust und überlassen sie ihrem Schicksal. Vorausgesetzt, der Fluss fließt in steinigem Bett gemächlich vor sich hin, erscheint es plausibel, dass die Steinkugel eine rollende Bewegung vollführt und durch Stöße gegen andere Steine mit der Zeit Kollisionsmarken erhält. Diese sind ganz offenbar von Faktoren abhängig, wie etwa Strömungsgeschwindigkeit, Größe und Material der Partikel im Flussbett und dergleichen mehr. Ganz entscheidend ist das Material des beobachteten Gegenstandes. Eine Quarzitkugel hat in allen Richtungen gleiche Eigenschaften, während ein geschichtetes Material, etwa Schiefer, ganz anders, nämlich Schicht für Schicht verschleißen würde. Die Quarzitkugel bliebe kugelförmig und rollend, während Schiefer flächig verschleißen würde und eher schiebend als rollend im Flussbett vorankäme. Es ist leicht einzusehen, dass sich auch die Form der entstehenden Oberflächenmarken deutlich voneinander unterscheiden wird. Die verschiedenen Parameter beeinflussen sich also gegenseitig. Das Gedankenspiel mag verdeutlichen, wie schwer es ist, Aussagen über noch deutlich kleinere Partikel, die Sandkörner, zu erhalten, die in schier unendlicher Menge sämtliche Bewegungsformen in Wasser und Luft annehmen können und über unbestimmte Zeit in unbestimmtem Umfeld Kräften ausgesetzt sind, die formend auf sie wirken. Darüber hinaus gibt es weitere Möglichkeiten, spurenbildenden Einflüssen ausgesetzt zu sein. Denken wir hier an Bewegung unter Auflast, wie sie bei Gletschern auftreten, oder an chemische Angriffe durch Lösung oder Abscheidung in feuchtwarmen Umgebungen. All das zu beschreiben, würde viel zu weit führen. Konzentrieren wir uns daher auf fünf typische Milieus (oder Environments):

- Milieu Wüste, äolischer Transport
- Milieu Flüsse, fluviatiler Transport
- Milieu Gletscher, glazialer Transport
- Milieu Meer und Küsten, marine oder litorale Ablagerungen/Transport
- Milieu Seen, limnische Ablagerungen

Wir gehen sie nachfolgend der Reihe nach durch und suchen auf der Oberfläche der dort vorkommenden Sandkörner nach Spuren und Texturen, die Hinweise auf die Zugehörigkeit zu einem dieser Milieus geben könnten. Dazu muss die Untersuchungsmethode an die nun geänderte Aufgabenstellung angepasst werden. Wir stellen sie hier zum besseren Verständnis kurz vor.[108] Bis auf einige Ausnahmen liegen die von uns dabei gesuchten Oberflächentexturen in der Größenordnung von 1 bis gut 50 µm und werden heute zu Forschungszwecken üblicherweise mithilfe von Rasterelektronenmikroskopen (REM) untersucht und dokumentiert. Bei Rasterelektronenmikroskopen werden die Proben in eine Vakuumkammer verbracht und mit einem Elektronenstrahl zeilenweise abgetastet. Die an der Probe reflektierten oder gestreuten Elektronen werden durch Detektoren aufgefangen und zu einem schwarzweißen Bild verarbeitet. Dieses Verfahren besitzt eine sehr viel höhere Auflösung und Vergrößerungsmöglichkeit als Lichtmikroskope sie haben, da die Wellenlängen des Elektronenstrahls viel kleiner sind als die des Lichts. Die «Abtastwerkzeuge» sind sozusagen feiner. Rasterelektronenmikroskope gehören nicht zur Standardausrüstung des interessierten Sandbeobachters und übersteigen dessen Möglichkeiten wohl deutlich. Wir wollen deshalb zeigen, wie mit recht einfachen Mitteln hinreichend gute Aufnahmen von Quarzkornoberflächen mit normalen Lichtmikroskopen und Hellfeld-Durchlicht-Beleuchtung gewonnen werden können. Üblicherweise werden die Körner bei Durchlichtuntersuchung auf einem Objektträger aus Glas als Streupräparat in einem Medium komplett eingebettet und mit einem dünnen Deckgläschen versehen. Das hier verwendete Verfahren beruht nun darauf, die zu beobachtenden Körner nicht vollständig, sondern nur etwa bis zu deren Mitte in ein Medium einzubetten, das einen möglichst ähnlichen Brechungsin-

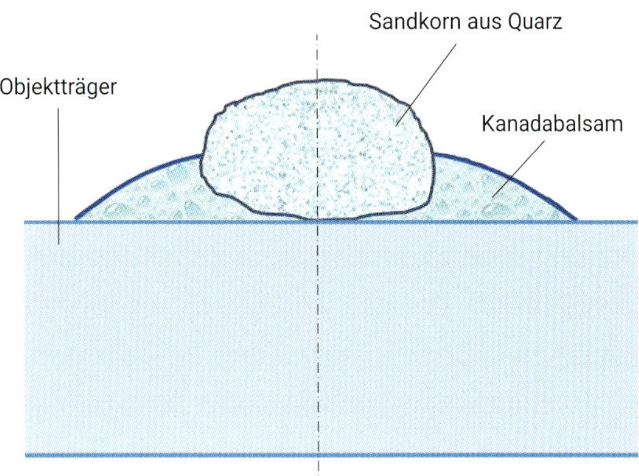

dex wie die Körner selbst besitzt. Bei Quarzkörnern führt der altehrwürdige Kanadabalsam, ein natürliches Baumharz, zu guten Ergebnissen. Die Körner schauen also etwa zur Hälfte aus der Masse des Einbettmittels heraus und werden von unten her durchleuchtet. Deckgläser werden nicht verwendet.

Strukturmerkmale wie kleine Risse oder Einbuchtungen an der Unterseite der Körner füllen sich mit dem flüssigen Einbettmittel bei dessen Erwärmung und werden umso besser optisch unterdrückt, je geringer der Unterschied der Brechungsindizes zwischen Korn und Einbettmittel ist. Dies ist erforderlich, da ja nur die obere Fläche des Kornes zur Untersuchung kommen soll. Im Idealfall «merkt» der Lichtstrahl den Unterschied zwischen Einbettmittel und Kornoberfläche nicht, die Struktur der Unterseite verschwindet. Sichtbar bleibt die freie, nicht benetzte Kornoberfläche gegen Luft, deren Strukturen kontrastreich und deutlich hervortreten. Die Methode eignet sich allerdings nur für Körner, die weitgehend transparent und möglichst frei von Einschlüssen sind.

In diesem Kapitel wird dieses *Durchlicht-Texturverfahren* sehr regelmäßig angewendet. Die Überprüfung an Probekörnern zeigte, dass die Oberflächeninformationen im verwendeten Vergrößerungsbereich grundsätzlich valide und für unsere Zwecke damit brauchbar sind. Unbeschadet dessen bleibt das rasterelektronische Bildgebungsverfahren natürlich um Größenordnungen leistungsfähiger. Da nur die Oberfläche der Körner betrachtet werden soll, liegt die Darstellung durch Auflicht-Beleuchtung nahe. Ein Vergleich mit dem Durchlicht-Texturverfahren ist schwierig, da unterschiedliche Bildeindrücke entstehen. Dies ist wichtig zu wissen, insbesondere bei der Frage, wie das Korn denn «wirklich» aussieht. Jedes Abbildungsverfahren leistet zur Beantwortung dieser Frage seinen je spezifischen Beitrag. Für unsere Zwecke stellte sich das Durchlicht-Texturverfahren meist als das geeignetere heraus. Um eine ausreichend hohe Schärfentiefe zu erreichen, praktisch also die dritte Dimension korrekt abzubilden, wurden dabei für jedes Foto 15–100 Bilder

Abb. 6.30 Einbettung der Sandkörner in Kanadabalsam als Vorbereitung zur Darstellung der Oberflächentextur. Das Licht kommt jeweils von unten. Links schematische Darstellung, rechts Fotografie einer fertigen Probe mit 12 Sandkörnern unterschiedlicher Größe.

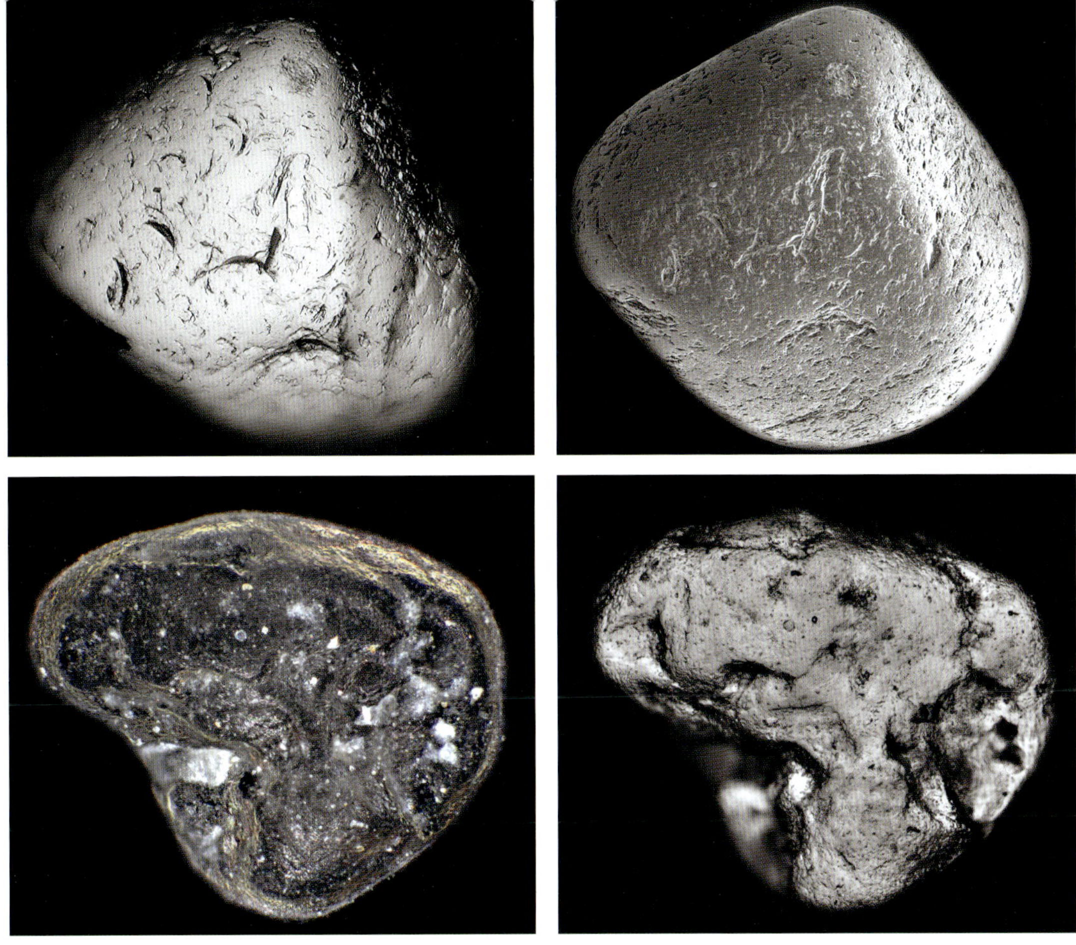

in ebenso vielen höhengestuften Ebenen mit Abständen zwischen 1–10 µm belichtet und über eine Stackingsoftware zu einem Gesamtfoto verrechnet. Dadurch entsteht ein umfassender, oft plastisch wirkender Schärfeeindruck. Es wurde eine Balance zwischen ästhetischem Bildeindruck und möglichst realistischer Wiedergabe angestrebt.

Abb. 6.31 Probekorn aus den Sanden der Oberkreide (Santon) bei Haltern, Deutschland. Links lichtmikroskopische Aufnahme im beschriebenen Texturverfahren («Durchlicht-Texturbeleuchtung») aus 10 Schichten mit Abstand von 10 µm, Bildbreite 600 µm. Rechts eine Vergleichsaufnahme desselben Kornes unter ähnlichem Blickwinkel mit dem Rasterelektronenmikroskop, die Probe ist zuvor mit einer dünnen Goldschicht beschichtet worden.

Abb. 6.32 Links: Auflicht-Beleuchtung, rechts: Durchlicht-Texturbeleuchtung. In direkter Gegenüberstellung ist erkennbar, dass das Durchlicht-Texturverfahren in diesem Beispiel eine feinere bildnerische Abstufung der Oberflächenmerkmale gegenüber der Auflichtabbildung zeigt. Artefakte oder Fehlinformationen sind nicht erkennbar. Besitzt das Korn opake Bereiche, ist das Verfahren nicht realitätsnah, da diese als dunkle Schatten erscheinen und damit zu Fehlinterpretationen führen können. Im Idealfall sind mehrere Beleuchtungsverfahren heranzuziehen, um möglichst viele Informationen zu erhalten. Murzuk, Libyen. Korngröße 500 × 600 µm.

Für die Analyse und Deutung von Oberflächentexturen an Quarzkörnern kann auf umfangreiche Literatur zurückgegriffen werden. Meistzitiert sind die Untersuchungen der Pioniere auf diesem Gebiet David H. Krinsley von der City University New York, John C. Doornkamp von der University of Nottingham und William C. Mahaney von der Oxford University.

Die genannten Autoren haben bei ihren Grundlagenuntersuchungen Sandkörner bekannter Herkunft analysiert und katalogisiert. Dabei wurden die Kornoberflächen nach Mustern und Merkmalen mit dem Ziel durchsucht, diese Merkmale auch umgekehrt einem Herkunftsgebiet spezifisch zuordnen zu können, wenn dieses zuvor nicht bekannt ist. Mahaney (2002) zählt beispielsweise in dem von ihm erstellten Katalog

41 verschiedene Merkmale auf Sandkornoberflächen auf.[109] Es sei vorweggenommen, dass eine eindeutige Zuordnung leider nicht grundsätzlich besteht. Wie zuvor bei den Einschlussuntersuchungen, lassen sich valide Rückschlüsse auf die Herkunft nur aus der Kombination mehrerer Informationen ziehen, selbst wenn in manchen Fällen schon bei einzelnen Körnern eine zweifelsarme Diagnose gestellt werden kann. Immerhin sind aus der Literatur Fälle bekannt, bei denen die individuelle Geschichte eines einzelnen Sandkornes tatsächlich 600 Mio. Jahre zurückverfolgt und rekonstruiert werden konnte.[110]

Sehr interessant ist die von Bull & Morgan (2006) gewählte Vorgehensweise. Die Autoren haben sich die Aufgabe gestellt, eine reproduzierbare Methode zu entwickeln, anhand derer entschieden werden kann, ob zwei Sandproben identische Herkunft besitzen oder nicht. Dies ist für forensische Beweisaufnahmen von hoher Bedeutung, insbesondere der Ausschluss einer Übereinstimmung für den Fall der Entlastung einer tatverdächtigen Person. Hierzu wählten die Forscher ein beschreibendes Verfahren, welches gestattet, jedem Sandkorn individuell einen Satz von Eigenschaften zuzuweisen, der aus bis zu fünf Merkmalsebenen besteht. Die Charakteristik einer aufgefundenen Sandprobe ist dann durch die Häufigkeiten der einzelnen Merkmalskombinationen definiert. Durch Vergleich mit bekannten Referenzproben kann ein im Zusammenhang mit einem Tatort aufgefundenes Material auf Übereinstimmung bzw. Ausschluss analysiert werden. Die großen Datenmengen, die bei den Untersuchungen der Autoren von über 700 Fallstudien in Großbritannien anfielen, wurden mithilfe geeigneter Datenbanken verarbeitet. Solche Untersuchungen müssen sehr sicher und damit gerichtsfest sein, da sie mit über das Schicksal von Menschen entscheiden können.

Nach diesen Vorüberlegungen betrachten wir nun die vier vordefinierten Milieus nacheinander (Wüste, Fluss, Gletscher, Meer) und versuchen herauszufinden, wie sich die jeweiligen geophysikalischen Verhältnisse auf die Oberfläche der Sandkörner abbilden, und belegen dies anhand einiger Beispiele. Neben ihrem Informationsgehalt sind die Abbildungen der klar und kontrastreich heraustretenden Körner auch sehr schlicht und schön in ihrer jeweiligen Individualität und stützen die Vermutung, dass es wohl keine zwei vollständig identischen Sandkörner auf der Welt geben mag.

6.2.1 Milieu Wüste, äolischer Transport

In trockenen Wüsten runden sich die Körner bestimmter Größe durch das Fehlen einer dämpfenden Wasserschicht bei Kollisionen schneller ab als im Falle eines fluviatilen oder gar glazialen Transportgeschehens. Der Wind übernimmt die Transportfunktion. Bei Laborversuchen in den 1960er-Jahren ermittelte man gegenüber Flusstransport 100–1000-fach stärkere Abrasionswerte.[111] Daraus schloss man lange Zeit, dass Sandkörner der Wüsten im Mittel einen signifikant höheren Rundungsgrad aufweisen sollten. Neuere Untersuchungen bestätigen diese Ver-

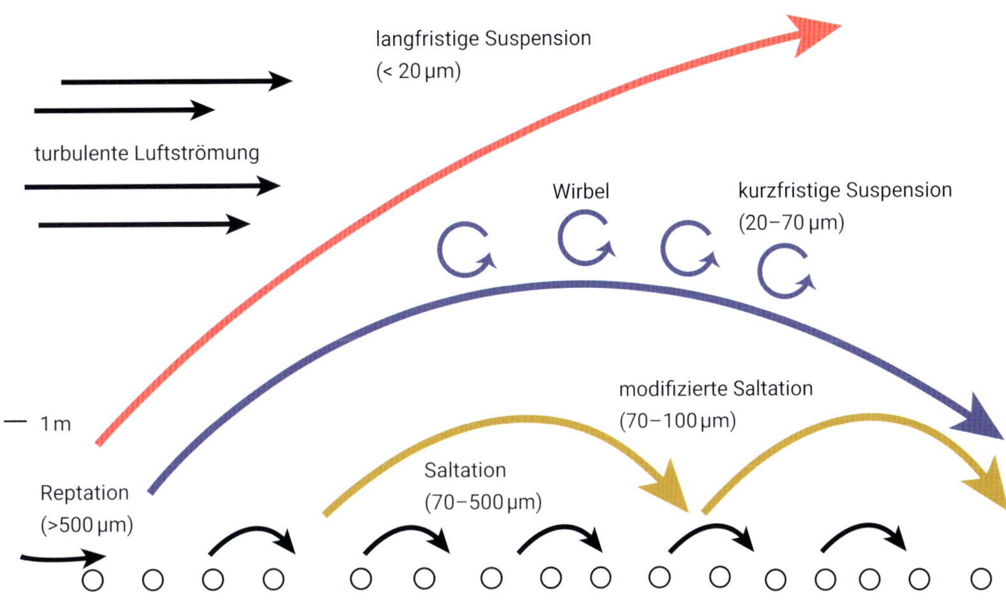

mutung allerdings nicht vollständig. In umfangreichen Studien zeigte sich, dass gut gerundete Körner sogar eher selten sind. In den Dünensanden dominieren subangulare Körner, nur ca. 8 % des Probensandes ließ sich der Kategorie «gut gerundet» zuordnen.[112] Höchst charakteristisch für trockene, heiße Wüsten (gegenüber feuchteren Küstenwüsten) sind längliche, stark gerundete Körner, die ihre Formgebung vom Muttergestein wohl noch erkennen lassen.[113]

Zum Rundungsgrad der Wüstensandkörner liegen allerdings unterschiedliche Ergebnisse vor. Während tunesische Wüsten einen sehr hohen Prozentsatz (50 %) an gut gerundeten Körnern aufweisen, liegen diejenigen Bahrains bei nur etwa 12 %, Proben aus der Kalahari bei sogar nur 2 %.[114] Grundsätzlich gilt, dass gröbere Körner (Phi ≈ 0) gut gerundet, während feinere (Phi ≈ 3) eher subangular beschaffen sind. Ein hoher Rundungsgrad ist zudem in Gegenden zu beobachten, die recyklierte Sedimente als Sandquelle besitzen, was nichts anderes bedeutet, als dass die Körner zuvor bereits mindestens einen weiteren Lebenszyklus durchlaufen haben.

Der Kantenverschleiß durch direkten Korn-zu-Korn-Aufprall findet bevorzugt bei Sandkörnern einer umrissenen Größenfraktion statt. Sehr kleine Körner mit Durchmessern unter 20 µm[115], die nicht zur Sandfracht zu rechnen sind, begeben

Abb. 6.33 Mechanismen des Windtransports. Reptation beschreibt Kriechvorgänge auf dem Boden, Saltation das zeitweise Abheben vom Boden und den Flug entlang von Bahnkurven. Unter Suspension ist das mehr oder weniger langfristige Verbleiben in einem Schwebezustand zu verstehen. Alle Vorgänge sind direkt von der Korngröße abhängig. Darstellung nach Blümel (2013).

sich in langfristige Suspension, d.h., sie werden direkt mit dem Wind mitgenommen. Dort können sie in einer Art Schwebezustand verbleiben, in dem sie je nach Wetterlage große Höhen bis über 5 km erreichen und erst nach längeren Strecken von teils über 1000 Kilometern wieder abgelagert werden. Aus der Sahara werden jährlich bis zu 100 Mio. Tonnen Staubfrachten nach Norden über das Mittelmeer transportiert. Meist wird dieser Staub dann durch Niederschläge ausgewaschen und bildet erkennbare gelbliche Beläge mit düngender Wirkung. Jährlich werden weltweit etwa 1,5 Mia. Tonnen Wüstenstaub in die Atmosphäre eingebracht und anderenorts wieder abgelagert. Davon stammen schätzungsweise 0,9 Mia. Tonnen aus der Sahara.[116]

Bei der kurzfristigen Suspension (20–70 µm Korndurchmesser) sind die Transportwege entsprechend geringer. Körner mit einem Durchmesser über ca. 500 µm rollen bzw. wälzen auf dem Boden ab ohne aufzufliegen und sind kaum in der Lage, größere Bewegungsenergie aufzubauen. Sie führen teils eher kriechende Bewegungen durch, die durch Stöße oder auch durch Wind ausgelöst werden. Die Sandkörner im relevanten Durchmesserbereich zwischen 70–500 µm hingegen zeigen ein Phänomen, welches Saltation[117] genannt wird. Der Wind treibt die Körner ein Stück in die Höhe, kann sie jedoch bedingt durch ihre Größe und ihr Gewicht nicht in der Strömung halten; sie fallen in einer typischen Bahnkurve wieder zum Boden zurück, wo sie auf dort bereits liegende Körner treffen, von denen sie dann elastisch wie Bälle zurückprallen und erneut vom Wind ein Stück fortgetragen werden. Bei diesem sich permanent fortsetzenden Springen und Hüpfen wird genug Relativgeschwindigkeit zwischen den Körnern und damit Bewegungsenergie gebildet, um einen abrasiven Verschleiß hervorzurufen.

Genauere Grenzdurchmesser lassen sich nicht ohne Weiteres angeben, da diese wiederum von der Dichte, der Windgeschwindigkeit und zusätzlichen Parametern abhängen. Auch statische Elektrizität, die sich im Korn-Luft-Gemisch aufbaut, ist zu den Einflussparametern zu rechnen. Selbst bei höheren Windgeschwindigkeiten erreicht die Schicht der springenden Körner («Springfracht») aber kaum Kniehöhe. Für den Beginn von Saltationen (lat. saltare = springen) sind Windgeschwindigkeiten von 12–20 km/h erforderlich. Das Verhältnis von Sprunghöhe zu Sprungweite der Körner liegt zwischen 1:6 bis 1:15, wobei maximale Saltationshöhen von 1–3 m vorkommen können.[118] Der Anteil von Sandkörnern, die in Dünen durch hochenergetische Saltationsvorgänge bewegt werden, liegt bei 75–80 %. Die energiereichen Stoßvorgänge bei Saltationen führen zu Verdichtungswellen, die im Inneren der Sandkörner hin- und herlaufen. Bei diesen Prozessen kann es an der Kornoberfläche tatsächlich zu Materialermüdung kommen sowie zu Defekten im Kristallgitter, an die sich Cluster aus Nanopartikeln in der Größenordnung von 0,003 µm Durchmesser anlagern. Solche Oberflächen sind hochreaktiv und werden empfindlicher für chemische und physikalische Angriffe.[119]

Sehr viele Wüstensandkörner zeigen eine Oberflächenbeschaffenheit, die man schon mit einfachen Lupen bemerken kann. Die Körner erscheinen mattiert oder gefrostet, wie man es von sandgestrahltem Glas her kennt. Daher war man ursprünglich der Ansicht, dass dieser Effekt

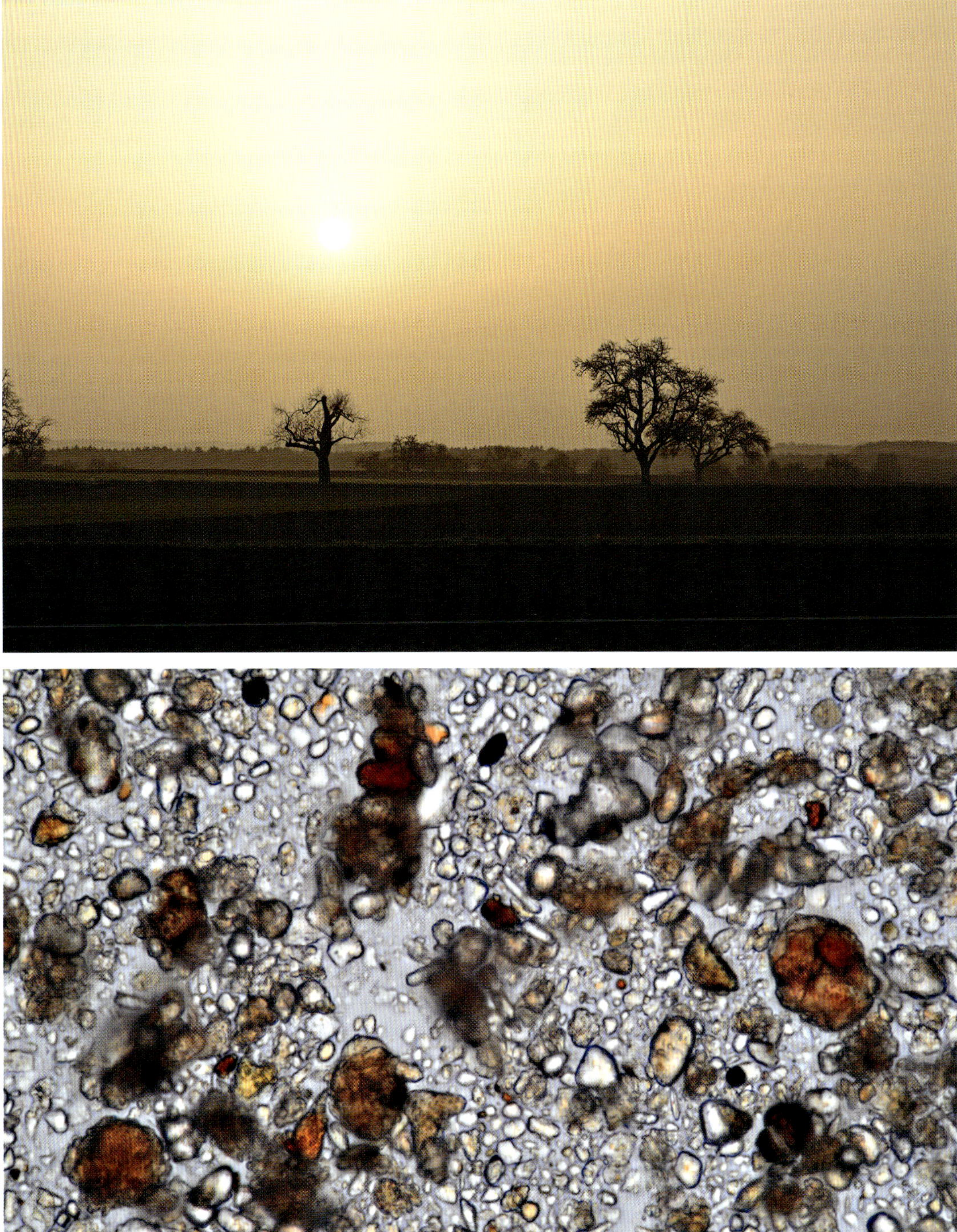

Abb. 6.34 Bei südlichen Winden kann Saharastaub in großen Mengen bis weit über die Alpen transportiert werden. Diese gelbe Lichtstimmung (Staubtrübung) wurde am 24.2.2021 nördlich von Stuttgart gegen 17:30 Uhr bei ansonsten wolkenlosem Himmel aufgenommen. Das Bild unten zeigt eine Probe des zugehörigen Saharastaubs unter dem Mikroskop. Das größere rotbraune Korn in der rechten Bildhälfte besitzt einen Durchmesser von 19 µm. Bildbreite 200 µm.

auch auf die mechanische Strahlwirkung des Sandes zurückzuführen sei. Neuere Untersuchungen stützen demgegenüber eher die von Kuenen (1959) vorgebrachte Hypothese, nach der vorwiegend chemische Prozesse die Mattierung herbeiführen. Der mikroskopisch dünne Kondenswasserfilm (Tau), der sich in den Trockenwüsten infolge großer Temperaturdifferenzen zwischen Tag und Nacht um die Körner legt, ist ausreichend, um winzige Ätzgrübchen auf der durch die mechanischen Einschläge wie beschrieben voraktivierten Oberfläche zu erzeugen und diese dadurch zu mattieren. Reine Einschlagmarken durch Kornkollisionen sind demgegenüber im Durchschnitt eher größer. Beide Effekte wirken zusammen. Ebenso ist die Oberfläche von den gelegentlich in Flüssen oder auch im Meeresbereich zu findenden gefrosteten Körnern auf zahlreiche und orientiert angeordnete Ätzgrübchen zurückzuführen, wie Margolis & Krinsley (1971) zeigen konnten. Die Balance zwischen Abrasion und Lösungs- bzw. Abscheidungsvorgängen kann unter geeigneten Bedingungen auch in natürlichen Umgebungen, vornehmlich in extrem turbulenten Unterwasserbereichen, zu gefrosteten Körnern führen.

Auch der umgekehrte Vorgang, der des Polierens ursprünglich matter Körner, kann mit chemischen Prozessen erklärt werden. In diesem Fall werden Silikate, die in Lösung gegangen sind, nach Verdampfen des Wasserfilmes auf der Oberfläche des Kornes in amorphen Schichten abgeschieden, was zu einer Art Ausheilung und Glättung der vorhandenen Kratzer und Störungen führt; die Körner wirken mit der Zeit glatter; vorhandene ursprünglich scharfe Bruchkanten werden verrundet.[120] Margolis & Krinsley (1971) zitieren Laborexperimente, bei denen die Forscher Kunststoffflaschen, die mit Quarzkugeln und Wasser gefüllt waren, 490 Tage lang rotierten ließen. Anschließend konnten sie nachweisen, dass durch diese Prozedur eine mit 300 ppm hochübersättigte Silikatlösung entstand.

Abb. 6.35 Wüstensand aus der Sahara. (Murzuk, Libyen). Monomineralische, gut gerundete Quarzkörner, deren mattierte (gefrostete) Oberfläche deutlich erkennbar ist. Bildbreite ca. 7,3 mm.

Treten vergleichbare Verhältnisse in natürlicher Umgebung auf, ist zu vermuten, dass Silikatanlagerungseffekte zu einer Glättung und polierten Erscheinung von Körnern (defrosting) führen könnte. Der exakte Mechanismus des defrosting ist noch unbekannt. Bei sehr punktuell stattfindenden hochenergetischen Kollisionen kann es im Bereich der Kontaktstellen zu Temperaturerhöhungen über den Schmelzpunkt kommen, wie vermutet wird. Auch dieser Effekt könnte zu glänzenden Oberflächenbereichen führen, die gelegentlich zu beobachten sind.[121] Polierte Körner widerstehen anschließende Abrasion deutlich besser. Auch an Meeresküsten mit starker Brandung finden sich poliert wirkende Sandkörner; der Poliereffekt ist hier aber mehr mit der Wirkungsweise von Poliertrommeln zu vergleichen, wie sie in der Schmuckindustrie eingesetzt werden.

Welche Oberflächenstruktur ist nun für Wüstensandkörner signifikant? Insgesamt lassen sich nach Mahaney (2002), dessen Einteilung wir hier folgen, vier Merkmale an Mikrotexturen beschreiben, die zu einer recht guten Prognose über die potenziell äolische Herkunft von Quarzkörnern führen können. Wir gehen dabei von modernen und heißen Wüsten aus, die sich von kälteren küstennahen Dünenbereichen oder fossilen Sedimenten unterscheiden.

1. Das erste Merkmal stellen die sogenannten «aufgerichteten Plattenstrukturen» dar *(upturned plates)*. Diese Plättchen erscheinen auf der Oberfläche als mehr oder weniger parallele Stufen, die das Ergebnis von Mikrobrüchen entlang von Spaltebenen des Kristallgitters sind. Sie können in geeigneten Versuchen im Labor künstlich hergestellt und reproduziert werden, sind unter natürlichen Bedingungen aber meist durch chemische oder abrasive Einwirkungen verrundet. Diese modifizierten Plättchen sorgen neben den bereits beschriebenen Mechanismen für das matte Aussehen vieler Wüstensandkörner.[122] Einige Autoren weisen darauf hin, dass Art, Häufigkeit und Abstand der aufgerichteten Plättchen von der Korngröße und der Windgeschwindigkeit abhängen. Aufgerichtete Plättchen sind dabei als Resultat von Einschlägen unter hoher Energie bei entsprechend hohen Windgeschwindigkeiten aufzufassen.[123]

2. Ein weiteres Merkmal besteht in länglichen oder äquidimensionalen Einbuchtungen, die vorzugsweise auf Körnern mit Größen von über 450 μm festzustellen sind. Die längliche

Abb. 6.36 Wüstensand aus einer Sanddüne des Sossusvlei, Namibia. Körner kantengerundet, glänzend, nur teilweise mattiert, gut sortiert, recht geringe Sphärizität. Fast sämtliche Körner mit rötlicher Eisenoxidschicht überzogen. Bildbreite 5,1 mm.

Abb. 6.37 Wüstensand aus dem Valle de la Luna bei San Pedro de Atacama, Chile. Die Atacamawüste ist die trockenste Wüste der Erde (ohne Polarregionen) und existiert seit etwa 15 Mio. Jahren. Die Sandprobe zeigt gute Sortierung und angerundete Körner mit geringer Sphärizität. Die sehr geringe kompositionelle Reife ist auffällig. Bildbreite 5,25 mm.

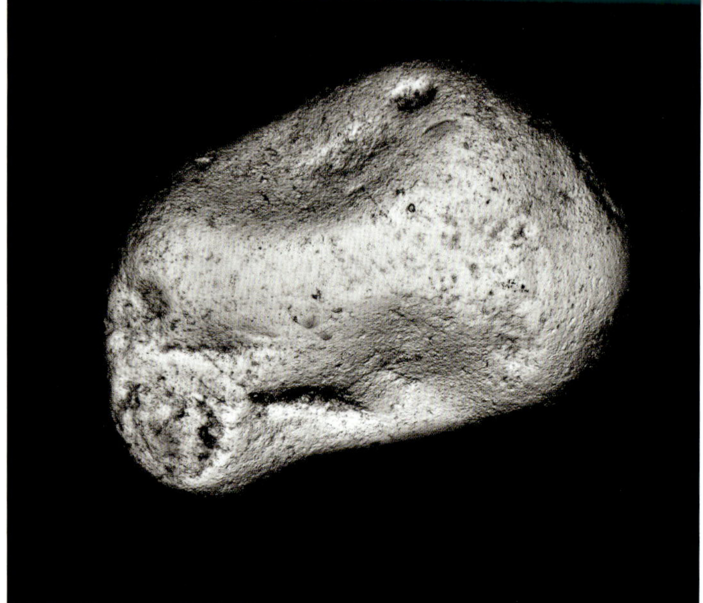

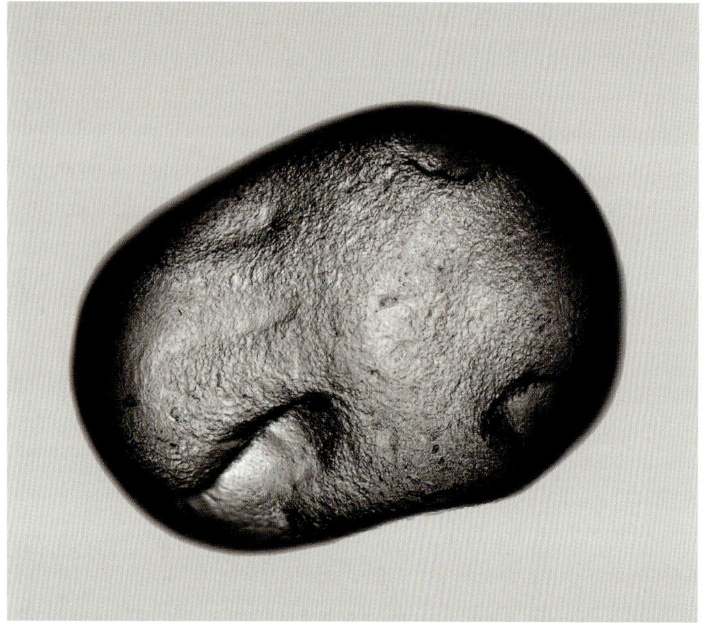

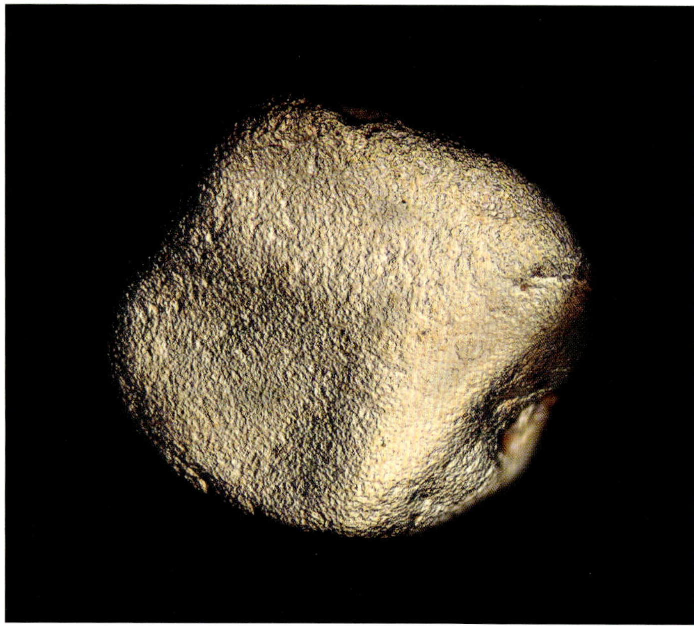

Abb. 6.38 Wüstensandkorn aus Waterberg, Namibia. Längliche, gut gerundete Form bei verhältnismäßig glatter Oberfläche. Durchlicht-Texturbeleuchtung. Körngröße 425 × 560 µm.

Abb. 6.39 Wüstensandkorn aus der Sahara bei Murzuk, Libyen. Charakteristisches, länglich abgerundetes Sandkorn mit mattierter Oberfläche. Erkennbar sind sogenannte *upturned plates* oder aufgerichtete Plattenstukturen. An allen vier Ecken befinden sich starke Einbuchtungen. Die Mattierung setzt sich teils innerhalb der Vertiefungen fort. Durchlicht-Texturbeleuchtung. Körngröße 380 × 540 µm.

Abb. 6.40 Sandkorn aus der Sahara, bei Murzuk, Libyen. Die abgerundete Form und die mit Strukturen der «upturned plates» überzogene Oberfläche sind kennzeichnend für eine trockene Binnenwüste. Makroskopisch wirkt das Korn gefrostet, was bei der hier verwendeten Vergrößerung im Bild nicht zu erkennen ist. Korndurchmesser um 900 µm. Durchlicht-Texturbeleuchtung, natürliche Farben.

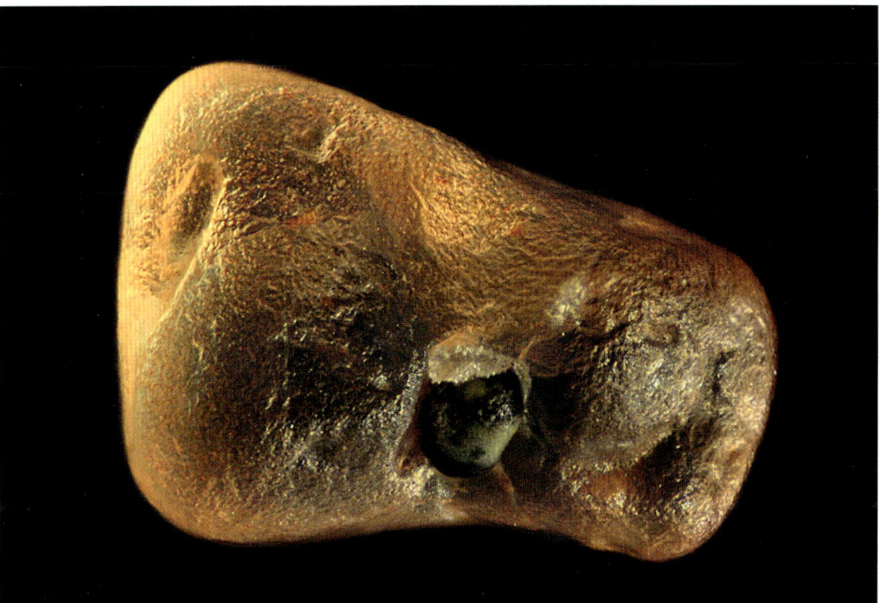

Abb. 6.41 Sandkorn aus der Sahara, Murzuk, Libyen. Das Korn zeigt einige typische Merkmale äolischen Transportes: längliche Form, abgerundete/knollige Ecken, äquidimensionale Einbuchtungen durch hochenergetische Kollisionen und aufgerichtete Plättchen. Letztere führen zu einem matten Aussehen des Kornes, die Innenseiten der größeren Einbuchtung sind demgegenüber weitgehend frei von Plättchen. Durchlicht-Texturbeleuchtung. Körngröße 470 × 670 µm.

Abb. 6.42 Sandkorn aus der Binnenwüste Lomas de Arena bei Santa Cruz, Bolivien. Das Korn ist nicht typisch für die genannte Wüste, zeigt aber auffällige mineralische Abscheidungen, d. h. chemisch dominierte Oberflächenmerkmale. Auflicht, Durchmesser ca. 1,4 mm.

Abb. 6.43 Quarzkorn aus der Wüste bei Abu Dhabi, Vereinigte Arabische Emirate. Das Korn zeigt die typische Form mit länglichen Einbuchtungen, knollenförmigen Ecken und eine rötliche Oberfläche, die aus Anlagerungen von Hämatit herrührt. Das kleine dunkle «Korn» in der Mitte ist wohl ein freigelegter mineralischer Einschluss. Auflicht, Körngröße 360 × 520 µm.

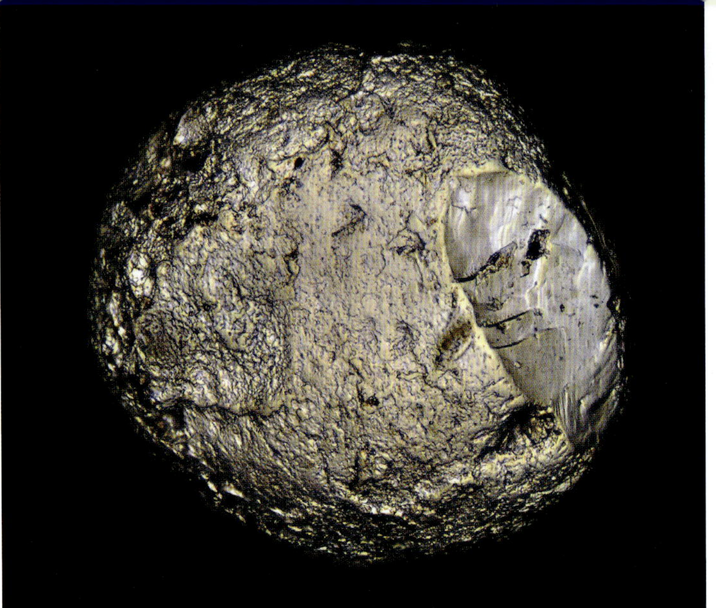

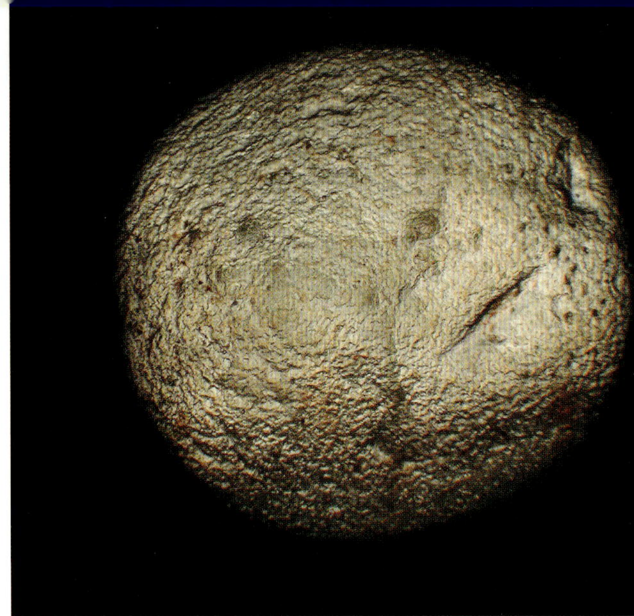

Form könnte, wie erwähnt, auf das Herkunftsgestein hindeuten. Größere Einbuchtungen an gerundeten Körnern sind ein sehr starkes Anzeichen für äolisches Milieu. Bei der Korngestalt sind «knollenförmige Ecken» in diesem Zusammenhang von zusätzlicher diagnostischer Bedeutung. Die Einbuchtungen rühren offenbar von direkten, harten Zusammenstößen der mittelgroßen bis größeren Körner her, die während der Saltationsphasen jeweils untereinander oder mit den im Bodenbereich kriechenden und rollenden Körnern stattfinden.

3. Auf vielen äolischen Körnern sind bogenförmige oder kreisförmige Bruchstrukturen zu finden. Als Ursachen werden neben direkten Einschlägen physikalische und chemische Verwitterungsvorgänge vermutet.

4. Glatte Oberflächen auf eher mittleren bis kleineren Kornfraktionen, die durch Lösung und Abscheidung von Silikaten entstehen. Der Einfluss von chemischen Prozessen auf die Oberfläche und auch die Gestalt der Sandkörner hängt sehr von der Art und der Dauer der Witterungsexposition ab. Durch große Temperaturunterschiede kommt es selbst in heißen Wüstengebieten am Boden und in bodennahen Bereichen zu nächtlichen Kondensationsvorgängen. Hierbei werden neben Silikaten auch Oxide abgeschieden, die Strukturelemente zusätzlich verrunden und damit die Oberflächen glätten können. Die häufig zu beobachtende rötliche Farbe der Wüstenkörner entsteht durch Abscheiden dünner Eisenoxidfilme.

Zuletzt stellen wir mit dem Sandkorn aus Kühlungsborn noch ein interessantes Beispiel vor. Das Korn stammt aus dem Strandbereich der Ostsee bei Rostock, sollte also marin/litorale Prägung aufweisen. Wenig davon ist an ihm zu finden. Stattdessen zeigt das Korn fast alle Eigenschaften, die wir für das äolische Milieu beschrieben haben und gleicht äußerlich sehr dem bereits vorgestellten Wüstensandkorn aus der libyschen Sahara bei Murzuk, das wir zum Vergleich gegenüberstellen. Das Sandkorn aus Kühlungsborn ist nahezu perfekt gerundet, hat also vermutlich bereits mehrere Zyklen durchlaufen. Die Oberfläche besitzt im oberen Teil

Abb. 6.44 Links: Sandkorn aus Kühlungsborn, Ostsee, Deutschland. Das Korn besitzt typische Merkmale einer äolischen Herkunft. Rechts ein frischer Ausbruch mit *conchoidal fractures*, also hörnchen- oder muschelförmigen Ausbrüchen. Abmessungen 440 × 510 µm. Durchlicht-Texturaufnahme unter Beibehaltung der Farben. Rechts: Quarzkorn aus Murzuk, Libyen, Durchmesser 750 µm, Durchlicht-Textur Aufnahme.

einige wenige sichelförmige Schlagmarken, die dem marinen, aber auch dem äolischen Milieu zurechenbar sind. Signifikant äolisch sind hingegen die abgerundeten aufgerichteten Plattenstrukturen *(upturned plates)*, die weitgehend die Oberfläche bedecken sowie «mäandrierende Grate» an einigen Stellen. Darüber hinaus sind viele kleine «pits» zu sehen, kleine Schlagmarken, die dem Saharakorn fehlen. Beachtenswert ist der große und frische Bruch auf der rechten Seite. Dieser resultiert aus einer hochenergetischen Kollision, die zeitlich nach der Abrundung in äolischem Milieu stattgefunden haben muss, da die Bruchfläche nicht alteriert oder verschlissen ist, lediglich die Ränder des Bruches sind leicht verrundet.

Wie das Sandkorn seinen Weg zur Küste gefunden hat, ist nicht bekannt. Jedenfalls hat es in der Vergangenheit einen längeren Aufenthalt in einer Wüste oder wüstenähnlichen Landschaft durchlebt und befand sich in einem Umfeld hoher Windenergie. Denkbar ist ebenfalls eine Kombination aus Küstendüne und Aufenthalt in einer hochenergetischen Brandungszone des Meeres. Eine lange und bewegte Geschichte liegt hinter ihm, nur einen kleinen Teil von ihr konnten wir entschlüsseln.

6.2.2 Milieu Flüsse, fluviatiler Transport

Das fluviatile Milieu ist bezüglich seiner Ablagerungsbedingungen sehr uneinheitlich ausgeprägt. Viele Sandkörner kontinentalen Ursprungs, die aus einem kristallinen Gestein heraus entstanden sind, werden ihre ersten Schritte in einem Schwemmfächer (Alluvialfächer) getan haben. In solchen Schwemmfächern verschmelzen nachrutschende, geröllreiche Schuttströme mit dem im Hangwasser suspendierten Feinmaterial. Ihr Gefälle verringert sich hangwärts meist schneller als in Flüssen.[124] Sind erst die Sedimentfrachten von Schwemmfächern in einen Fluss entlassen worden, beginnt für die Sedimente ein langer Weg der Schwerkraft folgend Richtung Meer.

Abb. 6.45 Alluvialer Schwemmfächer an einem glazialen Moränenhang. Das nachrutschende Sediment wird von einem Schmelzwasserfluss aufgenommen, dessen trübe Farbe die reichlich vorhandene Schwebfracht erkennen lässt. Glaziales und fluviatiles Milieu überlagern sich. Riedbach, Wallis, Schweiz.

Unsere Aufgabe, auf Basis von Oberflächenuntersuchungen der Sandkörner das Attribut «fluviatiler Transport» vergeben zu können, ist mit Schwierigkeiten verbunden. Es müssten hierzu physikalisch-chemische Eigenschaften in Flüssen identifizierbar sein, die spezifische Spuren auf den Quarzoberflächen hinterlassen. Dies ist leider nicht der Fall. Die Spanne der zu erwartenden Verhältnisse ist sehr groß: vom langsam fließenden, im breiten Tal mäandrierenden Strom bis hin zu reißenden Gebirgsbächen, die mit Schmelzwasser beladen, tonnenschwere Felsen und Schlammströme zu Tal führen. Viele Sandkörner, deren Vorgeschichte als fluviatil bekannt ist, führen zusätzlich glaziale Spuren, was für Gebirgsregionen auch nicht verwunderlich ist. Flüsse verursachen durch freie turbulente Partikelströme Abrasionen an Sandkörnern. Bei auflastenden Kontakten können zudem in eher seltenen Fällen Schleifeffekte nachgewiesen werden. Direkte Korn-zu-Korn-Kollisionen unter hoher Energie hinterlassen kleine V-förmige Einschlagsmarken oder auch V-förmige Brüche. Diese kommen in fluviatilem Milieu eher selten vor. Wie schon an anderer Stelle beschrieben, runden sich fluviatil transportierte Körner nur sehr langsam ab und besitzen deshalb angulare bis subangulare Gestalt. Kuenen (1959) untersuchte Rundungsgrade bei fluviatilem Transport und stellte fest, dass Transportstrecken, die dem zwölffachen des Äquatorumfanges entsprächen, erforderlich wären, um eine gute Rundung zu erzielen. Je Lebenszyklus eines Sandkornes sind aber im Durchschnitt nicht mehr als 1000 km Transport durch Flüsse zu erwarten.[125] Daraus folgt, dass in Summe die mechanische Abrasion durch Flusstransport fast vernachlässigbar ist. Selbst bei Transportstrecken um 10 000 km, die etwa 10 durchschnittlichen Lebenszyklen entsprächen, läge der Abrasionswert laut dieser Untersuchungen nur um 2 %. An anderer Stelle werden silikatische Niederschläge auf Flächen als charakteristisch für fluviatiles Sedimentationsmilieu beschrieben.[126] Krinsley & Donahue haben weltweit Sandkörner aus ausschließlich fluviatilem Environment untersucht, die keinerlei glaziale Historie aufgewiesen haben. Sie kamen ebenfalls zu dem Schluss, dass diese Art von Körnern neben geringem Verschleiß keine typischen oder spezifischen Oberflächenmerkmale ausbilden.[127] Bei der Beschreibung der Oberflächen von Sandkörnern wird der Begriff «Relief» mit einer Einteilung in stark, mittel und gering verwendet.[128] Bei geringem Relief besitzt die Oberfläche fast keine topografischen Unregelmäßigkeiten, während sie bei starkem Relief deutlich zerfurcht und zerklüftet ist und Sprünge über 10 µm aufweist. In diesem Sinne besitzen fluviatil geprägte Körner mittleres, teilweise auch starkes Relief, während marine und äolische Körner eher im Bereich schwachen Reliefs angesiedelt sind.

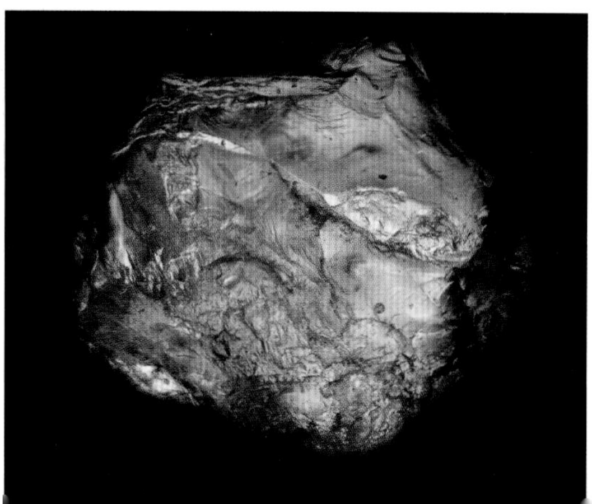

Abb. 6.46 Quarzkorn aus dem Fluss Po bei Casei, Italien. Das Korn ist untypisch gut gerundet, zeigt aber frische Bruchstrukturen und Bruchlinien. Vermutlich hat es bereits mehrere Zyklen durchlaufen. Körngröße 625 × 730 µm.

Abb. 6.47 Flusssand aus dem Langtang-Khola Fluss, Nepal. Der Hochgebirgsfluss führt glaziale Schmelzwässer der umliegenden Siebentausender des Himalayas. Die Probe wurde auf 3000 m Höhe entnommen. Die Quarzkörner sind leicht kantengebrochen, ansonsten kaum verrundet. Die Vielfalt an Mineralen ist groß. Bildbreite 5,5 mm.

Abb. 6.48 Flusssand aus dem Fluss Po bei Casei, Italien. Der Po entwässert den südlichen Alpenraum. Der breite Mineralbestand der Sandkörner spiegelt das sehr große Einzugsgebiet wider. Die Körner sind angular bis subangular beschaffen, ihre kompositionelle Reife ist gering. Bildbreite 5,9 mm.

Abb. 6.49 Flusssand aus dem Vorderrhein bei Versam, Schweiz. An dieser Stelle bricht der Rhein durch die Sedimentmassen des Flimser Bergsturzes, der vor ca. 9450 Jahren stattfand. Die Körner sind bei hohem Relief nur leicht angerundet. Links oben ein durchsichtiges Sandkorn aus Muskovit. Bildbreite 3,8 mm.

Abb. 6.50 Flusssand (mit anhaftendem Schluff) aus der Elbe bei Lenzen, Deutschland. Die Körner sind gut bis sehr gut gerundet, teils sphärisch bei hoher kompositioneller Reife. Der Sand geht aus eiszeitlichen Sedimenten und rezyklierten Sanden aus dem Elbsandsteingebirge hervor. Die Probe wurde unter der Wasserlinie entnommen. Bildbreite 3,8 mm.

Abb. 6.51 Flusssand aus dem Rio Fitz Roy, Argentinien. Der Fluss entwässert ein im Quellgebiet gletscherreiches Areal, sodass die Körner sowohl glaziale, wie auch fluviatile Merkmale aufweisen. Bildbreite 5,25 mm.

6.2.3 Milieu Gletscher, glazialer Transport

Wie auch bei allen anderen Environments ist daran zu denken, dass Sandkörner nicht nur rezenten Ursprungs sein können, sondern auch Spuren viel früherer Zyklen tragen können, die zumindest teilweise erhalten geblieben sind. Dies gilt besonders für den Transport durch Gletscher. Dieser Gedanke ist deshalb bemerkenswert, weil man bei einem strandnah aufgefundenen Sandkorn in warmem Klima spontan sicher nicht an eine Vergangenheit mit glazialem Hintergrund denkt. Entstammt das Korn jedoch einem küstennahen Sandstein, ist die Vorgeschichte durch das Alter des Sandsteins geprägt und auch den Ort auf der Erde, an dem die Sedimentation des Gesteins in der Vorzeit einst seinen Ausgang nahm.

Vereisungen können durch geomorphologische Hinweise, wie beispielsweise Rundhöcker und U-Täler, nachgewiesen werden oder auch durch Spuren, die Gletscher an der Gesteinsoberfläche durch entsprechende Schleifmarken hinterlassen haben. Insbesondere weisen aber typische Sedimente und Sedimentfolgen auf vorausgegangene Vereisungen hin. Hierzu zählen Ablagerungen von Moränen, Geschiebemergel, fluviatile Sander und Bändertone, aber auch Findlinge und Dropsto-

Abb. 6.52 Sandkorn vom Rio Fitz Roy, Argentinien. Das Quarzkorn besitzt angularen Umriss ohne wesentliche Rundung. Glazialer Ursprung ist ebenfalls anzunehmen. Abrasive Spuren an den Kämmen sind zu erkennen, ebenso Ausbrüche mit gestuften Bruchmarken und Silikatanlagerungen unterhalb der Kornmitte. Kornabmessungen 450 × 330 µm.

Abb. 6.53 Rechte Seite: Sandkorn aus Quarz vom Rio Fitz Roy, Argentinien. Das Korn ist angular ohne wesentliche Kantenrundung. Auch die Kämme sind durchgehend scharfkantig. Deutlich sind Ausbrüche mit gestuften Bruchmarken und glatten Bruchflächen zu erkennen. Rechts oben am Korn befindet sich ein muschelförmiger Ausbruch. Eine glazial geprägte Historie ist erkennbar und geografisch plausibel. Körngröße 585 × 995 µm. Durchlicht-Texturbeleuchtung.

nes. Noch heute sind viele Landschaften deutlich von ehemaligen Vereisungen geprägt. In Norddeutschland sind, wie schon beschrieben, ganz besonders die glazialen Geschiebe von Bedeutung, sie können sowohl Zeugnis der Vereisung als auch Zeugnisse der ehemaligen skandinavischen Oberflächengesteine liefern, die durch das Eis nach Süden transportiert wurden. Bei aufmerksamer Beobachtung lassen sich viele Geschiebesteine entdecken, die deutbare Spuren des Gletschertransports mit sich tragen.

Uns stellt sich die Frage, welche Spuren der Gletschertransport auf der Oberfläche einzelner Sandkörner hinterlassen könnte, die später noch erkennbar sind. Dies ist nicht ganz trivial, da die Verortung glazial/nicht glazial weniger eindeutig zu treffen ist, als es vergleichsweise bei einer Wüstenumgebung mit äolischem Transport der Fall ist. Im Umfeld eines Gletschers existieren sehr unterschiedliche Milieus, die entsprechend unterschiedliche oder im Extremfall auch gar keine Spuren auf den Kornoberflächen erzeugen. Bei «warmen Gletschern» gleitet das Eis auf einem Wasserfilm (Drucklösung), bei sogenannten «kalten Gletschern» ist das Eis am Boden festgefroren und reißt beim Transport Gesteine und Sedimente mit. Sedimente der mitgeführten bzw. überschobenen Grundmoräne sind dabei sehr starken abrasiven Kräften ausgesetzt. Langsame Bewegung unter hohem auflastendem Druck des Eises führt zu hohen Normalspannungen bei gleichzeitig auftretenden ebenfalls hohen Scherspannungen in den betroffenen Gesteinen.

Ganz andere Verhältnisse finden sich, wenn Sedimente auf der Oberfläche eines Gletschers oder in seinem Inneren eingefroren transportiert werden, wo sie weitgehend von mechanischen Einflüssen abgeschirmt sind. Das Eis im Zentrum von Gletschern bewegt sich dabei schneller als am Rand oder der Oberfläche, Sedimente vermischen sich daher während des Transportes. Trotz dieser sehr unterschiedlichen Bedingungen lassen sich gemeinsame Merkmale an glazialen Sandkörnern finden. Sie weisen mehr noch als Körner aus fluviatilem Milieu die schärfsten Bruchkanten auf und sind deutlich angular beschaffen. Darin übertreffen sie sogar die direkt aus dem Muttergestein herausgewitterten Körner, da diese bereits durch den Verwitterungsprozess chemisch angegriffen sind. Von Gletschern zermahlene und transportierte Sandkörner zeigen demgegenüber nahezu frische, unverwitterte Bruchflächen.

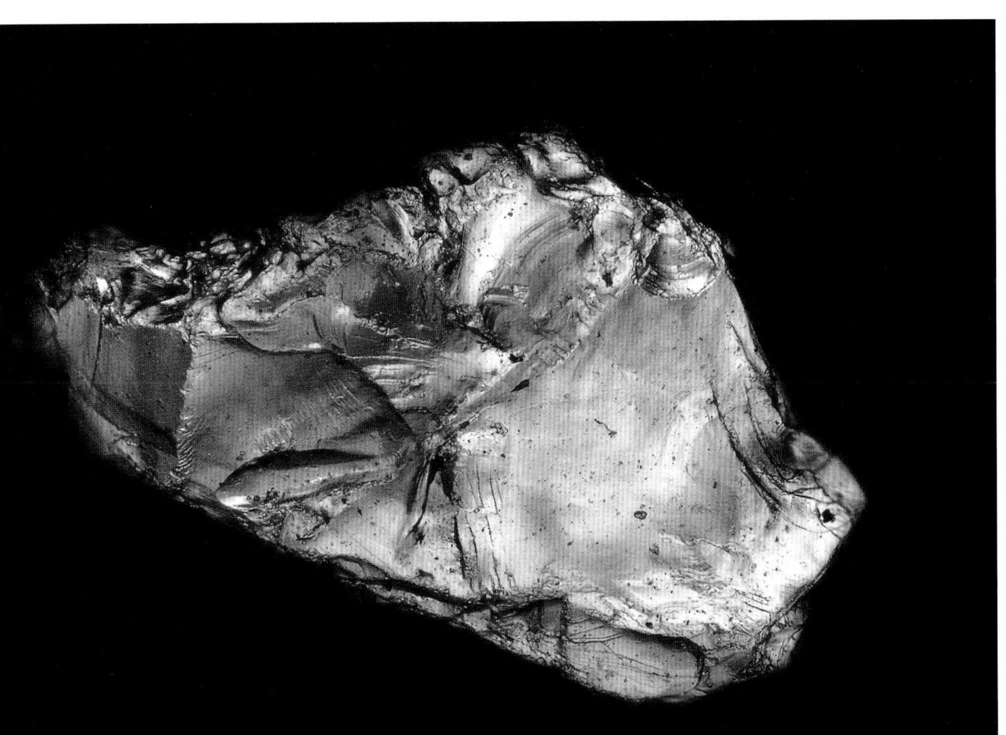

Das führt zu der Frage, wie ein frischer Bruch denn überhaupt zustande kommt und wie er sich identifizieren lässt. Ein Sandkorn, welches eine Bruchfläche besitzt, unterlag ganz allgemein gesprochen einem Werkstoffversagen. Hier beziehen wir uns auf den «Werkstoff» Quarz, der wie auch Glas oder Keramik zu den spröden Werkstoffen zählt. Spröde Werkstoffe sind, wie wir aus dem Alltag wissen, anfällig gegen stoßartige oder auch punktförmige Belastungen. Werfen wir eine Keramiktasse gegen die Wand, zerbricht sie, verwenden wir eine Tasse aus Aluminium, wird sie mit einer Beule davonkommen. Technisch gesprochen erleidet die Keramiktasse einen Sprödgewaltbruch, während bei der Aluminiumtasse ein plastisches Verformungsversagen vorliegt. In jedem Fall hinterlässt das Werkstoffversagen «Gewaltbruch» eine ganz charakteristische Struktur der Bruchfläche. Glas, einige Keramiken und auch Quarz zeigen dabei einen muschelförmigen Bruch. Die Rissfronten sind konzentrisch angeordnet und sehen in Summe wie eine Muschelschale aus. Auch umgekehrt können wir folgern, dass bei Vorliegen eines muschelförmigen Ausbruchs an einem Sandkorn aus Quarz ein entweder stoßartiges Ereignis oder eine langsame Lasterhöhung über den Punkt des Materialversagens in der Vorgeschichte aufgetreten

Abb. 6.54 Durch Gletscher geformte Landschaft in Norwegen im Bereich des Polarkreises bei Brønnøysund.

Abb. 6.55 Riedgletscher bei St. Niklaus, Schweiz. Glaziales und fluviatiles Milieu sind in diesem Bereich kaum zu trennen. Erkennbar sind die verschiedenen Transportsituationen, denen Sandkörner ausgesetzt sein können.

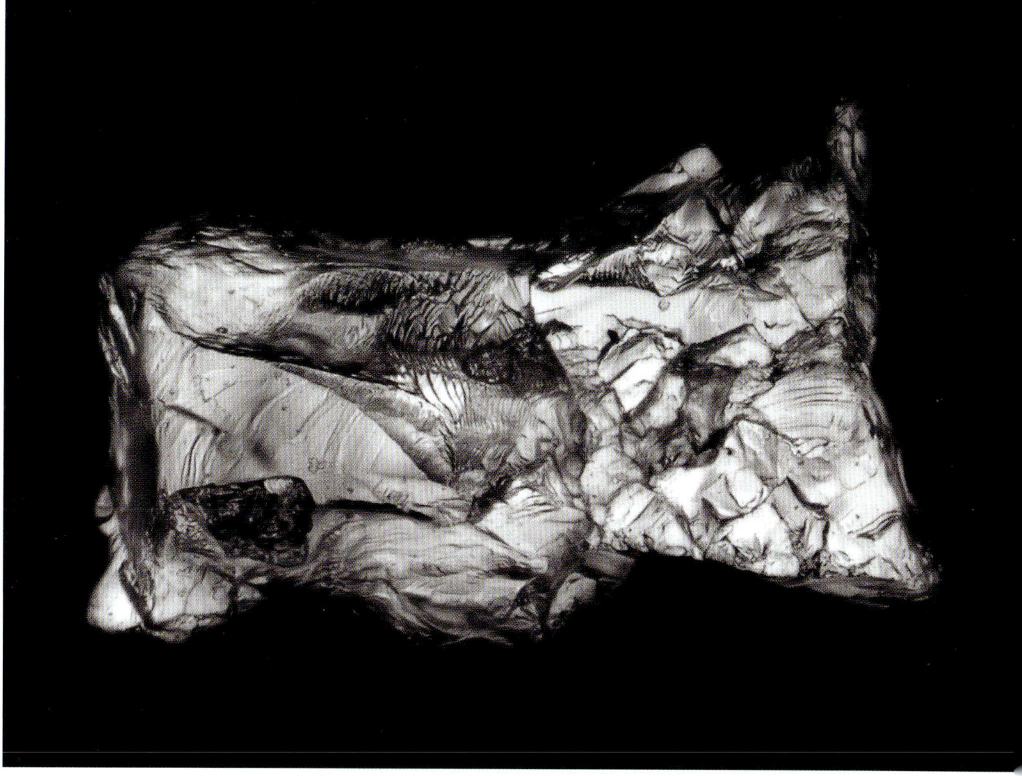

Abb. 6.56 Sandkorn vom Riedgletscher, Schweiz, welches unmittelbar dem abfließenden Gletscherwasser entnommen wurde, sodass Einflüsse fluviatilen Transports ausgeschlossen sind. Dies bestätigen die kantigen Konturen mit nur geringen Eckenanrundungen sowie die vorhandenen Oberflächenmerkmale. Bruchkämme (links Mitte) zeigen keine Abrasion. Ganz rechts ist eine muschelförmige Bruchstruktur erkennbar. Oben in der Mitte zeigen sich die selten so ausgeprägten dachziegelförmigen Blockstrukturen. Auf der linken Seite sind außerdem mehrere Serien bogenförmiger Stufen auszumachen, die ebenfalls Zeichen frischen Bruchgeschehens sind. Körngröße 260 × 510 µm. Durchlicht-Texturbeleuchtung.

ist. Dieser Aspekt ist wesentlich, da Stoßbelastung sehr häufig in hochenergetischen Unterwasserbereichen an Küsten auftritt, während langsame Laststeigerung eher für den Glazialbereich typisch ist. Allgemein ist bei glazialem Transportgeschehen allerdings eine starke Heterogenität in Bezug auf die Beanspruchung der beteiligten Sedimente zu erwarten.

Mit diesen Vorüberlegungen können wir uns nun den spezifischen Oberflächenmerkmalen der glazialen Sandkörner zuwenden. Die folgenden sechs Hauptmerkmale sind in ihrer Wichtigkeit absteigend sortiert. Lassen sich mehrere dieser Merkmale an den Körnern einer Probe beobachten, liegt wahrscheinlich eine glaziale Historie vor: [129]

1. Große Variabilität in den Abmessungen der muschelförmigen Bruchstrukturen.
2. Sehr großes/hohes Relief verglichen mit äolischen oder marin geprägten Körnern.
3. Semiparallele Stufen. Tiefe Risse oder Ausbrüche in der Kornoberfläche mit Abständen über 5 µm, die vermutlich durch Brüche aus Scherspannungen verursacht wurden.
4. Bogenförmige Stufen, wohl durch schlagartige Belastung. Tiefe Risse oder Ausbrüche in der Oberfläche, die durch Einschläge verursacht wurden.
5. Parallele Streifung verschiedener Länge. Die Streifen sind als Ritzmarken zu werten, die durch Bewegung relativ zu scharfen Strukturen entstehen. Einkerbungen, die durch einen scharfkantigen Gegenkörper verursacht werden («Kratzspuren»).
6. Bruchstrukturen in dachziegelartiger Anordnung.

Abb. 6.57 Muschelförmiger Bruch (Sprödbruch) am Rande eines gewachsenen Quarzkristalls mit Wallner-Linien. Die Flächen links und rechts im Bild sind natürlich gewachsene Kristalloberflächen. Breite des Ausbruchs 480 µm. Differenzieller Auflicht-Interferenzkontrast.

Abb. 6.58 Mäandrierende, junge Rhone zwischen Leuk und Siders, Schweiz. Glaziale und fluviatile Sedimente mischen sich hier und werden vom Fluss auf den sich ständig neu bildenden und verlagernden Kies- und Sandbänken zwischendeponiert.

Abb. 6.59 Sand aus dem Jungtal, Schweiz. Die Probe wurde wenige 100 Meter unterhalb der Zunge des Junggletschers dem Gletscherbach entnommen. Makroskopisch sind keine Anrundungen zu erkennen. Bildbreite 5,5 mm.

Abb. 6.60 Sand, entnommen aus dem frischen Schmelzwasserstrom des Rhonegletschers im Hochtal von Gletsch, Schweiz. Typisch kantiges, unsortiertes und frisches Sediment mit geringster kompositioneller Reife. Bildbreite 7,3 mm.

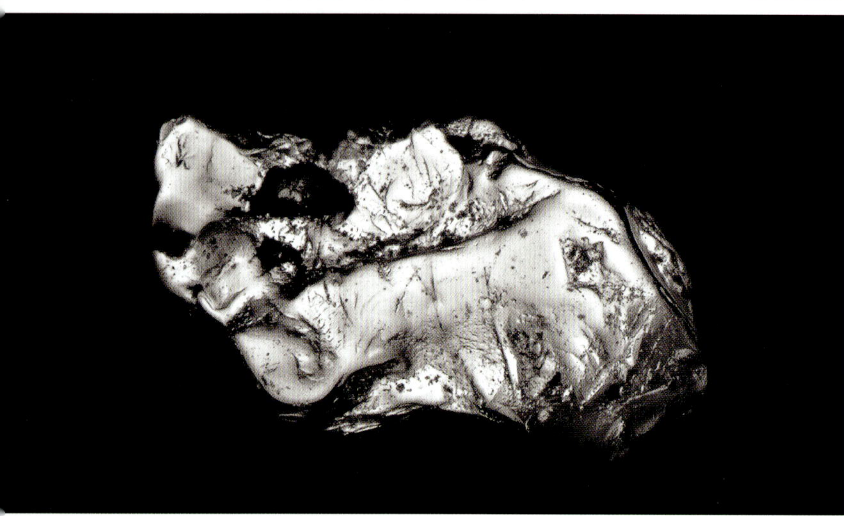

Abb. 6.61 Oben links: Sand, entnommen aus dem Gletschertor des Vatnajökull, Island. Die Körner sind recht stark kantengerundet, was auf turbulentes Transportgeschehen im Schmelzwasserbereich hindeutet. Bildbreite 9,1 mm.

Abb. 6.62 Oben rechts: Sand aus Fürstenberg/Havel, Deutschland, sogenannter «Märkischer Sand». Die Landschaft ist geprägt von weichselzeitlichen Jungmoränenplatten und Sandern. Die Körner sind zum Teil sehr gut verrundet, was auf äolische Phasen hindeuten kann. Viele Körner zeigen aber deutlich ihre eiszeitliche Herkunft mit zusätzlichen fluviatilen Merkmalen. Die Probe wurde vor der Aufnahme mit Wasser gespült und damit von Feinstpartikeln befreit. Bildbreite 5,5 mm.

Abb. 6.63 Mitte: Sandkorn aus Fürstenberg/Havel, Deutschland, aus dem Gebiet weichselzeitlicher Jungmoränenplatten und Sander. Das Korn besitzt eine komplexe Morphologie und zeigt Spuren abrasiven Verschleißes (angerundete Ecken). Außerdem sind Ritzspuren (rechts oben und Mitte unten) zu erkennen. Über das ganze Korn sind Spuren von Verwitterung verteilt. Bei weiterer Vergrößerung erkennt man außerdem Einschlagmarken. Die Mischung aus fluviatilem Transport und glazialen Merkmalen beschreibt eine Historie, die in den eiszeitlichen Glazial- und Flusssystemen anzusiedeln ist. Korngröße 380 × 860 µm. Durchlicht-Texturbeleuchtung.

Abb. 6.64 Unten: Quarzkorn aus der Rothera-Station, Antarktis. Das Korn ist sehr typisch triangular facettiert und zeigt lineare Strukturen rechts oben. Glazialer Transport ist sehr wahrscheinlich. Durchlicht-Texturbeleuchtung in Originalfarben. Kantenlänge um 1000 µm.

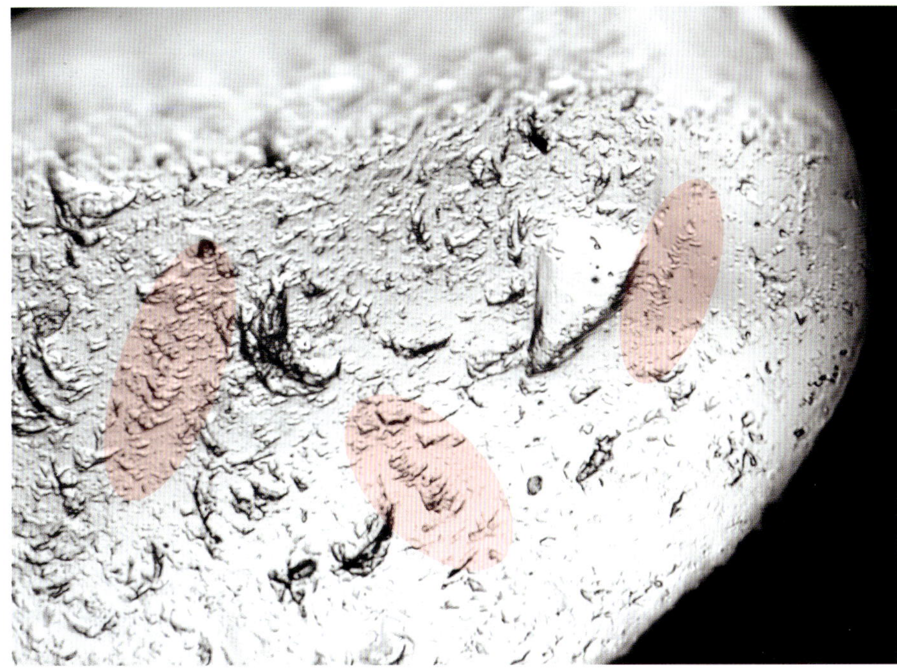

Abb. 6.65 Feuerstein aus Fehmarn, Deutschland, mit vielen weißlichen Druckmarken. Unten links am Stein ist eine Grobstruktur zu erkennen, die im Maßstab von Sandkörnern als Mikrostruktur mit «Rattermarken» bezeichnet wird. Ein scharfkantiges Gegenstück wirkte unter hohem Druck und unter Relativbewegung auf den Feuerstein ein und hinterließ diese tiefen Einkerbungen als Folge eines Stick-Slip Prozesses. Bildbreite 80 mm.

Abb. 6.66 Korn aus dem Küstenbereich von Kerala, Indien. Die in den rot unterlegten Ellipsen hervorgehobenen Strukturen sind «Rattermarken» (Breite um 10 µm). Entstehungsmechanismus wie bei vergleichbaren Makrostrukturen beispielsweise an Feuersteinen. Bildbreite 280 µm. Durchlicht-Texturbeleuchtung.

Abb. 6.67 Feuerstein aus Hohwacht, Ostsee, Deutschland, mit Serien von hintereinanderliegenden Parabelrissen (Sichelmarken). Vergleiche dazu das Kerala-Sandkorn weiter oben mit ähnlichen Markierungen in wesentlich kleinerer Abmessung. Bildbreite 75 mm.

Wir beschäftigen uns zum Abschluss des Kapitels über glaziale Strukturen mit einem recht häufigen und interessanten Phänomen, das gleichzeitig die Überleitung zum marinen bzw. litoralen Milieu bildet. Es geht um glaziale Sichelmarken, Schlagmarken und Parabelrisse.

Man versteht unter «Parabelriss» eine kleinere und einzelne Struktur, die zwar in großer Anzahl auftreten kann, aber im Unterschied zu «Sichelmarken» meist nicht stufenförmig hintereinander angeordnet ist. Sichelmarken besitzen zudem größere Abmessungen. Beide Formen gehen ohne Zweifel auf Gletscheraktivität zurück.[130] Die sichelförmige Gestalt von Einkerbungen tritt tatsächlich über vier Größenordnungen hinweg (20 µm bis über 30 cm) in verschiedenen Zusammenhängen auf, die noch nicht vollständig geklärt sind, denen wir aber nun ein wenig auf den Grund gehen wollen.

Jede Art und Ausprägung dieses Phänomens offenbart, dass eine Interaktion zwischen Eis und Gestein oder zwei aus Gestein bestehenden Körpern mit oder ohne Wasser stattgefunden haben muss. Immer ist eine Relativbewegung erforderlich. Diese Relativbewegung kann einerseits langsam und gleichmäßig stattfinden, wie es bei dem langsamen Kriechen des Gletschereises über Gesteinsgrund der Fall ist, dann entstehen Parabelrisse oder Sichelmarken. Die Bewegung kann aber auch ungerichtet und stoßartig erfolgen, wie man es bei Korn-zu-Korn-Kollisionen mit oder ohne Wasser zu erwarten hat, in diesem Fall entstehen Schlagmarken. Auch eine dritte Möglichkeit ist gegeben. Wird nämlich die kontinuierlich kriechende Bewegung zeitweilig gehemmt und wird anschließend sehr plötzlich wieder frei, so kann es zu einem Effekt kommen, der Stick-Slip genannt wird. Die beteiligten Körper bewegen sich ruckartig zueinander, indem Phasen des Haftens und Phasen des Gleitens unmittelbar abwechselnd aufeinanderfolgen, Schwingungen werden angeregt, es bilden sich Rattermarken an den beteiligten Körpern.

Erdbeben funktionieren nach diesem Stick-Slip-Prinzip, ebenso die quietschende Kreide auf einer Tafel oder die ebenfalls quietschende trockene Türangel als Beispiele aus dem täglichen Leben.

Die fließende Eisschicht eines Gletschers verursacht neben der Relativbewegung über dem Grund eine sehr hohe Anpresskraft des mitgeführten Gerölls auf die Unterlage. Je höher die Anpresskräfte durch die teils viele 100 Meter dicken Eisschichten sind, desto größer sind auch die Reibungskräfte zwischen mitbewegten Sedimenten und dem Grundgestein. So entstanden Verschleißspuren mit Abrieb und der bekannte Glattschliff glazial geformter Gebirge. Für Sand konnte Mahaney (2002) zeigen, dass die dicksten Eisschichten auch die intensivsten Zerstörungen der Körner nach sich ziehen. Weiterhin ist die Stärke der Kornausbrüche mit der Temperatur der Grundmoräne im Gletscher korreliert. Bei sehr kalten

Abb. 6.68 Sichelmarken an einem Rundhöcker aus Granit bei Hammeren, Bornholm, Dänemark. Breite der Marken um 20 cm. Die steilen Bruchflanken liegen jeweils auf der linken oberen Seite. Es handelt sich also um konvexe Sicheln mit Gletscherbewegung von rechts nach links.

Abb. 6.69 Wallstein (Flint) aus dem Küstenstreifen bei Vang, Bornholm, Dänemark. Der Stein mit einer Länge von 30 mm weist zwei sehr ausgeprägte konvexe Sichelmarken auf, die sich exponiert auf der Oberseite befinden und strukturell einem Rundhöcker ähneln. Darüber hinaus ist die Oberfläche des Steines mit zahlreichen, zufällig verteilten sichelförmigen Eindrücken (Schlagmarken) übersät.

Abb. 6.70 Schematische Darstellung einiger Oberflächenmerkmale und deren Bezeichnung. Da die zugehörige Literatur überwiegend englischsprachig ist, sind die englischen Begriffe ergänzend beigefügt.

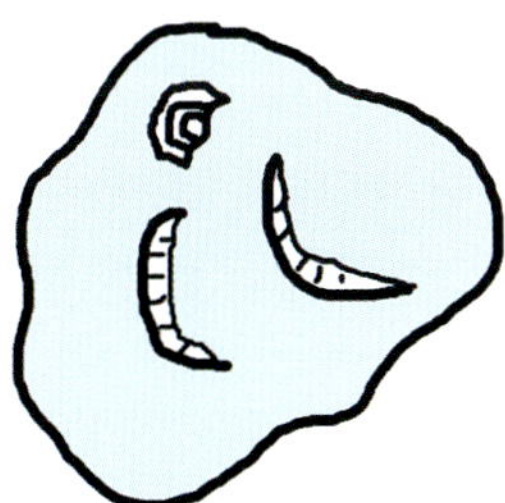

Konvexe Sichelmarken (unten), graded arc (oben)

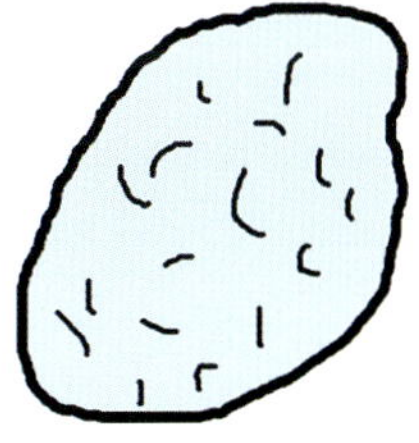

Schlagmarken (crescentic fractures percussion/impression marks)

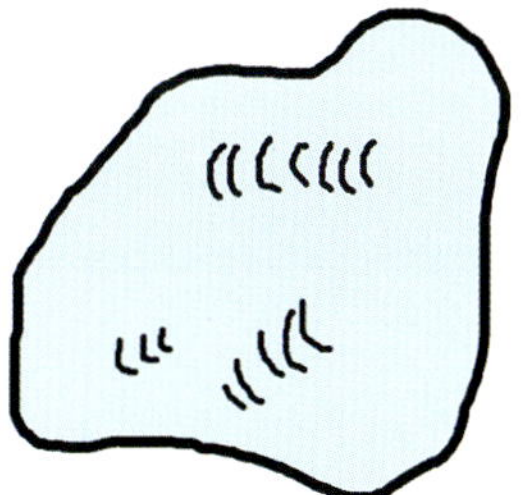

Rattermarken (chattermark trails)

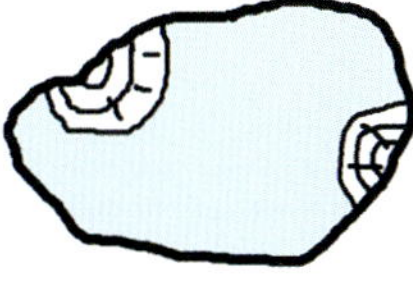

Muschelförmige Brüche (conchoidal fractures)

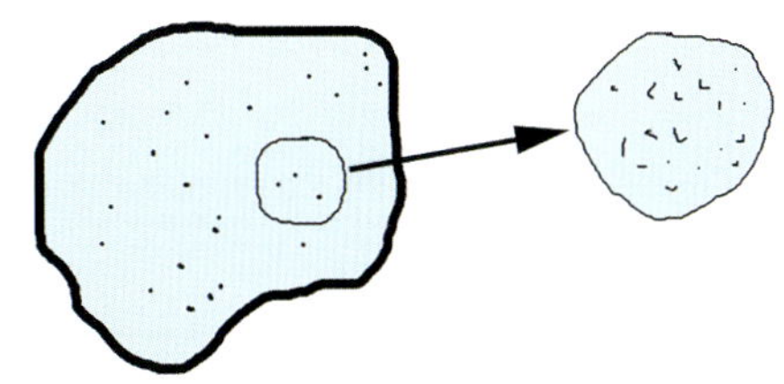

Grübchen und V-förmige Einschlagmarken (pits and v-shaped percussion cracks)

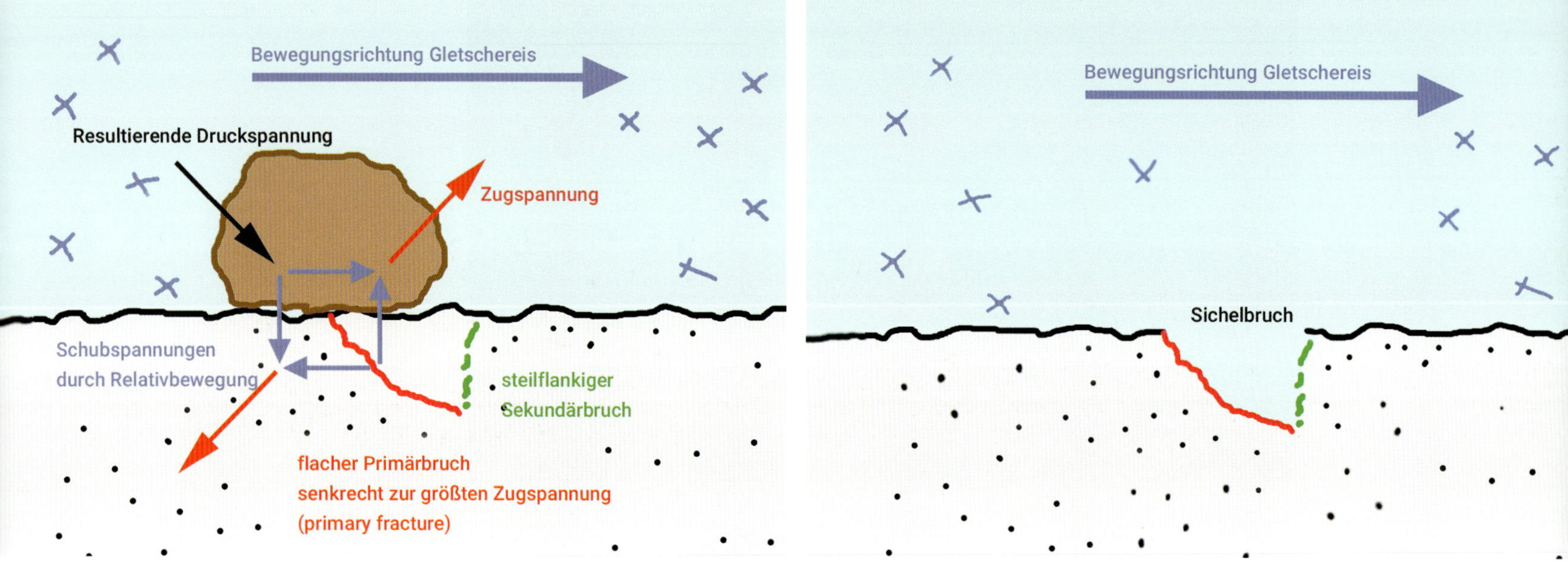

Gletschern sind die Sedimente selbst gefroren und die Häufigkeit der Korn-zu-Korn-Kontakte ist reduziert.[131] Bei höheren Temperaturen existieren freie Wassermassen, die die Kontakthäufigkeiten und die Aufprallintensitäten stark erhöhen und gegebenenfalls zu einer nahezu vollständigen Zerstörung der Körner führen. Die Körner zeigen dann unabhängig von ihrer Ausgangsgestalt triangular facettierte Grundmuster mit größtmöglicher Zerstörung der ursprünglichen Struktur und Oberfläche. In Laborversuchen konnte gezeigt werden, dass keine anderen geologischen Verhältnisse so grundlegende Umgestaltungen der Oberfläche von Quarzkörnern nach sich ziehen, wie es glaziale Prozesse tun.

Sichelmarken besitzen nach Ausbruch von Material bezogen auf den Querschnitt immer eine flachere und eine steilere Flanke. Aus Gründen des Kräftegleichgewichts an der Reibstelle lässt sich nachweisen, dass die Bewegung des Eises stets von der flacheren hin zur steileren Flanke erfolgt (siehe Abbildung). Dies ist sogar unabhängig von der Form der Sichel in der Draufsicht. Hier können nämlich zwei Formen unterschieden werden. Sogenannte «konvexe Sicheln» besitzen eine steile Flanke, die in Richtung des Eisflusses konvex gebogen ist, bei «konkaven Sicheln» ist es hingegen genau umgekehrt.

Sichelmarken sind nach diesen Vorüberlegungen also in Richtung des fließenden Eisstromes orientiert. Umgekehrt kann aus der Anordnung der Marken im Grundgebirge die Fließrichtung der ehemals vorhandenen Gletscher erschlossen werden. Dies gilt auch für lange zurückliegende Vereisungsperioden, weshalb Sichelmarken ein brauchbares Instrument für die Rekonstruktion vergangener Klimaperioden darstellen.

Reduzieren wir gedanklich die Größenskala, so lässt sich vorstellen, dass der beschriebene Prozess auch auf kleinere Gesteinskörper anwendbar ist. Eingetiefte Sichelmarken finden sich ebenso auf findlingsgroßen Blöcken, auf Geröllsteinen und schließlich auf kleineren Feuersteinknollen, insbesondere den Wallsteinen. Der weiter oben abgebildete Wallstein (Abb. 6.69) zeigt exakt das zu erwartende

Abb. 6.71 Links: Im Kontaktbereich Geröllstein-Grundgestein auftretende Kräfte und Brüche. Rechts: Querschnitt durch den entstandenen Sichelbruch, nachdem der Geröllstein durch das Eis wegtransportiert wurde.

Sichelmuster und es kann vermutet werden, dass der Stein eingefroren im Eis in Kontakt zu einem Gegenkörper geriet und dadurch sich die Sichelform des Ausbruches nach den beschriebenen Mechanismen bildete. Es ist leicht einzusehen, dass bei Geröllen nicht zwangsläufig eine Orientierung der Marken vorhanden sein muss, da die Gerölle während des Transportes im Eis ihre Lage verändern können.

Die genannten Wallsteine stellen eine kleine Besonderheit dar. Es sind Feuersteine in kugeliger oder länglich-ellipsoider Form, die in verschiedenen Färbungen von schwarz bis hellbraun auftreten. Ihnen gemeinsam ist eine sehr glatte, fast wie poliert anmutende Oberfläche, die es nahezu herausfordert, sie als Handschmeichler am Strand aufzusammeln. Man findet sie weit verbreitet zwischen dem Strandgeschiebe an der östlichen Nordsee und der Ostsee. Auch im Binnenland kommen sie vereinzelt in Kiesgruben vor, die von den Geröllmassen der Eiszeiten beschickt wurden. Zerschlägt man einen Wallstein, so zeigt sich, dass die Oberfläche stets etwas heller ist als der Kern und damit eine Art Patina besitzt.

Abb. 6.72 Rhonequelle, Furkapass, Schweiz. Rechts außerhalb des Bildes der Gletscher mit Gletschersee. Viele Sichelmarken an den abgeschliffenen Graniten. Ehemalige Bewegungsrichtung des verursachenden Rhonegletschers von rechts nach links.

Für unsere Untersuchung ist nun von besonderem Interesse, dass die Oberflächen der Wallsteine über und über mit sichelförmigen Marken übersät sind. Dabei handelt es sich ganz überwiegend um Sicheln, die im Gegensatz zu den zuvor beschriebenen nur sehr geringe Tiefe aufweisen, also eher als Risse zu werten sind. In der Literatur hat sich hierfür der Begriff «Schlagmarke» eingebürgert. Man kann davon ausgehen, dass ein harter und zufällig orientierter Stein-zu-Stein-Stoß eine solche Marke auf der Oberfläche eines Feuersteins zurücklassen kann. Die vergrößerte Abbildung der Wallsteinoberfläche zeigt unzählige mikroskopisch kleine Risse der beschriebenen Art, die dann offenbar durch Verwitterung oder erneute Stöße in gewissem Umfang weiter vertieft werden. Ganz besonders interessant sind die Bereiche, in denen sich zwei Sicheln kreuzen. Deutlich ist zu erkennen, dass dort V-förmige Splitter ausgebrochen sind und dementsprechend auch V-förmige Marken hinterlassen haben. Der Vergleich zu den V-förmigen Schlagmarken auf Sandkörnern liegt nahe. Vermutlich besitzen beide ein analoges Ursachenmuster.

Woher stammen die Wallsteine? So ganz geklärt ist ihre Historie noch nicht. Am wahrscheinlichsten ist eine faszinierende Erklärung: Wallsteine waren Strandgeröll eines vorzeitlichen Meeres. Kreidezeitliche Feuersteine wurden demnach Hunderttausende von Jahren in der Brandung des alttertiären Meeres vor ca. 57 Mio. Jahren abgerollt, in ihre heutige Form gebracht und wohl schließlich zu Strandwällen angehäuft. Dies gab ihnen ihren Namen. Jahrmillionen später transportierten die Gletscher der Eiszeiten sie dann nach Süden und verteilten die Wallsteine über ein sehr großes Gebiet, wo wir sie noch heute, auch mitten im Landesinneren, finden können.

Abb. 6.73 Links: Aufsammlung von Wallsteinen an der Küste Bornholms, Dänemark. Allen Steinen ist die glatte, nahezu poliert wirkende Oberfläche gemeinsam. Die komplette Oberfläche der Steine ist von Schlagmarken bedeckt. Am Stein unterhalb der Mitte sind besonders schön die recht großen, sichelförmigen Marken zu erkennen, deren ausbröckelnde Ränder weißlich erscheinen. Durchmesser der Steine von 20–55 mm.

Abb. 6.74 Rechts: Oberflächendetail eines Wallsteines. In der Vergrößerung wird die Unzahl der kleinen, sichelförmigen Risse (Schlagmarken) deutlich. Die größeren Sichelmarken besitzen deutliche Eintiefungen und im Überschneidungsbereich entstandene V-förmige Marken, die auch schon makroskopisch zu erkennen sind. Vang, Bornholm, Dänemark. Bildbreite 6,8 mm.

6.2.4 Milieu Meer, marine bzw. litorale Ablagerungen

Lassen sich diese Erkenntnisse auf Sand anwenden? Gibt es Sichelmarken oder Schlagmarken auf Sandkörnern, und wenn ja, sind sie durch dieselben Gesetzmäßigkeiten entstanden und geben sie Hinweise auf die Herkunft der Körner?

Beginnen wir mit den sichelförmigen Schlagmarken, die wir von den Sichelmarken begrifflich abgegrenzt haben. Sichelmarken sind tiefer eingekerbt und zeigen eine flache und eine steile Flanke, während Schlagmarken nur feine Risse im Gefüge der Oberfläche bilden. Schlagmarken finden sich tatsächlich auch an einzelnen Sandkörnern und sind dort, wie auch bei Wallsteinen und großen Findlingsblöcken, unregelmäßig verteilt und zufällig orientiert. Es ist davon auszugehen, dass ihre Entstehung auf freie Korn-zu-Korn-Kollisionen zurückzuführen ist. Am häufigsten finden sich die

Abb. 6.75 Sand von der Insel Boa Vista, Cabo Verde. Der Sand besteht fast ausschließlich aus kalkigen Resten mariner Lebewesen. Die zerkleinerten Schalenreste sind von Wasser und Wellen auf Hochglanz poliert worden. Bildbreite 5,1 mm.

Abb. 6.76 Sand von der Golden Beach, Zypern. Die teils kalkigen und teils silikatischen Sandkörner mit Anteilen von Ooiden sind fast ausnahmslos auf Hochglanz poliert. Selbst nichtsphärische Körner sind oberflächenpoliert. Bildbreite 2,2 mm.

Schlagmarken auf marinen Sandkörnern. Besonders die intermittierende und reversierende Brandung, die zu gegenläufig aufeinanderprallenden Bewegungen der mitgeführten Sand- und Kiesfracht führt, verursacht Kollisionen sowohl zwischen den Körnern selbst als auch zwischen Geröllsteinen und Sandkörnern.

Im Vergleich dazu zeigen fluviatile Sandkörner nur wenige oder gar keine Schlagmarken. Das erklärt sich aus der schon erläuterten geringen Relativgeschwindigkeit, da die Körner in einem Fluss weitgehend in die gleiche Richtung strömen, lokal begrenzte turbulente Wildwasserbereiche sind dabei ausgenommen. Auch die Kombination «Korn zwischen zwei Geröllsteinen» ist in der Küstenzone permanent realisiert. Höhere Kontaktzeiten (die Flusslänge ist begrenzt, der Aufenthalt an der Küste prinzipiell nicht), gegenläufige Strömungsrichtungen und die Mischung der Korngrößenfraktionen können als Erklärung für die Häufung von Schlagmarken an marinen Sandkörnern herangezogen werden. Auch Kratzspuren oder Ritzungen finden sich an marinen Körnern mit hohem Energieeintrag. Zu beachten und auch zu begründen ist aber der Umstand, dass bei Weitem nicht alle marin geprägten Körner Schlagmarken aufweisen. Diese sind zudem in einer Kornprobe sehr unterschiedlich verteilt. Manche Körner sind übersät mit Marken, wohingegen der meist größere Anteil keinerlei Schlagmarken erkennen lässt. Vielleicht ist dies damit zu erklären, dass nicht jede Brandungszone Geröllsteine besitzt und dadurch in diesen Bereichen die hochenergetischen Kollisionen wegfallen bzw. deutlich seltener sind.

Im Wasser stattfindende Kollisionen zwischen Körnern werden grundsätzlich gedämpft. Werfen wir ein einzelnes Sandkorn von 0,5 mm Durchmesser ins Wasser, so erreicht es bei ungestörtem, freiem Fall eine maximale und konstante Sinkgeschwindigkeit von etwa 225 mm/s. Dieselbe Geschwindigkeit würde das Korn in Luft bereits nach einer Fallstrecke von 2,6 mm erreichen! Deshalb führt eine äolische Umgebung vergleichsweise zu viel größeren Auftreffgeschwindigkeiten der Körner untereinander. Damit wäre zu erwarten, dass auch Wüstenkörner generell zahlreichere Schlagmarken tragen. Das ist zwar der Fall, die entstehenden Marken werden allerdings permanent von abrasivem Verschleiß überformt. Außerdem sind Wüstenkörner chemischen Angriffen ausgesetzt. Beides führt zu der bereits beschriebenen Erscheinung der «gefrostet» erscheinenden Oberflächen durch aufgerichtete Plättchen.

Ähnliche Körner finden sich an Küsten nicht, ganz im Gegenteil. Viele Küsten wirken geradezu als große Poliermaschinen. Die Energie des beständig über dem Meer wehenden Windes geht auf die Wasseroberfläche über und führt zu rhythmischer Wellenbewegung, die sich am Küstensaum in eine niemals ruhende, reversierende Bewegung umsetzt. Hinzu kommt eine küstenparallele Strömung. Beides zusammen bildet den Antrieb dieser Poliermaschine, die ebenso beständig die Sandpartikel untereinander sowie mit Kies und Geröll in schmirgelnden Kontakt bringt. Jede einzelne Welle sortiert um und lässt die Sandkörner aneinander reiben. Und das über Zeiträume von Jahrtausenden. Viel häufiger als in anderen Milieus finden sich daher in brandungsexponierten

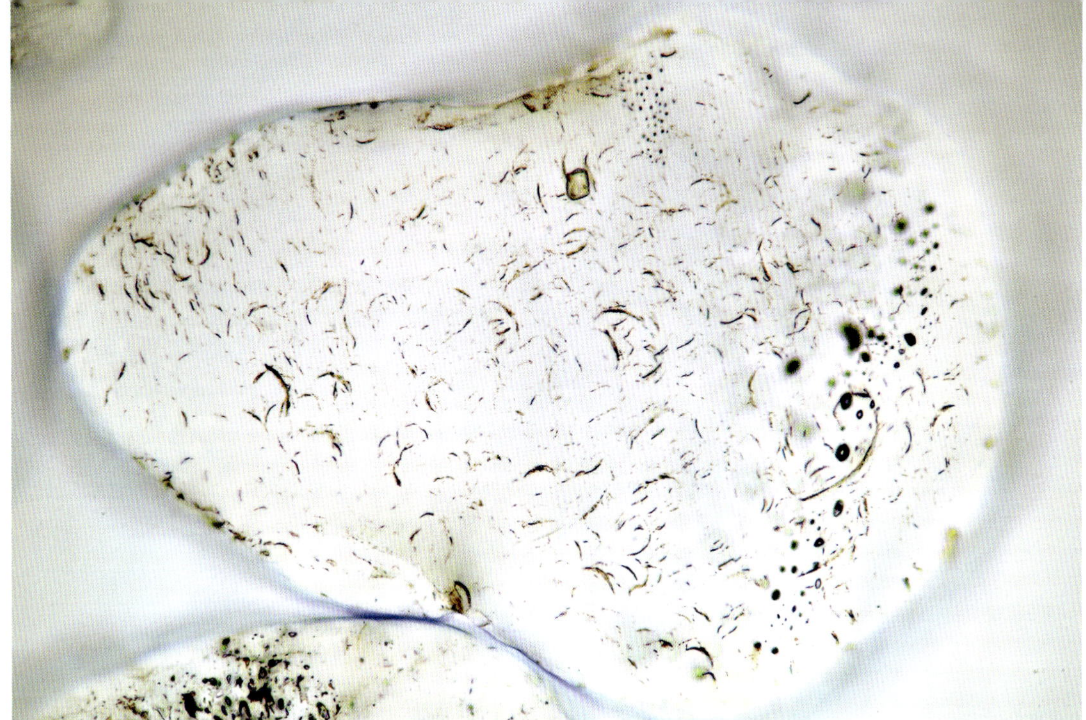

Küstensanden perfekt polierte Sandkörner, sofern eine geeignete Sedimentmischung vorhanden ist. Der Poliermechanismus wirkt sogar bei Körnern mit verhältnismäßig geringer Sphärizität.

Kommen wir nochmals auf die Sichelmarken zu sprechen, die wir in ausgeprägter Form auf abgerundeten und eiszeitlich überformten Felsrücken gefunden hatten. Sie kommen mit den Schlagmarken zusammen vor und sind wie diese über alle Größenskalen verteilt – vom Sandkorn bis zum Fels. Da beide Typen stets gemeinsam auftreten, auch am selben Korn oder Geschiebestein, könnte die größere Tiefe der Sichelmarken durch stärkere Stöße oder durch zufällige Schlagakkumulation an dieser Stelle verantwortlich sein oder aber durch fortschreitende Anwitterung und Lösungsvorgänge einer initialen Schlagmarke mit anschließenden Ausbrüchen an den Rändern entstehen. Träfe Letzteres zu, würden Sichelmarken also aus Schlagmarken hervorgehen.

Die Fallstudie eines Sandkornes aus dem Strandbereich der Insel Fehmarn (Abb. 6.78 und 6.79) zeigt beispielhaft die vielfältigen und auch vielfältig deutbaren Strukturen, die auf Sandkornoberflächen angetroffen werden können sowie die aus den Hinweisen entwickelbare Geschichte des Kornes.

Welche anderen Kennzeichen sind typisch für den Bereich der Küste und der Brandung? Der Vollständigkeit halber sei nochmals erwähnt, dass «marin» natürlich eine große Fülle von Sedimentationsorten umfasst. Von der Tiefsee über Turbiditströme und deren Schüttungen bis hin zu sturmumwogten Kliffs und auch ruhigen Flachwasserbereichen in weiten Buchten. In der Literatur wird meist nur zwischen «low energy»- und «high energy»-Bereichen unterschieden, ohne aber zu eindeutigen Zuordnungen oder Definitionen zu gelangen. Wir betrachten hier die Küsten- und Brandungszone, und fassen diese unter «litoral» zusammen. Die beiden nachfolgend aufgeführten Mikrotexturen werden dem Marin-/Litoralbereich zugeordnet:

Abb. 6.77 Sandkorn aus Fehmarn, Deutschland. Das Korn ist übersät von Schlagmarken, die zufällig orientiert sind. Die Schlagmarken besitzen Abmessungen zwischen 20–80 µm. Bei den schwarzen runden Punkten auf der rechten Seite des Kornes handelt es sich um Einschlüsse. Hellfeld-Durchlicht. Körngröße 355 × 500 µm.

Abb. 6.78 links: Lokalisierung einiger Oberflächentexturen des Sandkornes aus Marienleuchte, Deutschland (Abb. 6.79): violett: gerade Rillen; gelb: Sichelmarken, Schlagmarken; hellblau: wellenförmige Kämme; grün: v-förmige Einschlagsmarken.

Abb. 6.79 oben: Sandkorn aus Marienleuchte, Fehmarn, Deutschland. Das Korn ist sehr gut gerundet und befindet sich daher wohl nicht in seinem ersten Zyklus. Sehr deutlich sind die zahlreichen großen und kraterartigen Vertiefungen infolge von Einschlägen zu sehen. Außerdem sind Einschlagsmarken und Sichelmarken sowie zahlreiche punktförmige Marken auf der Oberfläche zu erkennen. Als hervorstechendes Merkmal sind die beiden größeren Einkerbungen zu werten, deren eine in der Mitte des Kornes und deren andere am rechten oberen Rand erkennbar ist. Die Größe der Rille deutet darauf hin, dass sie nicht durch Kollision des Kornes in seinen jetzigen Abmessungen entstanden ist. Vielmehr ist anzunehmen, dass sie unter Auflast oder auch während eines vorangehenden Zyklusses des Kornes (z. B. glazial) entstand. Neben den genannten Merkmalen lassen sich am Korn auch einige vermutlich äolische Strukturen erkennen (aufgerichtete Plättchen, Eintiefungen, mäandrierende Rücken). Denkbar ist ein Verweilen des Kornes in küstennahen Dünenbereichen für eine gewisse Zeit. Daraus ergibt sich als Historie: Glazialer Transport mit starker Beanspruchung und Ritzung, Aufenthalt im Dünenbereich mit äolischer Beanspruchung und deutlicher Rundung, Übergang in den marinen Bereich. Durchmesser 580 µm. Durchlicht-Texturbeleuchtung.

Merkmal	Übersetzung	Abmessungen	Beschreibung
v-shape percussion cracks	V-förmige Schlagmarken, Grübchen	< 5 µm	Verursacht durch Korn-zu-Korn-Kollisionen. Die triangulare Form ist kristallografisch begründet. Typisch für hochenergetische Unterwasser-Bereiche wie Litoralzonen und Wildwasser.
crescentic percussion marks	Schlagmarken, halbmondförmig	1 bis 30 (max. 50) µm	Häufigste Mikrotextur auf Quarzkörnern. Verursacht durch harte, starke Korn-zu-Korn-Kollisionen. Vorstufe zu kleineren muschelförmigen Ausbrüchen. Typisch für äolische Saltation und Kriechfracht. Häufigste Korndurchmesser in Dünenbereichen medium bis grob. Auch nach Unterwasserkollisionen zwischen Sand und Kies.
conchoidal fractures	muschelförmige Brüche	10 bis > 100 µm	Durch kräftigen Stoß oder Druck auf die Oberfläche verursacht. Bei Mineralen ohne ausgeprägte Spaltflächen. Pünktchen auf den Bruchflächen werden als Spuren von Einschlüssen interpretiert. Meist an Körnern über 150 µm.
graded arcs	abgestufte Bögen, (Übergang zu Sichelmarken)	3 bis 400 µm	Konzentrische Serie von fächerförmigen Kreisbögen. Verursacht durch sehr heftige, schockartige Impacts oder sehr starken Druck.

Abb. 6.80 Zusammenfassende Auflistung und Erläuterung derjenigen Oberflächentexturen, die durch freie Korn-zu-Korn Kollisionen in verschiedenen Milieus verursacht werden können. Die zur Erzeugung der Merkmale erforderliche Impaktenergie der Kollisionen nimmt in der Tabelle von oben nach unten zu. Die Angaben folgen Vos (2014).

1. V-förmige Muster, V-förmige Einkerbungen.

Diese Strukturen werden bei allen Autoren genannt. Insbesondere bei Krinsley & Doornkamp sind die Abmessungen der Vs als «sehr klein» bezeichnet. Es werden V-Dichten von bis zu 6 V/µm² angegeben, die sich dann einer lichtmikroskopischen Untersuchung entziehen. Andere Autoren geben Flankenlängen der Vs mit maximal 5 µm an. Vs können auch das Ergebnis von Ätzvorgängen sein, die allerdings eher in ruhigeren Gewässerzonen auftreten und sich von den Einschlagmarken dadurch unterscheiden, dass sie orientiert und am Kristallgitter ausgerichtet erscheinen *(en echelon)* und Flankenlängen bis zu 50 µm besitzen können. Zusammengefasst lässt sich sagen, dass mechanisch infolge von Einschlägen erzeugte V-Marken zufällig auf dem Korn orientiert auftreten und auf moderates bis hochenergetisches Milieu hindeuten. Für niederenergetische Milieus sind orientierte Vs zu erwarten, die durch chemische Ätzvorgänge erzeugt wurden. V-Strukturen treten an weit über 50 % der litoralen Sandkörner des Hochenergiebereichs auf, während sie bei fluviatilem Transport bei unter 50 % liegen (Madhavaraju 2009).

2. Gerade oder leicht gebogene Furchen.

Unter hoher Energie, also starken Brandungszonen, können unter Wasser mechanische Ritzvorgänge zu dieser Art der Oberflächenmerkmale führen. Nach Krinsley & Dornkamp reichen die Längen bis maximal 25 µm, während andere Autoren wiederum größere Abmessungen subsummieren. Tiefere Furchungen sind aber bei Durchmessern <400 µm im freien Korn-zu-Korn-Kontakt ausgeschlossen und eher dem Glazialmilieu oder felsigen Brandungszonen mit Steinfrachten zuzuordnen. Im Litoralbereich treten mechanisch erzeugt V-Marken und ebenfalls mechanisch erzeugte Furchen/Riefen wie beschrieben meist gemeinsam auf und sind damit kennzeichnend.

Die Abrundung der Sandkörner erfolgt im Küstenbereich wesentlich schneller als durch Flusstransport und wird vermutlich nur durch die äolische Abrasion übertroffen. Der Rundungsvorgang selbst ist wie bei anderen Environments stark von der Korngröße abhängig.

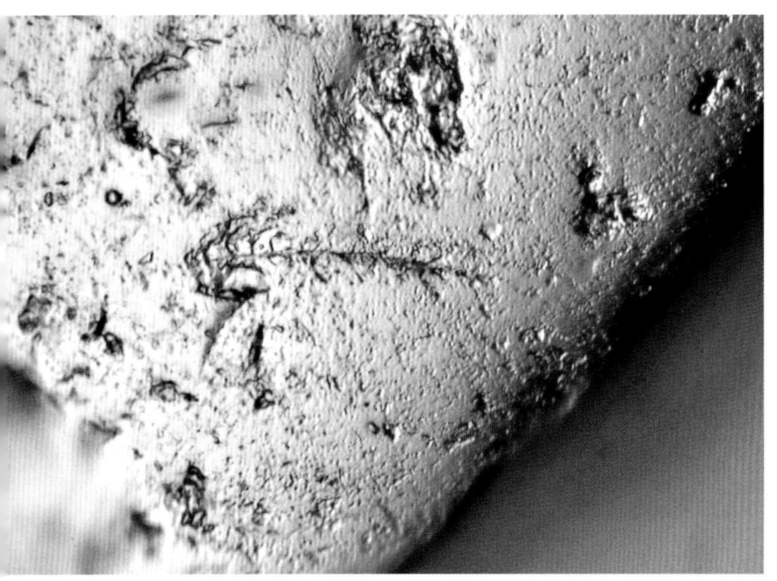

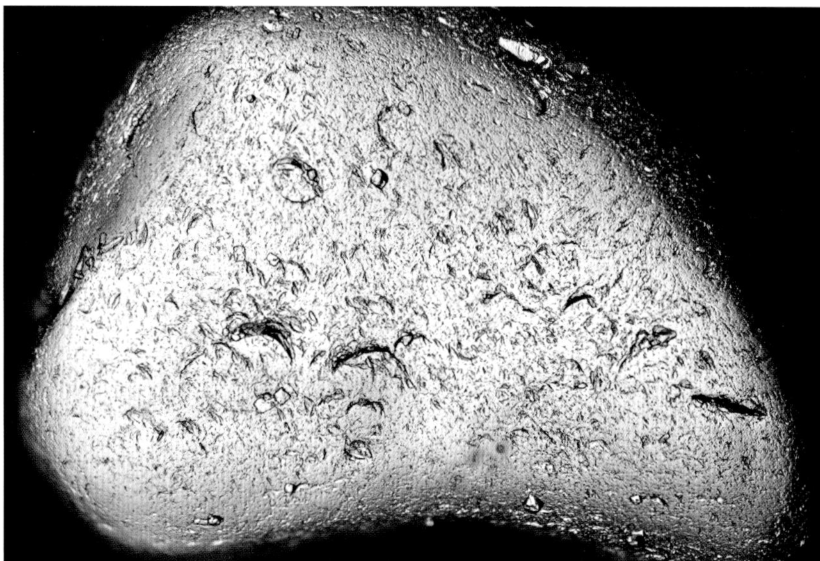

Abb. 6.81 Detail eines Sandkornes aus Kühlungsborn, Deutschland. Die Ritzmarke in der Bildmitte besitzt eine Länge von 75 µm. und ist signifikant für hochenergetische Brandungszonen. Am linken Ende der Marke einige größere Vs. Deutlich sind die kleinen punktförmigen Einschlagsmarken zu erkennen, mit denen die Oberfläche bedeckt ist. Durchlicht-Texturbeleuchtung.

Abb. 6.82 Quarzkorn von der Copacabana, Rio de Janeiro, Brasilien. Es zeigt wenige sichelförmige Schlagmarken, ansonsten mit der großen Dichte an kleinen V-Marken kennzeichnende Merkmale des Hochenergiebereiches; rechts eine tiefe Ritzmarke. Bildbreite 940 µm. Durchlicht-Texturbeleuchtung.

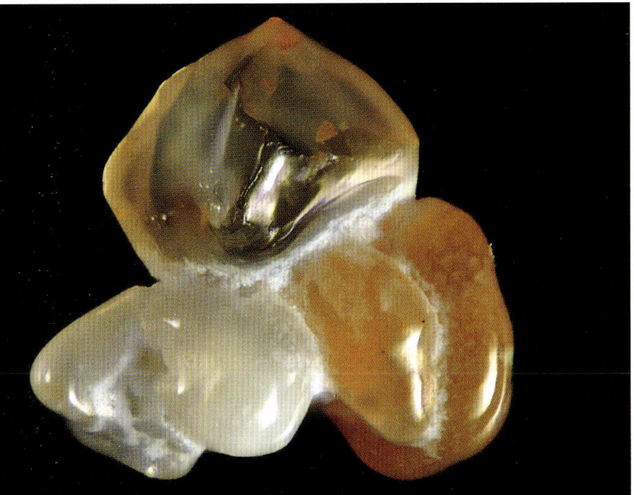

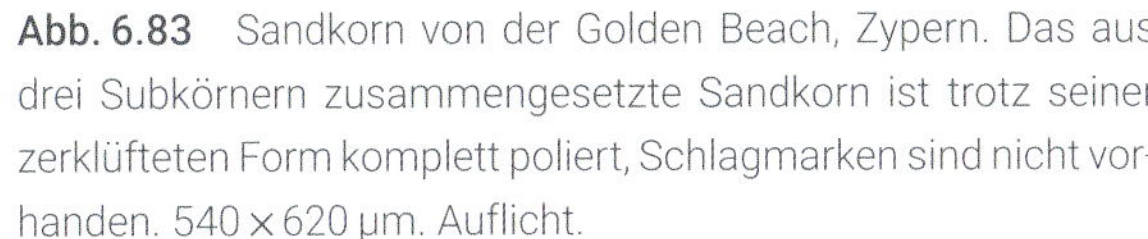

Abb. 6.83 Sandkorn von der Golden Beach, Zypern. Das aus drei Subkörnern zusammengesetzte Sandkorn ist trotz seiner zerklüfteten Form komplett poliert, Schlagmarken sind nicht vorhanden. 540 × 620 µm. Auflicht.

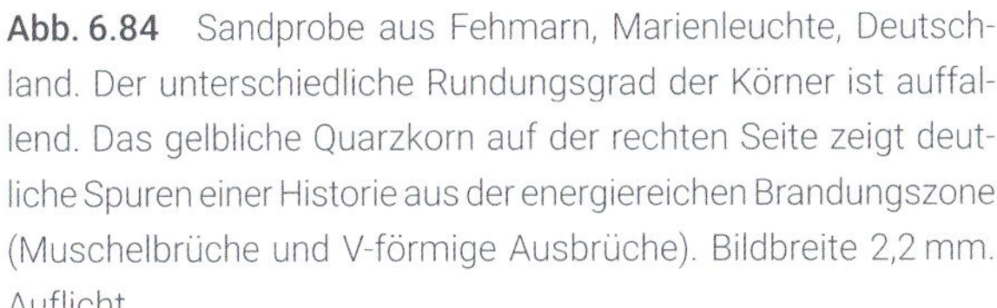

Abb. 6.84 Sandprobe aus Fehmarn, Marienleuchte, Deutschland. Der unterschiedliche Rundungsgrad der Körner ist auffallend. Das gelbliche Quarzkorn auf der rechten Seite zeigt deutliche Spuren einer Historie aus der energiereichen Brandungszone (Muschelbrüche und V-förmige Ausbrüche). Bildbreite 2,2 mm. Auflicht.

Abb. 6.85 Vulkanischer Sand von Faia Praia do Norte, Insel Faial, Azoren, Portugal. Zu beachten ist das mittlere Sandkorn aus Olivin. Die glasklaren Flächenbereiche sind bei der Erstarrung entstanden, nicht aber poliert. Alle vorstehenden Bereiche des Kornes sind mattiert, was auf mechanischen Verschleiß in litoraler Umgebung zurückzuführen ist. Olivin ist eines der am schnellsten verschleißenden Minerale und daher nur in jüngeren Sanden vertreten. Winzige Einschlagmarken sind zu erkennen. Bildbreite 1,7 mm. Auflicht.

Abb. 6.86 Reiner Quarzsand von der Copacabana, Rio de Janeiro, Brasilien. Die Körner zeigen teils deutliche Schlagmarken und sind bei geringer Sphärizität gut gerundet. Viele Körner haben eine polierte Oberfläche. Auflicht, Bildbreite 3,8 mm.

Abb. 6.87 Der Sand von Abad Turtle Beach, Kerala, Indien, besteht nur zum Teil aus Quarzkörnern und enthält Anteile von hellen Schwermineralen wie Kyanit und Sillimanit. Viele Körner sind nur kantengerundet, nur vereinzelt finden sich sphärische oder polierte Körner. Auflicht, Bildbreite 3,8 mm.

6.2.5 Milieu Seen, limnische Ablagerungen

Seen unterscheiden sich von Meeren einerseits durch ihre geringere Größe und andererseits durch ihren geringeren Salzgehalt. Auch gibt es bei Seen keinen merklichen Einfluss von Gezeiten. In Seen werden Sedimente des Umlandes abgelagert, nur kleine Strecken transportiert und nur mäßig bewegt. Weder wirken auf limnische Sedimente große Kräfte ein, wie wir sie von Gletschern her kennen, noch kommt es zu hohen Strömungsgeschwindigkeiten des Wassers, wie bei Flüssen oder Meeresküsten beschrieben. Aus Sicht des Sandes sind Seen mehr oder weniger große kontinentale Ablagerungsbecken. Nach ihrer Entstehung lassen sich die Seen in Flussseen, Glazialseen, Lagunen, epikontinentale Senken und Grabenseen einteilen, um die wichtigsten zu nennen.[132] Flussseen entstanden aus abgeschnittenen Altwasserarmen und erhalten nur episodischen Zufluss, typische Gletscherseen finden sich in den Alpen und vor allem im Alpenvorland, dessen große Seen glazialen Ursprungs sind. Der Viktoriasee in Uganda ist ein Beispiel für eine flache epikontinentale Seenbildung, die sich von den meist sehr tiefen und dauerhaften Seen im Bereich kontinentaler Grabenbrüche wie dem Tanganyikasee deutlich unterscheidet.

Aus den genannten Gründen zeigen Sandkörner aus limnischer Ablagerung keine spezifischen Oberflächenkennzeichen, an denen sie identifiziert werden könnten. Zumindest gilt das für einzelne Sandkörner. Limnische Sande insgesamt sind im Durchschnitt wenig gut gerundet, sie sind zudem sehr schlecht sortiert und sind kompositionell unreif bei oft hohen Anteilen an Schluff. Dies macht es meist möglich, sie von Flusssedimenten zu unterscheiden, zumal sehr oft Spuren chemischer und biologischer Verwitterung an den Körnern vorhanden sind.

Abb. 6.88 Der Titicacasee ist der größte Süßwassersee Südamerikas und liegt auf einer Höhe von 3820 m. Der gezeigte Sand stammt von der Isla del Sol, Bolivien, und ist ein sehr frisches und unreifes Sediment mit hohem Anteil an Schluff. Auflicht, Bildbreite 3,45 mm.

Abb. 6.89 Der in den Bergregionen Argentiniens gelegene Lago Buenos Aires befindet sich auf einer Meereshöhe von nur 202 m. Das frische und sehr unreife Sediment enthält vorwiegend Gesteinsbruchstücke der umliegenden Bergregionen sowie Anteile von Schluff. Auflicht, Bildbreite 3,6 mm.

Abb. 6.90 Der Yellowstone Lake auf 2360 m Höhe im Bundesstaat Wyoming (USA) ist der größte Bergsee in Nordamerika. Der Sand besteht aus den Resten vulkanischer Aktivitäten (letzte Supereruption vor 700 000 Jahren). Klare Quarzkörner zeigen muschelige Ausbrüche und glaziale Spuren mit nur minimaler Kantenrundung. Auflicht, Bildbreite 3,45 mm.

Abb. 6.91 Der Viktoriasee ist der größte See Afrikas und ist mit einer Tiefe von nur 85 m ein Beispiel für eine Seebildung in einer epikontinentalen Senke (Meereshöhe 1135 m). Der Sand stammt von Entebbe, Uganda, und besteht vorwiegend aus mäßig gerundetem Quarz, der häufig mit eisenhaltigen Überzügen versehen ist. Auflicht, Bildbreite 3,45 mm.

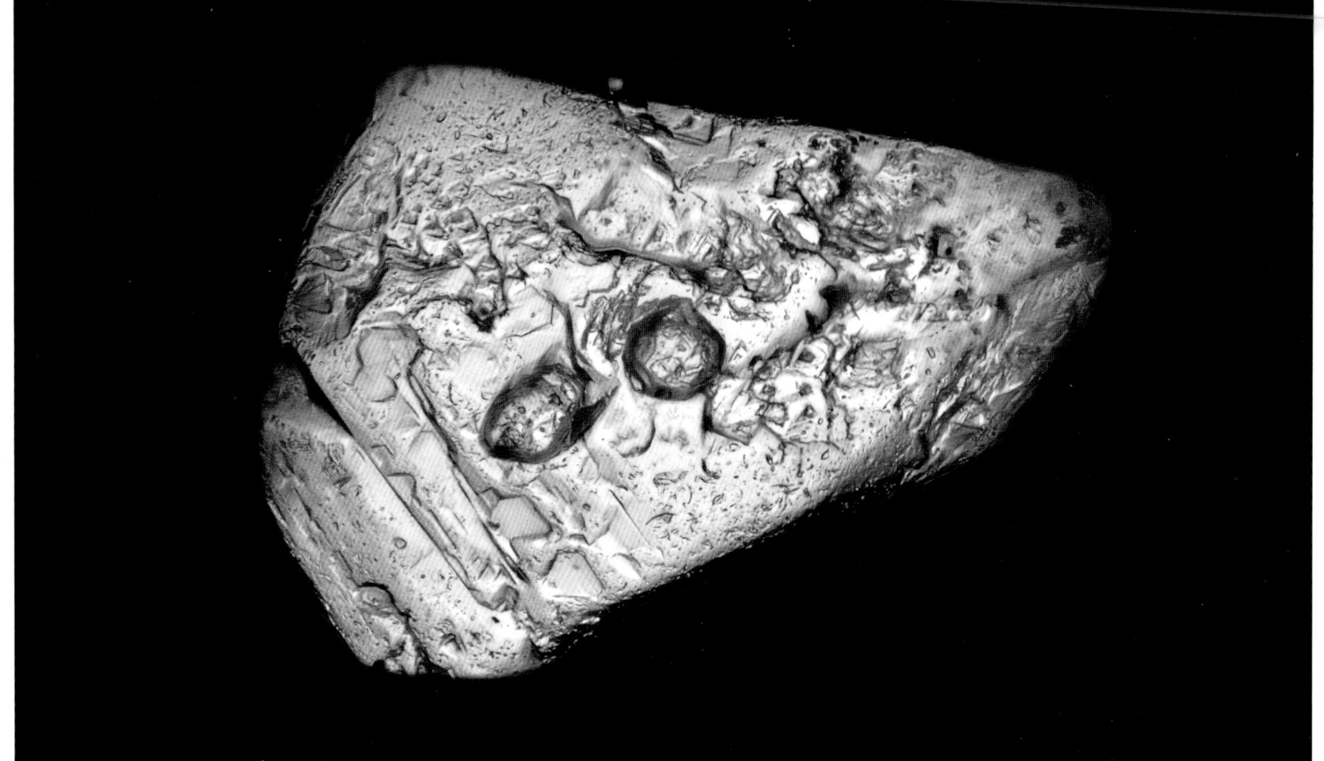

Bei unserer Spurensuche sind wir nun am Ende angelangt. Wir hatten eingangs die Frage gestellt, ob und inwieweit Sandkornoberflächen Informationen enthalten, die uns in die Lage versetzen, ihre Geschichte zu rekonstruieren. Tatsächlich hat sich herausgestellt, dass eine sorgfältige Untersuchung der Oberfläche uns Hinweise auf den Lebensweg eines Kornes geben kann. Die Recherche hat dabei etwas Detektivisches: Je mehr Teile des Puzzles wir besitzen, desto besser. Material, Einschlüsse, Struktur, Form und Oberfläche – im besten Fall fügt sich alles zu einem stimmigen Bild zusammen. Meistens jedoch wird die Untersuchung zu keinem eindeutigen Schluss kommen, wenn nur ein einzelnes Korn vorliegt. Es wird eine ausreichend große Probe benötigt und die Statistik bemüht.

Die Oberflächenstrukturanalyse von Quarzkörnern stellt auch heute noch ein wichtiges Instrument der Sedimentologie dar, mit dem sich unter Hinzuziehen weiterer Analysemethoden wertvolle Aussagen zur Rekonstruktion sedimentärer Ablagerungsvorgänge und -zyklen erarbeiten lassen.[133] Dem engagierten Sandliebhaber gelingt es schon mithilfe eines einfachen Lichtmikroskops einen ersten und dennoch faszinierenden Eindruck von der Topografie der Sandkörner zu erhalten, der bereits geeignet ist, Rückschlüsse auf deren langen Lebensweg durch die Erdgeschichte zu ziehen und damit Signale aus weit zurückliegender Vorzeit zu entschlüsseln.

Abb. 6.92 Sandkorn von der australischen Ostküste bei Byron Beach. Das recht ungewöhnliche Korn besteht aus einem optisch einachsigen Mineral, vermutlich aber nicht aus Quarz. Links sind polygonale Ätzfiguren zu erkennen. Im oberen linken Teil häufen sich orientierte V-Marken chemischen Ursprungs. Die im unteren Teil des Kornes erkennbaren sichelförmigen Schlagmarken sowie die verrundeten Außenkonturen deuten auf eine litorale Phase im Leben des Kornes hin. Die beiden großen Löcher in der Mitte haben einen Durchmesser von 40 µm und sind offenbar auf chemischem Wege entstanden. Die Höhe des Kornes über die Spitze beträgt 250 µm. Durchlicht-Texturbeleuchtung. Das Korn stellt offenbar ein gutes Beispiel für die Bemerkung bei Pye (1990) dar, die wir hier im Original zitieren: «In case where coastal dune sands have experienced a long period of wheathering, involving several stages of aeolian reworking and re-depositioning, as on the coast of eastern Australia, the grain surface textures are dominated by chemical features which include oriented etch pits, deep arcuate etch lines, and angular breakage features.» [134] Man hat den Eindruck, Pye habe genau unser Korn vor Augen gehabt.

Abb. 6.93 Sandprobe aus Binau (Binao), Elfenbeinküste. Ganz im Gegensatz zu all den anderen Beispielen in diesem Kapitel lässt sich die dargestellte Sandprobe keinem der bisher genannten Milieus sicher zuordnen. Der Sand stammt aus einer kleinen Gemeinde im Landesinneren der Elfenbeinküste, die inmitten von weitläufigem Urwald auf einer Meereshöhe von 70 m liegt. Es handelt sich damit um ein Landsediment. Weder Meer noch Fluss, Wüste oder Gletscher befinden sich in der Gegend. Es darf vermutet werden, dass das Sediment vor Ort und vor langer Zeit entstanden ist, also ein Verwitterungsprodukt eines anstehenden Gesteins darstellt, das nur sehr geringe Strecken transportiert worden ist. Die Körner zeigen nur leichte Anrundungen. Unter diesen Bedingungen wäre nach Verwitterung eines plutonischen Gesteins als Resultat ein kompositionell unreifes Sediment mit höherem Anteil an Feldspäten zu erwarten. Der vorliegende Sand besteht aber überwiegend aus Quarz. Es ist daher viel wahrscheinlicher, dass der Sand ein Zerfallsprodukt eines Sandsteines ist, der in seinem vorausgehenden Sedimentationszyklus beispielsweise nach fluviatilen Transport abgelagert wurde, was die nur geringe Kantenrundung erklären würde. Die Überlegung wird gestützt durch die an einigen Körnern der Probe vorkommenden Anwachssäume, wie sie für diagenetisch veränderte Sande typisch sind. Bildbreite 5,9 mm.

— 7 Lebendiger Sand

«An einem lebendigen Gegenstand fällt uns zuerst seine Form im Ganzen in die Augen, dann die Teile dieser Form, ihre Gestalt und Verbindung.»

J. W. v. Goethe: Betrachtung über Morphologie

Sand und Leben. Lässt sich das zusammendenken? Klassifizierbare, granulare Materie als Produkt der Verwitterung, so haben wir Sand kennengelernt. Aber wie zuvor, wollen wir wieder ganz genau hinsehen und werden entdecken, dass Sand aus Leben hervorgehen kann, Korn für Korn, und auch selber Lebensraum ist. Ja, sogar einzelne Sandkörner können Leben bergen. Entdecken wir Sand nun als buntes Gemenge von Leben und Lebensspuren.

«Wenn dann auf diese Weise der organische Körper mehr oder weniger zerstört worden ist, so dass seine Form aufgehoben ist und seine Teile als Materie betrachtet werden können, dann tritt früh oder später die Chemie ein, und gibt uns neue und schöne Aufschlüsse über die letzten Teile und ihre Mischung.»[135]

Bisher hatten wir uns ausschließlich den klastischen Komponenten des Sandes gewidmet. Sand als Ergebnis der Erosion von Gesteinen und ganzen Gebirgen. Das ist durchaus eine einseitige Sicht; eine Sicht auch aus der Erfahrung von Menschen, die wie ich auf großen Kontinenten und den zugehörigen Küstenlinien leben. Sand ist hier aus verschiedenen Mineralarten zusammengesetzt, deren Häufigkeit mit ihrer Verwitterungsresistenz einhergeht. Ganz vorne an Quarz, unser seither wichtigstes Untersuchungsobjekt. Was aber, wenn wir uns auf vollkommen andere Gegenden der Welt besinnen und uns in Gedanken auf tropische Inseln und Archipele inmitten der großen Weltmeere begeben, also zu den von uns so geschätzten Stränden vieler Urlaubsregionen? Sand ist dort anders beschaffen, ja, wir können die Annahme wagen, dass eine Schaufel voll Nordseesand und eine Schaufel von Sand aus Mauritius wohl keine zwei auch nur annähernd ähnliche Körner besitzen. Wo liegt der Unterschied? Begeben wir uns auf die Suche.

Vorhergehende Doppelseite:
Anse Lazio, Praslin, Seychellen

Abb. 7.1 Links: Ein tonnenschwerer Serpentinitblock im Binntal bei Fäld, Schweiz. Dieser Block hat eine sehr bewegte Geschichte hinter sich. Ausgangsmaterial war ein Gestein namens Peridotit, welches fast monomineralisch aus Olivin besteht. Beides kann sich nur in Tiefen von über 50 km, also im oberen Erdmantel bilden. Gelangt Peridotit im Zuge tektonischer Prozesse in die Nähe der Erdoberfläche unter Anwesenheit von Wasser, wandelt er sich in Serpentinit um. Serpentinite sind also abgeschürfte Erdmantelspäne, die während der Gebirgsbildung aufgefaltet und hochgradig metamorphorisiert (550 °C und 8000 bar)[136] und schließlich durch die Abtragung der Gebirge freigelegt wurden. Der vorliegende Block stammt vom 2500 m hohen Schwarzhorn. Während der Eiszeit haben ihn Gletscher talwärts transportiert und bei ihrem Rückzug vor Ort gelassen, wo er heute noch neben vielen anderen zu bewundern ist. Originale Mantelgesteine, die berühmten Fineroperidotite, findet man in Italien im Valle Canobbina beim kleinen Ort Finero.

Abb. 7.2 Rechts: Serpentinitoberfläche an einem Geröllblock neben der Grube Lengenbach, Binntal, Schweiz. Gut zu erkennen sind die wie poliert wirkenden Rutschharnischflächen und die grünlich durchscheinende Farbe des Serpentinits mit seinen hell- bis rostbraunen Verwitterungszonen. Rechts unten eine gelbschwarze Landkartenflechte, die silikatische Minerale anzeigt. Bildbreite etwa 80 mm.

7.1 Tropische und kontinentale Küsten und Strände

Viele der tropischen Küsten liegen fernab von Kontinentalkrusten, deren Hauptbestandteil granitische und somit silikatische Gesteine bilden. Wie wir gesehen hatten, sind kontinentale Krusten aus Silizium-reichen Gesteinen leichter als die basaltisch-gabbroiden, ozeanischen Krusten und schwimmen wie Korken auf dem oberen Erdmantel. Auch sind ozeanische Krusten mit 5–8 km Dicke wesentlich dünner als ihr kontinentales Pendant mit Dicken um 30–60 km aus «kristallinem Grundgebirge». Da rund zwei Drittel der Erdoberfläche von Ozeanen bedeckt ist, besteht auch der größte Anteil der Erdkruste aus dem ozeanischen Typ, welcher sozusagen den «Normalfall» darstellt, jedoch weitgehend der Beobachtung entzogen bleibt. Aber es gibt Ausnahmen.

Die Lithosphärenplatten der Erde sind in ständiger Bewegung, unter ihnen gibt es Platten, die sich voneinander entfernen (divergente Plattengrenzen) und solche, die sich aufeinander zubewegen (konvergente Plattengrenzen). Trifft eine ozeanische Platte auf eine kontinentale, so schiebt sich erstere unter letztere, weil sie schwerer ist. Bei diesem sich über geologische Zeiträume erstreckenden Vorgang werden meist Teile der ozeanischen Platte oder Kruste bei der Subduktion wie durch einen Hobel abgeschabt. Die abgeschabten Plattenteile entgehen dadurch der vollständigen Aufschmelzung in tieferen Zonen. Bei derartigen Vorgängen und auch bei dem zwar ähnlich, aber viel dramatischer ablaufenden Aufeinanderprallen zweier Kontinentalplatten mit einhergehender komplexer Gebirgsbildung, werden Teile der Ozeanbodenkruste mit aufgefaltet und schließlich mit in die Höhe gehoben. Kommen sie durch Verwitterung einst zutage, so kann man tatsächlich in luftigen Gebirgsregionen ozeanische Krusten der Vorzeit studieren. In der Geologie werden diese abgetrennten Ozeankrustenteile «Ophiolite» genannt und anhand ihrer typischen Gesteinsabfolgen (Pillowlaven, Gabbro, Serpentinite, Grünschiefer etc.) beschrieben.

Fast alle plattentektonischen Prozesse ziehen in ihrem Umfeld vulkanische Aktivitäten nach sich, dies gilt für konvergente und auch für divergente Plattenränder. Treten die Magmen unter Wasser aus, entstehen untermeerische Vulkanberge, die man «Seamounts» nennt. Ihre Lavaproduktion ist je nach Lage relativ zur Plattengrenze zwar eher gering, reicht aber aus, um Inseln ganz unterschiedlicher Größe zu bilden. Seamounts stellen den häufigsten Vulkantyp auf der Erde dar. Allein im Pazifik wird ihre Zahl auf über 1 Million geschätzt.[137] Auch in anderen Weltmeeren existieren Seamounts, wie beispielsweise die Kanaren vor der Küste Westafrikas, die zu den Seamounts zu rechnen sind. Meist liefern derart vulkanisch entstandene Inseln und Inselbögen verhältnismäßig wenig Sedimentmasse, vergleicht man sie mit kontinentalen Milieus. Pelagische, tonige Sedimente und vulkanische Aschen herrschen an mineralischen Komponenten vor und sind eher flüchtig bzw. werden leicht ausgeschwemmt.

Allerdings, und nun kommen wir zum eigentlichen Thema des Kapitels, bildet sich im Umfeld dieser tropischen Vulkaninseln ein reiches Unterwasserleben. Korallenriffe umgeben die Inseln und bieten einer unübersehbar reichen Flora und Fauna einen einzigartigen Lebensraum. Milliarden und Abermilliarden von schalenbildenden Organismen leben, pflanzen sich fort und sterben wieder in den Riffs und hinterlassen Schalen, Stacheln, Zähne, Skelette, Panzer und sonstige Bestandteile ihres Daseins, meist kalkiger Natur, die schließlich eines Tages an den Küsten angespült werden. Strände aus Fragmenten des Lebens, durchmischt mit Partikeln unmittelbar aus dem Inneren der Erde. Natürlich bergen nicht nur die Sande tropischer Inseln und Küsten Lebensspuren dieser Art, aber hier sind ihre Formen und Farben besonders reichhaltig und auch nur hier gibt es so viele Strände, die ausschließlich aus vergangenen Lebewesen bestehen (Sand der Gruppe 4, siehe Einteilung aus Kapitel 4). Grundsätzlich sind die Sedimente tropischer Inseln nahezu ausschließlich von lokaler Herkunft. Quarz fehlt an diesen Stränden immer, da er kontinentaler Bildung ist.

Die Sande vorwiegend kontinental geprägter Inseln setzen sich demgegenüber anders zusammen. Neben den Resten mariner Organismen bestehen sie großteils aus den Erosions-

produkten der Gebirge und kontinentalen Landmassen. Der erosive Abraum wird als Sedimentfracht über Flussläufe ins Meer transportiert und lagert sich in teils riesigen Sandhalden fächerförmig auf dem Meeresboden ab. Bei geeigneten Bedingungen bilden sich auch küstenvorgelagerte Inselzüge, die als Barriereinseln oder *barrier islands* bekannt sind. Einer der weltweit größten Tiefseefächer dieser Art ist der Bengalfächer der beiden Ströme Ganges und Brahmaputra vor der Küste des ebenfalls vollständig aus Schwemmsedimenten bestehenden Bangladesch. Seine Ausdehnung erstreckt sich über beachtliche 3000 km nach Süden. Der Bengalfächer besteht aus dem Abraumschutt des Himalaya Gebirges und besitzt ein geschätztes Volumen von 12,5 Mia. Kubikkilometern. Dies ist mehr als das Volumen der gesamten über dem Meeresspiegel liegenden Kruste der Tibetanischen Hochebene.[138] Die Schichtung hat sich dabei umgekehrt. Auf dem Schwemmfächer zuunterst lagern nun die Sedimente, die einst die längst abgetragenen Gipfelregionen der Himalaya bildeten und umgekehrt. Neben dem genannten Gangesdelta zählt auch das Flussdelta des Mississippi zu den größten der Welt. Der Mississippi entlässt seine Sedimentfracht von jährlich 470 Mio. Tonnen aus den Rocky Mountains ebenso wie der westlicher gelegene Rio Grande seine aus dem mexikanischen Hochland stammenden Sedimente in den Golf von Mexiko. Aufgrund der vorherrschenden Meeresströmungen bildet der Rio Grande küstenparallele Barriereinseln aus, der Mississippi jedoch nicht.

Die berühmten Florida Keys, die den Golf von Mexiko östlich begrenzen, sind eine tropische Inselgruppe, die sich aus Teilen eines alten Korallenriffs und Sanden verschiedener Herkunft zusammensetzen. Ihre Entstehung verdanken sie Meeresspiegelschwankungen, die auf verschiedene Eiszeiten zurückzuführen sind. Als dort vor etwa 100 000 Jahren eine Vereisungsphase einsetzte, begann der Meeresspiegel drastisch zu sinken und die alten Korallenriffe erodierten. Gips und

Abb. 7.3 Linke Seite: Sand von der Insel Sal, Cabo Verde. Dunkle, vulkanische Körner ergeben vermischt mit weißen, biogenen Körnern eine «Pfeffer & Salz»-Anmutung. Die Kapverden sind ein Archipel vulkanischen Ursprungs. Zum Archipel gehören außer den Inseln eine Reihe von Seamounts (Tiefseeberge). Bildbreite 3,8 mm.

Abb. 7.4 Sand von Papakolea, Green Sand Beach, Big Island, Hawaii. Die Inseln sind, wie auch die Sandprobe deutlich zeigt, vulkanischen Ursprungs. Grüne Olivine, die aus der Lava des Mauna Loa Schlackenkegels herausgewittert sind, dominieren, aber auch helle biogene Körner und dunkle Körner aus vulkanischem Glas sind zu erkennen. Bildbreite 5,9 mm.

Abb. 7.5 Feiner Strandsand aus Key West, Florida, USA. Die reinen Quarzkörner sind bei geringer Sphärizität nur angerundet. Feldspat fehlt vollkommen. Zu erkennen sind einzelne Ooide aus Kalk (Aragonit). Die Bildbreite beträgt nur 2,2 mm.

Kalksande entstanden. Im flachen Meeresbecken bildeten sich zudem bedeutende Ooidsande vom aragonitischen Typ (siehe auch Kapitel 4 sowie Abb. 7.5). Die heutigen Inseln bestehen aus Kalksanden, Ooidsanden und sehr reinen Quarzsanden, jeweils mit Schalenresten der reichen marinen Fauna durchmischt. Die Herkunft der Quarzsande ist unklar. Vermutlich stammen sie aus erodierten Zwischenlagen des Key-Largo-Kalksteins sowie in den Golf von Mexiko eingebrachten Sedimenten der umliegenden Gebirge durch Flüsse oder eiszeitlichen Transport.

Unabhängig von der Zusammensetzung der Küstensande ist die sogenannte Intertidalzone ein sehr vielgestaltiger, mannigfaltiger, aber auch sehr fordernder Lebensraum. Sie erstreckt sich zwischen der niedrigsten Niedrigwasserlinie und der höchsten Hochwasserlinie. Die mikroklimatischen Bedingungen reichen hier von moderaten Temperaturen und Meerwasserüberspülung bis zur glühenden Hitze während der Mittagsstunden mit trockengefallenem Sand.

Oft bilden sich kleine, vom Meer abgeschnittene Becken aus, die nur bei Hochwasser mit frischem Wasser beschickt werden und durch Verdunstung ansonsten eine hohe Salinität aufweisen. Trotz, oder vielleicht auch gerade wegen dieser Verhältnisse, werden die Intertidalzonen von einer großen Vielfalt an Lebewesen bewohnt. Mollusken, Krebstiere, Seesterne, Seeigel, Würmer, Insekten und viele andere mehr bewohnen den schmalen Lebensraum, der Meer und Land voneinander trennt, oder besser, der Meer und Land miteinander verbindet. Im Laufe der Evolution haben sich die Lebewesen an die dort herrschenden Umweltbedingungen angepasst und wissen diese geschickt zu nutzen. Die in ewigen Zyklen heranrollenden Wellen bergen Gefahren, bringen aber auch Nahrung aus den tieferen Meeresbereichen, den Subtidalzonen, mit an die Küstenlinie. Nach ihrem Tod hinterlassen die Organismen ihre Schalen und Skelettbestandteile am Strand, wo sie durch chemische und physikalische Angriffe sowie durch die Wellenbewegung des Wassers nach und nach zerkleinert werden. Sand entsteht.

Abb. 7.6 Teil der Intertidalzone bei Cala Bitta, Sardinien, Italien. Zu erkennen sind die verschieden mit Wasser gesättigten Sandbereiche. Sie besitzen als Sand-Wasser-Mischung sehr unterschiedliche Eigenschaften, an die sich insbesondere unterirdisch lebende Tiere anpassen müssen.

Abb. 7.7 Typischer Sand einer tropischen Pazifikinsel, ausschließlich bestehend aus biogenen Sandkörnern. Zu sehen sind neben länglichen Gorgonien Skleriten, Korallen- und Muschelreste sowie rote und cremefarbene Foraminiferen. Michaelmas Cay, Australien. Bildbreite 6,7 mm.

Abb. 7.8 Kontinental geprägter Atlantiksand aus Boulders Beach am Kap der guten Hoffnung, Südafrika. Felsen des Grundgebirges reichen in die Bucht und hinterlassen die vielen klaren, noch kantigen Quarzkörner. An biogenen Körnern sind neben einem Seepockenfragment links oben sehr prominent gefärbte Seeigelstacheln zu erkennen. Bildbreite 6,6 mm.

Neben Nahrung in Form von Plankton, Detritus und anderem führen die Wellen auch Fragmente der in den Tiefenzonen vorherrschenden Korallenriffgesellschaften mit sich. Beides vermischt sich am Strand, dessen Sand damit ein weites und buntes Spektrum aller Lebensformen rund um die betreffenden tropischen Inseln oder Küstenverläufe dokumentiert und archiviert.

Die Mechanismen der Sandentstehung unterscheiden sich ganz wesentlich von denen der kontinental geprägten Strände. Haben wir dort beim Schlendern über den Strand die Reste ehemals stolzer Gebirgsmassive unter den Füßen, so sind es hier die Überbleibsel von Milliarden winziger Lebewesen, auf die wir unseren Fuß setzen. Auch haptisch besteht ein Unterschied: Die Wärmeleitfähigkeit von Kalk ist viel geringer als diejenige von Quarz und Silikaten. Kalkreiche Sande fühlen sich daher wärmer und angenehmer an, selbst wenn sie feucht sind, da sie die Körperwärme nicht so schnell ableiten, wie es Quarzsande tun.

Abb. 7.9 Linke Seite: Die kleine tropische Vulkaninsel Nosy Be liegt an der NW Spitze von Madagaskar, einer großen und ansonsten durch kristalline Grundgebirge geprägten Insel im Indischen Ozean. Die Auswahl an biogenen Sandkörnern zeigt Fragmente von Mollusken, Seeigelstachel, Sklerite, Foraminiferen und Muschelschalen. Bildbreite um 9,5 mm.

Abb. 7.10 Die mit einer Fläche von nur 1,2 km² winzige Insel Isla Bartholome ist der äquatornah gelegenen Galápagosinsel San Salvador östlich vorgelagert. Sie gehört zu den jüngsten Bildungen der vulkanisch entstandenen berühmten Galápagos Inselgruppe. Die Sandprobe zeigt neben einem grünen Seeigelstachel Bestandteile von Mollusken und Gastropoden sowie glasige und blasenreiche vulkanische Sandkörner. Bildbreite um 3 mm.

Und eine weitere Beobachtung können wir bei unserer Strandwanderung anstellen: Im trockenen Bereich abseits der Wasserlinie sinken die Füße bis zu den Knöcheln ein. Nähern wir uns dem feuchten, teilüberspülten Streifen an der Wasserlinie, so ist es, als liefen wir auf Beton, der Sand wirkt hart und fest, konturierte und flache Fußabdrücke bleiben zurück. Ein Stück weiter, bereits in der vollständig überfluteten Zone, scheint der Sand flüssig zu werden, er hält uns kaum, wir sinken ein. Dieses bemerkenswerte Verhalten ist durch das Zusammenspiel von Kornrundung, Sphärizität und Oberflächeneigenschaften der Körner zu erklären. Der von uns betrachtete Strand besteht, wie wir gesehen haben, aus kalkigen Fragmenten, die überwiegend angular, also eckig und kantig beschaffen sind. Fernerhin besitzen die Kalkpartikel mehrheitlich eine verhältnismäßig raue Oberfläche. Im feuchten Zustand legt sich um die Körner ein dünner Wasserfilm und es bilden sich Wasserbrücken zwischen den Körnern. Oberflächenspannungen in der Flüssigkeit und Grenzflächenspannungen zwischen Wasser, Luft und Körnern lassen sie kapillar fest zusammenkleben. Diese Kräfte sind größer als die Gravitationskräfte, wovon man sich leicht überzeugen kann, indem man zwei Tischtennisbälle vorsichtig und nur mithilfe eines Tröpfchens Wasser zwischen ihnen anhebt. Bereits durch Zugabe von einem Prozent Wasser wird Sand zu einem recht festen Material und erhält diese Eigenschaften auch bis zu einem Wassergehalt von etwa 10 %.[139] Erhöht man aber den Wasseranteil darüber hinaus, sinkt die Länge der Grenzlinie zwischen den Körnern und die Kapillarkräfte sinken ebenfalls, der Sand wird fluid. Wer schon einmal versucht hat, eine Sandburg unter Wasser zu bauen, wird von der Unmöglichkeit seines Vorhabens schnell überzeugt. Sowohl ganz trockener als auch ganz nasser Sand besitzt keinerlei Verbundfestigkeit.

Und wir wollen noch ein Experiment durchführen, wenn wir doch schon einmal draußen am Strand sind. Das Experiment ist allerdings an Küsten mit gut gerundeten Quarzkörnern viel effektreicher. Wenn wir unseren Fuß auf eine freiliegende, aber wassergetränkte Sandbank vor der Wasserlinie setzen und leicht zu vibrieren beginnen, so tritt nicht etwa Wasser an die Oberfläche, wie man meinen könnte, sondern die Sandoberfläche erscheint plötzlich trocken.[140] Wie erklärt sich das? Die stete Wellenbewegung hatte zuvor die Sandkörner in optimaler Weise ineinandergestapelt. Die dichtest mögliche Packung idealer Kugeln, die in der Natur nie ganz erreicht wird, beträgt als Grenzwert 74 %, das bedeutet, es verbleibt ein Lückenvolumen von mindestens 26 %. Das Aufsetzen von Fuß oder Hand hat diese Ordnung lokal gestört und damit das Lückenvolumen vergrößert. In die vergrößerten Kornzwischenräume wird das vorhandene Wasser in der Folge zurückgesogen, die Sandoberfläche wird also kurzzeitig trockener, bis schließlich Kapillarkräfte Wasser aus der unmittelbaren Umgebung nachziehen. Soweit zu dem komplexen und interessanten Zusammenspiel granularer Materie mit Wasser und einigen Anregungen für Experimente am Strand.

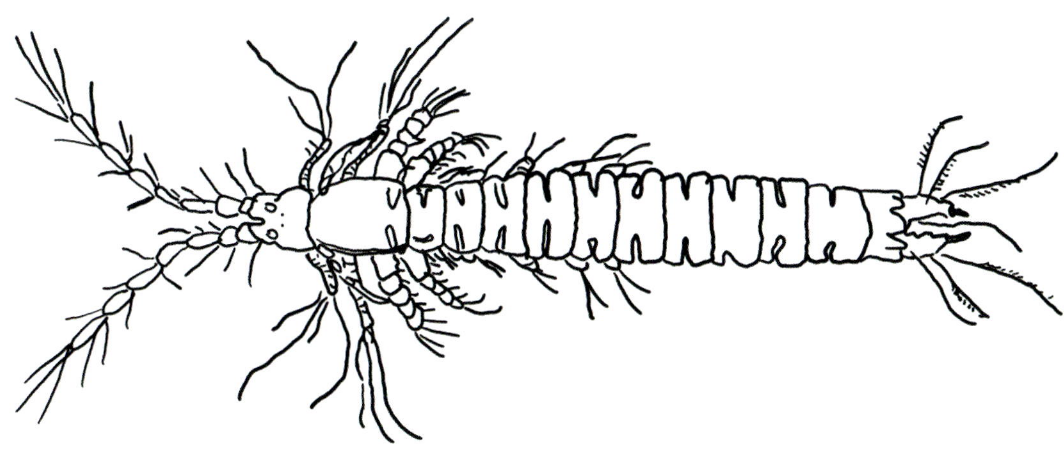

Was hat das nun mit unserer Geschichte zu tun? Die Erklärung ist erstaunlich. Bedingt durch die stets vorhandenen Zwischenräume, die, wie wir gesehen haben, sich auch bei maximaler Packungsdichte nicht verlieren, bildet der Sandstrand unter unseren Füßen ein gigantisches labyrinthisches Lückensystem aus. Meerwasser auf der einen Seite und landseitig einsickerndes Grundwasser auf der anderen Seite mischen sich im Küstenbereich, und führen zu einem unterirdischen Brackwasserbiotop, das für eine bestimmte Gesellschaft von Lebewesen ideale Verhältnisse bietet, der Meiofauna.[141]

Hierunter versteht man winzige Tierchen in der Größe zwischen 63 µm und 1 mm, die zwischen den Sandkörnern leben und dort Schutz und Nahrung finden. Zur Meiofauna zählen unter anderem Fadenwürmer (Nematoda), Ruderfußkrebse (Copepoda), Muschelkrebse (Ostracoda), Milben

Abb. 7.11 Querschnitt durch eine Sandprobe mithilfe einer eingeschobenen Glasscheibe. Der Blick richtet sich auf den vertikalen Aufbau des Sandlückensystems in Bodennähe. Auf der rechten Bildhälfte sind die in der Realität dreidimensional beschaffenen Lücken in der Fläche rot eingefärbt. In diesem verzweigten System wäre in der Natur Brackwasser vorzufinden sowie Bewohner der Meiofauna, die sich zwischen den Körnern bewegen und ihre Nahrung suchen. Sedimentforscher pressen Kunstharz in isolierte Proben und erhalten dadurch einen realen dreidimensionalen Abguss der Interstitialräume. Sand von der Cote Sauvage, La Palmyre, Frankreich. Bildbreite um 5 mm.

Abb. 7.12 Erwachsenes, etwa sandkorngroßes Mystacocarida-Männchen der Art *Derocheilocaris remanei* mit Blick auf den Rücken. Das Tier besitzt am frei beweglichen Kopfschild zwei Paar einfache Linsenaugen und kann neben Lichtreizen mithilfe der vorderen Antennen auch Gerüche wahrnehmen. Körperlänge um 380 µm (Darstellung nach Gad 2010).

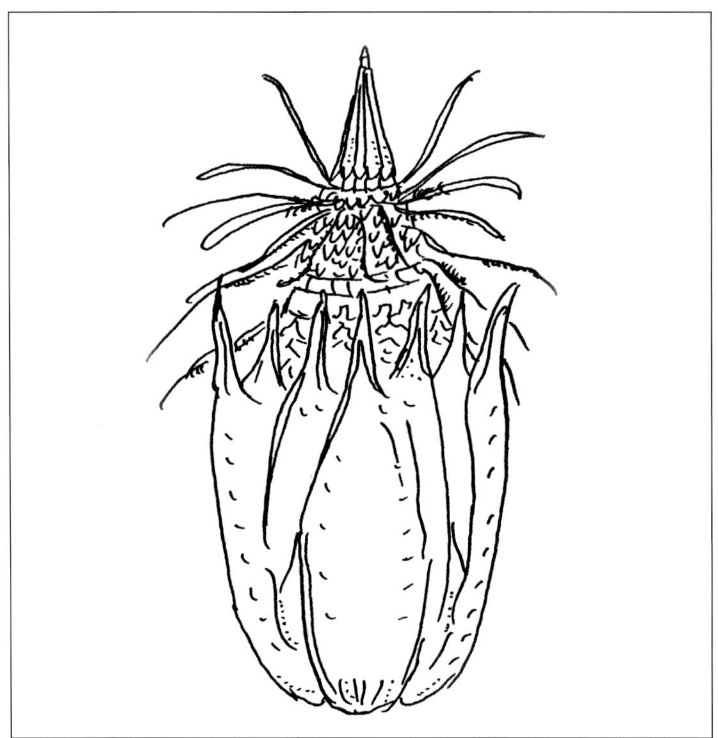

(Acari), Bärtierchen (Tardigrada), Bauchhärlinge (Gastrotricha), Stachelrüssler (Kinorhyncha) und an manchen Stellen der Erde auch eine Krebsgruppe, die Mystacocarida genannt wird, und noch nicht lange bekannt ist.

Die Mystacocarida sind tatsächlich eine der spannendsten zoologischen Entdeckungen des letzten Jahrhunderts. Die ersten Tiere dieser Art wurden 1943 von den Amerikanern Pennak und Zinn in den feuchten Ufersanden der amerikanischen Ostküste gefunden, aber erst viel später wissenschaftlich beschrieben. Unterdessen sind weltweit 12 Arten bekannt.

Noch jüngeren Datums ist die schon sensationell zu nennende Entdeckung einer ganz neuen Tiergruppe durch den Kopenhagener Forscher Mobjerg Kristensen. Bei einem Forschungsaufenthalt an der bretonischen Atlantikküste entdeckte er 1983 die Korsettträgertierchen oder *Loricifera* im Sand des Ozeanbodens. Die *Loricifera* gehören mit einer durchschnittlichen Länge von nur 250 µm zu den kleinsten Mehrzellern, die wir kennen. Auch mehr als 30 Jahre nach ihrer Entdeckung weiß man noch nicht sehr viel über sie. Die zu den *Locifera* gehörenden *Nanaloricidae* sind Bewohner der sauerstoffreicheren oberen Sedimentschichten. Sie leben als echte Mitglieder der Meiofauna zwischen den Sandkörnern und sind immer in Küstennähe und bei maximalen Wassertiefen von 50 m anzutreffen. Die Tiere bestehen aus über 10 000 Zellen und besitzen sogar ein voll ausgeprägtes Organsystem mit

Abb. 7.13 Erwachsenes *Loricifera*-Männchen von *Nanaloricus mysticus*, Bauchseite. Ganz oben ist der Mundkegel zu erkennen, darunter folgen Spinoscaliden (antennenartig), Thorax, Nacken, Loricastachel und Lorica mit Ventralplatte. Der recht große Abdomenbereich ist mit einer kräftigen Cuticula überzogen, die sich in plattenförmige Bereiche untereilt. Durchmesser des Tieres nur ca. 100 µm. (Darstellung nach Gad 2005).

Nervenzellen, Verdauungstrakt und Muskulatur.[142] Ihre Zellen sind mit Abmessungen von unter 2 µm vermutlich die kleinsten im bekannten Tierreich. Ihre Beobachtung ist recht kniffelig, da sie kaum von den Sandkörnchen zu trennen sind, zwischen denen sie leben und an denen sie dank spezieller Drüsensekrete auch haften können.

Das Sandlückensystem birgt noch weitere Wunder. Die wohl sicherlich seltsamsten Kleinstlebewesen überhaupt, die sich in unseren Sandlücken, aber auch in vielen weiteren Biotopen finden, sind die Bärtierchen oder Wasserbären, lateinisch *Tardigraden* (von lat. tardus = langsam und gradere = schreiten). Man findet sie immer in Zusammenhang mit Wasser, aber nicht nur im Meer, sondern auch und vor allem in feuchten Moosen und Flechtenlagern. Selbst die kleinen Moospolster zwischen den Ziegeln unserer Dächer bewohnen sie sehr gerne. Bärtierchen sind bereits seit dem 18. Jahrhundert bekannt und gar nicht besonders selten. Nur wenige Nichtfachleute werden sie aber jemals lebend und in Aktion gesehen haben. Schon sehr früh wurde offenbar, dass diese Tierchen, die ihren Namen wegen ihres putzigen Aussehens erhalten hatten, überaus besondere Eigenheiten haben. Viele von ihnen besitzen die schier unglaubliche Fähigkeit, in den Zustand der Kryptobiose zu verfallen. Verschlechtern sich nämlich die Lebensbedingungen, zum Beispiel durch Wassermangel oder tiefe Temperaturen, so schrumpft das Tier allmählich zu einem regelmäßig geformten trockenen «Tönnchen» zusammen. Es verwandelt sich also in eine Art Sandkorn. In diesem Tönnchenstadium stellt das Bärtierchen faktisch alle aktiven und beobachtbaren Lebensvorgänge ein. Sind gewisse Bedingungen gegeben, kann das Tier als Tönnchen in Trockenstarre sage und schreibe bis zu 10 Jahre überstehen. Kommt es währenddessen mit einem Wassertropfen in Berührung, entfaltet es sich innerhalb weniger Minuten wieder zu einem quicklebendigen, munteren und intakten Wasserbären; das «Sandkorn» erwacht zu neuem Leben. Der beschriebene Vorgang von Dehydrierung, also Tönnchenbildung, und Wiedererwachen (Rehydrierung) ist zu allem Überfluss mehrfach wiederholbar. Bärtierchen können, derart in Zyklen lebend, ein Alter von über 60 Jahren erreichen. Man kann sich gut vorstellen, welchen Eindruck diese scheinbare Erweckung von den Toten bei den Forschern früherer Zeit hinterlassen hat, und man kann sich auch heute noch nicht der speziellen Faszination entziehen, die sich einstellt, wenn man zwischen leblosen Sandkörnern ein krabbelndes Bärtierchen entdeckt.

Man könnte das Sandlückensystem wie eine große, unterirdische Stadt beschreiben, der Vergleich greift aber nicht exakt genug. Das verästelte und redundante Gespinst der Straßenzüge einer Stadt ist in einem entsprechenden Maßstab wohl ebenso komplex strukturiert, es bleibt aber im Wesentlichen zeitkonstant, entwickelt sich mehr oder weniger organisiert kontinuierlich weiter. Ganz anders verhält sich unsere unterirdische Stadt im Sand. Das Lückensystem ist in permanenter Veränderung. Die Sandkörner bewegen sich und werden durch Gezeitenkräfte, Kapillarkräfte und die Strömungswirkungen des auflaufenden und abfließenden Wassers fast ohne Pause relativ zueinander bewegt und durcheinandergewirbelt. All das müssen die Unter-

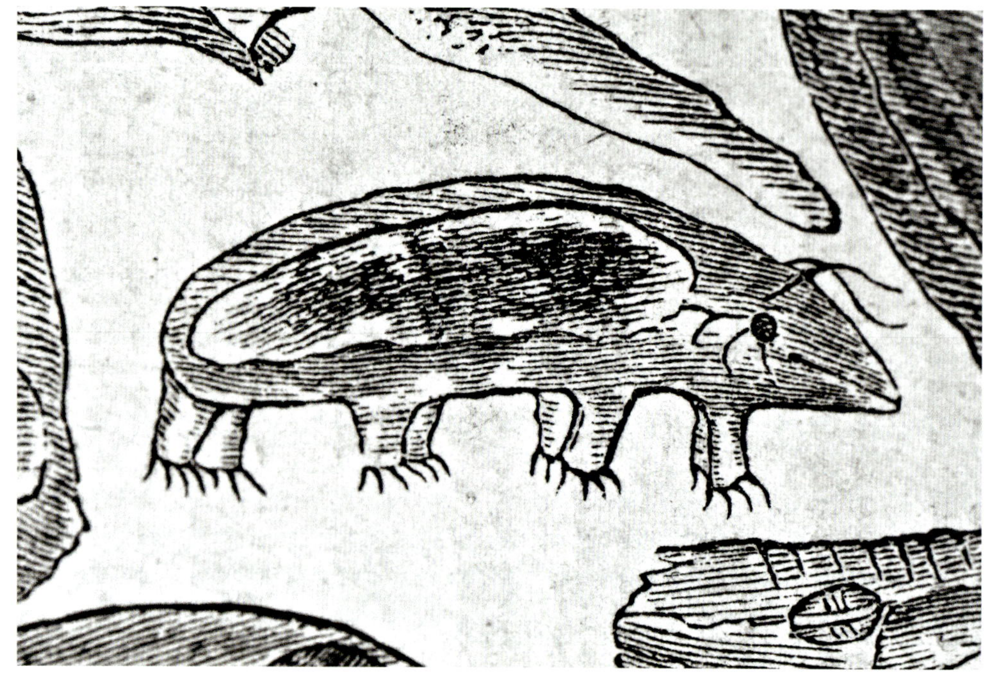

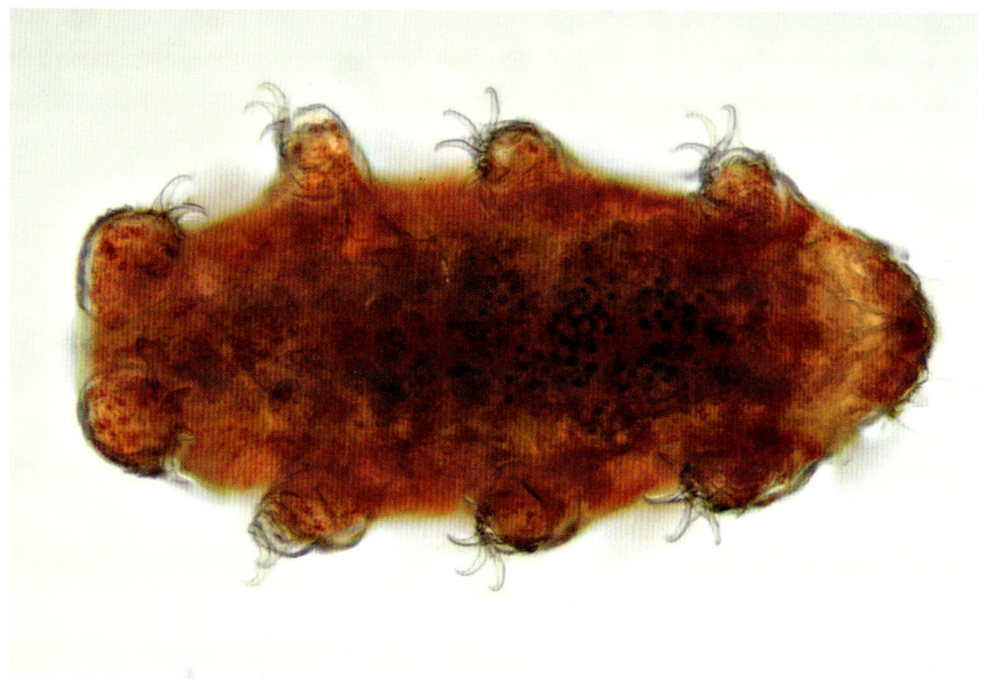

Abb. 7.14 Oben: Holzstich eines «Bärenthierchens» in Seitenansicht (vermutlich Gattung *Echiniscus*) aus Moritz Willkomms «Wunder des Mikroskops» von 1878. Die vier krallentragenden Beinpaare sind zu erkennen. Unten: Ein gepanzertes *Echiniscus*-Bärtierchen. Blick auf die Bauchseite mit 8 krallenbewehrten Beinchen. Sachsenheim, Deutschland. Länge des Tieres 360 µm.

grundbewohner ertragen und mitmachen, von den Schwankungen des Salzgehalts und den bereits beschriebenen Temperatur- und Feuchtigkeitsschwankungen ganz zu schweigen. Ohne geeignete Anpassung an diese hochdynamischen und fordernden Bedingungen könnten die Bewohner nicht überleben. Viele von ihnen besitzen daher beispielsweise Panzerungen aus Cutikularplatten, die das empfindliche Innere der Tiere schützen. Andere Arten wiederum sind länglich strukturiert, um sich in den Lücken besser bewegen zu können, oder haben kleine Füßchen oder Haftplatten, um sich an den Körnern festzuhalten. Die knapp 0,4 mm großen *Mystercococarida* der Art *D. remanei* bevorzugt beispielsweise Sandkorngrößen zwischen 0,1–1,0 mm. Die mit 0,69 mm etwas größere Art *D. typica* benötigt demgegenüber Körner der Größenfraktion von 0,25–1,5 mm.[143] Es ist faszinierend, wie exakt das Vorkommen der Arten auf die spezifischen Eigenschaften des jeweiligen Sandbiotops abgestimmt ist. Besonders beeindruckend ist es dabei, wie fein das Fortbewegungssystem der Tiere auf die Dreidimensionalität ihres außergewöhnlichen Lebensraumes im Sand hin optimiert ist. Würde man nämlich statt Sand von der Osterinsel, Hawaii oder von Bali den Sand der Copacabana untersuchen, käme man zu anderen Ergebnissen. Der Sand besteht hier aus gut gerundeten Quarzkörnern mit demzufolge höheren Packungsdichten. Die Tierchen finden viel weniger Platz in den Zwischenräumen und der Wasseraustausch mit dem Meer bzw. dem Grundwasser ist geringer. Außerdem haften an den viel glatteren Quarzkörnern bestimmte, für die Ernährung der Meiofauna wichtige Bakterienrasen weniger gut. Der Lebensraum ist also vollständig anders beschaffen und in der Tendenz weniger geeignet, sodass die Meiofauna dort eine entsprechend geringere Artenvielfalt aufweist als diejenige in den gröberen Korallen- und Kalksanden der Küsten tropischer Inseln.

Insgesamt können wir sehr froh an unserem eifrigen und reichhaltigen Völkchen in den Sandlücken sein. Ohne sie wären die Strände nicht so sauber und einladend. Im Untergrund verrichten die Tiere ihr Werk, indem sie sich von all dem organischen Abfall ernähren, der tagtäglich in dieser Zone anfällt und anlandet. Vielleicht kann man sie vergleichen mit der Lebensgesellschaft in der Laubstreu des Waldes gemäßigter Klimazonen. Auch ihnen verdanken wir viel, die Schönheit und Frische des Waldes zumindest.

Wir haben uns nun beispielhaft mit einigen Tieren beschäftigt, die ihr verborgenes, aber bemerkenswertes Leben zwischen Sandkörnern führen. Es gibt noch eine weitere, ebenso erstaunliche Möglichkeit, den Sand als Lebensraum zu nutzen. Obwohl es schwer vorstellbar ist, aber selbst ein einzelnes Korn kann Leben beherbergen. Freilich haben wir es hierbei mit sehr urtümlichen und notgedrungen auch mit sehr kleinen Lebensformen zu tun, den Algen und den Pilzen. In jedem Fall kann sich Leben in Körnern nur finden, wenn es sich um Karbonatsande, also um Sandkörner aus Kalk handelt. Hierbei sprechen wir nicht von Lebewesen, die sich in Kalkschalen aufhalten, wie wir es später unter anderem bei den Foraminiferen kennenlernen werden, sondern wir betrachten Lebewesen, die in Gesteine und auch Sandkörner eindringen, indem sie winzige Löcher in den Kalk bohren. Solche «endolithischen Mikrobohrlöcher» führen

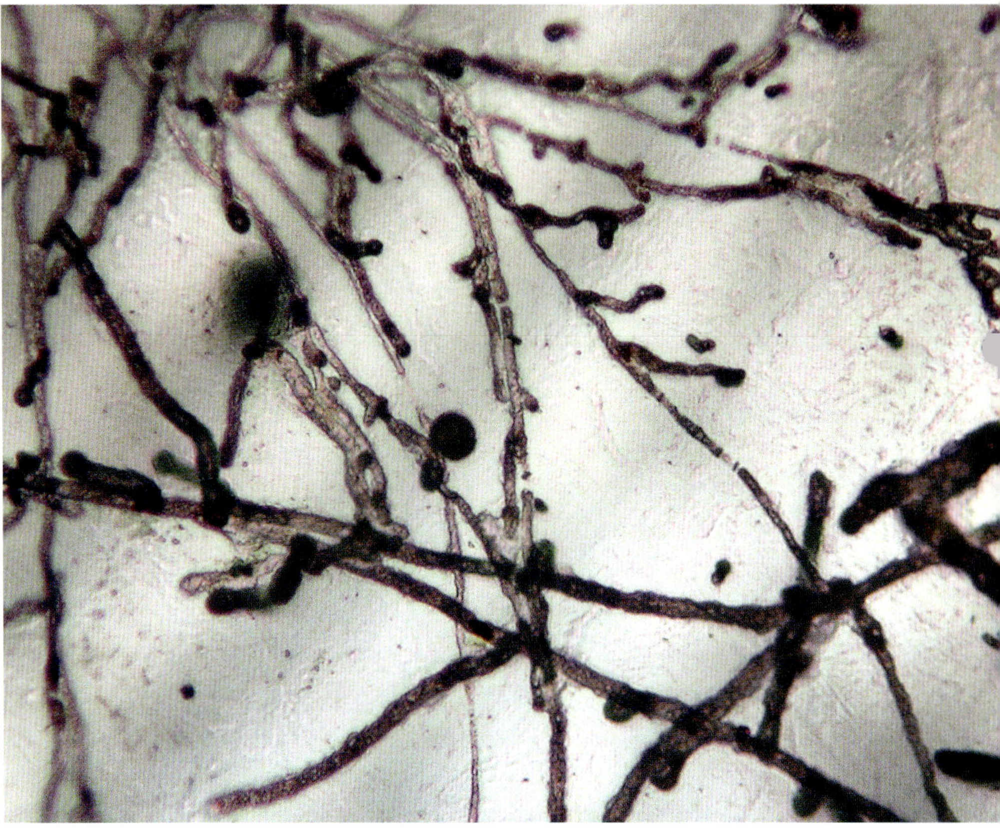

zum Phänomen der Bioerosion, einem der wichtigsten Faktoren beim Abbau von Karbonatkörnern im marinen Umfeld.[144]

Im Unterschied zu Algen, die Fotosynthese betreiben, benötigen Pilze kein Licht. Während endolithische, also in Gestein bohrende Algenarten, bis in Wassertiefen von 100–370 m anzutreffen sind, dringen die lichtunabhängigen Pilze in noch weit größere Meerestiefen vor. Sowohl Algen als auch Pilze bohren ihre Mikrolöcher in die Sandkörner nach dem Prinzip der chemischen Korrosion: Der Kalk wird chemisch mithilfe entsprechender Säuren zersetzt, es fällt bei diesem Prozess dementsprechend keinerlei Abrieb an. Blau-, Grün- und Rotalgen hinterlassen ein Netz feinster Bohrgänge, deren Struktur und Ausprägung weitgehend charakteristisch für die

Abb. 7.15 Sandkorn aus Anse Vata, Noumea, Neukaledonien. Das durchscheinende Korn zeigt winzige Mikrobohrgänge, die vermutlich von endolithischen Algen verursacht wurden. Auflicht. Korngröße 150 × 210 µm.

Abb. 7.16 Transluzentes Schalenfragment einer Muschel. Baie de Citrons, Noumea, Neukaledonien. Gangsystem von Mikrobohrlöchern, die vermutlich von endolithischen Algen eingebracht wurden. Durchmesser der Gänge um 4 µm. Durchlicht. Bildbreite um 350 µm.

jeweilige Art ist. Fachleute sind in der Lage, die bohrenden Algen allein anhand ihrer Spuren zu identifizieren. Meist besitzen die Bohrgänge einen Durchmesser von 2–10 µm, Ähnliches gilt für Pilze, deren Bohrungen noch feiner sein können, ansonsten aber im gleichen Durchmesserbereich auftreten und nicht von denjenigen der Algen zu unterscheiden sind.

Endolithische Algen erreichen einen Bohrfortschritt von 0,3–36 µm pro Tag. Selten dringen sie tiefer in das Substrat ein, da sie auf Licht angewiesen sind. Vermutlich finden wir deshalb ihre Bohrungen am häufigsten in Sandkörnern aus transluzenten, also lichtdurchlässigen Bruchstücken von Muschelschalen. Hier erhalten die Algen auch in größeren Tiefen noch Restlicht. An Gesteinen kann die bioerosive Abtragsrate bis zu 1 mm pro Jahr betragen. Bereits seit dem Präkambrium konnten endolithische Bohrungen an Gesteinen nachgewiesen werden.

Auch Schwämme, besonders die tropische Art *Cliona caribea*, vermag karbonatische Sedimente abzubauen und hinterlässt in diesen recht typische Spuren, die Gegenstand zahlreicher Forschungen waren. Der Schwamm geht bei seinen bohrenden Aktivitäten ganz anders vor als die zuvor beschriebenen Algen und Pilze. Zuerst werden mit Säuren, die von bestimmten Zellen erzeugt werden, winzige Spalte von nur 0,2 µm Weite eingeätzt. Anschließend können die solchermaßen gelockerten Bereiche als Partikel schließlich vom Substrat getrennt werden. *Cliona* erzeugt also Mikropartikel. Untersuchungen an den westindischen Cayman-Inseln erbrachten erhebliche Abtragsraten von 8 kg je Quadratmeter und Jahr. *Cliona*-Schwämme erwähnen wir hier nur ergänzend, da sie zwar nicht in Sandkörnern wohnen, solche aber hervorbringen.

Zuletzt kommen wir auf eine Algengruppe zurück, die wir schon im Zusammenhang mit dem Mineral Quarz vorgestellt hatten; die Kieselalgen oder Diatomeen. Auch sie besiedeln nicht das Innere der Sandkörner, sind aber an deren Oberfläche anhaftend anzutreffen. Typisch ist,

Abb. 7.17 Biogenes Sandkorn von der Isla Bartholome, Galápagos, Ecuador. In der perfekt runden Bohrung unbekannter Herkunft mit Durchmesser 380 µm hat sich ein noch kleineres Sandkorn verklemmt.

Abb. 7.18 Mikrobohrungen in einem sehr kleinen, roten Schalenfragment einer Muschel oder Schnecke. Vatersay, Äußere Hebriden, Schottland. Auflicht. Bildbreite 780 µm.

ihre meist sehr schön und symmetrisch aufgebaute schachtelförmige Zellenhülle (Frustrel). Bei der mikroskopischen Beobachtung im Durchlicht müssen wir darauf achten, die Algen nicht etwa mit den teilweise ebenfalls symmetrisch strukturierten mineralischen Einschlüssen der Sandkörner zu verwechseln.

Fassen wir zusammen, auf welche Weise Kleinlebewesen und Sand generell in Verbindung stehen können. Vier Gruppen lassen sich bilden:

1. Lebewesen, die die Interstitialräume (Zwischenräume) des Sandes bewohnen, die Sandlückengesellschaft oder Meiofauna.
2. Lebewesen, die direkt im Inneren oder an der Oberfläche von Sandkörnern ihr Auskommen finden.
3. Lebewesen, deren mineralische Bestandteile nach dem Tod zu Sand werden, vornehmlich:
   - Außenskelette und Innenskelette als mechanische Stützen,
   - Schutzhüllen und Panzer wie Muschelschalen oder Schneckengehäuse sowie
   - Verteidigungsinstrumente wie Stacheln oder auch Waffen, wie etwa Krebsscheren.
4. Lebewesen, die nach ihrem Absterben im Ozean zur Bildung organogener Kalke beitragen. Aus diesen Kalken kann dann nach Hebung und erosiven Prozessen Sand gebildet werden.

Auf diese vier Fälle wollen wir uns beschränken. Vieles wäre noch zu ergänzen von Sandfischen, Ameisenbären, Wüstenameisen und all den hochspezialisierten und ebenso interessanten Tieren und Pflanzen, die Sand, Dünen und Wüste zu ihrer Heimat gemacht haben. Sie sind auch ohne Lupe erkennbar, fallen also in die Makro- und nicht in die Mikrowelt, der wir uns ursprünglich verschrieben haben.

Kommen wir deshalb zur nächsten Gruppe in unserer Aufzählung; d.h zu Tieren, die in der Lage sind, anorganische

Abb. 7.19 Sandkörner aus einem norwegischen Gebirgssee bei Valle. Besonders am rechten Sandkorn aus Quarz sind die anhaftenden rechteckigen Algenhüllen neben den etwas kleineren und rundlichen Einschlüssen des Kornes zu beobachten. Hellfeld, Durchlicht. Bildbreite 600 µm.

Abb. 7.20 Trilobit *Flexicalymene ouzregui* aus dem Ordovizium, 450 Mio. Jahre alt. Die gut erhaltene Versteinerung stammt aus der Ktaoua-Formation bei Erfoud, Marokko. Deutlich ist die Dreigliederung des Rumpfes mit seinen Rippenbögen zu erkennen. Auf der linken Seite treten deutlich die beiden Augenhügel hervor. Länge 82 mm.

Kristalle kontrolliert zu erzeugen (sog. biologisch kontrollierte Mineralisation). Wenig bekannt ist in diesem Zusammenhang, dass mittlerweile über 60 verschiedene Biominerale auf der Erde gefunden wurden, die von Lebewesen gezielt erzeugt werden und ihnen in ganz unterschiedlicher Art nützen und Vorteile bieten. Schon im Archaikum besaßen einige Bakterienarten die Fähigkeit zu Biomineralisation. Viel später erst, im Kambrium, lebten die ersten Tiere, die über mineralische Facettenaugen verfügten, Dreilappkrebse oder Trilobiten.[145] Bei zwei dieser 534 Millionen Jahre alten kambrischen Arten konnte man bei Funden in China fossil erhaltene Augen nachweisen. Ihre Konstruktion ist bemerkenswert, bestehen sie doch aus Reihen bikonvexer Linsen aus biomineralisch gebildetem Calcit, also transparentem Doppelspat. Die Mikrolinsen fokussierten das parallel einfallende Licht auf eine dahinterliegende organische Schale, die gleichzeitig in der Lage war, optische Abbildungsfehler zu korrigieren. Durch die seitliche Anordnung beider Augen auf den Wangen der Tiere überblickten sie ein horizontales Gesichtsfeld von etwa 70 Grad. Zudem war hierdurch die Möglichkeit für eine räumliche Erfassung der Umgebung gegeben.

Welch seltsam zyklische Zusammenhänge lassen sich daraus erschließen. Die im trüben Licht des Urozeans herabsinkenden kalkigen Überbleibsel ehemaligen Lebens befähigten den Trilobiten als kambrisches Tier vor einer halben Milliarde Jahre erstmals, durch biomineralische Prozesse eine Linse aus dem Stoff zu entwickeln, mit dem er fähig sein wird, diejenigen Tierreste zu erblicken, die die Bestandteile dieses Stoffes lieferten: Calcit. Erstmals wurde damals im Urozean die Welt wohl nicht nur sensiert, sondern wahr-genommen. Freilich wird sich der eher grobgerasterte Wahrnehmungsakt der Frühzeit vom modernen optischen Sinneseindruck des menschlichen Auges unterschieden haben. Was und wie die Tiere empfunden haben mögen, bleibt uns dabei verborgen.

Aber Calcit verhalf bereits vorzeitlichen Tieren in Form einer weiteren, ebenso erstaunlichen Konstruktion nicht nur zum Sehen, sondern auch zum Sinneseindruck des Hörens. Hören bedeutet allgemein, eine Druckschwankung wahrzunehmen. Fische und Amphibien besitzen (auch heute noch) hierfür spezielle Sensoren, eine Art Erschütterungsorgan. Dieses besteht aus einer Blase, die mit einer gallertigen Flüssigkeit sowie einer Anzahl von Sandkörnern aus Calcit bzw. winziger Steinchen gefüllt ist, dem Ohrsand. Auftreffende Schallwellen bewirken eine relative Verschiebung von Sandkörnchen und Blasenwand, die mit sensitiven Haarzellen ausgekleidet ist. Werden die Haarzellen verbogen, so senden sie einen elektrischen Impuls aus, der über einen Hörnerv an das Gehirn weitergegeben wird. Dabei entsteht der Sinneseindruck des Hörens. Auch bei Verlagerungen ist das Organ aktiv, da es auf geänderte Lage im Raum mit dem beschriebenen Mechanismus reagiert. Wiederum also ist Calcit im Spiel und hypothetisch ließen sich sogar die winzigen Gehörsandkörnchen (Otolithe) am Strand entdecken. Sandkörner also, die einst Sinneseindrücke vermittelten; ein schöner und auch befremdlicher Gedanke.

7.2 Korallen

Fahren wir fort mit der sandigen Vielfalt des Grundbaustoffs Calciumcarbonat, dem Baustoff von Korallen, Kalkalgen, Seeigeln, Schwämmen und Foraminiferen und vielen anderen. Auf einige von ihnen (Gruppe 3 nach obiger Einteilung) gehen wir nun näher ein.

Betrachtet man die bäumchenartig verästelten Formen der sesshaften Korallen, könnte man den Eindruck gewinnen, Korallen würden zu den Pflanzen gehören; sie bewegen sich schließlich nicht vom Fleck. Bis in das 18. Jahrhundert hinein waren Forscher dieser Ansicht, die aber falsch ist. Korallen sind Tiere. Sie gehören wie auch die Quallen und die Seeanemonen zum Stamm der Nesseltiere und weiter zu den Blumentieren *(Arthozoa)*. Korallen lassen sich grob nach der Anzahl ihrer Tentakeln in Octo- und Hexakorallen unterscheiden.[146] Letztere teilen sich auf in Runzelkorallen *(Rugosa)*, Bödenkorallen *(Tabulata)* und Steinkorallen *(Scleractinia)*. Erdgeschichtlich traten *Rugosa* und *Tabulata* im Laufe des Ordoviziums auf und verschwanden wieder gemeinsam im Perm. Bis heute gibt es die Steinkorallen, die sich später im Erdzeitalter der Trias entwickelten.

Korallen bewohnen ausschließlich das Meer. Dabei können sie als Einzelindividuen leben oder aber durch Knospung Korallenstöcke und schließlich riesige Kolonien bilden. Nur die Steinkorallen waren zudem in der Lage, mit ihrem kalkigen Grundgerüst Riffe aufzubauen, die wir daher seit der Trias und bis heute kennen. Korallen bestehen im Wesentlichen aus einem Kalkgehäuse, welches das junge Tier (Polyp) als röhren- oder kelchförmiges Gebilde aufbaut, indem an den äußeren Zellwänden Kalk ausgeschieden wird. Im Laufe seines Wachstums zieht das Tier Querwände (Tabulae oder Böden) ein, um das Gehäuse jeweils nach unten abzugrenzen.

Auf diese Weise wohnt der Polyp immer in der obersten Kammer seines Gehäuses, aus dem er seine Tentakeln in das vorbeiströmende Wasser hält, um Nahrung einzufangen. Tropische Korallen scheiden einen

Abb. 7.21 Rote Koralle («Orgelkoralle») vom Strand bei Jambiani, Unguia (Sansibar), Tansania. Bildbreite um 40 mm.

Abb. 7.22 Weiße Koralle vom Strand Belmare an der Ostküste von Mauritius. Bildbreite um 60 mm.

Abb. 7.23 Korallensand aus Mauritius, Ostküste, Strand Belmare. Neben Korallenresten sind weiße und rosafarbene Foraminiferen sowie blaue und grüne Seeigelstacheln sowie zahlreiche kantige Muschelreste zu erkennen. Bildbreite um 10 mm.

Abb. 7.24 Korallensand von Luzon Island, Philippinen. Korallen, Muschelbruchstücke sowie ein Sklerit rechts unterhalb des hohlen Korallenästchens sind zu identifizieren. Das durchscheinende Schalenfragment unterhalb der Bildmitte zeigt schön ausgeprägte und verästelte endolithische Mikrobohrlöcher. Bildbreite 6,8 mm.

Abb. 7.25 Sandkorn aus einem Korallenfragment. Isla Bartholome, Galápagos, Ecuador. In den Hohlräumen haben sich kleinere Sandkörnchen eingelagert. Auflicht. Bildbreite 2,8 mm.

Abb. 7.26 Sandkorn, gebildet aus einem Korallenast. Anghthong Marine National Park, Thailand. Im oberen Bereich sind Mikrobohrlöcher zu erkennen. Durchmesser Stielansatz 85 µm. Auflicht.

organischen Schleim aus, mit dessen Hilfe sie feinste Pflanzenpartikel und Sedimentteilchen fixieren können. Junge Polypen bauen ihre Kalkgehäuse auf den Resten abgestorbener Vorgänger auf, sodass Generation für Generation und Schicht auf Schicht folgt und das Riff anwachsen lässt. Neben den bekannten, spektakulär bunten, riffbildenden Warmwasserkorallen der tropischen Meere gibt es auch Kaltwasserarten, die den Atlantik bis hoch nach Norwegen besiedeln. Korallen atmen über ihre

Körperoberfläche, tropische Arten siedeln darüber hinaus endosymbiotische, mikroskopisch kleine freischwimmende Algen in ihren Außenwänden an. Diese betreiben Fotosynthese, entnehmen dem Meerwasser also Kohlendioxid und liefern dem Korallenpolypen dafür Glukose als Nährstoff. Als Gegenleistung erhalten sie Schutz vor Fressfeinden. Da diese symbiotischen Lebensgemeinschaften auf Licht angewiesen sind, bevorzugen sie Meerestiefen bis maximal 30–50 Meter.

Ihre Verwandten, die Kaltwasserkorallen, filtern ihre Nahrung selber aus dem Meerwasser.[147] Korallenriffe beherbergen nicht nur Korallen, sondern bilden außergewöhnlich reiche Biotope aus, die einer großen Artenvielfalt Lebensraum bietet. Viele dieser Arten, wie Muscheln, Schnecken und Rotalgen, fällen erhebliche Mengen an Kalk aus, der zum Höhenwachstum des Riffs beiträgt. Ganze Gebirge können auf diese Weise unter Wasser entstehen. Das wohl prominenteste rezente Beispiel ist das hinsichtlich seiner ökologischen Stabilität derzeit sehr gefährdete Great Barrier Reef vor der australischen Nordostküste. Riffe bilden abgesehen von ihrem unschätzbaren Wert als unersetzbarer Lebensraum komplexe Sedimentationsräume, die, je nach Lage, landwärts kontinentale mineralische Komponenten und Schlämme aufstauen und seewärts hinter dem eigentlichen Riffkamm dann meist recht steil zum offenen Meer hin abfallen.

Zu der Unterklasse der Octokorallen zählt auch eine weitere Gruppe, die Hornkorallen oder Gorgonien. Sie sind fast überall in den Weltmeeren anzutreffen, vom Flachwasser bis hinein in die Tiefsee. Für uns sind sie deshalb von besonderem Interesse, weil sie bunte und vielgestaltige Gewebenadeln oder Sklerite besitzen. Diese Sklerite sind bei aufmerksamer Suche in vielen Sanden, besonders der tropischen Meere zu finden. Ihre Formenvielfalt ist beachtlich, sie treten als Spindeln, Nadeln, Keulen, Walzen oder hantelförmig auf und sind mit kleinen warzenförmigen Dornen besetzt oder auch glatt. Ihre Abmessungen bewegen sich im Submillimeterbereich. In der Sandliteratur finden sie nahezu keine Erwähnung, tragen aber wesentlich zum Formenreichtum und auch zur Kennzeichnung tropischer Sande bei.

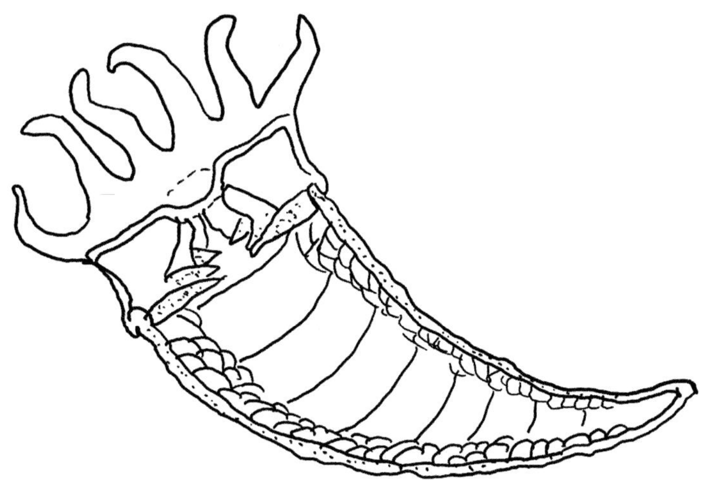

Abb. 7.27 Vereinfachte und idealisierte Struktur einer einzelnen Koralle. Zu erkennen sind die links oben aus dem Gehäuse reichenden Tentakeln des im oberen Abschnitt lebenden Polypen (Korallentier). In der Mitte zwischen den Tentakeln befindet sich die gestrichelt angedeutete Schlundöffnung. In weiterer Abfolge nach unten sind Zwischenböden eingezeichnet, die das Tier bei fortschreitendem Wachstum einzieht. Das Gehäuse selbst besteht aus Kalk (Darstellung nach Rhode 2008).

Rechte Seite:

Abb. 7.28 Sklerit einer Gorgonie, Darwin, Australien. Darwin liegt im Norden Australiens an der tropischen Timorsee. Auflicht. Durchmesser Sklerit 240 µm. Bildbreite 1,4 mm.

Abb. 7.29 Sklerit einer Gorgonie. Baie des Citrons, Noumea, Neukaledonien. Durchlicht, gekreuzte Polarisatoren mit Lambda-Kompensator. Durchmesser in Bildmitte 140 µm.

Abb. 7.30 Ausgewählte biogene Sandkörner aus Darwin, Australien. Erkennbar sind 6 Sklerite in Rot, Orange und Hellgelb, diverse Foraminiferen und Schneckengehäuse sowie zwei Quarzkörner als Vergleich. Auflicht. Bildbreite um 6,5 mm.

7.3 Maerl

Eine den Korallensanden auf den ersten Blick sehr ähnlich wirkende Sedimentart, die aber weitgehend unbekannt geblieben ist, trägt den Namen Rhodolith oder etwas gebräuchlicher «Maerl». Unter Maerl versteht man einen Sand, der zu über der Hälfte aus den lebenden oder toten Ästchen der zu den Kalkalgen zählenden Rotalgen *(Corallinacea)* besteht. Dabei dominieren zwei Arten, *Lithothamnion corallioides* und *Phymatolithon calcareum*.

Maerl bezeichnet nicht eine Gruppierung bestimmter Arten oder Gattungen, sondern ist als Sammelbegriff für den losen Verbund subtidaler, knotiger und korallenförmiger Ästchen verkalkter Algen aufzufassen. Auch sonstige Reste mariner Fauna und Flora finden sich in dem dichten, aber dennoch locker gefügten und ineinander verschlungenen Geflecht der oftmals skurril anmutenden Algenästchen, welches wie ein Sieb Partikel zurückhält und durch diese spezifische Mischung einen ganz besonderen, einzigartigen Lebensraum bildet. Maerl-Lebensräume finden sich verstreut an den europäischen Atlantikküsten bis hinauf ins nördliche Norwegen. Wesentlicher Bioindikator ist die Temperatur, wobei das Optimum für die Wachstumsbedingungen bei 15 °C und das Minimum bei etwa 2 °C liegt. Die Wachstumsgeschwindigkeit ist mit durchschnittlich 1 mm pro Jahr sehr gering. Da die rezenten Maerl-Betten einen hohen Anteil an abgestorbenen Organismen aufweisen, ist zu vermuten, dass in früheren Zeiten offenbar günstigere Bedingungen vorlagen. Maerl-Betten können bis zu 10 m Mächtigkeit erreichen und dringen in Wassertiefen bis ca. 30 m vor, vereinzelt sind auch größere Tiefen beobachtet worden. Generell sind die Algen an Fotosynthese und damit an Lichteinfall gebunden. Es macht große Freude, den abenteuerlichen Formen der Körner und Ästchen am Strand nachzuspüren, um in ihnen Fabelwesen und anderes zu imaginieren.

Phänotypisch können die einzelnen, sehr vielgestaltigen Maerl-«Körner» grob als späroidale, ellipsoidale und discoidale Formen mit allen Übergängen beschrieben werden. Entsprechende Klassifizierungen wurden von Mikael Foslie in Norwegen schon am Anfang des 20. Jahrhunderts vorgenommen. Genau genommen ist Maerl zudem nicht den Sanden zuzurechnen, da die Algenästchen meist deutlich die definitionsmäßige Grenzabmessung von 2,0 mm überschreiten. Typische «Körner» besitzen Abmessungen zwischen 10–25 mm.

Bis in die Neuzeit hinein wurden die existierenden Bestände abgebaut und für verschiedene Zwecke wie beispielsweise als Zusatz zur Bodenverbesserung verwendet. Dies ist rundweg abzulehnen, da die auf Atlantik und Mittelmeer beschränkten Bestände nur sehr langsam nachwachsen und ein reiches und schützenswertes Ökosystem bilden, das durch Abbaumengen von bis zu 5000 t pro Jahr unwiederbringlich gefährdet wird.

Abb. 7.31 Rhodolith-Strand (Maerl) bei Tromsø, Norwegen. Tromsø liegt nördlich des Polarkreises. Links der Ort mit Hafenanlage und Schiffsanleger für die Hurtigruten, ganz rechts die berühmte 1965 erbaute Eismeerkathedrale. Leider ist auch dieser abgelegene Strand im hohen Norden ein Opfer der weitreichenden Verschmutzung der Meere mit Plastikmüll.

Abb. 7.32 Sand von der Carbis Bay in Cornwall, Südengland. Das Rotalgenästchen ist noch komplett und wird bald zu einzelnen Sandkörnern zerfallen. Bildbreite 9,5 mm.

Abb. 7.33 Sand mit Anteilen von calcifizierten Rotalgen sowie Korallenteilen (links unten im Bild) und Schneckenschalen. Flic en Flac, Mauritius, im tropischen Bereich des Indischen Ozeans. Bildbreite 25 mm.

Abb. 7.34 Maerl-«Sand» aus Tromsø, Norwegen. Bei Maerl oder Rhodolith handelt es sich um calcifizierte Fragmente von Rotalgen. Im Korn am linken Bildrand sind viele Mikrobohrlöcher zu erkennen, Bioerosion setzt ein. Bildbreite 80 mm.

7.4 Schwämme

Gehen wir auf der Zeitskala noch ein wenig zurück, begegnen wir einer der ursprünglichsten und ältesten mehrzelligen Lebensformen, den Schwämmen *(Porifera)*. Ihr Ursprung liegt im Cryogenium vor etwa 700 Mio. Jahren. Seit dieser Zeit gibt es Schwämme bis heute, man trifft sie mit Ausnahme weniger Süßwasserarten im Meer an. Ihre Größe schwankt von einigen Millimetern bis zu Exemplaren von zwei Metern Höhe, über 7000 Arten sind bekannt. Schwämme sind sessile Wassertiere, sie leben fest am Untergrund haftend, kommen nie an Land vor und können im Extremfall mit bis zu mehreren Tausend Jahren sehr alt werden. Ihre Grundform ist becherförmig, birnenförmig, kugelrund oder zylindrisch und sie sind aus sehr einfachem Gewebe aufgebaut. Drei grundsätzliche Baupläne existieren, die sich nur in der Ausführung des Gastralraumes, einer Art Magen, unterscheiden. Charakteristisch für Schwämme ist ihr poröses Äußeres, was sich aus ihren Lebensprozessen heraus erklärt. Durch die vielen kleinen äußeren Poren tritt Wasser in einen zentralen Hohlraum (Paragaster) des Tieres ein, durchströmt diesen und tritt anschließend durch eine mittig gelegene Öffnung (Osculum) an der Oberseite wieder aus. Das ist alles. Der beständige Wasserstrom wird durch eine große Zahl an Kragengeißelzellen (Choanozyten) bewirkt, mit denen die Innenwand des Paragasters besetzt ist. Dabei filtern die Geißelzellen aus dem vorbeiströmenden Wasser Nahrungsteilchen wie Plankton, Detritus und dergleichen heraus. Abfallstoffe verlassen den Schwamm auf diese Weise ebenso durch das Osculum. Besonders interessant sind im Schwammgewebe frei bewegliche Zellen, die Archaeozyten, die Nahrungsstoffe im Gewebe verteilen und sich ihrerseits in andere Zelltypen umwandeln können. Das sehr lockere Gewebe wird durch eine Anzahl von Schwammnadeln (Spiculae, Skleren) gestützt, die artspezifisch sind und die sich nach Absterben des Tieres im Sand erhalten wiederfinden.

Je nach Material der Nadeln lassen sich Kalkschwämme mit Calcitnadeln (Calcarea) und Kieselschwämme (Glasschwämme, *Hexactinellida*) mit Nadeln aus Kieselsäure unterscheiden. Letztere sind technologisch äußerst interessant, da die hochfesten und dennoch flexiblen Nadeln aus einem glasartigen Material synthetisiert sind, ohne dass dieses, wie sonst bei Glas erforderlich, den Zustand der Schmelze durchläuft. Eine dritte Art, die Hornschwämme *(Demospongia)* besitzt Nadeln aus Spongin, welches im Sediment schnell zerfällt und auch fossil nicht erhalten ist. Mit dem bloßen Auge sind die teils sehr winzigen und durchsichtigen Nadeln nicht zu erkennen. Wer sie unter der Lupe oder unter dem Mikroskop betrachtet, ist von ihrer Schönheit sofort eingenommen. Sklerite werden nicht nur von den Schwämmen gebildet, sondern sie stützen auch das Gewebe weiterer Tiergruppen, so etwa von Weichkorallen *(Alcyonacea)*, Manteltieren und Seegurken *(Holothurien)*. Für den Laien sind sie schwer zu unterscheiden, finden sich aber in sehr bunter Mischung im Sand tropischer Küsten.

Die bei Sammlern sehr begehrten «Klappersteine» sind fossile Kieselschwämme der Art *Plinthosella squamosa*, um die sich silikatische Konkretionen (Feuersteinkugeln) gebildet haben. Zu erkennen sind diese besonderen kugelartigen Flintgerölle an ihren Öffnungen. Durch diese

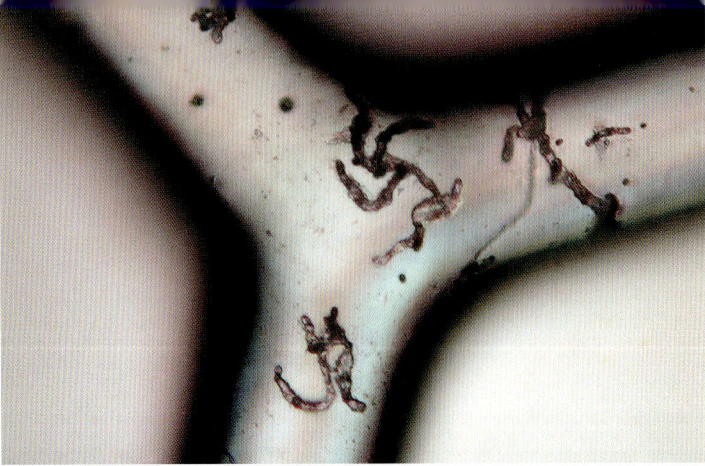

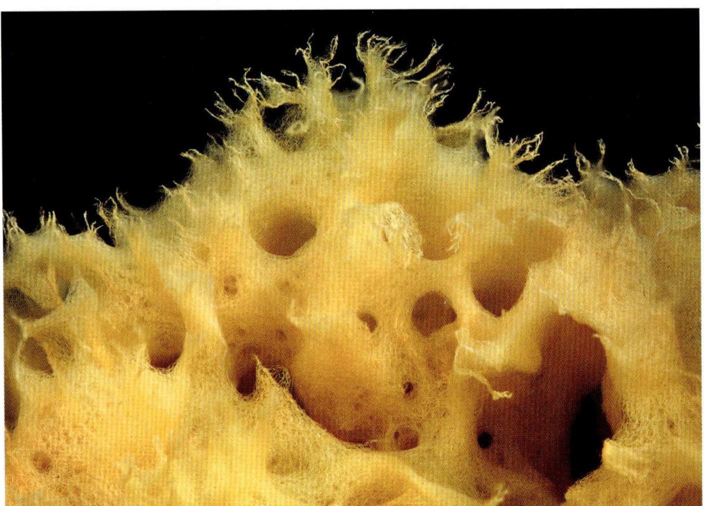

Öffnungen, die ursprünglich Durchtritte von wurzelartigen Auswüchsen des Schwammes waren, trat nach der Freisetzung der Kugeln aus den kreidezeitlichen Sedimenten Meerwasser ein. Mit der Zeit löste das Meerwasser die Verbindungsstellen zwischen innenliegendem Schwammskelett und äußerer Flintkugel. Schüttelt man die Kugel, bemerkt man ein leichtes Klappern, da der innenliegende Schwamm sich gegenüber der äußeren Hülle nach Auflösung der Verbindungsstellen bewegen kann. Die Klappersteine stammen aus der Formation der Oberkreide (Schreibkreide). Im anstehenden Gestein sind natürlich beide Schalen noch verbunden, sodass kein Klappern möglich ist. Erst als Geröllstein im quartären Geschiebe fand schließlich die Trennung beider statt. Man braucht allerdings schon sehr viel Glück, um ein solch faszinierendes Fossil am Strand zu entdecken.

Die evolutionär ältesten Vertreter der Schwämme sind die Glasschwämme. Zur Zeit ihrer Entstehung befand sich die Erde zwischen zwei großen Vereisungsperioden. Die damals erforderliche Kältetoleranz hat sich beim Glasschwamm als

Abb. 7.35 Oben links: Plage Saint Efflam, Cotes-d´Armor, Frankreich. Unterhalb der Bildmitte ein Bryozoenast. Oben rechts im Bild eine dreiarmige Schwammnadel. Durchmesser der Arme je 54 µm. Rechts: Zentrum einer dreiarmigen Schwammnadel aus Mauritius mit Bohrspuren endolithischer Algen. Durchlicht Interferenzkontrast. Durchmesser der Arme 140 µm.

Abb. 7.36 Unten links: Schwamm, «Badeschwamm». Es handelt sich hierbei um das Spongienskelett der Hornkieselschwämme. Zu beachten sind die filigranen Strukturen, die fast wie ein Gespinst wirken. Die hornigen Fäden sind am lebenden Tier von Gewebe umgeben. Gewebe und Sklerite werden nach der «Ernte» entfernt. Das vorliegende Exemplar stammt aus dem Mittelmeer. Bildausschnitt 25 mm.

Abb. 7.37 Unten rechts: Sand von der Festlandsküste bei Darwin, Australien. Kontinental geprägter tropischer Meeressand mit silikatischen Anteilen und zahlreichen biogenen Fragmenten. Oberhalb der Bildmitte eine längliche, grüne Schwammnadel, darunter eine gelbe Variante. Bildbreite 4,0 mm.

«lebendes Fossil» bis heute erhalten. Aber nicht nur das: Die Zellen der Glasschwämme besitzen eine erste Ausdifferenzierung, können sich aber dennoch in jede andere Zellform umwandeln, sie sind totipotent. Das führt dazu, dass einzelne Teile des Tieres alleine lebensfähig sind. Wird ein Schwamm zerteilt, können die Teile nicht nur weiterleben, sondern sich auch vermehren.

Der Besitz eines rudimentären Skeletts weist die Schwämme selbst in ihrer Anfangszeit als Tiere aus. Die Bildung eines solchen Skeletts aus Siliziumdioxid und später Calcit wurde durch die Einspülungen von mineralischen Sedimenten in die Meere durch die Gletscherströme mit ermöglicht.[148] Erste biomineralische Prozesse begannen. Mit einer Länge von 2,5 Metern bildet der Schwamm *Monorhaphis chuni* heute die weltweit längste biomineralische Silikatstruktur. Neben der Funktion, das weiche Gewebe zu stützen, sind die transparenten Skelettkristalle zudem in der Lage, Licht zu leiten und dieses den mit ihnen symbiotisch lebenden Algen zuzuführen, was unter den Bedingungen vor 700 Mio. Jahren einen erheblichen Selektionsvorteil darstellte.

Schwämme weisen keine bilaterale Symmetrie auf, sie unterscheiden nicht zwischen rechts und links, wohl aber erstmals bei einem Lebewesen zwischen oben und unten, zwischen Kopf und Fuß oder Wurzel und Krone. Diesen Bauplan entwickelten die Schwämme. Wir Menschen stammen sehr weitgehend auch von diesen Vorfahren ab, nur dass beim Mensch (und den Wirbeltieren) in der Embryonalentwicklung das, was beim Schwamm die Verankerung war, nun zum Kopf wird. Menschen und Schwämme sind strukturell also sozusagen gegenseitig um 180 Grad verdreht, gehen aber auf den gleichen Bauplan zurück. Auch die wichtigsten Botenstoffe der Reizleitung, Acetylcholin und Serotonin, spielen bei den (rezenten) Schwämmen eine entscheidende Rolle, indem sie den Geisselschlag hemmen bzw. stimulieren. Glutamat signalisiert das Vorhandensein von Nahrung. Wir Menschen sind heute noch von ebendiesen Substanzen in hohem Maße gesteuert, sie dienen unserem Gehirn als Neurotransmitter. Auch in dieser Hinsicht tragen wir das Erbe der Schwämme in uns; eine seltsame Vorstellung.

Abb. 7.38 Feuersteinkugel mit innenliegendem fossilen Kieselschwamm *Plinthosella squamosa* («Klapperstein»). Deutlich sind die im Text beschriebenen Öffnungen zu erkennen. Marienleuchte, Fehmarn, Deutschland. Durchmesser 40 mm.

Abb. 7.39 Sehr seltenes Exemplar eines Sandkornes mit im Korn enthaltenen Mikrofossilien. Die länglichen Stäbchen sind Schwammnadeln mit nur etwa 60 µm Durchmesser. Italien, Comer See, Villa Geno. Abmessungen des Korns 970 × 1100 µm.

7.5 Seeigel

Als Nächstes wenden wir uns Tieren zu, deren Relikte zuweilen recht prominent im Sand vertreten sind und einen hochinteressanten Aufbau besitzen, den Seeigeln. Wir finden sie von den Tropen bis zum Polarmeer und registrieren sie recht eindrücklich und schmerzhaft durch ihre spitzen Stacheln, die nach Strandspaziergängen in der Haut stecken bleiben. Seeigel zählen zu den Stachelhäutern (Echinodermen) und sind seit dem Ordovizium auf der Erde vertreten. In unserem Sinne stilecht leben sie bevorzugt im Sand flachmariner Küstenbereiche, meiden Schlamm, können aber auch bis in die Tiefsee hinein vorkommen. Im Süßwasser hingegen treffen wir sie nie an.

Seeigelgehäuse sind zum überwiegenden Teil aus kleinen Kalkplättchen zusammengesetzt und weisen eine fünfzählige Symmetrie auf. Dabei sind Seeigel in reguläre und irreguläre Formen unterteilbar, nur die regulären sind streng symmetrisch, während die irregulären Formen einen Symmetriebruch z. B. durch die asymmetrische Lage des Mundes aufweisen, davon abgesehen aber ebenfalls fünfzählig sind. Die Kalkplättchen des Gehäuses lassen eine bemerkenswerte Besonderheit erkennen, sie sind monokristallin. Sie bestehen also aus einem einzigen Kristall. Zudem sind Lage und Ausrichtung der optischen Achse der jeweiligen Monokristalle artspezifisch.[149] Die Stacheln des Tieres bestehen ebenfalls aus monokristallinem Calcit, dessen optische Achse mit der Längsachse des Stachels zusammenfällt. Sie sind durch eine Art Kugelgelenk mit dem Äußeren der Kalkplättchen verbunden, die ihrerseits mit kleinen kugeligen Gelenkhöckern

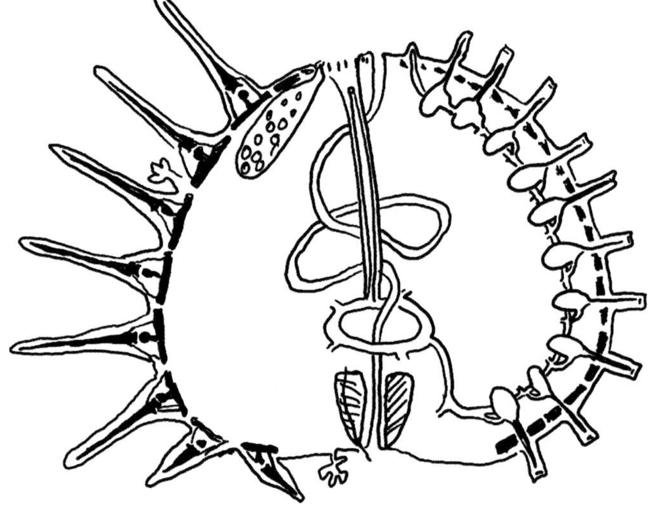

Abb. 7.40 Schematischer Querschnitt durch einen Seeigel. Auf der linken Hälfte sind exemplarisch die auf Kugelgelenken gelagerten Stacheln und deren muskuläre Anlenkung dargestellt. Dazwischen eine dreiarmige Pedizellarie. Die rechte Seite zeigt die ausgestülpten Ambulakralfüßchen mit innenliegenden Druckausgleichsampullen und den zugehörigen Verbindungsleitungen. Auf der Unterseite befindet sich die Mundöffnung mit dem beidseits angedeuteten Kieferapparat, der sogenannten «Laterne des Aristoteles» (Darstellung nach Rhode 2008).

Rechte Seite oben:

Abb. 7.41 Detail einer Kalkplatte aus einem Seeigelgehäuse. Seeigel leben im Meer von der Brandungszone bis in die Tiefsee. Auf den hier gut zu erkennenden kugelförmigen Gelenkstellen der Stachelwarzen sitzen beim lebenden Seeigel die mit Muskeln vom Tier willentlich bewegbaren Stacheln, die zur Abwehr von Feinden verwendet werden. Nordsardinien, Italien.

Abb. 7.42 Fossiler Seeigelstachel in Keulenform. Schön zu erkennen ist am linken unteren Ende die Kugelpfanne als Teil der gelenkigen Anordnung der Stacheln auf den Gehäuseplatten. Kreidefelsen bei Dover, England. Stachellänge 35 mm.

Rechte Seite unten:

Abb. 7.43 Gehäuseplatte eines Seeigels von einem Sandstrand bei Tromsø, Norwegen. Neben den runden Stachelwarzen sind auf der rechten Hälfte Ambulakralöffnungen (siehe Text) zu erkennen, aus denen beim lebenden Tier kleine Füßchen herausragen. Bildbreite 7,3 mm.

Abb. 7.44 Sandkorn von Cap Trafalgar, Spanien. Es handelt sich um die Gehäuseplatte eines vermutlich noch jungen Seeigels, was an den blasenförmigen Strukturen (Durchmesser um 140 µm) zu erkennen ist. Auflicht. Bildbreite 1,15 mm.

(Stachelwarzen) bedeckt sind. Die Stacheln tragen an ihrer basalen Verdickung konkave Kugelhalbschalen, die, von Muskeln gehalten, auf den Stachelwarzen gelenkig aufsitzen. Durch Anlenkung der Muskeln kann das Tier die Stacheln zu verschiedenen Zwecken willentlich bewegen.[150] So dienen die Stacheln neben der Fortbewegung auch der Abwehr von Feinden. Durch geeignetes Anstellen kann sich der Seeigel sogar in Felsspalten verklemmen, um nicht mit Wasserströmungen fortgetrieben zu werden.

Einige Arten benutzen ihre Stacheln auch als Bohrwerkzeug. Selbst in Gestein können die recht harten Stacheln offenbar vordringen. Gesichert ist die Fähigkeit der Seeigel, mit ihrem komplex aufgebauten Kieferapparat auch bohrende Tätigkeiten vorzunehmen. Er besteht aus 5 sehr harten Zähnen und aus 40 beweglich angeordneten Skelettplatten und wurde nach dem griechischen Naturforscher und Universalgelehrten Aristoteles benannt, der ihn zuerst beschrieb. Neuere Untersuchungen ergaben, dass die Zahnspitzen einen erhöhten Magnesiumanteil besitzen, was die größere Härte erklärt.

Die Härtesteigerung ergibt sich über blockierte Gleitebenen im Kristallgitter des Calcits, ein Mechanismus, der von Ingenieuren analog für die Härtesteigerung von Stahlwerkstoffen eingesetzt wird.[151] Die Seeigelstacheln offenbaren faszinierende Feinstrukturen, Formen und Farben, deren Schönheit besonders unter dem Mikroskop oder einer starken Lupe zur Geltung kommt. Nach dem Vergehen des Tieres finden sich die Stacheln und die kleinen Kalkplättchen des Panzers im Sand wieder.

Neben den beschriebenen Stacheln verfügen die Seeigel über eine weitere Sorte von stachelähnlichen Ausstülpungen, die Ambulakralfüßchen. Diese sind Teil eines winzigen Systems von Wassergefäßen, die mit ebenso winzigen Kanälen untereinander verbunden sind. Mini-Ampullen dienen als Druckausgleichsbehälter. Auch die Ambulakralfüße sind für den Seeigel von vielseitigem Nutzen. Mit ihnen kann das Tier Beute fangen und Nahrung zur Mundöffnung transportieren, sich fortbewegen und sogar klettern. Hierzu sind die Füßchen über Druckänderungen bewegbar und ansteuerbar. Der für dieses hydraulische System erforderliche Wassereintritt erfolgt durch eine siebartig beschaffene Platte (Madreporenplatte) gegenüber von der Mundöffnung. Die Ambulakralfüßchen selbst treten in fünf halbmeridianförmigen Bereichen, den Ambulakralfeldern, aus dem Gehäuse aus. Die Platten tragen deshalb in diesen Zonen kleine Gruppen von Öffnungen, die man mit bloßem Auge schon erkennt.

Zwischen den Stacheln des Seeigels sind weitere, sehr besondere und zangenförmige Organe angeordnet, die Pedizellarien. Es handelt sich hierbei um kleine Greifzangen, knöcherne Elemente mit zwei oder drei Armen, die vom Tier angesteuert werden können und zum Reinigen der Außenhaut ebenso geeignet sind wie zum Transport von Nahrung oder auch zur Abwehr. Manche tragen sogar Giftdrüsen. Auch die Pedizellarien fallen nach dem Tod des Tieres ab und die kalkigen Bestandteile werden Teil des umgebenden Sediments. Der Seeigel beschenkt uns also mit einer Unzahl von hochinteressanten Relikten, die es zu entdecken gilt. Seeigel graben sich gerne ein und sind daher oftmals sogar sehr gut fossil erhalten.

Abb. 7.45 Sand von Boulders Beach, Südafrika. Seeigelstachel verschiedener Farbvarianten und Abmessungen. Die feine Binnenstruktur der monokristallinen Stacheln ist gut zu erkennen. Auflicht. Bildbreite 900 µm.

Abb. 7.46 Sandkorn aus Nosy Be, Madagaskar. Hier sehen wir als Besonderheit den Querschnitt durch einen Seeigelstachel. Dabei tritt der bemerkenswert komplexe innere Aufbau dieses kleinen Wunderwerks besonders gut zutage, der entfernt an ein Mandala erinnert. Durchmesser 1350 µm.

Abb. 7.47 Sand mit Seeigelstachel aus Vardø, Norwegen. Schaftdurchmesser des Stachels 190 µm. Bildbreite 1,0 mm.

7.6 Foraminiferen

Kommen wir nun von den recht großen und auch auffälligen Seeigeln zu einer Gruppe von Tieren, oder besser zu einer Gruppe von winzigen Lebewesen mit den Eigenschaften von Tieren, die wohl nur sehr wenigen Menschen aus eigener Anschauung bekannt sind, den Foraminiferen oder «Kammerlingen», wie sie früher genannt wurden.

Foraminiferen sind ganz ursprüngliche Organismen, die im Unterschied zu den bisher behandelten Lebewesen nur aus einer einzigen Zelle bestehen. Es sind Protisten, die zu den *Rhizaria* zählen. Wie auch die einzelligen Diatomeen (Kieselalgen) bilden sie eine Schale aus, die uns natürlich im Zusammenhang mit Sand interessiert. Foraminiferen gibt es seit dem Kambrium in geringerer Zahl und seit dem Oberkarbon treten sie in riesigen Mengen auf und sind sogar gesteinsbildend. Bis auf wenige Ausnahmen leben sie im Meer und liefern dort bis zu 90 % der Tiefsee-Biomasse.[152] Die überwiegende Anzahl der 10 000 rezenten und über 40 000 fossilen Arten besitzen Gehäuse mit Abmessungen unter 2 mm, aber es existieren auch rezente Arten mit mehreren Zentimetern Größe.

Grundsätzlich lassen sich die Foraminiferen nach ihrer bevorzugten Lebensweise in zwei Untergruppen aufteilen:

1. die seit der Trias auftretenden planktonisch, also im Wasser schwebenden Arten,
2. die benthonisch, am Boden lebenden Arten, die vorwiegend im warmen Flachwasser, aber auch bis hinein in die Tiefsee anzutreffen sind. Diese Gruppe stellt die meisten Arten.

Während die planktonischen Foraminiferen meist deutlich unter 1 mm Durchmesser bleiben und eher runde Formen bilden, finden wir bei den benthonischen Arten ein breiteres Spektrum an Formen und Abmessungen.

Planktonische Foraminiferen leben zum Teil in Symbiose mit Zooanthellen, was erklärt, dass sie vorwiegend im lichtdurchfluteten Flachwasser anzutreffen sind und infolgedessen die Schalen der abgestorbenen Tiere leicht an die Sandstrände gespült werden und dort zu finden sind. Im Oberflächenwasser können Bestandsdichten von bis zu 200 Individuen je Kubikmeter erreicht werden.[153]

Über das lebende Tier ist im Kontrast zu der intensiven Beschäftigung der Forscher mit ihren vielgestaltigen Schalenformen und deren geologischer Bedeutung als Gesteinsbildner recht wenig zu erfahren. Dabei erreichen Foraminiferen ein für Einzeller verhältnismäßig beachtliches Alter von mehreren Monaten bis hin zu einigen Jahren. Das Protoplasma ihrer einzigen Zelle befindet sich sowohl innerhalb des gekammerten Gehäuses als auch außerhalb, indem es die Schale bzw. das Gehäuse umschließt. Cushman empfiehlt daher, das Tier als sowohl innerhalb als auch außerhalb seines Gehäuses lebend aufzufassen. Das Protoplasma bildet nach außen hin tentakelartige Auswüchse, mit deren Hilfe sich das Tier fortbewegen und auch Nah-

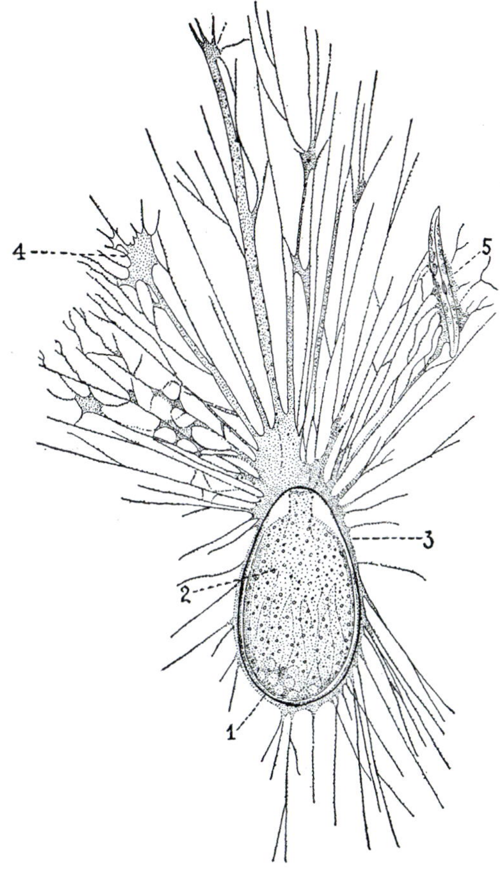

Abb. 7.48 Foraminifere, schematische Darstellung eines lebenden Tieres (nach Cushman 1950). 1: Schale; 2: Protoplasma im Inneren der Schale; 3: Protoplasma bedeckt und umschließt die Schale; 4: sich verzweigende (anastomosierende) Scheinfüßchen (Pseudopodien); 5: eine Diatomee hat sich in den Pseudopodien verfangen und wird später als Nahrung der Foraminifere einverleibt.

Abb. 7.49 Sand aus Mamanuca, Navini Island, Fidschi. Der Sand besteht fast ausschließlich aus rundgeschliffenen Gehäusen der zart lachsfarbenen Foraminifere *Baculogypsina sphaerulata*. Rechts oben ist ein Bruchstück der rötlich gefärbten Foraminifere *Homotrema rubrum* zu erkennen. Auflicht, Bildbreite 3,35 mm.

Abb. 7.50 Foraminifere aus Praio do Vau, Portugal. Das grazile Gehäuse ist in einzelne gebogene und untereinander verbundene Kammern unterteilt und unterscheidet sich dadurch deutlich von einem Schneckengehäuse mit einer einzelnen durchgehenden Kammer (zum Vergleich siehe nachfolgendes Bild). Auflicht. Bildbreite 950 µm.

Abb. 7.51 Zum Vergleich: Schneckengehäuse aus Boulders Beach, Südafrika. Im Gegensatz zur Foraminifere im Bild zuvor zeigt das Schneckengehäuse einen durchgehenden einzelnen Innenraum ohne Kammern. Auflicht. Bildbreite 1,5 mm.

Abb. 7.52 Sand mit großem Reichtum an Foraminiferen von Wailea, Big Beach auf Maui, Hawaii, USA. Auf den ersten Blick erkennbar sind rechts der Mitte ein großes diskusförmiges Gehäuse und links oberhalb der Mitte ein weißes kleineres Gehäuse. Acht weitere Foraminiferen sind bei genauerem Hinsehen zu finden. Das lilafarbene Sandkorn deutet auf den vulkanischen Ursprung des Inselstrandes hin. Auflicht. Bildbreite 3,6 mm.

Abb. 7.53 Sand von der Golden Beach, Zypern. Die hellweiße Foraminifere *Amphistegina lessoni* besitzt einen Durchmesser von 670 mm und ist von Wellen und Brandung ebenso fein poliert wie die ooidischen Sandkörner ringsherum. Auflicht. Bildbreite 2,2 mm.

Abb. 7.54 Sand von der Coral Bay, Ningaloo National Park, Australien. Die zartrosafarbene *Homtrema rubra* ist eine der wenigen gefärbten Foraminiferen und ist zudem irregulär und porös geformt. Rechts daneben eine reinweiße und planspirale Foraminifere vermutlich vom Genus *Elphidium*. Auflicht. Bildbreite 2,2 mm.

Abb. 7.55 Sehr feiner Sand von Vatersay auf den Äußeren Hebriden, Schottland. Auch in nördlich gelegenen Gewässern finden sich Foraminiferen, hier vermutlich vom Genus *Elphidium*. Auflicht. Bildbreite 2,2 mm.

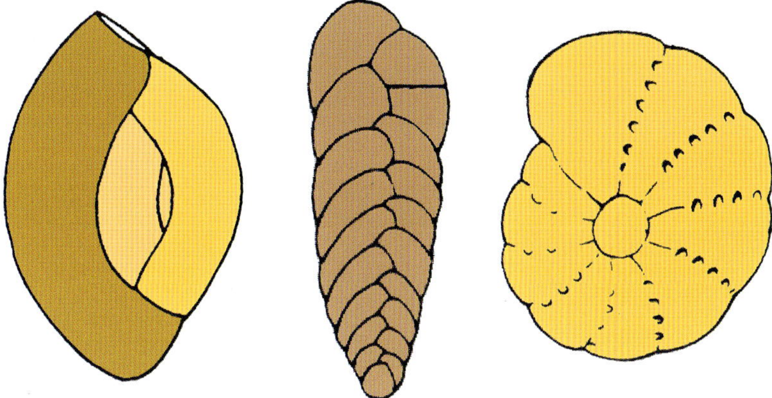

rung, zum Beispiel Algen, einfängt. Dabei verfangen sich geeignete Partikel in den amöboidalen Ärmchen des sich stets in Veränderung befindlichen Protoplasmas und werden vom Tier schließlich einverleibt. Die Ärmchen können sich andauernd verändern und miteinander verschmelzen und wieder eingezogen werden, sie können also anastomosieren. Die Gehäuse bestehen meist aus mehreren Kammern (Septae), die mit kleinen Öffnungen in den Trennwänden (Foramen) untereinander in Verbindung stehen und dem Plasma den Zugang zu allen Kammern ermöglichen. Durch die letzte Kammer (Apertur) erhält das Tier Zugang zur Umgebung. Einige Gehäuse sind zusätzlich mit winzigen Öffnungen auf den Seiten versehen, diese dienen dem Gasaustausch und dem Austausch von Nährstoffen.

Foraminiferen bewegen sich auf dem Meeresgrund nur sehr langsam fort, durchschnittlich konnten Geschwindigkeiten um 10 mm pro Stunde ermittelt werden.[154] Sie sind wie auch die einzelligen Kieselalgen in der Lage, ihre Gehäuse selber zu bauen, eine erstaunliche Leistung für einen mikroskopisch kleinen Einzeller. Einige Arten kommen aber auch ganz ohne Gehäuse aus und bestehen demzufolge lediglich aus der nackten Zelle. Uns interessieren fraglos ganz zuvorderst die Gehäuse selbst, finden sie sich doch in großen Mengen und mit beachtlichem Formenreichtum im Sand sehr vieler Strände. Ja, noch mehr: Mit bloßem Auge sind sie – zumindest bei den meisten Arten – nicht von anderen Sandkörnern zu unterscheiden, die Gehäuse sind Sand und – wie wir noch sehen werden – bestehen sie bei manchen Gattungen sogar ihrerseits aus diesem. Welch schöner und zirkulärer Gedanke. Sandkörner, die mithilfe lebender Wesen zu neuen Sandkörnern agglomerieren und wieder zu Sand zerfallen, sobald das Leben in ihnen endet.

Für uns als äußerst multizelluläre Geschöpfe ist es schwer, eigentlich unmöglich, sich in ein Wesen hineinzuversetzen, welches eben nur aus einer einzigen Zelle besteht. Und es mag

Abb. 7.56 Einige schematische Gehäusegrundformen von Foraminiferen der Schelfmeere. Links: *Miliolina* in quinqueloculiner Form, Mitte: *Textulariina* mit biserialem Gehäuse. Rechts: *Rotaliina* mit planspiralem Gehäuse. Die Kammern sind jeweils durch Suturen getrennt. Viele weitere Formengruppen existieren, hier seien nur Beispiele gezeigt.

seltsam erscheinen, einem solchen Wesen die Begrifflichkeit «Tier» zuzugestehen, die wir viel eher bei höher organisierten Lebensformen zu verorten gewohnt sind. Wie mag es sich anfühlen, eine Foraminifere zu sein, fühlt es sich überhaupt irgendwie an? Vermutlich ist schon die Frage falsch gestellt, da «fühlen» bereits voraussetzt, dass entsprechende Sinneswahrnehmungen vorliegen und natürlich von «jemandem» gefühlt werden könnten. Einzeller verfügen aber weder über spezifische Sinnesorgane noch gar über ein Bewusstsein, welches Sinnesreize aufnehmen, verarbeiten und mit einem Ich in Beziehung bringen könnte. Bedeutet das gleichzeitig, dass ein solches Wesen beziehungslos in seiner Um-Welt lebt? Sicher nicht. Es gibt Lebensbedingungen, die dem Wesen genehmer sind als andere, vielleicht feindliche oder bedrohliche. Wird es dann nicht den günstigen Bedingungen zustreben, letztlich wie wir Menschen auch? Ist es geraten, eine solche wie auch immer geartete Wechselwirkung zwischen Tier und Umwelt als blind gesteuert abzutun? Wir können es nicht mit Gewissheit sagen, aber es ist angemessen, darüber nachzudenken.

Der Übergang von abiotischem zu lebendigen Systemen, der Prozess der Lebensentstehung, liegt immer noch weitgehend im Ungewissen, Forschung in verschiedensten Disziplinen nähert sich dem Phänomen asymptotisch. Dies mag mit daran liegen, dass es hier auch um Begriffe geht; keine strenge Definition für «Leben» hat sich beispielsweise bisher

Abb. 7.57 Links: Foraminifere, Rotaliina-Typus. Darwin, Australien. Auflicht, Abmessungen des planspiralen Gehäuses 940 × 800 µm. Rechts: Dieselbe Foraminifere auf einer schwarzen Glasplatte liegend und von der Seite aufgenommen. Aus dieser Perspektive wird der Unterschied zu Schneckengehäusen offenbar. Die letzte Kammer ist nur durch eine kleine, im Bild allerdings nicht sichtbare Öffnung (Apertur) mit der Außenwelt verbunden. Demgegenüber nimmt der freie Querschnitt eines Schneckengehäuses zum Ausgang hin zu, besitzt daher die größte Öffnung am Ende der Windungen.

allgemein durchgesetzt (und ebenso wenig wie eine solche für «Bewusstsein»). Fünf Faktoren scheinen einer vertieften Diskussion standzuhalten:[155]

1. Ein Innen und Außen muss hergestellt werden, beispielsweise durch eine Membran.
2. Ein gerichteter, kontrollierter Stofftransport muss existieren (Stoffwechsel durch Aufnahme und Absondern von Stoffen).
3. Lebende Systeme besitzen geringere Entropie (thermodynamische Unordnung) als ihre Umgebung) und müssen diese unter Energieeinsatz aufrechterhalten.
4. Lebende Systeme können in gewissen Phasen wachsen und sich reproduzieren bzw. fortpflanzen.
5. Es besteht ein Informationsaustausch mit der Umwelt, der zum Vorteil des Systems genutzt werden kann (Reiz, Reaktion, Selektion).

Abb. 7.58 Darwin, Australien. Zwei Foraminiferen vom Typus *Textulariina*. Insbesondere am Exemplar links ist die biserale, wie geflochten wirkende Struktur der Kammerung zu erahnen. Es handelt sich um eine agglutinierende Art, die interessanterweise Sandkörner in ihren Schalenbau mit einbezieht. Bildbreite 2 mm.

Abb. 7.59 Dreikammerige Foraminifere aus der Familie der *Milionidae*. Das Gehäuse ist erodiert und dadurch sind die Kammern freigelegt und sichtbar. Sandkorn aus Carbis Bay, Cornwall, England. Bildbreite 700 µm.

Inwiefern diese Aspekte unabdingbar oder vollständig oder überhaupt richtig sind, bleibt offen und ist eigentlich eine Frage des Settings, der reinen Definition, da es ein externes Falsch/Richtig hierbei nicht gibt. Auch müssen nicht alle Kriterien gleichzeitig erfüllt sein, ebenso wenig aber reicht ein einziges aus. So zeigen z. B. Kristalle ein großes Maß an Strukturierung und Ordnung, können sich sogar, je nach Betrachtungsweise, reproduzieren. Dennoch wird man ihnen kein Leben zubilligen.

Lebende Systeme müssen in jedem Fall dem Zustand des thermodynamischen Gleichgewichts entgehen. Ist ein solches Gleichgewicht mit der Umgebung hergestellt, ist das System tot, da keinerlei Aktivitäten mehr stattfinden können. Aber entsteht Leben durch immer weitere Erhöhung der Komplexität eines Systems sozusagen als Nebeneffekt und graduell, oder ist es plötzlich da? Oder ist Leben eine emergente Eigenschaft eines Systems, muss ihm also zukommen? Als «emergent» bezeichnen wir ein Phänomen, welches sich nicht direkt aus den ursprünglichen Elementen eines Systems erklären lässt und als solches neu und unableitbar hinzutritt. Dies bedarf einer Erläuterung. Wenn uns beispielsweise die Frage gestellt würde, wie der zweite Teil von Goethes Faust zu analysieren sei, was käme heraus? Ungefähr 150 Gramm Zellulose und Füllstoffe, sowie wenige Milligramm Druckerschwärze. Mehr nicht. Alles andere, all die Deutungen und Interpretationen des Textes wären – bezogen auf das rein Stoffliche – emergente Eigenschaften. Nichts in der Chemie des Papiers deutet auf die Seelenqualen des Menschen Faust hin, die auf eben diesem Papier mittels Druckerschwärze festgehalten sind. Emergente Eigenschaften lassen sich also, wie das Beispiel zeigt, nicht aus den Eigenschaften der einzelnen Komponenten des betrachteten Systems erschließen oder extrapolieren, sie treten hinzu. Ist «Leben» also als emergent

Abb. 7.60 Michaelmas Cay, Australien. *Baculogypsina sphaerulatus.* Rechts ist die Darstellung aus Haeckels «Kunstformen der Natur» zum Vergleich abgebildet. Man bestaune die hervorragende Detailtreue der Grafik Haeckels, die auf die Verwendung sehr guter optischer Instrumente hindeutet. Das massenhafte Auftreten dieser schönen Foraminifere an einigen japanischen Stränden führt zur Bildung des begehrten «Sternensandes». Durchmesser ca. 2,2 mm.

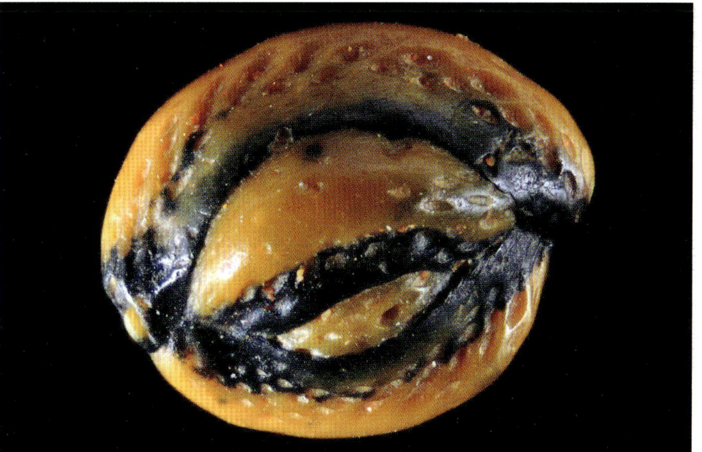

Abb. 7.61 Zwei Foraminiferen aus dem Strandsand von Darwin, Australien. Die Exemplare links stammen aus der Familie der *Milionidae*, ev. *Massilina secans*. Bildbreite 1,5 mm.

Abb. 7.62 Sandkorn und Foraminifere aus Darwin, Australien. Einige der in Spiralform angeordneten Kammern sind geöffnet. Auflicht. Bildbreite 1,4 mm.

Abb. 7.63 Sandkorn und unversehrte Foraminifere aus Darwin, Australien. Die Apertur (Öffnung) befindet sich auf der rechten Seite, die einzelnen Kammern sind länglich gebogen angeordnet. Auflicht, Bildbreite 1,13 mm.

Abb. 7.64 Foraminifere aus der Familie der *Milionidae*, Genus *Spiroloculina* oder *Massilina*, die beide schwer voneinander zu unterscheiden sind. Darwin, Australien. Breite des Gehäuses 570 µm, Bildbreite 1,35 mm.

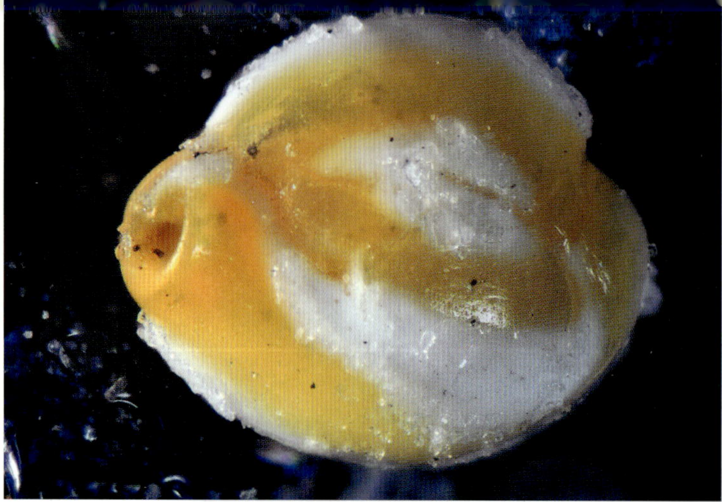

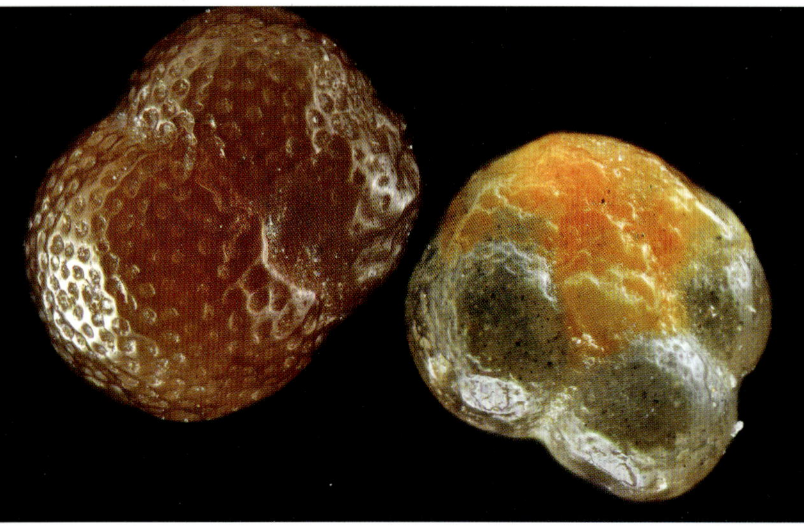

Abb. 7.65 Sandkorn und Foraminifere vom Strand Belmare auf Mauritius. Selten vorkommendes Exemplar mit stacheligen Fortsätzen. Auflicht Bildbreite 1,24 mm.

Abb. 7.66 Sandkorn aus Korfu, Griechenland. Es handelt sich um eine Foraminifere der Familie *Globigerinidae*. Diese Foraminiferen treten pelagisch im Meer auf, also fern der Uferzonen und sind daher im Sand nur selten und mit etwas Glück anzutreffen. Zudem sind die Gehäuse sehr klein. Auflicht. Bildbreite 550 µm.

Abb. 7.67 Zwei Vertreter der Foraminiferen Familie der *Globigerinidae* aus Korfu, Griechenland. Links vermutlich *Globigerina rubra*. Vertreter dieser Familie treten auch fossil seit dem Kreidezeitalter auf. Auflicht. Bildbreite 550 µm.

Abb. 7.68 Foraminifere aus dem Sand von Carbis Bay, Cornwall, England. Das Tier gehört der Familie der *Miliolidae* an und hat eine Abmessung von 600 × 490 µm. Auf der linken Seite ist die charakteristische Öffnung (Apertur) zu erkennen. Auflicht.

Abb. 7.69 Fragment der Foraminifere *Homotrema rubrum* aus Nosy Be, Madagaskar. *H. rubrum* heftet sich an die Schalen anderer Meereslebewesen wie Muscheln oder auch Korallen. *H. rubrum* bildet ein wesentliches Element sogenannter «Korallensande» und sorgt für deren rosa Farbeindruck. Auflicht. Bildbreite 1,9 mm.

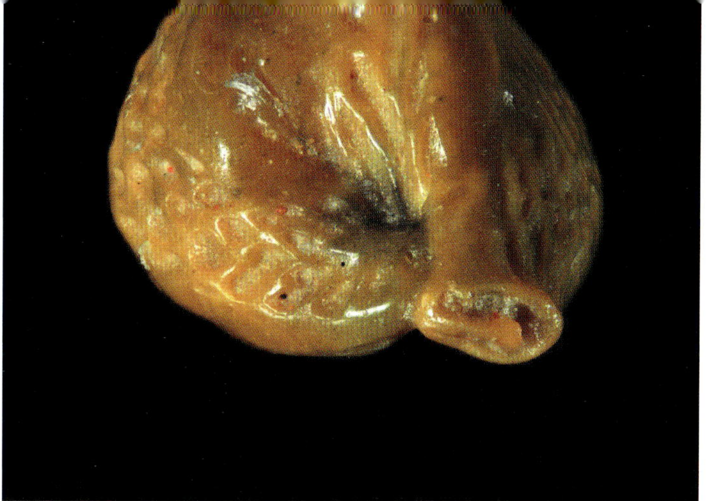

zu betrachten? Vermutlich ist die Frage nur aus weltanschaulicher Sicht und nur individuell entscheidbar.

Kehren wir noch einmal zu den Foraminiferen und ihren Gehäusen zurück. Grundsätzlich können 6 verschiedene Schalenstrukturen unterschieden werden:[156]

1. Kieselige Schalen, die nur wenige Arten betreffen.
2. Schalen aus Tektin, die schlecht fossil erhaltungsfähig sind und seit dem Kambrium auftreten.
3. Sogenannte «Sandschaler», Foraminiferen, deren Schalen aus körnigem Material bestehen. Dieses wird dem umgebenden Sediment entnommen und streng nach Größe und Struktur selektiert.[157] So gibt es Arten, die ausschließlich Sand verwenden, andere haben sich auf Schwammnadeln, Glimmer oder aber kleinere Foraminiferen spezialisiert. Dieses Verhalten unter den «agglutinierenden» Arten zeigt besonders die Unterordnung *Textulariina*, die seit dem Kambrium vorkommt. Sandschaler treten bevorzugt in kühlerem und tieferem Wasser auf.
4. Porzellanartige Schalen. Unter Auflicht wirken die Schalen wie Porzellan. Foraminiferen dieses Typs besitzen keine Perforation des Gehäuses und werden vorzugsweise durch die seit dem Karbon lebende Unterordnung *Miliolina* vertreten.
5. Mikrogranulare Schalen, die sich aus winzigen Calcitkörnchen zusammensetzen und durch die Unterordnung *Fusulinina* repräsentiert werden, die im Karbon und Perm gesteinsbildend sind und zu einer Standard-Zonengliederung herangezogen werden.
6. Glasige, hyaline Schalen, vertreten durch die Unterordnung *Rotaliina*, die im Durchlicht hell und im Auflicht dunkel-glasig erscheinen. Die Schalen sind perforiert mit winzigen Löchern (Durchmesser zwischen 0,5–15 µm). Die meisten planktonischen Arten gehören zu den hyalinen Formen.

Abb. 7.70 Links: Darwin, Australien. Porträt einer Foraminifere aus der Familie der *Milionidae* mit porzellanartig schimmernder Schale. Die Öffnung (Apertur) befindet sich auf der linken Seite. Auflicht. Bildbreite 1,25 mm. Rechts: Dasselbe Tier aus einer anderen Perspektive. Wir blicken nun direkt auf die Apertur, die bei Milioniden zusätzlich einen sogenannten «Zahn» trägt, der hier quer über der Apertur liegt. Die Zahnform ist artspezifisch.

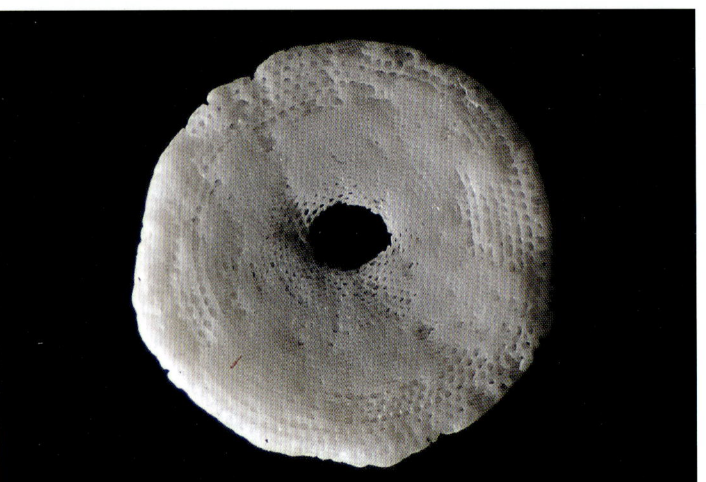

Wir sollten uns immer wieder vor Augen führen, welch komplexe und bewundernswerte Lebensformen schon auf Ebene der Einzeller existieren. Dort, wo die Grenzen zwischen den großen Reichen der Pilze, Pflanzen und Tiere verschwimmen. Dies können wir eindrucksvoll am Beispiel der einzelligen Foraminiferen nachvollziehen.

Abb. 7.71 Oben links: Foraminifere aus dem Sand der Ostküste Kretas, Griechenland. Bildbreite 1,35 mm.

Abb. 7.72 Oben rechts: Foraminifere aus Noumea, Neukaledonien. Einige Foraminiferen besitzen Gehäusestrukturen, die geeignet sind, um Licht für endosymbiontische Algen ins Innere zu leiten. Dies können feine Rippen sein, wie bei dem abgebildeten Exemplar oder aber auch lichtleitende winzige Säulen.[158] Auflicht. Bildbreite 710 µm.

Abb. 7.73 Unten links: Flache, tellerförmige Foraminifere aus Michaelmas Cay, Australien. Das Gehäuse ist erodiert, beim lebenden Tier sind die Kammern geschlossen. Vermutlich aus der Familie der *Peneroplidae*. Bildbreite 4,4 mm.

Abb. 7.74 Unten rechts: Sandkorn und Foraminifere aus Darwin, Australien. Bildbreite 880 µm.

7.7 Moostierchen oder Bryozoen

Zwar findet man sie nicht besonders häufig, aber an manchen Stränden können wir Sandkörner beobachten, die wie kleine Ästchen aussehen und gekammert sind. In diesem Fall haben wir es sehr wahrscheinlich mit Vertretern der Moostierchen oder Bryozoen zu tun. Wie so oft, führt auch hier der Name in die Irre, denn die Tierchen haben mit Moos nur manchmal ihr Aussehen gemeinsam. Bryozoen gehören zu einer nicht näher abgrenzbaren Untergruppe der Urmünder, und es gibt etwa 5600 rezente und mehr als dreimal so viele fossile Arten auf der Erde, die sie seit den Zeiten des Ordoviziums besiedeln. Die meisten Arten leben im Meer, nur wenige in Süßwasserbiotopen, in Flusssanden werden wir daher wohl keine Bryozoen antreffen. Bei den Geologen sind die Moostierchen sehr beliebt, dienen sie doch als Leitfossilien. Das bedeutet, dass das Auftreten definierter Arten für bestimmte geologische Zeiten charakteristisch ist und umgekehrt. Findet man in einer zunächst unbekannten Sedimentschicht Fossilien, deren zeitliches und räumliches Vorkommen bekannt ist, es sich also um Leitfossilien handelt, kann demzufolge das Alter der Schicht eingeordnet werden. Natürlich werden neben den Bryozoen noch sehr viele weitere Leitfossilien ganz verschiedener Arten herangezogen.

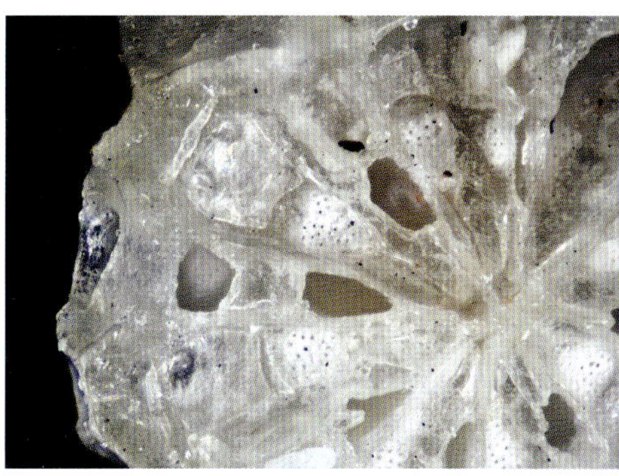

Moostierchen bilden Kolonien, die sich aus vielen Einzeltieren, den Zooiden, zuammensetzen. Die Einzeltiere bestehen jeweils aus einem Vorderkörper mit einem Kranz bewimperter Tentakeln, die einer Mundöffnung Wasser und Nahrung zustrudeln, sowie einem kasten- oder zylinderförmigen Hinterkörper, der ein Kalkskelett ausbildet und in den sich das Tier mithilfe eines Zentralmuskels zurückziehen kann. Die Gesamtheit der kalkigen Gehäuse der Einzeltiere ist zu einem sogenannten Zoarium verbunden, welches artspezifisch ganz unterschiedliche Formen annehmen kann. Das kann man sich wie eine Art Wohngemeinschaft vorstellen. Es gibt eine Vielfalt ästchenartiger, lappiger, baumartiger, fächerförmiger und krustiger Ausprägungen, auf denen die Einzeltierchen in Reihen sitzen. Die einzelnen Gehäuse sind untereinander durch Wandporen in Verbindung. Aus den seitlich zu erkennenden Öffnungen der von uns im Sand vorgefundenen Bryozoenreste ragten einst die Tentakelkränze hervor.

Bemerkenswert ist der Umstand, dass bei den Moostierchen Polymorphismus auftritt, bestimmte Einzeltiere sich somit von den anderen unterscheiden und auch in der Kolonie ganz spezielle Aufgaben übernehmen. Das erinnert sehr an einige Ameisenarten (u.a. bei *Pheidole*, *Messor*), die ebenfalls Polymorphismus zeigen, beispielsweise «Soldaten» hervorbringen,

Abb. 7.75 Oben: Nahaufnahme eines Bryozoenastes von der Seite. Die Öffnungen, aus denen die Einzeltiere ragten, sind deutlich zu erkennen. In der unteren Abbildung blickt man auf den Querschnitt eines Ästchens. Hier sind die Porenplatten zu sehen, mit denen die Gehäusekammern jeweils untereinander verbunden sind. Carbis Bay, Cornwall, England. Bildbreite untere Abbildung 840 µm.

die bedingt durch ihre deutlich verstärkte Muskulatur der Mundwerkzeuge (Mandibelmuskulatur) in der Lage sind, für die Verteidigung des Staates zu sorgen. Ähnliches gibt es auch bei den Bryozoen. Spezialisierte Einzeltiere übernehmen das Putzen der Oberfläche oder auch die Verankerung der Kolonie am Untergrund.[159] Es gibt sogar Einzeltiere, die Gonozooide, die für die Larvenaufzucht zuständig sind, Bryozoen betreiben also Brutpflege. Moostierchen können sich übrigens sowohl geschlechtlich als auch ungeschlechtlich durch Knospung fortpflanzen. Bryozoen ernähren sich von Plankton. Das Verdauungssystem der Tiere ist recht schlicht, nämlich U-förmig angelegt. Nahrung wird an der tentakelbesetzten Seite zugeführt, in einem sackartigen Magen verarbeitet und an der anderen Seite des U wieder ausgeschieden. Es ist schon sehr erstaunlich, welch kleine und bemerkenswerte Wunderwesen wir im Sand finden, Wesen, deren Reste sich seit vielen Millionen von Jahren in den Sanden der Welt befanden, oftmals in Struktur und Funktion unverändert über die Zeit.

Abb. 7.76 Bryozoen aus dem Sand von Darwin, Australien. In jeder der einzelnen Öffnungen lebte ein Moostierchen der Kolonie. Bildbreite 3,3 mm.

Abb. 7.77 Sand mit Bryozoenästchen, Plage Saint Efflam, Cote d Armor, Frankreich. Dicke des Ästchens 190 µm.

Abb. 7.78 Fossile Bryozoen in einem circa 80 Mio. Jahre alten Feuerstein aus dem Strandgeschiebe. Hohwacht, Deutschland. Auflicht. Bildbreite 13 mm.

Abb. 7.79 Rechte Seite: Turmschnecke, Muschelschalen und eine erodierte Foraminifere (rechts oberhalb der Mitte) aus dem Sand der Insel Bartholome, Galápagos, Ecuador. Auflicht. Bildbreite 4,75 mm.

7.8 Schnecken und Muscheln

Nachdem wir nun einige weniger bekannte Arten behandelt haben, widmen wir uns einem Tierstamm, mit dem wohl jeder schon in der einen oder anderen Weise Kontakt hatte, sei es aus reinem Interesse oder gar aus einem kulinarischem Kontext heraus, wir sprechen von den Mollusken oder Weichtieren.

Zu den häufigsten Weichtieren (Mollusken) zählen Schnecken und Muscheln, deren Reste auch die mengenmäßig größte Fraktion an organischem Material in den marinen Sanden stellen. Von den insgesamt über 130 000 Molluskenarten bilden die Schnecken mit etwa 110 000 Arten den Hauptanteil. Als einzige der Weichtierklassen haben Schnecken oder Gastropoden, was nichts anderes als «Bauchfüßer» bedeutet, auch landlebende Arten hervorgebracht. Man schätzt ihre Zahl auf 32 000 Arten.[160] Schnecken decken ein sehr breites Größenspektrum ab. Die kleinsten von ihnen liegen unter 0,5 mm, also im Bereich der Foraminiferen, mit denen sie nicht verwechselt werden sollten. Ein komplettes Kriechtier samt Gehäuse nimmt bei diesen Miniaturschnecken nur die Größe eines kleinen bis mittleren Sandkornes ein. Nach oben hin können manche Schneckenarten Abmessungen von mehreren Dezimetern erreichen.

Uns interessieren wie immer – leider – nur die Fragmente, die Überreste dieser hochinteressanten Tiere. Im Unterschied zu den zweiteiligen Schalen der Muscheln *(Bivalvia)* besitzen die Schnecken ein spiralig aufgerolltes, nicht symmetrisches Gehäuse.

Liegen die Windungen in einer Ebene, spricht man von planspiralen Gehäusen, sind die Windungen in Höhenrichtung turmartig übereinander gewunden, von trochispiralen Gehäusen. Letztere Gehäuseform ist uns von den heimischen Weinbergschnecken *(Helix pomatia)* bekannt. Weiterhin existieren alle Übergänge zwischen diesen Grundformen sowie noch napfförmige, elliptische und andere. Nicht alle Schnecken besitzen freilich ein Gehäuse, sie hinterlassen demgemäß auch keine Partikel im Sand und sollen uns daher nicht weiter beschäftigen.

Abb. 7.80 Oben: Sandkorn bestehend aus einem Schneckengehäuse, Big Island, Hawaii, USA. Das mit nur 1,25 mm Durchmesser sehr kleine Gehäuse besitzt eine von außen gut zu erkennende trochispirale Form. Rechts der Längsschnitt durch das ebenfalls trochispirale Gehäuse einer gewöhnlichen Weinbergschnecke *(Helix pomatia)*. Das bis in die Spitze hinein gewundene Gehäuse besteht aus einem einzigen durchgängigen Volumen. Durchmesser ganz unten 38 mm.

Abb. 7.81 Mitte und unten: Zum Vergleich eine Foraminifere aus Darwin, Australien. Das Gehäuse auf der linken Abbildung könnte mit einem Schneckengehäuse verwechselt werden. Es wurde nach der fotografischen Aufnahme etwa zur Hälfte in Dickenrichtung abgeschliffen. Das untere Bild zeigt das Ergebnis im Durchlicht. Sehr deutlich ist die Kammerung des gewundenen Gehäuses zu erkennen. Im Gegensatz zu einem Schneckengehäuse, welches aus einem einzigen durchgehenden und nach außen offenen Raum besteht, ist das Gehäuse der Foraminiferen nicht durchgehend, sondern je nach Art in eine Vielzahl von kleinen Kammern («Kammerlinge») unterteilt, die, wie man deutlich sieht, auch untereinander mit Öffnungen verbunden sind. Durchmesser um 1 mm.

Abb. 7.82 Isla Bartholome, Galápagos, Ecuador. Turmförmiges Schneckengehäuse mit Sandkörnern gefüllt, «Sand im Sand». Durchmesser ca. 1000 µm.

Abb. 7.83 Puuhouna Beach, Hawaii, USA. Napfförmiges Schneckengehäuse. Durchmesser 2,8 mm.

Abb. 7.84 Schneckengehäuse vom Strand Belmare, Mauritius. Auflicht. Bildbreite 770 µm.

Abb. 7.85 Schneckengehäuse aus dem Sand von Boulders Beach, Südafrika. Auflicht. Bildbreite 810 µm.

Abb. 7.86 Bunte Schalenreste von Schnecken und Muscheln im Sand von Vardø, Norwegen. Bildbreite 900 µm.

Abb. 7.87 Sand von der Flagler Beach an der Ostküste Floridas, USA. Orangefarben abgestufte Muschelschalen und Quarz mischen sich sehr dekorativ zu einem einzigartigen Gesamteindruck. Auflicht. Bildbreite 5,35 mm.

Das Schneckengehäuse ist, ebenso wie die Muschelschalen, aus drei Schichten aufgebaut. Der äußeren Schicht aus dem Protein Conchyolin folgen eine mittlere Schicht aus Aragonitprismen und schließlich die innere Schicht aus Aragonit und Conchyolin. Je nach Conchyolingehalt schimmert diese Innenschicht sehr schön wie Porzellan oder Perlmutt. Ganz besonders beeindruckend ist dies bei den Porzellanschnecken oder Kaurischnecken zu beobachten, deren Schönheit sie seit Urzeiten für den Mensch als begehrenswertes Objekt hervorgehoben hat. Sei es als Schmuck, für kultische Zwecke oder auch als Zahlungsmittel; die Kaurischnecken wären ein eigenes Kapitel wert. Da sowohl Conchyolin als auch Aragonit nicht sehr dauerhaft sind, ist der Erhaltungsgrad fossiler Schneckengehäuse schlecht, meist bleibt nur ein Steinkern des Gehäuses übrig.

Ganz im Gegensatz zu den teilweise äußerlich sehr ähnlich aussehenden Gehäusen der Foraminiferen, besteht das Gehäuse der Schnecken aus einem durchgehenden, sich zum Austritt hin stetig vergrößernden Volumen. Dasjenige der Foraminiferen ist stets gekammert, was manchmal von außen schwer zu erkennen ist. Schnecken und Foraminiferen überschneiden sich in ihren Abmessungen, sodass die Größe allein kein ausreichendes Unterscheidungsmerkmal liefert, wenngleich in der überwiegenden Zahl Schneckengehäuse vergleichsweise größer sind.

Sehr gut passend ergänzen wir hier unsere Aufstellung um einen Sand, der einst Weltberühmtheit erlangt hat, der Steinheimer Schneckensand aus der Grube Pharion im Nördlinger Ries. Im tertiären Obermiozän vor etwa 14 Mio. Jahren entstand ein großer, ringförmiger Kratersee im Einschlagtrichter des bereits erwähnten Riesmeteoriten. Nur der durch Rückfallmassen gebildete Zentralberg blieb vom Wasser unbedeckt. In diesem verhältnismäßig kleinen und abgeschlossenen Lebensraum entwickelten sich in Generationsfolge Süßwasserschnecken, die *Planorben*, deren fossile Reste sich außergewöhnlich gut erhalten und in großen Mengen im Bereich der zugänglichen Riesaufschlüsse finden lassen.

Abb. 7.88 Diese nur 1,6 mm breite Muschelschale fand sich im Strandsand von Boulders Beach, Südafrika. Die türkisfarben, fast neonartig leuchtenden Markierungen sind jeweils nur 38 µm breit. Auflicht.

Abb. 7.89 Diese hübsche Flussmuschel stammt von einer Sandbank der Elbe bei Lenzen, Deutschland, und wurde selber zum Sandkorn (in der Größenklasse von Feinkies). Auflicht. Bildbreite 4,75 mm.

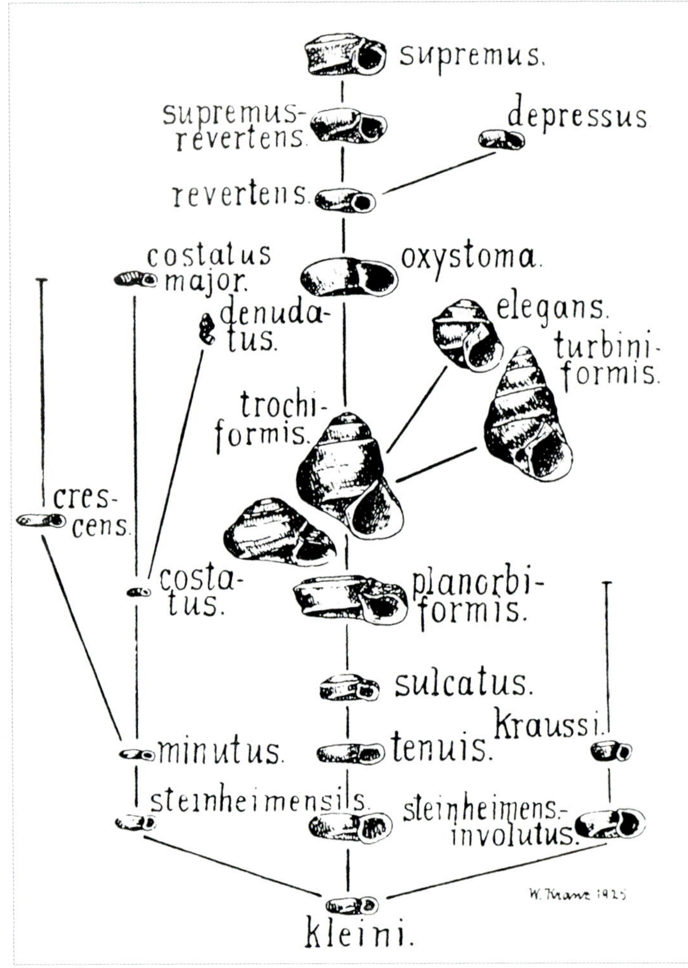

Abb. 7.90 «Schneckensand» aus der Grube Pharion, Steinheimer Becken, Deutschland. Mehrere Windungstypen sind zu erkennen. Die wunderschön cremefarbenen Schneckengehäuse wurden vor der Aufnahme von sonstigen Sedimentteilen und Anhaftungen befreit. Bildbreite 15,6 mm.

Abb. 7.91 Links: Planorbenreihe nach Forschungen von Hilgendorf und Kranz, 1915. (Grafik aus Adam, K.D.: Das Steinheimer Becken). Gut zu erkennen sind die Übergänge von planspiralen zu trochispiralen Gehäuseformen in allen Variationen.

Abb. 7.92 Rechts: Planspirales Schneckengehäuse aus dem «Schneckensand» der Grube Pharion, Deutschland. Durchmesser 5,2 mm.

Schon früh zogen die fossilen Schnecken mit ihrer Formenvielfalt das Interesse der Forscher auf sich. Franz Hilgendorf (1839–1904), Student des berühmten Tübinger Professors Quenstedt, widmete sich sein ganzes wissenschaftliches Leben hindurch den aufeinanderfolgenden und ineinander übergehenden Formen der Schnecke *Planorbis multiformis*. Seine Ergebnisse fasste er in einer Dissertation zu diesem Thema zusammen. Die Untersuchungen Hilgendorfs stellen tatsächlich den ersten direkten Beleg für die Evolutionstheorie Darwins dar. Im Jahr 1925 schließlich entwarf Walter Kranz den Stammbaum und die Entwicklungsreihe aller aus der Schnecke *Gyraulus trochiformis kleinii* hervorgegangenen Formen. Er stützte sich dabei auf die Arbeit Hilgendorfs und Gottschicks.[161]

Befreit man das Sediment der pharionschen Grube vorsichtig von Feinpartikeln, erhält man eine wunderschöne Ansammlung von Sandkörnern, die ausschließlich aus 14 Mio. Jahre alten Schneckengehäusen verschiedener Formen und Windungstypen bestehen.

Es ist fast bedauerlich, an dieser Stelle aus Platzgründen abzubrechen, noch viele schöne Beispiele gäbe es zu zeigen. Muscheln und Schnecken haben wir thematisch nur gestreift und auch Tierspuren in Form von Zähnen wären eine eigene Betrachtung wert. Deren Häufigkeit ist allerdings nicht so groß, man muss schon etwas Glück haben und Geduld bei der Suche im Sand mitbringen, ebenso wie bei der Suche nach den Resten von Seepocken, die die Uferlinie markieren, den seltsamen gerippten Röhren der Kalkröhrenwürmern, die an Plastikschläuche erinnern, oder gar den Kieferplatten von Rochen und Stachel-

Abb. 7.93 Sandkorn aus Snaefellsnes, Island. Teil des Kieferapparates eines Rochens. Auflicht. Bildbreite 2,5 mm.

Abb. 7.94 Fragment des Gehäuses einer Seepocke aus Tromsø, Norwegen. Seepocken gehören zu den Ruderfußkrebsen und sind sesshaft. Ihre Gehäuse mit den charakteristischen Längsstrukturen finden sich gelegentlich in Küstensanden. Auflicht. Bildbreite 4,9 mm.

rochen. Wir belassen es daher bei einigen beispielhaften und charakteristischen Abbildungen.

Damit schließen wir die am Anfang des Kapitels 4 aufgeführte Gruppe 3, die Relikte von Schalen, Stacheln und Skelettteilen im Sand behandelt und wenden uns der zweiten Gruppe zu, den Sanden aus organogenen Kalkgesteinen.

Abb. 7.95 Flic en Flac, Mauritius. Zähne im Sand. Auflicht. Bildbreite 6,2 mm.

Abb. 7.96 Schlauchartiges Gehäuse eines Kalkröhrenwurmes über dem polierten Fragment einer Koralle aus dem Sand der Playa Espadilla Sur, Costa Rica. Auflicht. Bildbreite 2,7 mm.

7.9 Kalk

Karbonatgesteine, Kalke also, zählen zu den ältesten Sedimenten der Erde, die schon im Archaikum gebildet wurden. Im Präkambrium wuchsen große Riffe heran, als deren Baumeister prokaryotische Cyanobakterien identifiziert werden konnten. Diese lieferten nicht etwa das Gerüst der Riffe, wie es dann später die Korallen taten, sondern sie erschufen Riffe durch biochemische Karbonatausfällungen. Cyanobakterien betreiben Fotosynthese und sind als «Extremophile» außerordentlich anpassungsfähig, sodass sie in der Lage sind, auch scheinbar lebensfeindliche Orte zu besiedeln. Sie hatten und haben keine Feinde. Man vermutet, dass Cyanobakterien mit zu den ersten Lebensformen der Erde zählten. Heute sind sie als wahre Alleskönner faktisch in jedem mit Licht ausgestatteten Lebensraum anzutreffen, vom Eis der Antarktis über hypersaline Gewässer bis hin zu heißen Quellen.

Noch heute sichtbare Zeichen der ersten Besiedlungsformen der Erde stellen die sogenannten Stromatolithen dar. Sie sind das Produkt der Ausscheidungsvorgänge von prokaryotischen Mikrobengemeinschaften. Diese bestanden zunächst aus evolutionär sehr frühen Schwefelbakterien, die kein Licht benötigten, später aber hauptsächlich aus Cyanobakterien, die den flachmarinen Boden mit gallertartigen Biofilmen überzogen, in denen kleinste mineralische Partikel oder auch Mikropartikel aus dem Plankton hängen blieben. Zusammen mit ausgefälltem Kalkschlamm wurde der Gallertfilm zunehmend undurchsichtig, sodass sich die lichtbedürftigen Bakterien erneut darüber ansiedelten. Auf diese Weise legte sich Schicht für Schicht mit einem Tempo von durchschnittlich einem Millimeter pro Jahr aufeinander und wuchs zu wallartigen Riffstrukturen auf, Stromatolith genannt. Die ältesten fossilen Stromatolithe finden sich in Nordwestaustralien in der Nähe von Marble Bar und besitzen ein Alter von etwa 3,4 Mia. Jahren. Sie bildeten sich in einer Flachwasserlagune in der Caldera eines vorzeitlichen Vulkans. Ihr Erhaltungszustand ist außergewöhnlich gut, da sie sich auf dem noch älteren Pilbara Kraton befinden, der als Artefakt der alten Erdkruste allen tektonischen Einflüssen und Faltungen widerstand.[162] Auch heute noch gibt es Orte auf der Erde, wie in der australischen Shark Bay, an denen rezent die Entstehung von Stromatolithen beobachtet und erforscht werden kann. Fossil finden sich Reste von Stromatolithen an

Abb. 7.97 Kalksand mit Kalkmergeln und einigen Quarzkörnern. Mettertal, Sachsenheim, Deutschland. Die Metter durchfließt an dieser Stelle den Muschelkalk und führt Sandkomponenten aus dem überlagerten Gipskeuper und Stubensandstein, alles zur Trias gehörig. Die weichen Körner sind selbst nach wenigen Kilometern Transportweg bereits gut gerundet. Bildbreite 6,8 mm.

Abb. 7.98 Kalksand von der Küste Pargas, Griechenland. Bildbreite 6,8 mm.

vielen Stellen der Erde, auch in Europa, manchmal sogar in Form von Fluss- und Meeresgeröllen. Sie fallen durch ihre wellige und feine Lamellierung ins Auge, die nichts anderes als eine Art von vertikalen Jahresringen darstellt und durch Anschleifen und Polieren besonders schön zur Geltung kommt. Stromatolithen werden deshalb gerne zu Schmuckartikeln oder Handschmeichlern verarbeitet.

Um was handelt es sich denn nun genau, wenn wir von «Kalk» sprechen? Grundsätzlich verstehen wir unter Kalk Sedimente aus der Gruppe der Karbonate, also den Salzen der Kohlensäure. Kalksteine bestehen zu etwa 80 % aus diesen Karbonaten. Ein Großteil des Kalks ist biogenen Ursprungs, «omnis calx ex vivi» formulierte es daher Carl von Linne so treffend. Das ist auch der Grund, warum wir Kalk in diesem Kapitel behandeln, in dem es um ehemals Lebendiges geht, und nicht bei den Gesteinen, bei denen er eigentlich einzuordnen gewesen wäre.

Zu den wichtigsten Karbonaten zählen Calcit, Aragonit und Dolomit. Wir wollen sie kurz und der Reihe nach vorstellen.

Calcit oder Kalkspat ($CaCO_3$) ist mit Abstand das wichtigste nichtsilikatische Mineral auf der Erde. Es gehört dem trigonalen Kristallsystem an und besitzt in drei schräg aufeinanderstehenden Ebenen eine kennzeichnend gute Spaltbarkeit, bricht ansonsten spröd und muschelig. Calcit ist das formenreichste Mineral überhaupt, mehrere 100 Formen seiner Kristalle und über 1000 Flächenkombinationen (Trachten) davon sind bekannt.[163] Mit einer Mohshärte von 3 ist Calcit sehr weich, Kalksande fallen daher sehr schnell der Abrasion anheim und werden schon nach kurzen Transportwegen gerundet. Durch die Zugabe kalter und verdünnter Salzsäure kann Calcit leicht durch sein heftiges Schäumen identifiziert werden.

Abb. 7.99 Stromatolith. Sehr ausgeprägt sind die aufeinanderfolgenden hellen und dunklen Schichtungen, die den Fortschritt der Besiedlung früherer Zeiten abbilden. Polierte Trommelware, ohne Fundortangabe. Breite 38 mm.

Abb. 7.100 Rhomboedrisches Spaltstück des begehrten isländischen Doppelspats, einer reinen und völlig klaren Varietät des Minerals Calcit. Dieser wurde bis in die Neuzeit hinein für optische Zwecke verwendet. Von besonderem Interesse ist seine hohe Doppelbrechung. Auflicht vor schwarzem Hintergrund. Seitenlänge 35 mm.

Abb. 7.101 Skalenoedrische Calcitkristalle aus dem Lettenkeuper, einer Formation aus der Trias Zeit. Sachsenheim, Deutschland. Auflicht. Bildbreite 20 mm.

Im Unterschied zu Calcit weist Aragonit bei gleicher chemischer Zusammensetzung orthorhombische Symmetrie auf. Aragonit ist nur unter höheren Drücken stabil, nicht jedoch an der Erdoberfläche. Diagenetisch wird er daher nicht gebildet, sondern er entsteht vorwiegend hydrothermal in Klüften oder in Hohlräumen vulkanischer Gesteine. Bekanntes Beispiel ist der Karlsbader Sprudelstein. Stabil entsteht Aragonit unter hohen Drücken, wie sie in Subduktionsbereichen von Plattenrändern vorliegen. In Kontakt mit Süßwasser ist Aragonit besonders instabil und zerfällt leicht. Für unseren Zusammenhang ist er von Bedeutung, da die kalkigen Elemente vieler Tiere aus Aragonit bestehen. So etwa bei Grünalgen, Kalkschwämmen, Bryozoen, Korallen und Gastropoden, um nur die wichtigsten zu nennen. Demgegenüber besitzen Muschelkrebse, Brachiopoden und Seepocken Skelette bzw. Gehäuseelemente aus Calcit. Auch die kalkigen, röhrenförmigen Bauten der marinen Würmer sind aus Calcit aufgebaut. Muschelschalen besitzen Anteile aus Aragonit und Calcit. Oft sind den Aragonit-Skelettelementen Anteile von Magnesiumcalcit beigemengt. Hierbei handelt es sich um eine ebenfalls metastabile Varietät des Calcits, in dessen Gitter Magnesiumionen in großer Menge statistisch verteilt sind.

Das Mineral Dolomit enthält je hälftig Calcium- und Magnesium-Ionen. Dabei besteht eine dem Calcit ähnliche Kristallstruktur, bei der sich Magnesium-führende und Calcium-führende Kristallschichten abwechseln. Dolomit kann in Sedimenten sowohl aus Calcit als auch aus Aragonit unter Zufuhr von Magnesium gebildet werden. Gegenstand der Forschung sind immer noch rezente Dolomitbildungen unter Bedingungen der Erdoberfläche, deren Mechanismen nicht vollständig erklärt sind, wohingegen er bei Temperaturen

Abb. 7.102 Dünnschliff eines Stücks Carrara Marmor, also metamorphen Calcits, unter gekreuzten Polarisatoren im Durchlicht. Die rhomboedrischen Spaltfächen sind bei einzelnen Kristalliten zu erkennen sowie die zu den Längskanten parallelen Zwillingsbildungen. Das unterscheidet im Dünnschliff Calcit von Dolomit. Letzterer zeigt Zwillingsbildung in Richtung der kleinen Diagonale im Rhomboeder, Calcit hingegen nur in Richtung der Längskanten oder in Richtung der großen Diagonalen.[164] Bildbreite 800 µm.

über 100 °C leicht entsteht. Metamorphe, also unter Druck gebildete Dolomite, zeigen teils sehr schön weiße, zuckerkörnige Ausprägung, die im Tiefbau allerdings gefürchtet ist, da diese Dolomite bereits unter leichtem Druck zerbröseln. Mineral und Gestein tragen den gleichen Namen zu Ehren des französischen Geologen Dolomieu. Dolomit schäumt mit warmer Salzsäure, nicht aber mit kalter, was als recht gutes Unterscheidungsmerkmal zu Calcit verwendet werden kann. Im direkten Vergleich zu Kalkstein ist Dolomitgestein härter, schwerer und auch spröder und sieht bei meist zuckerkörnigem Glanz gelblichgrau bis hellgrau aus. Die Hauptkomponenten karbonathaltiger Gesteine sind Kalk, Ton und (Quarz-) Sande. Mischungen aus Kalk und Ton sind unter dem Begriff «Mergel» zusammengefasst. Überwiegt der Kalkanteil, sprechen wir von Kalkmergeln, im umgekehrten Fall von Tonmergeln. Mergel lagerten sich in ruhigen Schelfbereichen der Meere ab, in die kalkige, feinstkörnige Organismenreste als Kalkschlamm absanken und in die aus umgebenden Flüssen tonige Sedimentfrachten eingebracht wurden. Ihre sehr weiche Konsistenz als Gestein führt zu vergänglichen und rasch erodierenden Sanden von nur lokaler Bedeutung. Durch ihre wichtige Funktion als Rohstoff für die Zementindustrie und Bodenverbesserer in früheren Zeiten findet man recht viele gute und geologisch interessante Aufschlüsse.

Kalksteine sind zumeist hellere Gesteine, die überwiegend aus Karbonaten bestehen, die in den Ozeanen der Vorzeit abgelagert worden sind. Der Aufbau an Kalksedimentation der gegenwärtigen Ozeane findet mit durchschnittlich 2–10 mm je 1000 Jahren statt.[165] An die Erdoberfläche treten nur Kalke, die

Abb. 7.103 Dünnschliff durch das Rostrum («Donnerkeil») eines fossilen Belemniten aus dem Strandgeröll von Fehmarn, Deutschland. Rostren bestehen aus dem dauerhaften, hier radialstrahlig kristallisierten Calcit. Alle anderen Skelettteile der zu den Kopffüßern gehörenden Tiere bestanden aus Aragonit und sind daher längst zerfallen. Durchmesser 9,5 mm.

Abb. 7.104 Zuckerkörniger Dolomit-Marmor mit Pyritkristalllagen aus der weltberühmten Grube Lengenbach im Binntal, Schweiz. Aus 200 Mio. Jahre alten Sedimenten des Tethysmeeres entstanden diese schönen Gesteine durch Metamorphose und Umkristallisation bei der Alpenbildung. Steinbreite 35 mm.

Abb. 7.105 Gebankte Kalke des obersten Muschelkalk mit horizontal verlaufender Schichtung. Die oben aufliegenden Schichten der begrünten Böschung stellen die Grenze zum unteren Keuper dar (beides Trias). Sachsenheim, Deutschland.

Abb. 7.106 Ein Stück Muschelkalk als Straßenschotter gebrochen. Typische graue Farbe, muschelförmiger, spröder Bruch und feinstkristalline (mikritische) Struktur sind deutlich erkennbar. Sersheim, Deutschland. Bildbreite 88 mm.

Abb. 7.107 Korallenkalk. Die Organismen, hier fossile Korallen, dienten im Meer der Vorzeit als Sedimentfänger. Kalkschlamm lagerte sich zwischen den Ästchen der Korallen ab und wurde mit diesen dann sedimentiert. Geschiebe von der walisischen Küste bei Trevor, Großbritannien. Bildbreite 57 mm.

zuvor tektonisch gehoben wurden, Kalkgebirge sind also immer ehemalige ozeanische Sedimentationsräume. Neben ihrer enormen wirtschaftlichen Bedeutung für die Baustoffindustrie sind Kalke der Hauptspeicher für das Treibhausgas Kohlendioxid. Schätzungen zufolge speichern die Kalksteine der Erde in Summe vierzigtausendmal so viel Kohlendioxid wie alle Weltmeere, die Atmosphäre und die Biosphäre zusammen.[166] Sie spielen daher im globalen Karbonatkreislauf eine entscheidende Rolle. Lebewesen, die Kalkschalen oder -skelette bilden, aus denen nach deren Absterben Gesteine entstehen, sind in hohem Maße klimawirksam, sie bilden ein Langzeitprogramm zur Karbonateinlagerung. Jährlich binden diese Organismen weltweit geschätzte 0,1 Gigatonnen Kohlenstoff.[167] Bei der Verwitterung der Kalksteine nach gebirgsbildenden Prozessen wird Kohlendioxid aus der Atmosphäre gebunden und in Form von Calciumcarbonat durch Flusstransport den Meeren zugeführt, in denen die genannten Organismen aus diesen chemischen Verwitterungsprodukten der Gebirge wiederum ihre Schalen aufbauen, die anschließend sedimentiert werden. Der Kreis ist geschlossen.

Für eine systematische Klassifizierung von Kalksteinen gibt es mehrere Ansätze. Vereinfacht unterscheiden wir mit Füchtbauer (1996) zwei Grundtypen:

1. Partikelkalke. Bei diesen Kalken gibt es biogene Großpartikel, die aus Muscheln, Gastropoden, Echinodermen, Cephalopoden usw. gebildet werden. Die Hohlräume zwischen diesen klastischen Komponenten können nun einerseits durch noch feineres Sediment, der Matrix, gefüllt werden, oder aber durch diagenetische Ausscheidungen, dem sogenannten Zement. Je nach Verhältnis zueinander, also zwischen Großpartikeln und Matrix bzw. Zement, werden verschiedene Kalksteintypen unterschieden (Mudstone, Wackestone, Grainstone und Boundstone). An der Art und der Struktur des Zementes kann der Fachmann sogar auf die zugehörigen Bildungsbedingungen schließen.

2. Strukturlose, fein- oder grobkristalline Kalke ohne sichtbare Partikel, die auch Kalklutite genannt werden. Feinstkristalline Kalke mit Partikelgrößen unter 4 µm werden als Mikrit bezeichnet. Diese Kalke bildeten sich aus Kalkschlämmen und Ausfällungen in Meeresbecken oberhalb der Calcitkompensationstiefe. Diese Kalke sind sehr dicht und praktisch porenfrei. Man vermutet, dass bei dem Prozess der Kompaktierung die Umwandlung der organogenen Aragonitkomponenten in Calcit eine wichtige Rolle gespielt hat.

Eine besondere Form der Zementation stellt die Mikritisierung dar. Wie wir schon gesehen hatten, gibt es Pilze und Algen, die winzige Bohrungen in Kalkschalen und Kalkpartikel allgemein bohren. Meist geschieht das bis zu Tiefen von 10–50 µm. Nach Absterben der Organismen füllen sich diese Bohrlöcher mit kryptokristallinem Mg-Calcit, dem Mikrit. Mit der Zeit entstehen auf diese Art regelrechte Überzüge auf den Körnern. Lösen sich die Körner, bleiben nur diese Mikritüberzüge erhalten, die bei Kompaktierung des Sediments zusammenbrechen. Auch hier ist man in der Lage, aus den entsprechenden Strukturen auf die zugrunde liegenden Bildungsbedingungen zu schließen.

Wenden wir nun am Ende dieses Kapitels noch einmal den Blick zurück. In tropischen Regionen, also in den von uns so geschätzten Stränden vieler Urlaubsregionen, besteht Sand aus vollkommen anderem Material als jenes, welches wir aus Mitteleuropa gewohnt sind. Quarz tritt in den Hintergrund, da tropische Inseln bis auf wenige Ausnahmen keinen Granit führen, dafür beherrscht Kalk aus marinen Organismen die Szene. Muschelreste, Foraminiferengehäuse, Seeigelstacheln, Schneckenschalen, Schwammnadeln und Teile von Korallen bilden das Ausgangsmaterial für tropische Küstensande, deren Alter damit deutlich hinter denen der kontinentalen Gebiete zurückbleibt und dessen Ursprung immer regional begrenzt ist. Unter der Lupe oder gar dem Mikroskop eröffnet sich hier eine nahezu unerschöpfliche Pracht und Vielfalt an Formen und Farben. Der hochgeordnete Aufbau von Kristallgittern mineralischer Sandkörner ist selbst mit dem Lichtmikroskop nicht direkt zu beobachten. Demgegenüber sind die Muster biogener Körner schon mit guten Lupen zu bewundern. Mit einer Handvoll Sand einer tropischen Küste kann man sich tagelang beschäftigen. Jenseits aller wissenschaftlichen Betrachtung ist der Reichtum an Formen, Farben und Strukturen überwältigend. Man findet Spiralen, Kreise, Muster aller Art und selbst innerhalb von winzigen Kalkfragmenten lassen sich Straßensysteme von Fraßspuren noch winziger Organismen ausmachen, deren Lebensraum auf ein einziges Sandkorn beschränkt ist.

Organismen haben mit dem Prozess der Biomineralisation erreicht, was sich Forscher auf dem Gebiet der Nanotechnologie erst vorgenommen haben: Aufbau definierter, komplexer und reproduzierbarer Strukturen aus einfachen Grundbausteinen. So sind etwa die bereits erwähnten und mit Abmessungen von nur 0,045 µm winzigen Magnetosome in magnetotaktischen Bakterien völlig frei von Gitterdefekten im Kristall.

Das letzte Wort haben zwei Tierchen als Vertreter einer Insektenordnung *(Trichoptera)*, die ich schon als Kind mit große Begeisterung in Gebirgsbächen bestaunt habe: Köcherfliegenlarven. Ihr Zugang zu Sand ist ein vollkommen pragmatischer. Sie bauen ihre Wohnröhre aus ausgesuchten Sandkörnern ihres Baches (und auch aus anderen Bestandteilen) mithilfe eines Spinnsekrets zusammen. Wollen wir schauen, welche Wahl die beiden von mir in den Alpen zum Fototermin gebetenen Tiere getroffen haben. Natürlich saßen sie kurze Zeit später – und vermutlich etwas verwundert – wieder mitsamt ihrer prächtigen Hülle in ihrer vertrauten Umgebung.

Bevor wir nun zum nächsten Kapitel überwechseln und die Analyseebene der Einzelkomponenten des Sandes verlassen, vielleicht noch ein Hinweis zur besseren Einordnung. An mehreren Stellen hatte ich unverhohlen meiner Begeisterung für die Komplexität und Schönheit kleinster Strukturen Ausdruck verliehen, die sich bei der Sandbeobachtung besonders unter höherer Vergrößerung offenbaren. Und der Tatsache, dass wir es hier mit (ehemals) lebendigen Organismen zu tun haben, die ihr Umfeld prägen und umgekehrt von diesem geprägt werden – kurz also – mit der Welt in Wechselwirkung stehen. Dabei ist «klein» natürlich die Zumessung einer Eigenschaft, die nur relativ zu verstehen ist: Klein in Bezug auf uns, die Betrachter. Das ist zwar selbstverständlich, aber ich möchte dem Leser in einem letzten Bild ganz direkt veranschaulichen, was bei einer Fotografie ohne Bezugsrahmen vielleicht verloren geht, von welchen realen Abmessungen wir also tatsächlich sprechen, obwohl jeder Abbildung ja stets ein Maßstabshinweis beigegeben ist. Im direkten, anschaulichen Vergleich sind hier drei der Fotografien des Kapitels im gleichen Maßstab mit einer gewöhnlichen Stecknadel aus dem Haushalt abgebildet. Das Bild spricht – so meine ich – für sich.

Abb. 7.108 Linke Seite links: Köcherfliegenlarve aus einer Suone (Wasserfuhre) oberhalb Chandolin am Illhorn, Schweiz. Länge 17 mm. Das Tier liegt auf einem Stück Rhonegeröll aus hellem metamorphen Kalk (Marmor).

Abb. 7.109 Linke Seite rechts: Köcherfliegenlarve aus der Binna bei Giessen im Binntal, Schweiz. Man beachte die sorgfältige Auswahl der verwendeten Sandkörner. Insbesondere fällt der schöne hexagonale Glimmerkristall (Muskovit) als Schmuckstück des Tieres ins Auge. Länge um 15 mm.

Abb. 7.110 Darstellung der Größenverhältnisse von biogenen Sandkörnern im Verhältnis zu einer gewöhnlichen Stecknadel (auch diese gibt in der Vergrößerung sehr interessante Strukturen preis). Links eine Foraminifere, rechts zwei Schneckengehäuse.

— 8 Gedanken zu Sand, Zeit und Zahl – ein Interludium

«Willst du ins Unendliche schreiten,
Geh nur im Endlichen nach allen Seiten.»

J. W. v. Goethe, Spruchsammlung 1815

Ein Interludium, ein Zwischenspiel (fast) zum Abschluss? Aber haben wir nicht gesehen, dass – zumindest für den Sand – auch das Ende eines Zyklusses nur der Beginn eines neuen ist, ein Zwischenspiel also? In diesem Kapitel geht es um große Zahlen und lange Zeiten, eine eher umfangreiche Thematik; hat sie etwas mit Sand zu tun? Sehr viel. Sand verkörpert nahezu perfekt diese beiden Begriffe. Er bildet die Brücke zwischen Mikrokosmos und Makrokosmos, in vielerlei Hinsicht. Wir werden etwas tiefer einsteigen.

«Für immer! In aller Ewigkeit! Nicht für ein Jahr, nicht für ein Zeitalter, sondern für immer. Versucht euch den grauenhaften Sinn dessen vorzustellen. Ihr habt oft den Sand am Strand gesehen. Wie fein sind seine winzigen Körnchen! Und wie viele dieser winzig kleinen Körnchen machen erst die schmale Handvoll aus, die ein Kind beim Spiel sich greift. Nun stellt euch einen Berg aus diesem Sande vor, eine Million Meilen hoch, die von der Erde bis an die fernsten Himmel reichen, und eine Million Meilen breit, die sich bis in den entlegensten Raum erstrecken, und eine Million Meilen in der Tiefe: und stellt euch vor, man multipliziere eine solche enorme Masse von Partikeln Sands so oft, als da Blätter im Wald sind, Tropfen Wassers im mächtigen Ozean, Federn an Vögeln, Schuppen an Fischen, Haare an Tieren, Atome in der unermesslichen Weite der Luft: und stellt euch vor, dass am Ende jedes millionsten Jahres ein kleiner Vogel an diesen Berg käme und in seinem Schnabel ein winzige Körnchen dieses Sandes davontrüge. Wie viele Millionen und Abermillionen von Jahrhunderten würden vergehen, bis dieser Vogel auch nur einen Quadratfuß dieses Berges abgetragen hätte, wie viel Äonen und Aberäonen von Zeitaltern, bis er ihn ganz abgetragen hätte.
Doch am Ende dieser unermesslichen Zeitspanne könnte man nicht sagen, dass auch nur ein Augenblick der Ewigkeit vorüber wäre. Am Ende all dieser Billionen und Trillionen von Jahren hätte die Ewigkeit kaum erst begonnen.»[168]

James Joyce

Vorhergehende Doppelseite:
Kolmanskoop, Namibia

Der Mensch geht für gewöhnlich im Alltag sehr verschwenderisch mit dem Begriff der Unendlichkeit um. Man ist «unendlich glücklich» oder «unendlich traurig» und gerade Dichter als Hüter von Worten und Begrifflichkeiten kennen offenbar und zelebrieren den «unendlichen Schmerz» oder die «unendlichen Freuden». Wie so oft wird der Sinn dem Effekt geopfert und die Emphase schließlich zur Gewohnheit, das unendlich verkommt zum «sehr».

Doch schauen wir etwas genauer hin. Aus Sicht der Physik ist die Unendlichkeit ein eher problematischer Begriff. Von der mathematischen Zunft, die sogar noch verschiedene Abstufungen der Unendlichkeit kennt, wollen wir dabei gar nicht sprechen. Fest steht, dass zu jeder beliebig groß gedachten Zahl eine weitere Zahl addiert werden kann, sodass eine noch größere entsteht. Es gibt keinen vernünftigen Grund an ein Ende einer solchem Abfolge zu denken, es existiert offenbar keine letzte Zahl. Demzufolge sind wohl unendlich viele Zahlen anzunehmen. So plausibel das für uns auch klingen mag, der griechische Mathematiker Archimedes von Syrakus ging um 220 v. Chr. in seiner Abhandlung «Die Sandzahl» dieser Frage nach:

> «Andere gibt es, die zwar nicht der Ansicht sind, dass die Zahl der Sandkörner unendlich sei, die aber meinen, dass es keine so große Zahl gebe, die die Zahl der Sandkörner übertreffe.»[169]

Grundsätzlich hielt man offenbar die Anzahl der Zahlen für begrenzt und es war daher für Archimedes wichtig, dagegen zu argumentieren. Interessant ist hier natürlich ganz besonders die Verbindung von Sand und Zahlen, auf die wir später noch zu sprechen kommen.

Funktioniert das auch mit dem Zeitbegriff? Kann man zu einem beliebig gedachten Zeitpunkt ein weiteres Zeitintervall hinzufügen oder den Augenblick davor bestimmen? Die Antwort heißt vermutlich nein. Nach allem, was man heute weiß, besteht die von uns durch Beobachtung zugängliche Welt – und nur über diese können wir natürlich Aussagen treffen – nicht seit ewiger Zeit, sondern hatte eine Art von Startpunkt. Mathematisch und physikalisch kann dieser Startpunkt und alles, was anschließend geschah, recht präzise beschrieben werden, ohne dass hierbei jedoch ein anschauliches Geschehen vor Augen gerufen werden könnte. So sehr der Begriff «Urknall» in den Sprach- und auch Denkraum des Alltags eingedrungen ist, so wenig ist rein prinzipiell dieses Geschehen vorstellbar. Von einem Augenblick davor ganz zu schweigen. Die Aussage, dass die Zeit mit dem Urknall beginnt, ist zwar im Rahmen von physikalischer Theoriebildung plausibel herleitbar, aber für den nach Anschauung strebenden Intellekt wenig hilfreich und die Frage nach einer Zeit vor dem Urknall ist nach heutigem Stand des Wissens so zwecklos, wie die Frage nach dem Anfang eines Kreises. Der Rückschluss, dass ein Mangel an Anschauung einem Mangel an Wahrheit gleichzusetzen sei, ist hingegen unzulässig und ebenso wenig hilfreich. Goethe noch forderte auf, in den Wissenschaften zur Anschauung zu greifen:

> «Die Lust zum Wissen wird bei den Menschen zuerst dadurch angeregt, dass er bedeutende Phänomene gewahr wird, die seine Aufmerksamkeit an sich ziehen.»[170]

Knapp 200 Jahre später wird es bedingt durch eine exponentiell voranschreitende Spezialisierung immer schwerer, diese Forderung zu erfüllen. Besonders in den Naturwissenschaften ist die Forschung in Gebiete vorgedrungen, die sich nicht nur der Anschauung entziehen, sondern ihr geradezu entgegenstehen.

Holismus

Die von allen physikalischen Theorien, die wir kennen am besten belegte – die Quantentheorie – ist zutiefst kontraintuitiv, da sie beispielsweise die Grunderfahrung des Menschen, dass sich Dinge zu bestimmten Zeiten an bestimmten Orten aufhalten, für sehr kleine Maßstäbe widerlegt hat (die sogenannte Nichtlokalität) und alle strengen Ketten von Ursache und Wirkung durch statistische Betrachtung bzw. Aufenthaltswahrscheinlichkeiten ersetzt. Der Experimentator als Beobachter spielt dabei erstmals eine prinzipielle Rolle. Bei der Kopenhagener Deutung der Quantenmechanik[171], die auch heute noch den Charakter einer Hypothese hat und in ihren Aussagen nicht von allen Physikern geteilt wird, führt die Messung als Beobachtungsakt zum sogenannten «Kollaps der Wellenfunktion« und macht erst dadurch aus einem möglichen Ereignis ein nunmehr faktisches. Wiederum war es Goethe, der in seinen Maximen und Reflexionen eine Vorahnung dessen formulierte:

> «Die Erscheinung ist vom Beobachter nicht losgelöst, vielmehr in die Individualität desselben verschlungen und verwickelt.»[172]

Noch deutlicher lesen wir diesen für Goethe sehr zentralen Gedanken im *Historischen Teil* seiner Farbenlehre. Alles hängt mit allem zusammen, Phänomene lassen sich nicht vollständig aus ihrem Kontext isolieren, ohne auch die Phänomene selbst gegenüber ihrem in die Wirklichkeit eingebetteten Dasein zu verändern. Diese Haltung ließ Goethe die Experimente Newtons ablehnen, der freilich einen ganz anderen Weg verfolgte und eben, so wir es heute gewöhnt sind, das zu beweisende streng aus dem potenziell beeinflussenden Umfeld herauspräparierte und der Beobachtung bzw. Messung zugänglich machte. Objektivität versus Subjektivität. Goethes Ansatz, den wir an dieser Stelle nicht überinterpretieren wollen, nähert sich – für ihn natürlich damals nicht absehbar – durchaus eher dem neueren Verständnis der Physik im Bereich von Quantenphänomenen an. Einem Phänomen, welches als «Verschränkung» von Zuständen bekannt ist. Es bezeichnet eine nichtlokale Verbindung von mehreren Teilchen, die gemeinsam mathematisch beschrieben werden können und deren Eigenschaften verzögerungsfrei mit den Eigenschaften der jeweils anderen Teilchen im betrachteten System korrelieren, was durch klassische Theorien, selbstverständlich auch Newtons Theoriegebäude, vollkommen unerklärbar bleibt.

> «Alles in der Natur ist aufs innigste verknüpft und verbunden, und selbst was in der Natur getrennt ist, mag der Mensch gern zusammenbringen und zusammenhalten. Daher kommt es, dass gewisse einzelne Naturerscheinungen schwer vom Übrigen abzulösen sind und nicht leicht durch Vorsatz didaktisch abgelöst werden.»[173]

Und an anderer Stelle noch deutlicher, wir zitieren diese Passage komplett, da sie sehr kompakt zusammenfasst, was wir tatsächlich als eine Aufforderung zur holistischen Sicht auf die Wissenschaft verstehen könnten:

> «Alle Wirkungen, von welcher Art sie seien, die wir in der Erfahrung bemerken, hängen auf die stetigste Weise zusammen, gehen in einander über; sie undulieren von der ersten bis zur letzten. Daß man sie voneinander trennt, sie einander entgegensetzt, sie untereinander vermengt, ist unvermeidlich; doch musste daher in den Wissenschaften ein grenzenloser Widerstreit entstehen. Starre, scheidende Pedanterie und verflößender Mystizismus bringen beide gleiches Unheil. Aber jene Tätigkeiten, von der gemeinsten biss zur höchsten, vom Ziegelstein, der dem Dache entstürzt, bis zum leuchtenden Geistesblick, der dir aufgeht, und den du mitteilst, reihen sie sich aneinander. Wir versuchen es auszusprechen: Zufällig, Mechanisch, Physisch, Chemisch, Organisch, Psychisch, Ethisch, Religios, Genial.»[174]

Wie wäre es aber, wenn wir diesen Gedanken noch wesentlich konsequenter weiterführen? Einen Hinweis in diese Richtung gibt C. F. v. Weizsäcker:

> «Die Welt ist nicht aus Objekten zusammengesetzt, nur der endliche Verstand des Menschen zerlegt das Ganze zu dem er selbst gehört, in Objekte, um sich zurechtzufinden. Dies zu begreifen, ist der Anfang des Aufstiegs.»[175]

Wie immer das gemeint sein mochte, es birgt einen Gedanken, der die Gewalt besitzt, unseren empirischen Zugang zur Welt grundlegend zu verändern. Es ist, als ob ein Vorhang kurz angehoben würde und einen ebenso kurzen Blick ins vielleicht Reale erlaubt. Sehr lange kann der

Gedanke meist nicht getragen werden, versuchen wir es dennoch – kurz: Die vollkommen unhinterfragte Grundlage des Denkens schlechthin, dass nämlich dasjenige, worüber wir nachdenken, Objekte sind, die sinnlich direkt wahrnehmbar und interpersonell konsistent eine Existenz besitzen, wird hier bezweifelt oder zumindest zur Diskussion gebracht. Man mag sich im Einzelfall über Qualität, Quantität und sonstige Kategorien streiten, aber wir gehen stets davon aus, dass es Objekte gibt, die außerhalb des eigenen Subjekts vorhanden sind. Ja, wir selber sind es schließlich, die wir uns je als ein Ich begreifen, ein «Ich», das eben kein «Du» ist oder zumindest von etwas verschieden ist, was von diesem «Ich» als außerhalb verstanden wird.

Wir sehen hier sehr anschaulich das Grundprinzip der Zelle, die sich durch das Vorhandensein ihrer Zellwand erst konstituiert und von der Außenwelt separiert. Bei Menschen und Tieren übernimmt die Haut eine vergleichbare Funktion. Systemgrenzen können dabei gegenständlicher oder auch nichtgegenständlicher Natur sein.

Was aber, wenn all dies nur eine Fiktion wäre, eine Setzung? Zwar existierte die Zellwand weiterhin, ebenso die Haut im materiellen Sinne – aber der Kontext würde sich ändern. Es gäbe zwar die physische Grenze, sie wird aber als solche nicht explizit mitgedacht. Die Zelle geht über in die Zellwand, die in die nächste Zelle übergeht und in die sie umgebenden Fluide usw. Es gäbe keine Trennung von Objekten mehr, Trennlinien wären kontingent, unwesentlich und willkürliche, rein sprachliche Setzungen.

Was wäre dann? Ganz ausdrücklich ist dabei zu betonen, dass der beschriebene Ansatz nicht mit demjenigen zu verwechseln ist, der aus (stets zirkulärer) konstruktivistischer Sicht bezweifelt, dass es überhaupt eine reale Welt um uns herum gibt.

Was also änderte sich? Physikalisch würde sich gar nichts ändern, Sandkorn läge an Sandkorn, wie zuvor. Einzelne Menschen laufen über einen Platz, der mit Pflastersteinen belegt ist, Schatten und Licht. Die Auswirkungen in unserem Zugang zur Welt sind dagegen kaum zu überschätzen. Wir sähen uns in dem, was Platon «Das Eine» nennt. Es gibt keine Zweiheit, da auch wir, als erkennende Subjekte diesem Einen angehören. Dieses Eine ist eine unendliche Menge von Geist und Materie, ungetrennt, die sich permanent umordnet, ohne Grenzen, ohne Elemente des Einzelnen. Eher einem Fluid zu vergleichen oder dem Licht. Auf analytischem Wege ist der Gedanke nicht zu fassen, da die Sprache selbst schon Analyse und Abgrenzung voraussetzt, wie sollte es auch anders handhabbar sein. Wenn ich sage: «Ich sehe einen Apfel», setzt schon die Sprachstruktur voraus, dass es sowohl mich als auch den Apfel gibt, der von mir getrennt existiert, als auch den vermittelnden Vorgang des Sehens. Es gibt kein sprachliches Konstrukt, welches einem Zugang zur Welt entspräche, der ganzheitlich, holistisch geprägt ist und beinhaltet, dass Objekte willkürliche Setzungen sind.

Konsequenterweise ist neben der Abgrenzung von Analyse und Synthese in diesem Fall auch das Begriffspaar von Ursache und Wirkung anders zu interpretieren. Die Ursache

Abb. 8.1 Zellen konstituieren sich über Zellwände. Es gibt ein Außen und ein Innen. Zellen der Zwiebelschuppenepidermis mit Zellwänden und Zellkern. Differentieller Interferenzkontrast, Durchlicht. Bildbreite um 160 µm.

Abb. 8.2 Diskrete Objekte im Raum sowie eine vermutete Geschichte, eine kausale und zeitliche Abfolge.

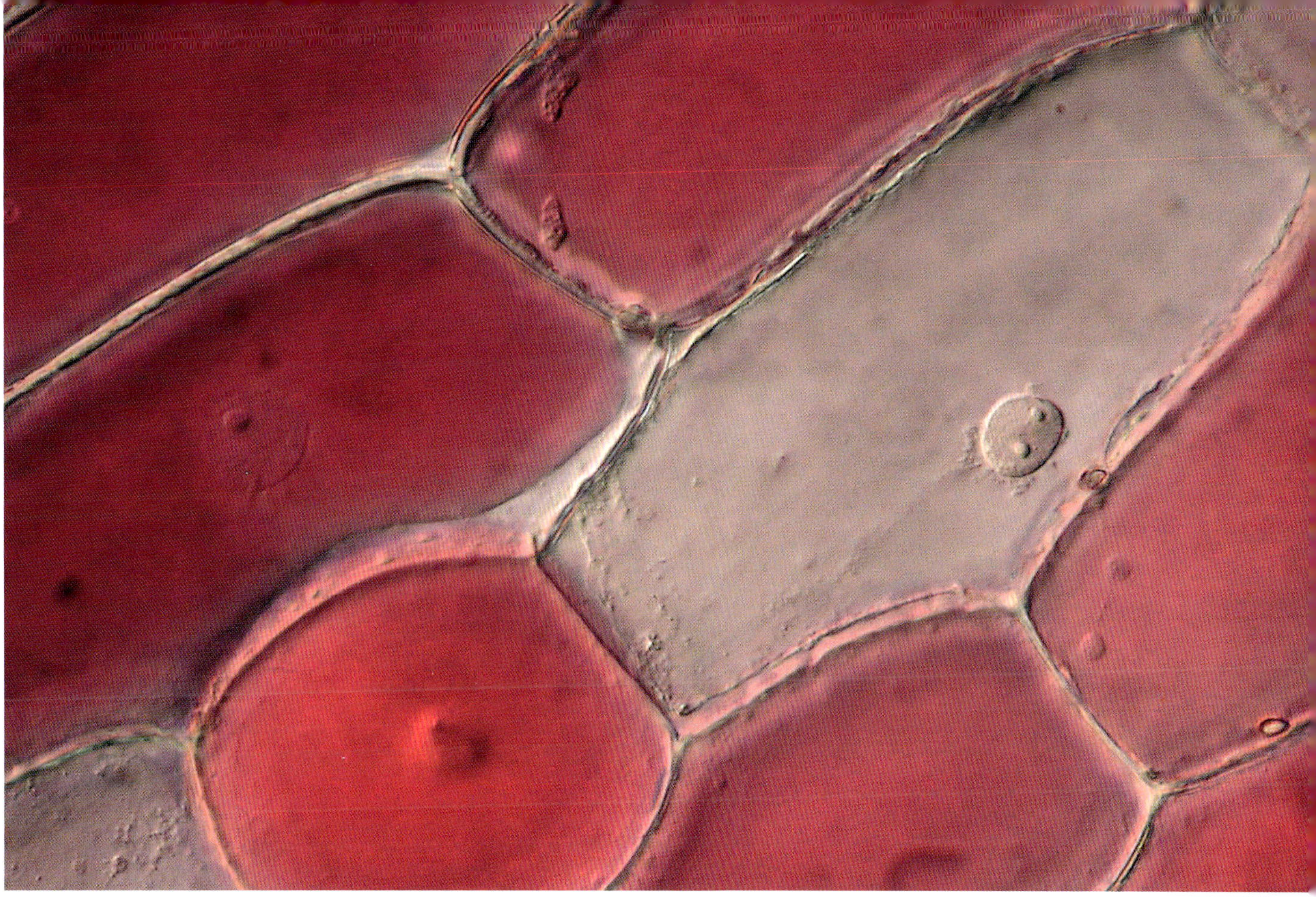

kann ihrer Wirkung dann nicht vorausgehen, wenn beides in einem zusammenhängt und die definitionsgemäßen Systemgrenzen jeweils nicht betrachtet werden. Am Beispiel der Lichtzerlegung durch das Prisma sei dies kurz erläutert. Schickt man weißes Licht durch ein Prisma, wird es in seine spektralen Farben zerlegt. Goethe hat zeitlebens diesen sehr einfachen und allerorten leicht nachprüfbaren Umstand in der newtonschen Analytik geleugnet. Es bleibt zu vermuten, dass er keineswegs das für jedermann sichtbare Spektrum als solches leugnete, sondern die schlichte Interpretation des Experiments.

> «Der denkende Mensch irrt besonders, wenn er sich nach Ursach´ und Wirkung erkundigt: sie beide zusammen machen das unteilbare Phänomen.»[176]

Vielleicht greifen wir zu weit, aber Goethe scheint hierbei eine holistische Sicht des Versuches anzudeuten. Das gesamte Phänomen ist beschrieben, auch ohne die Kausalität zu bemühen, sofern die Welt nicht mehr in Objekten gedacht wird. Alles ist untrennbar verschränkt und eines. Damit fällt konsequent die kategoriale Trennung von Ursache und Wirkung ebenfalls, auch ohne den entropiebedingten Zeitpfeil zu negieren. Licht fällt auf ein Prisma, hinter dem Prisma weist das Licht Spektralfarben auf. Noch einfacher: Licht, Prisma, Farben, eine sprachliche Beschreibung ohne Objektkategorien wird nicht gelingen. Der Versuch käme aber einer stummen Betrachtung des Phänomens «an sich» gleich, die nicht unterscheidet, sondern alles als Zusammenschau begreift. Es ist sehr schwer, dieses gedanklich – auch nur kurz – nachzuempfinden. Der Leser möge sich daran versuchen. Sollte es gelingen, droht die Gefahr einer radikal geänderten Weltsicht. Lassen wir v. Weizsäcker zum Abschluss unseres Gedankenexperimentes noch einmal zu Wort kommen:

> «Zwar ist die Welt der Gestalten unermesslich, aber sie ist überall zusammenhängend. Das Verbinden des zuvor Unterschiedenen zeichnet nur die Linien des wirklichen Zusammenhanges nach. Trennen ist eine dem menschlichen Geist notwendige Operation, aber alle bloße Trennung ist künstlich. Das Diskrete, Abzählbare ist nur gedacht; Kontinuität ist ein Merkmal der Wirklichkeit.»[177]

Im submikroskopischen Bereich, dem Geltungsbereich der Quantentheorie, ist schon seit längerer Zeit bekannt, dass der Begriff des Objekts seinen Sinn verliert bzw. der Bedeutungszuweisung des Alltags nicht standhält. Die Auswirkungen der Ergebnisse der Quantentheorie auf unser Denken und auch auf die Gegenwartsphilosophie werden immer noch unterschätzt. Der Prozess der Nutzung quantenmechanischer Erkenntnisse hat gerade erst begonnen.

Zeit, Bewegung und deren Leugnung

Für all unsere Betrachtungen spielt die Zeit eine entscheidende Rolle. Kann man klar darüber Auskunft geben, was unter dem Begriff «Raum» oder «Dinge im Raum» zu verstehen ist – wir haben schließlich genügend Sinnesorgane dafür von der Natur mitbekommen – liegen die Verhältnisse bei der Zeit anders. «Aber welches ist denn unser Zeitorgan?» fragt Hans Castorp in Thomas Manns Zauberberg. Wir haben keines, vom Gehirn abgesehen, welches zugleich aber auch die Rauminformationen verarbeitet. Keine Befindlichkeit ist uns so nah und doch in ihrem Wesen so wenig begreiflich wie das Zeitempfinden.

Bei allen Versuchen, Zeit zu definieren oder wenigstens zu beschreiben, tritt mitgedacht der Begriff der Bewegung auf. Die Handhabbarmachung der Zeit in Form ihrer Messung ist mit der Beschreibung oder Darstellung von Bewegungen verbunden. Verharren wir in absoluter Stille und Ruhe, ist es sehr schwer, ja fast unmöglich, die Zeit in an*gemessener* Form zu empfinden, eben weil uns ein direktes Sinnesorgan hierfür fehlt. Dafür hat die menschliche Kultur Zeitmessgeräte, die Uhren, erfunden. Eine Uhr ist nichts anderes als ein Gerät, welches eine gleichmäßige – dieser Begriff ist durchaus zirkulär – und eine periodische Bewegung vollführt und diese sichtbar macht. Dafür stehen grundsätzlich sehr verschiedene Wirkprinzipien und auch Wirkmedien zur Verfügung. Die ältesten, seit der Antike bekannten Uhren, bestanden aus einem senkrechten Stab, dem Gnomon, der das Grundprinzip einer Sonnenuhr verwirklicht. Im alten Griechenland waren Klepsydren, Wasseruhren, in Gebrauch, die periodisch rückgefüllt werden mussten und nicht sonderlich genau anzeigten. Die ersten «gläsernen Uhren», die Sanduhren, kamen schließlich im 14. Jahrhundert auf. Heute sind wir durch die kreisförmig gestalteten Ziffernblätter der Räderuhren weitgehend geprägt, die ebenfalls im 14. Jahrhundert erfunden wurden und in Europa über die Kirchturmuhren früher die offizielle und für alle zugängliche Zeit lieferten. Die Darstellung der Zeit ausschließlich über Ziffern in Digitaluhren wird nach vorrübergehender Popularität meist nur noch in wissenschaftlichen Anzeigeinstrumenten verwendet.

Uns interessieren aber ganz besonders die Sanduhren mit ihren reichhaltigen Konnotationen. Ist es nicht bemerkenswert, dass gerade Sand – und dieser noch in seiner wohlgerundeten

Abb. 8.3 Engel mit Sanduhr. Als Relikt der um 1574 durch Konrad Dasypodius und den Brüdern Habrecht fertiggestellten großen astronomischen Uhr im Straßburger Münster dreht der Engel jede volle Stunde die Sanduhr um.

Form – eingesetzt wurde; Quarzsand, der wohl wie kein anderer Naturstoff die Jahrmillionen aus sich selbst heraus abbildet, indem er, wie wir in Kapitel 5 ausgeführt hatten, von einem geologischen Zyklus in den nächsten überlebend, seine Rundung perfektioniert. Das Korn als solches stellt damit eine wenn auch unentschlüsselbare Uhr dar. Jorge Luis Borges brachte es in einem Vers seines Gedichtes «Happiness» auf eine knappe Form:

> «Whoever looks at an hourglass sees the dissolution of an empire».

Zerfallende Gebirge, dekomponiert in Quarzkörnern zunehmender Sphärizität, zeigen in gläsernen Gehäusen das Verrinnen der Zeit an. Dabei möchten wir gar nicht so spitzfindig sein, im behausenden Glas ebenfalls den Quarz des Gesteines zu erwähnen. In modernen Sanduhren freilich werden künstlich erzeugte und perfekt gerundete Körner eingesetzt, die einen gleichmäßigeren Ablauf und eine höhere Präzision ermöglichen. Die Sanduhr beinhaltet diese Gleichmäßigkeit in besonderem Maße als Wirkprinzip. Die von uns als fließend empfundene Zeit findet in der Sanduhr einen unmittelbaren Ausdruck. Die Periodizität jedoch kann nur durch zusätzlichen äußeren Eingriff, das Wenden des Glases, hergestellt werden. Kolumbus notierte am 13. September 1492 in seinem Bordbuch, dass von Sonnenuntergang bis Sonnenaufgang zwanzig Mal die Sanduhr gewendet werden musste.[178] Er maß also eine zehnstündige Nacht, damals waren Halbstundengläser an Bord üblich, um die Wachen einzuteilen. Sanduhren waren an Bord beliebt für dererlei Messung, da sie sich als weitgehend robust gegenüber den Schwankungen und Vibrationen der Schiffe auf See erwiesen.

Ohne Bewegung ist die Zeit nicht sichtbar zu machen. Hierbei sehen wir von der elektronischen Zeitmessung ab, obwohl selbst hier eine Bewegung, nämlich die Schwingungen des Quarzstabes oder des Cäsiumatoms, zur Messung und zur Normung der Zeiteinheit Sekunde herangezogen wird.

Die Schule um den Philosophen Zenon von Elea leugnete genau diese Möglichkeit der Bewegung und damit die Zeit insgesamt. Für Parmenides gab es nur Seiendes, Nichtseiendes schloss er aus. Da Bewegung als ein Übergang von Seiendem zu Nichtseiendem verstanden werden kann, führten die Überlegungen des Parmenides schließlich zu einem vollkommenen Leugnen der Möglichkeit der Veränderung und damit auch der Bewegung. Bevor das fallende Sandkorn den Boden erreicht, muss es erst die halbe Wegstrecke hinter sich bringen, bevor es

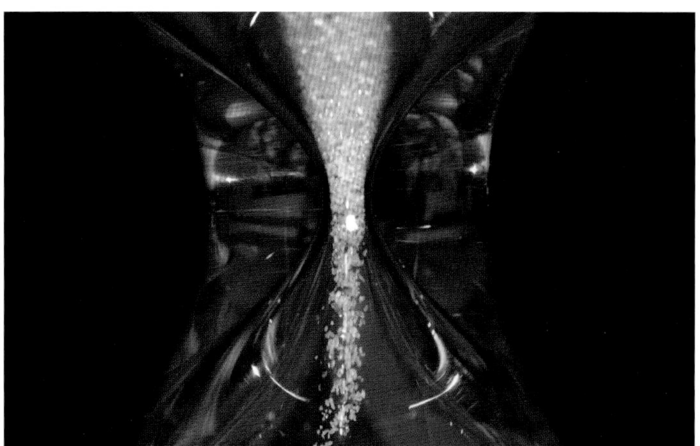

Abb. 8.4 Das Mundstück einer Sanduhr. Sand folgt der Gravitation wie in der freien Natur und tritt in der Sanduhr lediglich gebändigt auf. Das Mundstück gibt der Bewegung Raum. Bewegung des Sandes, die der Zeit Ausdruck verleiht.

diese halbe Strecke durchmisst, muss es erst deren Hälfte, also ein Viertel des Weges, zurückgelegt haben, davor ein Achtel, ein Sechzehntel und so fort. Das Sandkorn verharrt in der betrachteten Position, bis in die eingangs beschriebene Ewigkeit, so der Gedanke von Parmenides und das von seinem Schüler Zenon bekannt gewordene Paradoxon (Achilles und die Schildkröte). Die für die Auflösung der Paradoxien benötigten mathematischen Ideen existierten im alten Griechenland noch nicht, sind aber heute Schulstoff, was nicht bedeutet, dass der Zeitbegriff dadurch wesentlich transparenter oder zugänglicher geworden ist. [179]

Zeit, Dauer und Zeitpunkte

Unabhängig vom Genannten besitzt Zeit einen weiteren Aspekt, den der relevanten Ressource. Die verfügbare – nicht aber die erlebte – Zeit ist homogen und ohne Ansehen der Person jedem mit 24 Stunden am Tag überlassen.

Den unmittelbar empfundenen Zeitpunkt unserer Existenz benennen wir mit dem Begriff «Jetzt». Jeder lebt ausschließlich im diesem «Jetzt», ohne sich dessen aber permanent bewusst zu sein. Schopenhauer geht soweit, nur dem erlebten *Jetzt*, der Gegenwart, Realität zuzusprechen; werden Zukunft und Vergangenheit relativiert oder gar negiert, so wird der Zeit damit die Erkennbarkeit abgesprochen, die wir subjektiv als gegeben empfinden.

> «Vor allem müssen wir deutlich erkennen, daß die Form der Erscheinung des Willens, also die Form des Lebens oder der Realität, eigentlich nur die Gegenwart ist, nicht die Zukunft, noch Vergangenheit: diese sind nur im Begriff, sind nur im Zusammenhange der Erkenntniß da, sofern sie dem Satz vom Grunde folgt. In der Vergangenheit hat kein Mensch gelebt, und in der Zukunft wird nie einer leben; sondern die Gegenwart allein ist die Form allen Lebens, ist aber auch sein sicherer Besitz, der ihm nie entrissen werden kann. Die Gegenwart ist immer da, sammt ihrem Inhalt: Beide stehen fest, ohne zu wanken; wie der Regenbogen auf dem Wasserfall.»[180]

Noch etwas eindringlicher wird der römische Kaiser und Philosoph Marc Aurel, eine Verkörperung des von Platon in seiner *Politeia* ersehnten guten Staatsmannes, in den Selbstbetrachtungen, einem der Stoa nahestehenden kleinen Werk von zum Teil zeitloser Erkenntniskraft, welches er während seiner zahlreichen Aufenthalte in Feldlagern schrieb:

> «Und wenn Du dreitausend Jahre lebtest oder gar zehnmal so lange, denk trotzdem daran, dass niemand ein anderes Leben verliert als das, was er lebt, und nicht ein anderes lebt als das, was er verliert. Es kommt daher das längste mit dem kürzesten auf dasselbe hinaus. Denn das

> gegenwärtige ist für alle gleich und das verlorene ist nicht unser eigen, und was wir verlieren erscheint so nur als ein Moment. Denn niemand kann das vergangene oder das zukünftige [Leben] verlieren. .... Denn nur das Gegenwärtige ist es, wessen er beraubt werden soll, wenn anders er nur dieses hat und man nicht verlieren kann, was man nicht hat.»[181]

Marc Aurel war es auch, der an anderer Stelle bemerkte, dass man sich bewusst machen solle, dass in 100 Jahren keiner der jetzt auf der Welt befindlichen Menschen, unsere zufällige Auswahl an Zeitgenossen also, mehr am Leben sein wird. Der Gedanke bleibt der gleiche, wenn man im Zuge einer gesteigerten Lebenserwartung nun etwa 150 Jahre setzen müsste. Die Aussage ist nicht kompliziert, aber von bestechender Klarheit hinsichtlich der Relativierung und Einordnung von Wichtigkeiten, die wir Geschehnissen in unserem Alltag meist unreflektiert zuordnen.

Wittgenstein formulierte etwa 100 Jahre nach Schopenhauer etwas knapper in seinem *Tractatus logico-philosophicus*, indem er dem Begriff der Ewigkeit eine Bedeutungsverschiebung zukommen lässt. Er unterscheidet eine unendliche Zeitdauer von der Unendlichkeit selbst, die hierdurch ohne den Gedanken eines zeitlichen Ablaufes oder Kontextes auskommt und zu einer wie auch immer gearteten Unzeitlichkeit wird.

> «Wenn man unter Ewigkeit nicht unendliche Zeitdauer, sondern Unzeitlichkeit versteht, dann lebt ewig, der in der Gegenwart lebt.»[182]

Denkt man dies zu Ende, kommt man zu der Frage, ob Individuen, seien es Tiere oder auch unter bestimmten Voraussetzungen Menschen, denen die Fähigkeit abgeht, ihr Dasein in einem zeitlichen Verlauf wahrzunehmen, die also vollständig im Jetzt verhaftet sind, in der Lage sind, sich im Zustand einer als solche empfundenen Ewigkeit aufzuhalten. In Zusammenhang mit Helena, die innerhalb des zweiten Teils der Fausttragödie das Glücks- und Lebensideal überhaupt verkörpert, und nur mit ihr gelangt Faust zu der Einsicht, dass einzig im unhinterfragten Fallenlassen in das vollkommen Gegenwärtige Glück empfunden und sogar als zeitlos empfunden werden kann. Dies steht natürlich in direktem Kontrast zu seiner Wette mit Mephistopheles, in der er der genüsslichen Wahrnehmung des Augenblickes abschwor. Nur in Verbindung mit Helena ist Faust in der Lage, diese zerstörerische Negation – zumindest vorübergehend – zu überwinden. Die entscheidende Satzergänzung freilich hat Helena und nicht Faust zu sprechen:

> FAUST: (V. 9381)
> Nun schaut der Geist nicht vorwärts, nicht zurück,
> die Gegenwart allein –
> HELENA: ist unser Glück.

Schopenhauers zuvor zitierte Betrachtung erinnert demgegenüber an Platon, der in seinem Dialog *Parmenides* vermutlich als erster den bizarren Punkt zwischen den Zeiten als solchen benennt und den Begriff der Bewegung, wie zuvor im Zusammenhang mit Zenon von Elea erwähnt, in die Überlegungen einfließen lässt:

> «… dieses unfassbare Wesen, der Augenblick, liegt zwischen der Bewegung und der Ruhe als in keiner Zeit seiend, und in ihn hinein und aus ihm hervor geht das Bewegte über zur Ruhe und das Ruhende zur Bewegung.»[183]

Die Gegenwart wird zum stillstehenden Tangentenpunkt und damit subjektiv zeitbefreit. Der Begriff der Veränderung ist bedeutungslos im Hinblick auf einen einzelnen Zeitpunkt und kommt damit der Wittgenstein´schen «Unendlichkeit» recht nahe, ohne der Bewegung in Zenons die Existenz abzusprechen.

Nur am Rande sei erwähnt, dass die Relativierung bis hin zur Negierung der Zeit im Zen-Buddhismus seit jeher zu den zentralen Elementen zählte. Durch Meditation versenkt sich der Erkennende in das rein unzeitlich oder zeitbefreit Gegenwärtige unter Ausschluss polarer, analysierender, wertender oder in der Zeit schweifender Gedanken. Der chinesische Zen Meister Huang-Po drückte es bereits im 9. Jh. folgendermaßen – durchaus apodiktisch – aus:

> «Sobald Gedanken aufsteigen, verfällst du dem Dualismus. Anfangslose Zeit und der gegenwärtige Augenblick sind das gleiche. Es gibt kein Zuvor und Danach. Nur wegen deines Nichtwissens unterscheidest du zwischen beiden. Würdest du jedoch verstehen, wie könnte es dann noch eine Unterscheidung geben. Diese Wahrheit verstehen, nennt man die vollkommene und unübertroffene Erkenntnis.»[184]

Abb. 8.5 Sand, Zeit, Raum, Bewegung und ihre Spuren. Die Spitze des getrockneten Strandgrases zieht in den feinen Sand einen Kreis. Ostsee, Hohwacht,

Eine besondere Rolle spielt neben dem Nicht-Wahrnehmen der Zeitfolgen die Askese jeder Art von Bewertung des sinnlich Erfahrenen. Der chinesische Zen Meister Han-shan formulierte den Akt des absichtslosen Gewahrseins im 17. Jh. mit dem schönen Bild eines auf dem Fluss vorbeischwimmenden Kürbisses:

> «Die immer weiterfließenden Gedanken sind ohne festen Boden und unwirklich. (...) Geschehen lassen und [sie] betrachten wie ein Kürbis, der einen Fluss hinunter schwimmt.»

Zeit und Subjekt

Jenseits des reinen Jetzt-Empfindens ist uns die Vergangenheit gegenwärtig in der Form von vorgefundenen Fakten. Die Zukunft ist uns gegenwärtig in der Form der Möglichkeit. Zeit ist damit der ständige Übergang von der Möglichkeit in die Faktizität. Faktizität wird zur Präsenz der Vergangenheit. Fakten und Möglichkeiten begegnen sich im Jetzt.

«Die Zeit vergeht – horch – die Zeit vergeht»[185], subjektiv empfinden wir ein Verrinnen der Zeit, eine Metapher, die sich aus dem Gebrauch der Sanduhr ableitet. Aber, so fragte Heidegger, «Warum sagen wir: die Zeit vergeht und nicht ebenso betont: sie entsteht? Im Hinblick auf die reine Jetztfolge kann doch beides mit dem gleichen Recht gesagt werden.»[186] Nichts spricht dagegen, statt eines Vergehens der Zeit von einem ständigen Neuentstehen zu sprechen, was das endzeitliche «Vergehen» in das viel kreativere «Entstehen aus dem Nichts» wendet. Auch der Sand in der Sanduhr bleibt dort erhalten und vergeht nicht. Wie wir gesehen haben, entspricht diese Sichtweise viel eher der Realität: Vergangenheit vergeht nicht, die Zeit auch nicht. Jeder einzelne Augenblick als Raum-Zeit-Koordinate bleibt für immer faktisch und kann niemals vergehen oder sich ändern, er bleibt lediglich dem unmittelbaren Erleben, ebenfalls für immer, unzugänglich. Ein Beispiel: Falls Sie am 9. September 1994 gegen 10.00 Uhr MESZ am Nordkap gestanden haben sollten, werden Sie das für alle Zeit getan haben werden, ja, Sie tun dies noch immer, denn das Ereignis entspricht einer unveränderbaren Verortung in der Raumzeit. Dieser Umstand ist sehr tröstlich. Die Darstellung des für alle Zeiten persistierenden Augenblicks ist physikalisch betrachtet der Analogie einer fließenden Zeit überlegen. Ein bestimmter Zeitpunkt kann niemals fließen, sonst wäre er ein anderer.[187]

Das Zeitempfinden ist kulturell und durch Konvention geprägt. Wir sprechen vom «Blick in die Zukunft», die Zukunft, so meinen wir, liegt «vor» uns. Die Menschen im frühen Mesopotamien nahmen demgegenüber die Zeit vollkommen anders wahr. Sie meinten in die Vergangenheit «voraus» zu blicken und der Zukunft somit den Rücken zuzuwenden. Das mutet seltsam an, ist aber sehr konsequent, da der Blick dem Bekannten zugewandt ist und nicht dem in der Zukunft Verborgenen, wie es uns heute so selbstverständlich ist.[188] Noch nie hat aber jemand beobachtet – und das ist unabhängig von aller Konvention –, dass der Sand in einer Sanduhr aus dem unteren

Vorratsgefäß nach oben steigt und nichts in der Welt lässt ein zerborstenes Glas wieder zurück auf die Tischkante springen. Die Zeit hat offenbar eine fixe Richtung und wohl auch einen Anfang.

Beides ist nicht trivial. Es gibt in der Physik nur eine einzige elementare Gleichung, die einen Zeitpfeil impliziert, der Zeit also eine Richtung gibt. Sie besagt, dass Wärme immer nur vom kalten zum warmen Körper fließt und niemals umgekehrt. Damit, und nur damit ist ein Unterschied zwischen Vergangenheit und Zukunft klar gegeben. Die moderne Physik hat weitere Erkenntnisse über die Zeit gewonnen, die sehr schwer vorstellbar, jedoch bestens bestätigt sind. Zeit vergeht demnach in der Nähe von Massen, etwa der Erde, langsamer. Eine Uhr, die auf dem Schrank steht, geht schneller als eine, die auf dem Boden steht, freilich nur sehr wenig, aber messbar für Atomuhren. Ebenso vergeht die Zeit langsamer, je schneller man sich relativ zu einem Bezugssystem bewegt. Könnte man mit Lichtgeschwindigkeit fliegen, stünde die Zeit still. Beides Erkenntnisse Einsteins, der darüber hinaus zeigen konnte, dass der uns so vertraute Begriff der Gleichzeitigkeit nur in unserem direkten Umfeld sinnvoll anwendbar ist, außerhalb dessen aber schlichtweg sinnlos ist. Die physikalische Realität der Welt lässt sich nur über abstrakte Felder hinreichend beschreiben. Die Raumzeit, wie wir sie kennengelernt haben, ist beispielsweise gleichbedeutend mit dem Gravitationsfeld und würde selbst ohne Massen existieren. Nur Veränderungen dieser Felder beschreiben die Welt, nicht etwa die Dinge um uns herum, die im Grunde nichts anderes als langdauernde Ereignisse sind.[189] Bevor uns der Kopf schwirrt und wir auch noch erfahren, dass alle uns bekannten Größen wie Raum und Zeit im winzigen Maßstab gequantelt, also körnig sind, vergrößern wir nun schnell den Maßstab und betrachten das Universum.

Zum Universum

Es wird vermutet, dass die Welt und damit alles, was um uns herum existiert, in einem singulären Ereignis entstanden ist. Wird die Welt aber unendlich alt werden, wird es eine Unendlichkeit zeitlicher Natur geben? Kann man jedem Augenblick einen weiteren anfügen, wie dies mit Zahlen gelingt? Wohl nicht. Das ferne Schicksal des Universums mit seiner Materie, zu der auch wir zählen, ist noch nicht geklärt, zu wenig weiß man noch über die seltsame «dunkle Energie». Das neben dem Big-Rip-Ansatz, einer Art kosmischen Apokalypse, wahrscheinlichste Szenario ist aber auch gleichzeitig das trostloseste. Das Universum wird weiter und weiter expandieren und die in ihm vorhandene Materie und Energie wird immer weiter verdünnt. Sterne und Galaxien erlöschen, Materieansammlungen lösen sich auf und zerfallen. Elemente verlieren ihre Existenz und wandeln sich nach und nach in das stabile Element Eisen um, bis auch dieses zerfällt. Es wird dunkel und es herrscht die Kälte des Weltraumes kurz vor dem absoluten thermischen Nullpunkt. Alles kommt zum Stillstand, selbst die Atome werden zerfallen, und zuletzt, nach riesigen, aber endlichen Zeiträumen, die Protonen als ihre Bestandteile. Es gibt weder Licht noch Bewegung. Es wird sinnlos, von Zeit zu sprechen, da diese natürlich niemand mehr wahrnehmen könnte, aber auch keine Ereignisse mehr stattfinden, die in einer zeitlichen Reihenfolge zu sehen wären. Ohne Ereignisse – und dies entzieht sich der Vorstellung – wird es keine Zeit mehr geben, die Zeit könnte langsam verlöschen. Und selbst diese Beschreibung ist zirkulär, da das Wort «langsam» wiederum nur in zeitlichem Kontext definiert ist. Der Zustand des reinen Seins im parmenidischen Sinne ist erreicht. Die Zeit steht.

Bis es soweit ist, wird der kleine Vogel aus der Geschichte von James Joyce seine mühsame Arbeit beendet haben müssen.

Sandzahl

Der Begriff der Unendlichkeit ist seit jeher auch mit dem des Sandes verknüpft. Sand als Stoff ist aus der Alltagserfahrung heraus die zahlenmäßig größte Ansammlung von natürlichen einzelnen Teilen, die der Vorstellung und Nachprüfung zugänglich ist. Zwar ist offensichtlich, dass jedes einzelne Sandkorn wiederum aus einer großen Zahl an Atomen besteht, doch Atome sind eben nicht im Wortsinne begreifbar und tragen nur wenig zur Anschauung bei. Sandkörner sind begreifbar, man kann sie sehen, anfassen und sie knirschen zwischen den Zähnen. Man kann sie abzählen, selbst wenn es so viele sind, wie in eine Hand passen. Wie immer bei großen Zahlen wird aber auch im Falle des Sandes die Vorstellungsgabe des Menschen auf die Probe gestellt. Wie viel Sandkörner passen beispielsweise in einen Fingerhut?

Nimmt man typischen (Fein)-Sand aus den Wanderdünen der Sahara, sind es mehr als eine Million Stück. Für eine Milliarde Sandkörner benötigt man aber schon ein Litermaß. Nirgends kann man treffender den im täglichen Sprachgebrauch so gering erachteten Unterschied zwischen diesen beiden großen Zahlen eine Million (10^6) und eine Milliarde (10^9) zur Anschauung bringen. Die Vorstellung, wie viele Sandkörner in eine ganze Düne passen, wird schon beängstigend, und es drängt sich die Frage auf, wie viele Sandkörner es wohl auf der ganzen Erde geben mag. Dies lässt sich tatsächlich rechnerisch überschlagen, wenngleich verschiedene Forscher erwartungsgemäß zu verschiedenen Antworten gekommen sind, die in der Größenordnung aber dennoch weitgehend übereinstimmen. Zur Berechnung wird zunächst das Volumen der gesamten Sedimente auf der Erde abgeschätzt. Hierbei werden die Dicke der Sedimentschichten auf den Kontinenten und der Kontinentalschelfe sowie die Sedimentmengen in den subozeanischen Bereichen bestimmt. Die Schätzwerte liegen zwischen 3 und 13×10^8 km^3, also im Mittel bei etwa 800 Millionen Würfeln mit der Kantenlänge von einem Kilometer. Man kann nun weiterhin aus Beobachtungen und Erfahrungswerten abschätzen, dass zwischen einem Viertel und einem Drittel dieser Sedimentmenge aus Sand besteht.[190] Ist das Volumen erst bekannt, kann über eine angenommene mittlere Korngröße und das mittlere spezifische Gewicht die Anzahl der Sandkörner berechnet werden. Hinzu kommen

Abb. 8.6 Etwa eine Million Sandkörner (Feinsand) passen in einen Fingerhut.

Abschätzungen über die mittlere Form der Sandkörner. Nach Kuenen (1959) sind, wie wir gesehen hatten, vornehmlich die Wüsten an der Rundung von Quarzkörnern verursachend beteiligt.[191] Durch eine Kombination von experimentellen Untersuchungen und Hochrechnungen kommt er zu der Aussage, dass 2 Mio. Quadratkilometer Wüste erforderlich seien, um den weltweit vorhandenen mittleren Rundungsgrad der Quarzkörner im Durchschnitt konstant zu halten. Dies entspricht einem Drittel des derzeitigen Bestandes, der Rundungsgrad der Quarzkörner sollte weltweit in geologisch relevanten Zeiten also steigen, was theoretisch Auswirkungen auf Packungsdichte und Anzahl der Körner hätte.

Jede dieser Annahmen und Abschätzungen führt natürlich zwangsläufig zu einer Akkumulation von Fehlern bzw. Unsicherheiten. Poldervaart[192] kommt schließlich auf eine Zahl von $85{,}7 \text{x} 10^{24}$ oder 85,7 Quadrillionen Sandkörner. Man mag vermuten, dass es belanglos ist, ob es 85,7 oder $85{,}6 \times 10^{24}$ Stück sind, aber alleine diese unscheinbare Differenz entspräche der gigantischen Summe von 100 Trilliarden Körnern. Es ist vollkommen zwecklos, sich Zahlen dieser Ausmaße vorstellen zu wollen. Würden wir in jeder Sekunde die unmöglich große Anzahl von einer Million Körner abzählen können, würden wir dennoch fast 3 Billionen Jahre benötigen, um alle Körner zu zählen.

Es wurde schon oft versucht, die Frage zu beantworten, ob es denn nun mehr Sandkörner auf der Erde gibt oder Sterne im Universum. Nach neueren Schätzungen sind alleine 70 Trilliarden Sterne den modernen Teleskopen zugänglich, wobei die Gesamtzahl der Sterne im Universum

Abb. 8.7 Meeresstrand bei aufziehendem Gewitter mit den Elementen Erde/Sand, Wasser, Luft, Wolken und elektrischen Feldern, einen Kreislauf darstellend.

um ein Vielfaches höher liegen wird. Man kann also davon ausgehen, dass es mehr Sterne im Universum gibt als Sandkörner auf der Erde, was weder verwundert noch die Erkenntnis wesentlich erweitert.

Viel interessanter ist die Fragestellung, ob die Menge der Sedimente – oder in unserem Falle die Anzahl der Sandkörner – eher zunimmt oder in Summe eher abnimmt. Hierbei ist zu berücksichtigen, dass gegenläufige Prozesse die Betrachtung sehr schwer gestalten. Seit der Entdeckung der Plattentektonik ist bekannt, dass sich Kontinente permanent aufeinander zu- bzw. voneinander wegbewegen. Die Geschwindigkeit dieser Bewegung, die sogenannte Driftgeschwindigkeit der Kontinentalplatten, liegt z. B. zwischen Amerika und Europa bei knapp 3 cm/Jahr und am Ostpazifischen Rücken bei 16 cm/Jahr, ist somit durchaus wahrnehmbar. Europa driftet also etwa mit der Wachstumsgeschwindigkeit eines Fingernagels von Amerika fort. Beim Auseinanderdriften von Platten dringt neues Magma an die Oberfläche, gleichzeitig schieben sich die aufeinandertreffenden Ränder der Kontinentalplatten in den Subduktionsbereichen untereinander (z. B. San Andreas-Verwerfung).

Bei diesem sich über Jahrmillionen hinziehenden Prozess wird der ganze Plattenrand des Kontinents samt Gebirge und Oberflächengesteinen langsam Richtung Erdinneres geschoben und unter hohen Drücken und Temperaturen aufgeschmolzen. Der Kontinentalrand verschwindet und mit ihm auch die vorhandenen Sedimente samt Sand. Neben diesem gibt es noch weitere geologische Effekte, denen unsere Sandkörner zum Opfer fallen können. Auf der anderen Seite sorgt die weltweite und überall stattfindende Erosion für einen dauerhaften Nachschub an Sandkörnern. Man kann abschätzen[193], dass jährlich ein Volumen von 0,05 Kubikkilometern an Quarzkörnern mehr durch erosive Prozesse freigesetzt, als durch andere Prozesse vernichtet wird. Die Anzahl der Sandkörner wächst demnach tatsächlich heute und seit langer Zeit in jeder einzelnen Sekunde weltweit um etwa 1 Milliarde Körner.

Der erste Gelehrte, der sich intensiv mit Sand und Zahlen beschäftigt hat und dabei den Sand als Metapher für «viel» verwendete, ohne aber auf genaue Quantifizierung verzichten zu wollen, war Archimedes von Syracus, wie wir eingangs erwähnten. Und er brachte in seiner Abhandlung weitere Begriffe ins Spiel. Einmal das Mohnkorn als offenbar damals gängige Vergleichseinheit für Größen und auch den Begriff des Kosmos, den er von dem griechischen Astronomen und Mathematiker Aristarch von Samos (310–230 v.Chr.) übernahm. Er richtete seine Schrift «Die Sandzahl» an König Gelon von Syrakus und begann:

> «Etliche glauben, König Gelon, dass die Zahl der Sandkörner unendlich sei. Ich spreche dabei nicht allein vom Sand um Syrakus und im übrigen Sizilien, sondern auch von dem Sande der ganzen bewohnten und unbewohnten Erde.»

Und er fährt nach einigen weiteren Erklärungen fort:

> «Ich aber werde versuchen, dir mithilfe von geometrischen Beweisen, klar zu machen, dass unter den von uns in den Schriften an Zeuxippos genannten Zahlen etliche vorhanden sind, die nicht nur die Zahl der Sandkörner in jener der Erdkugel gleichen Kugel, von der wir sprachen übertreffen, sondern auch die Zahl der Sandkörner in einer Kugel, die so groß ist, wie der Kosmos.»[194]

Hier kommt nun alles zusammen, Sand, Zahl, Kosmos und Unendlichkeit.

Zur damaligen Zeit herrschte die Ansicht, dass das Universum ungefähr die Größe des angenommenen Sonnensystems, also dem Durchmesser der Erdbahn, besäße. Dieser Größe nähert er sich schrittweise und beginnt mit der Größe eines Mohnkornes, welches zu einem 25stel der Breite eines Fingers gesetzt wird. Der Umfang der Erde wird mit 3 Millionen Stadien angenommen und der Durchmesser der Sonnenbahn mit dem 10 000-fachen des Erddurchmessers. Auch die Größe der Sonne selbst wird abgeschätzt und zu 10 Milliarden Stadien bestimmt. Ein Stadion entspricht dabei etwa der Länge von 185 Metern. Der Leser möge gerne selbst nachrechnen, inwieweit die Angaben des Archimedes zutrafen.

Potenzrechnung war damals nicht bekannt, dies erklärt die für unseren heutigen Geschmack sehr umständliche Darstellung und Entwicklung der großen Zahlen. Zu Zeiten des Archimedes galt die Zahl 10 000 (eine «Myriade») bereits als unvorstellbar groß, alles darüber lag bereits am Rande der Unendlichkeit. Archimedes entwickelte bei der Berechnung seiner «Sandzahl» erstmals ein Zahlensystem auf Basis von 10^8. Schrittweise näherte er sich dem Endergebnis, der hypothetischen Zahl an Sandkörnern, die in das ganze Universum passen würden. Rechnet man seine Kaskade nach, landet man bei etwa 10^{64}. Im Kommentar zu «Ostwalds Klassikern» heißt es dazu illustrierend: «Diese Zahl ist eine 1 mit so viel Nullen, dass ein Schreiber, der in jeder Sekunde 10 Nullen schriebe und ohne jede Unterbrechung arbeitete, über 85 Millionen Jahre zu arbeiten hätte».

Hier schließt sich der Reigen zu dem kleinen Joyce´schen Vogel, der den Sandberg, der bis über alle Himmel reicht, abzutragen hat. Und wenn er damit fertig sei, die Ewigkeit noch nicht einmal begonnen haben würde.

Abb. 8.8 Ein Mohnkorn, wie es Archimedes zu Vergleichszwecken wohl verwendet hat. Auflicht. Abmessungen 1,15 × 1,34 mm. Knapp 10 000 Körner des feinstmöglichen Sandes passen tatsächlich in eine Kugel mit den Abmessungen eines Mohnkornes.

— 9 Sand und Kultur

«Was sich sonst dem Blick empfohlen,
mit Jahrhunderten ist's hin»

J. W. v. Goethe, Faust II 11336

Schon bevor es Menschen gab, war Sand ein Produkt der Bewegung, des Transportes. Aber wie verändert der Mensch mit seiner invasiven Technisierung das Vorkommen und auch die Zusammensetzung des Sandes? Sind wir sicher, dass ein Sandkorn, wenn wir es betrachten, auch von dem Fundort stammt, an dem wir es aufgelesen haben? Kultur und Technik überprägen die Natur und üben damit auch Einfluss auf Sand und Sedimentation aus. Auch umgekehrt hinterlässt der Sand Spuren in Kultur und Technik. Ein paar von ihnen wollen wir nachgehen.

«Hier fand ich am Ufer die ersten Seesterne und Seeigel ausgespült. Ein schönes grünes Blatt, wie das feinste Velinpapier, dann aber merkwürdige Geschiebe: am häufigsten die gewöhnlichen Kalksteine, sodann aber auch Serpentin, Jaspis, Quarze, Kieselbreccien, Granite, Porphyre, Marmorarten, Glas von grüner und blauer Farbe. Die zuletzt genannten Steinarten sind schwerlich in dieser Gegend erzeugt, sind wahrscheinlich Trümmern alter Gebäude, und so sehen wir denn, wie die Welle vor unsern Augen mit den Herrlichkeiten der Vorwelt spielen darf.»[195]

Wer an einem ruhigen Tag den Strand des dänischen Städtchens Hirtshals entlangwandert und den Blick auf den Boden richtet, wird sich wohl an dem bunten Nebeneinander aus Sand und eiszeitlichen Geröllsteinen erfreuen. Im Norden Dänemarks, wie auch an der deutschen Ostseeküste, finden sich, wie wir wissen, überall Fragmente skandinavischer Gesteine, meist Tiefengesteine, die dort in zufälliger Zusammenstellung aus den verschiedensten Gebieten des hohen Nordens nach glazialem Transport abgelagert worden sind. Granite, Gneise, Porphyre, Ignimbrite, Sandsteine, Kalke und viele weitere Gesteinsarten liegen dicht an dicht im anstehenden Moränengeschiebe. Die unmittelbar vor Ort durch Verwitterung und Abrasion entstandenen Sande beinhalten demzufolge eine ebenso reichliche Mischung all der zahlreichen Minerale, aus denen die Gesteine zusammengesetzt waren. An diesem Ort in Dänemark liegt uns also ein Teil des zu Sand zermahlenen und sich seit den Eiszeiten langsam aus den Tiefen hebenden skandinavischen Festlandschilds zu Füßen. Aber sogar noch etwas mehr.

Vorhergehende Doppelseite:
Rhone bei Salgesch, Schweiz

Abb. 9.1 Strandansicht von Hirtshals in Dänemark mit Sand und eiszeitlichem Geschiebe. Im Hintergrund rechts die ehemaligen Bunkeranlagen, links eine Fähre nach Norwegen.

Wandern wir am Strand ein Stück weiter Richtung Fährhafen, fallen Fragmente ganz anderer Art ins Auge. Hässliche, große und massive Mauerreste ragen aus dem Sand und verweisen auf die neuere Geschichte dieser Gegend. Schutzbunker aus dem Zweiten Weltkrieg, die nunmehr der rauen Witterung und dem Meer preisgegeben, langsam, aber unaufhaltsam in ihre Bestandteile zerfallen. Neben den Armierungsstählen, die nahezu vollständig zu kleinen Rostkrümeln oxidieren, ist es der sehr widerstandsfähige Beton, der als Baustoff unserer Zeit vor unseren Füßen verwitternd unmittelbar in den Mineralbestand des Strandes aufgenommen wird. Aber woraus besteht Beton? Nun, vermutlich gibt es mehr Bücher über Beton, seine Zusammensetzungen und spezifischen Eigenschaften als über Sand. Vereinfachend lässt sich zusammenfassen, dass Beton aus Zement, Wasser und Zuschlagstoffen besteht, letztere setzen sich aus Kies und Sand in jeweils unterschiedlicher Mischung zusammen. Auch Sand also! Beim Prozess der Verwitterung zerfällt der Beton nach und nach in kleine Aggregate von zementierten Sandkörnern, die irgendwann komplett dissoziieren und schließlich von dem sie umgebenden natürlich vorhandenen Sand nicht mehr zu unterscheiden sind.

Entnehmen wir am Strand eine Sandprobe für eine Untersuchung und finden dabei ein bemerkenswertes Objekt, so mag es angehen, dass dieses eben nicht vom Aufsammelort stammt, sondern beispielsweise aus einer Sandgrube, die einst das Bauunternehmen gewählt hatte, das mit dem Errichten der in Strandnähe befindlichen Gebäude beauftragt worden war. Dem untersuchten, einzelnen Korn ist es nicht mehr anzusehen, ob es per Bahnfracht und Schüttgut oder von Eisbergen als Moränenfracht dorthin verbracht worden ist.

Beharrlich zerkleinern Wind, Wellen und Steine alles, was dem Strandbereich an Kulturgütern zugeführt wird. Und das schon, seit es Kultur gibt. Die Herkunftsinformation ist mit dem Herauswittern aus einem künstlich hergestellten Verbund vollständig und unwiederbringlich verloren. Kulturell überprägte Strandregionen können also nahezu immer einen wechselnden, aber nicht bekannten Anteil an Sandkörnern enthalten, die unbekannter Herkunft, Ergebnis einer wie auch immer gearteten Migration sind. Man denke in diesem Zusammenhang auch an gänzlich künstlich aufgeschüttete Strände oder Strandaufschüttungen zum Zwecke der Uferbefestigung, der Landgewinnung oder der der Steigerung touristischer Attraktivität. Singapur hat allein im Laufe der letzten 40 Jahre seine Fläche um 130 km² durch Sandaufschüttungen vergrößert, der Sand wurde hierfür importiert. Der Strand von Virginia Beach, ein anderes Beispiel, wurde im Kampf gegen die Strandverlagerung durch die Meeresströmung mehr als 50-mal mit fremdem Sand wiederaufgefüllt. Die Sandgruben im Inland der USA, die nun überall erschlossen werden, sind mithilfe moderner Anlagentechnik in der Lage, je nach Kundenbedarf den geeigneten Wunschsand nach Form, Korngröße und Farbe zu mischen und für Küstenaufspülungen zu liefern. All diese Sande, die uns dann am Strand auf den ersten Blick erfreuen mögen, stammen aus gänzlich anderen Regionen und sind im Grunde Zeichen erheblicher Umweltzerstörung. Im schlimmsten Fall wurde der Sand mit riesigen schwimmenden Saugbaggern vom Meeresgrund gefördert.

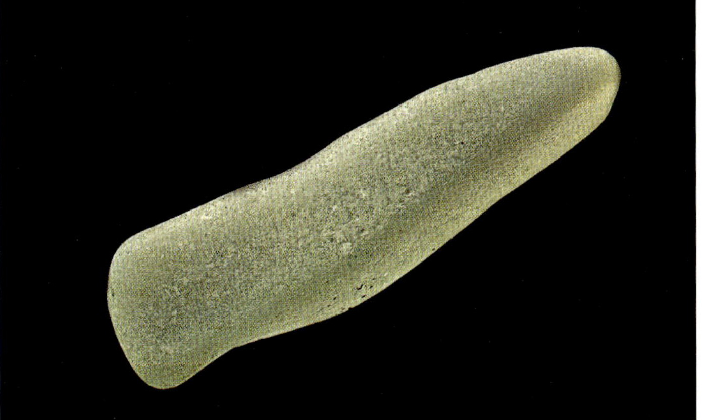

Abb. 9.2 Uferbereich in Hafennähe von Kirkenes, Norwegen. Schutt, Gebäudereste und herbeigeschafftes Gestein zur Uferbefestigung mischen sich an der Wasserlinie. Betonstücke zerfallen langsam wieder zu Sand.

Abb. 9.3 Sandkorn (Grobsand) vom Ufer des Lake Ontario, Toronto, Kanada. Verwitterter Beton-Partikel, bestehend aus zementierten feinsten Sandkörnchen. Auflicht. Bildbreite ca. 10 mm.

Abb. 9.4 Durch das Meer geformte und matt geschliffene Glasscherbe aus dem Sandstrand von Cala Bitta in Nordsardinien, Italien. Auflicht. Bildbreite 43 mm.

Bis zu 10 000 Tonnen pro Stunde Fördermenge können neueste Großbagger erreichen. Die damit einhergehende Wassertrübung ist nur einer der schädlichen Faktoren, die große ökologische Schäden nach sich ziehen.[196] Nicht nur als Sandliebhaber empfinden wir die großindustrielle Verfrachtung von Sandmassen, die ohne Rücksicht auf Belange der Nachhaltigkeit weltweit zunimmt, verstörend. Zu Goethes Zeiten war davon freilich nicht die Rede. Goethe bezog die Anreicherung der natürlichen Sedimente mit Fragmenten kulturellen Verfalls, den «Herrlichkeiten der Vorwelt», wohlwollend in seine Betrachtungen ein. Und tatsächlich lassen sich bei genauer Betrachtung recht hübsche Fragmente der kulturellen und technisierten Welt finden. Winzige rund geschliffene Glassplitter, die in wundersamen Farben grün, blau, rot oder weiß zwischen den Nachbarkörnern hervorleuchten. Meist weisen sie interessant mattierte Oberflächen auf und sind recht leicht identifizierbar. Zudem besitzt Glas keine Doppelbrechung, sodass Glaspartikel in Sandkorngröße im Mikroskop unter gekreuzten Polarisationsfiltern (wie auch Granatkörnchen) unsichtbar, also schwarz bleiben. Ebenso finden sich mit etwas Glück rötlich erdige Ziegelkörner und seltsam schillernd gefärbte Stücke ehemaliger Keramikglasuren. An Stränden, in deren Nähe Frachtschiffe verkehren, können schwarze Schlackekörner, Kohlepartikel oder gar Reste von eingedicktem Schweröl sehr dominant aus der Menge des ansonsten in der Regel hellen Strandsandes mit bloßem Auge identifiziert werden. Auch lassen sich an solchen Routen stumme Zeugen aus aller Welt finden, seien es Verpackungen mit exotischen Aufschriften, Schuhe oder Kleidungsreste, deren Geschichten uns verborgen bleiben. Gehen ganze Seecontainer über Bord, wie es bei schweren Stürmen durchaus geschehen kann, verteilen sich deren Inhalte über sehr weite Küstenabschnitte und werden je nach Zusammensetzung in Jahren bis Jahrhunderten zerkleinert und den Sedimenten schließlich zugesetzt. Umweltverschmutzung neuen und großen Stils.

Neben den eher lokalen Auswirkungen menschlicher Tätigkeiten auf Verteilung und Vorkommen von Sanden, wie sie in den vergangenen Jahrhunderten bis hinein in die Neuzeit stattgefunden haben, wirkt der heute stattfindende Raubbau an Sanden nahezu monströs. Mit der globalen Einführung von Beton als wichtigstem Bau- und Werkstoff unseres Jahrhunderts hat sich das ursprüngliche Bild drastisch gewandelt. Sand als bedeutende fossile Ressource ist zu einem international begehrten Rohstoff geworden, dem zweitwichtigsten hinter Wasser, der in enormen Mengen benötigt und verbraucht wird. Sand wird in sehr vielen Branchen und für ein sehr breites Spektrum an Produkten eingesetzt. So findet er sich feinst zerrieben in Papier,

Abb. 9.5 Bemaltes Verputzstück mit Sandanteilen (links) und Glasscherbe mit Schmelzeinschluss von einem römischen Gutshof bei Sachsenheim am Holderbüschle (ca. 220 v. Chr.), Deutschland. Auch diese Reste menschlicher Tätigkeit werden in den Sedimentbestand eingehen. Bildbreite um 50 mm.

Zahnpasta, Kosmetika, Smartphone-Displays, Instant-Tees, Puderzucker sowie Glas, Ziegeln, Wasserfiltern und Computerchips, um nur einige Beispiele zu nennen. Drei Viertel aller weltweit abgebauten Rohstoffe sind Sand und Kies.[197] Nach neueren Schätzungen werden pro Jahr weltweit 50 Mia. Tonnen Sand abgebaut, von denen rund zwei Drittel für Beton verwendet werden. Global betrachtet bewegt der Mensch heute durch direkte Tätigkeiten wie Bergbau und Urbanisierung sowie durch indirekte Effekte wie Erosionsbeschleunigung durch Landwirtschaft mehr Sedimente und Gestein als alle Flüsse der Welt zusammen.[198]

In Deutschland verbraucht jeder Bürger pro Kopf und Jahr rund 9 Tonnen Sand, der gesamte Abbau beträgt ca. 240 Mio. Tonnen jährlich, Tendenz steigend.[199] Auch in Deutschland wird der Sand bereits knapp, derzeit sind rund 2000 Sand- und Kiesgruben in Betrieb, viele der weiteren Sandvorkommen liegen unerreichbar in geschützten Gebieten. Ein Kubikmeter Beton der Festigkeitsklasse C25/30 enthält beispielsweise 300 kg Zement, 180 l Wasser und 1890 kg Zuschlagstoffe, also Kies

Abb. 9.6 Neu errichtetes Hochhausviertel in Oslo nahe der Oper (2013). Die vorherrschenden Baustoffe Beton und Glas, von denen Tausende von Tonnen verbaut wurden, enthalten Quarzsand als Hauptbestandteil. Je Kubikmeter Beton werden bis über 1000 Kilogramm Sand benötigt.

und Sand. Ein Einfamilienhaus erfordert um 200 t und ein einziger Kilometer Autobahn 30 000 t Sand. Ein nicht vernachlässigbarer Anteil der Sandvorkommen der Erde ist bereits heute in Beton eingeschlossen. Der Bauboom in China und den asiatischen Ländern sowie den arabischen Wüstenstaaten verschlingt dabei den Großteil. China ist zum größten Sandverbraucher avanciert, allein im Jahr 2016 verbrauchte es etwa 7,8 Mia. t Bausand.[200] Mancherorten wird Raubbau zum Problem. Bislang wird dieser nicht geahndet, da Sand als solcher nicht als Rohstoff geschützt ist. Betonrecycling steckt derzeit noch in den Kinderschuhen, könnte aber vielleicht in Zukunft einen kleinen Beitrag zur Lösung liefern.

Einige Länder beginnen mittlerweile, an Touristenstränden das Sammeln von Sand (und anderen Naturgegenständen) zu verbieten, da selbst die Mitnahme von üblicherweise kleinen Trinkflaschen voll Sand als Souvenir bei Hunderttausenden von Besuchern über die Zeit problematische Auswirkungen haben kann. Dies betrifft ganz besonders Strände mit selten vorkommenden und dekorativen Sanden. Sand ist nun einmal ein Sympathieträger und stellt für sehr viele Menschen ein ideales Stückchen Erinnerung an die im Urlaub verbrachte Zeit dar, die noch dazu auf das Land, die Erde rückverweist und sich im Grunde als Zeitanker besser eignet als vor Ort erworbene Importware. Bezogen auf den industriellen Raubbau durch Sandpumpschiffe, stellt der touristische Abbau aber nur ein kleines und lokales Problem dar.

Nun stellt sich die Frage, warum denn nicht die unübersehbar großen Wüstengebiete Afrikas und der Arabischen Halbinsel einen Großteil des Weltbedarfs an Bausand ohne nennenswerte Auswirkungen auf das jeweilige Ökosystem zu decken in der Lage sind. Im Falle des boomenden Wüstenstaates Dubai lägen die Sandquellen direkt vor der Tür. Im Kapitel «Spurensuche» hatten wir uns mit der zur Beantwortung der Frage erforderlichen Thematik beschäftigt, es ist leider nicht möglich.

Wüstensand ist gegenüber Meeressand, bedingt durch seine Form und Oberflächenstruktur, nicht als Zuschlagstoff für höherfeste Betonarten geeignet. In ariden Wüsten überwiegt der äolische Transport des Sandes, der, wie gezeigt, ein energiereicheres und nahezu ungedämpftes Auftreffen der Sandkörner untereinander verursacht und damit zu einem starken Abrasivverschleiß führt. Die Sandkörner runden sich schneller ab als bei Transportwegen im dämpfend wirkenden Wasser. Meeressande oder auch Flusssande besitzen gegenüber Wüstensanden eine geringere Sphärizität, sind kantiger und erzeugen als Zuschlagstoff im Beton höhere Druckfestigkeiten als abgerundete Körner, die aus diesem Grund ungeeignet sind. Neuere Entwicklungen mit Polymerbeton werden in Zukunft vermutlich auch den Einsatz von Wüstensand ermöglichen. Die diesbezüglichen Forschungen sehen vielversprechend aus. Ein weiterer Verwendungszweck erreicht zunehmende und besorgniserregende Bedeutung, vor allem in den USA: das Frackingverfahren zur Ölgewinnung. Hierbei wird ölhaltiges aber öldurchlässiges Schiefergestein über Bohrlöcher mittels unter hohem Druck stehenden, chemikalienhaltigem Wasser aufgebrochen. Um zu vermeiden, dass die erzeugten Bruchstellen und winzigen Risse

im Schiefer sich wieder schließen, wird dem Wasser Quarzsand mit spezifischen Eigenschaften zugegeben. Der Sand muss scharfkantig und feinkörnig sein, eine seltene Merkmalskombination, deren Abbau daher auch sehr gewinnbringend ist. Jedes Bohrloch kann dabei bis zu 25 000 t Sand verbrauchen. Knapp 70 Mio. t an Fracking-Sand wurden 2016 allein in den USA abgebaut.[201] Auch für diesen Anwendungsfall sind also kantige und damit haftfähige Quarzsande erforderlich und begehrt.

Ein extremes Beispiel für Haftfähigkeit stellen übrigens Mondsedimente dar. Auf dem Mond existiert keine Atmosphäre und weder Wind noch Wasser transportieren die

Abb. 9.7 Carbis Bay, Cornwall, England. Der Sand besteht überwiegend aus sehr artenreichem biogenem Material. Bryozoenäste, Seepockenreste und vieles mehr sind zu erkennen. Auffällig sind die beigemengten pechschwarzen Partikel, die künstlichen Ursprungs sind und über Bord gegangener Kohle und Schlackeresten vorbeifahrender Schiffe entstammen. Bildbreite 8,5 mm.

Abb. 9.8 St. Pauls Bay, Burgibba, Malta. Der Sand ist mit zahlreichen Körnern aus Glas «verunreinigt». Bildbreite 22,5 mm.

äußerst scharfkantigen und durch den Sonnenwind auch elektrostatisch aufgeladenen Partikel. Sie haften sehr stark sowohl untereinander als auch an Geweben und Gegenständen, wie die Apollo-Missionen zeigten.[202] Ein Fußabdruck kompaktiert das mit einer Korngröße von durchschnittlich 70 µm extrem feinkörnige Sediment und lässt es (fast) bis in alle Ewigkeit in dieser Form aneinanderhaften. Die einschlägigen Bilder hierzu sind aus den Medien bekannt.

Der Bedarf an Quarzsanden mit spezifischen Eignungsprofilen hat fatale Auswirkungen. So ließ Dubai für die künstliche Aufschüttung von Inseln mitten im Meer im Rahmen des «Palm Jumeirah»-Projektes 120 Mio. Kubikmeter Sand verbauen.[203] Weltweit nimmt der illegale Abbau von Sandstränden zu. Baggerschiffe pumpen Meeressande mitsamt allen beinhalteten Lebewesen an die Oberfläche, Ökosysteme werden in großem Ausmaß geschädigt oder zerstört, Strände verlieren ihre natürlichen Schutzfunktionen. Sand ist zudem ein sehr bedeutender Filter für die Grundwasserbestände. Lebensräume und Ökosysteme dieser sensiblen Zonen sind gefährdet. Insbesondere, wenn man bedenkt, dass 66 % der Weltbevölkerung in einem Streifen von nur 50 Kilometern Breite entlang der Küsten lebt. Laut indonesischer Regierung sind 80 ihrer Inseln inzwischen durch Sandraub verschwunden. Auf den Kapverdischen Inseln muss zur Deckung des Baubedarfes Sand importiert werden, Sandraub führte zur Küstenerosion, Salzwasser dringt ins Landesinnere und macht die Böden unfruchtbar.[204]

Abgesehen von den genannten Auswirkungen auf die Natur, ist in den jeweils betroffenen Gebieten die Fund- und Analysesituation nicht mehr nachvollziehbar. Meeresströmungen und Winde verfrachten die künstlich aufgeschütteten oder durch Verwitterung der Baumaterialien freigesetzten Sande in großem Stil. Tausende von Tonnen Sand gelangen hierbei in herkunftsfremde Systeme. Im Bereich Dubai aufgesammelte Proben mögen so zu einem relevanten Anteil aus Australien stammen.

Allgemein können wir den Einfluss anthropogener Aktivitäten auf das Vorkommen und die Zusammensetzung von Sanden in drei Gruppen gliedern. Diese sind zwar nicht scharf zu trennen, sodass Mischformen auftreten, aber sie fassen die bisherige Darstellung etwas systematischer zusammen.

Die erste Gruppe umfasst Sande, die an sich auf natürliche Weise entstanden sind, anschließend aber durch technische Vorgänge an einen anderen Ort transportiert wurden. So wurden im Zuge des Elbehochwassers im Sommer 2013 große Mengen von sandgefüllten Säcken in den Uferbereich der gefährdeten Flüsse oder Deiche verbracht. Gelangt dieser Sand in den betreffenden Fluss, wird er an Orten abgelagert, die er

Abb. 9.9 Extremes Beispiel für die Verbringung von Sand an Küstenabschnitte, wo zuvor kein Sand war. Die Werbung stammt aus einer norwegischen Zeitschrift und wirbt mit den Worten: «Haben Sie einen Strand? Wir haben den Sand!». In geeignete Buchten wird mittels Pumpen ein Wasser-Sand-Gemisch gespült. Außerdem, so die Werbung, können bereits vorhandene Sandstrände wieder aufgefüllt werden. Über die Herkunft des jeweiligen Sandes wird nichts gesagt. Da solche Tätigkeit nicht der Kennzeichnung bedarf, können Sedimentuntersuchungen an diesen Stellen bzw. an Orten in Richtung der Meeresströmung vollkommen in die Irre führen. Quelle: hytteliv 7/18.

auf natürlichem Wege nie erreicht hätte, und wird wohl von Sanden seines neuen Anlandungsgebietes auch nicht mehr ohne Weiteres unterscheidbar sein. In diesen Zusammenhang lassen sich die bereits beschriebenen Strandaufschüttungen ebenfalls einordnen. Die entlang der Küstenlinien herrschenden Meeresströmungen tragen beispielsweise an den Nord- bzw. Ostfriesischen Inseln permanent große Sandmassen an der Luvseite ab, um sie leeseits wieder anzulagern. Dieser Umbildung der Inselkonturen wird durch verschiedenste Maßnahmen entgegengewirkt, zu denen eben auch die Sandaufschüttungen zählen. Zwar werden hier, im Gegensatz zu den am Beispiel der USA beschriebenen Praktiken, meist lokal vorkommende Sande verwendet, die aus ökologischer Sicht unbedenklich sind, der natürliche Ablagerungsprozess ist jedoch verändert. Strandaufschüttungen sind mittlerweile weltweit an entsprechend gefährdeten Küsten üblich.

Eine weitere, zweite Gruppe wollen wir definieren, indem wir Sande betrachten, die zwar an Ort und Stelle entstanden sind, aber ein Verwitterungsprodukt von Materialien darstellen, die künstlich erzeugt wurden. Für diese Gruppe steht unser eingangs erwähntes Beispiel; verwitternde Ruinen, Mauerreste, Gebäude allgemein, dem Wirken der Erosion überlassener Schutt und dergleichen mehr. All dies wird schließlich vor Ort auf die eine oder andere Art zerkleinert und dem natürlichen Kreislauf wieder zugeführt, indem die entstehenden Partikel unbekannter Herkunft sich mit den lokalen Sedimenten nach und nach vermengen und selbst ein Teil der Sedimentation werden.

Unter der dritten Gruppe lassen sich Sande oder Sandbestandteile zusammenfassen, die aus Werkstoffen bestehen, die einer rein künstlichen bzw. technischen Herstellung entstammen und ganz oder teilweise durch menschliche Tätigkeit an den Ort der jeweiligen Ablagerung gelangten. Hierzu zählen wir Industrieabfälle in der entsprechenden Größenfraktion Schlacken, Granulate und zermahlene Produkte, die als Transportverluste nicht den für sie bestimmten Ort erreichten, Mineralwollepartikel, Rückstände aus Feuerwerken, Partikel von Dachziegeln, Asche und vieles mehr.

Auch die weltweit in beängstigendem Maße ansteigende Last an Kunststoffabfällen zählt hierzu. Mikroplastik hat sehr viele Verursacher und erreicht allein in Deutschland nach einer

Abb. 9.10 Sandsäcke zur Befestigung von Deichen oder zur Hochwasserprävention allgemein verbringen natürliche Sande in Gegenden, an denen diese nicht entstanden sind.

Abb. 9.11 Rheinufer bei Kehl, Deutschland. Vermutlich wird es über ein Jahrhundert dauern, bis dieses Stück Kunststoff vollständig zersetzt ist und in den Kreislauf der Stoffe aufgenommen wird.

Abb. 9.12 Rheinufer bei Kehl, Deutschland, unmittelbar an der Europabrücke. Zwischen unsortiertem und tonigem Sand sind Metallkügelchen zu erkennen, die, so bleibt zu vermuten, von den Schweißarbeiten an der Brücke stammen. Bildbreite 7,5 mm.

Abb. 9.13 Porträt eines Kornes vom Kehler Rheinufer an der Europabrücke (siehe Abb. 9.12). Das metallische Sandkorn ist anthropogenen Ursprungs und wohl auf Schweißarbeiten zurückzuführen. Mikrometeoriten besitzen ein ähnliches Erscheinungsbild. Auflicht. Durchmesser 485 µm.

Abb. 9.14 Sandkörner vom Ufer der Nahe aus Bad Kreuznach, Deutschland. Nur das sehr runde Quarzkorn rechts unten ist natürlichen Ursprungs, alle anderen Körner sind Ergebnis technischer Prozesse (Ziegel, Glas, Schlacke, Glasur, Kunststoff). Bildbreite 4,8 mm.

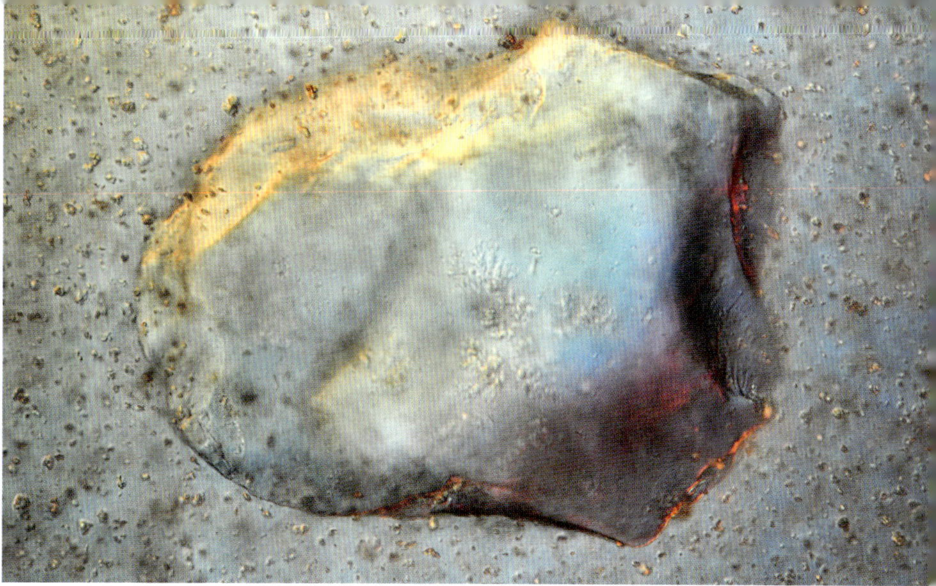

Studie des Fraunhofer Institutes für Umwelt, Sicherheit und Energietechnik (2018) eine Größenordnung von 330 000 Tonnen jährlich, entsprechend immerhin 4 Kilogramm pro Kopf. Dies ist ein Großteil der auf 460 000 Tonnen jährlich geschätzten Gesamtemission an Kunststoffen in Deutschland. Hierbei werden zwei Arten der Emission von Mikroplastik unterschieden. Die erste umfasst alle Teilchen, die den Produkten direkt bei deren Herstellung beigemischt wurden. So zum Beispiel Mikroplastikpartikel in Kosmetika oder Reinigungsmitteln. Die zweite Art der Partikel entsteht erst beim Gebrauch, insbesondere durch Abrieb. Auf dem ersten Platz steht hierbei der Reifenabrieb, der mit knapp 1,3 Kilogramm pro Kopf und Jahr zu Buche schlägt. Auf Platz zwei folgt mit 300 Gramm pro Kopf und Jahr deutlich abgeschlagen die bei der Abfallentsorgung in die Umwelt gelangende Menge an Kunststoffteilchen. Der Abrieb von Fahrbahnmarkierungen (Abb. 9.15) folgt immerhin auf Platz 9, weit vor Zusätzen in Kosmetika, die erst auf Platz 17 erscheinen, sich aber am einfachsten reduzieren ließen. Einige dieser Emissionen liegen allerdings in einer Größenklasse unter der des Sandes, was ihre Gefährlichkeit aber in keiner Weise schmälert. Ganz im Gegenteil, die geringen Abmessungen der Partikel lassen ihre Existenz weit weniger präsent erscheinen, als es größere und damit subjektiv als störender empfundene Abfallreste tun. Eine besondere Gefahr stellt dabei lungengängiger Feinstaub dar.

In der produzierenden Industrie gibt es für Sand vielfältigen Bedarf, auch jenseits der Verwendung als reiner Rohstoff. Ein Beispiel ist der Einsatz von Formsand-Gemischen in der Gießereitechnik. Natürlicher Sand wird hierbei im sogenannten Cold-Box-Verfahren mit einem Zweikomponenten-Bindemittel auf Phenolharzbasis vermischt und anschließend zu Sandformen oder Sandkernen (Abb. 9.16) verarbeitet. Unter Zugabe von aminhaltiger Druckluft härtet das Bindemittel aus und gibt den Sandformteilen die erforderliche Festigkeit, die sie für die Belastung durch das Einfließen der Metallschmelze während des Gießprozesses benötigen. Viele Zehntausend Tonnen

Abb. 9.15 Links: Sandkorn, aufgesammelt am Straßenrand bei Kleinsachsenheim, Deutschland. Es handelt sich um ein Teilchen, welches von der Fahrbahnmarkierung stammt. Gut zu erkennen ist die kleine eingebettete Kunststoffkugel, die das Licht der Autoscheinwerfen in der Nacht reflektiert. In der Sandprobe fand sich eine Unzahl weiterer und einzelner Kügelchen unterschiedlichen Durchmessers. Auflicht Kornabmessungen 1370 × 1240 µm.

Rechts: Mikroplastikpartikel in einem Dusch-Peeling. Der Partikel hat etwa die Größe eines Sandkornes (Abmessung 360 × 265 µm). Die cremige Matrix enthält ebenfalls Partikel, die mit 2–4 µm deutlich kleiner sind. Differentieller Interferenzkontrast mit λ-Kompensator, Hellfeld.

Formsand fallen auf diese Weise alljährlich an und müssen durch geeignete Verfahren aufwendig recycelt werden.

Eine schöne Konnotation an den Sand stellt die Solarzelle dar. Die Abb. 9.17 zeigt das mikroskopische Bild der Oberfläche einer solchen für die Fotovoltaik verwendeten Solarzelle. Für polykristalline Zellen muss das aus Sand gewonnene Silizium nicht ganz so rein sein, wie es für monokristalline Zellen benötigt wird. Dennoch liegt der geforderte Reinheitsgrad bei über 99,999999 %. Bei der Herstellung wird zuerst ein Block aus flüssigem Silizium gegossen, der nach Abkühlung und Auskristallisation in Scheiben zersägt wird. Die Zellen werden anschließend mit Goldkontakten versehen. Sandkristalle werden unter Einsatz von Energie zu Siliziumkristallen, die wiederum Energie aus dem Sonnenlicht gewinnen, ein schöner Kreis. Noch höhere Reinheitsgrade des Quarzsandes werden für die Produktion von Mikrochips benötigt. Besonders begehrt ist dabei der hochreine Quarzsand aus Spruce Pine, USA, aus dem auch der 20 t schwere Spiegel des Mt. Palomar Observatoriums hergestellt worden ist.[205]

Einige der sich in Sanden wiederfindenden Körner technischer Herkunft haben eine auffallend sphärische Form, sind nahezu ideal rund. Bei Schmelzprodukten, die im noch flüssigen Zustand durch die Luft fliegen – etwa Funken bei Schleif- oder Schweißprozessen – ist das leicht erklärlich. Die Schmelze nimmt den Zustand des optimalen Verhältnisses zwischen Volumen und Oberfläche ein, wird also kurz vor dem Erstarren kugelig. Der ganz überwiegende Teil dieser kleinen metallisch magnetischen oder auch metallisch unmagnetischen oder glasigen Kügelchen ist anthropogenen Ursprungs. Wer viel Glück hat und lange und systematisch sucht, kann aber auch auf außerirdisches Material treffen. Es handelt sich dann um Mikrometeoriten, die permanent aus dem Weltraum mit hoher Geschwindigkeit, 50-mal schneller als eine Gewehrkugel, auf die Atmosphäre der Erde treffen. Nur wenige schaffen es davon bis auf den Erdboden, wir hatten Ähnliches bei den Meteoriten besprochen. Man schätzt, dass die durch-

Abb. 9.16 Links: Ausgehärteter Sandkern für den Abguss eines Getriebegehäuses aus Aluminium. Bildbreite ca. 30 cm.

Abb. 9.17 Rechts: Oberfläche einer polykristallinen Solarzelle mit Goldkontaktierung. Die verschieden strukturierten Felder aus Siliziumkristallen sind zu erkennen. Auflicht Hellfeld. Bildbreite 690 µm.

schnittliche jährliche Auftreffrate bei einem Partikel (mit 100 µm Durchmesser) pro Quadratmeter liegt. Da Mikrometeorite eine mittlere Größe von 300 µm besitzen, ergibt sich ein realistischer Wert für 2 Sphärulen (so werden die kleinen außerirdischen Kügelchen auch genannt) pro 50 m^2 und Jahr.[206] Das ist nicht sonderlich viel, insbesondere, weil die kleinen Sphärulen leicht oxidieren. Sollte man sich auf die Suche machen, sind die Chancen auf großen Flachdächern am größten. Die Unterscheidung zur irdischen Materie ist allerdings nur mit viel Erfahrung oder Messungen unter dem Elektronenmikroskop mit Zusatzeinrichtungen (EDX) zu bewerkstelligen. Erhöhter Nickelgehalt und eine Hülle aus Magnetit mit charakteristischen Tannenbaumstrukturen ist neben weiteren Merkmalen diagnostisch.

Noch Vieles ließe sich anfügen. Sand ist eng mit der Kultur der Menschen verbunden. Dies gilt neben den beschriebenen technischen Anwendungen und für den Sand als Baustoff besonders auch für Sand als Ausgangsmaterial für Kunstgegenstände. Sand, Ton und Lehm waren die mineralischen Grundstoffe, aus denen, wie wir im Kapitel 2 gesehen hatten, schon die Menschen im alten Mesopotamien, dem Zweistromland zwischen Euphrat und Tigris, ihre Häuser, Alltagsgegenstände und auch ihre Kunstwerke und Kultgegenstände geschaffen haben. Mit einem Gegenstand aus dieser Zeit wollen wir unsere leider äußerst unvollständige Themensammlung schließen.

Das kleine Figürchen aus Abb. 9.18 wurde vor über 4000 Jahren aus dem Sand und dem Ton der Ebene zwischen den beiden großen Strömen hergestellt. Vermutlich diente es als Spielzeug, wir wissen es nicht. Nach all diesen Jahren hat es aber nichts von seinem bezaubernden Charme eingebüßt, obwohl es mit den denkbar einfachsten Mitteln, den Händen, aus dem denkbar einfachsten Material, dem Sand und Staub der trockenen Erde, mit dem so kostbaren Wasser geschaffen wurde und mithilfe des Feuers für die Nachwelt gebrannt und so dauerhaft über die Zeit hinweg erhalten worden ist.

Abb. 9.18 Sumerische Terrakotta-Figur, ca. 2000 v. Chr. Das Figürchen stellt vermutlich einen kleinen Vogel oder aber ein Schaf dar. Es besaß offenbar eine Achse mit zwei Rädern und konnte mit einer Schnur gezogen werden. Die Figur war ursprünglich wohl mit einem Überzug versehen, der im Bereich von Kopf und Hals noch teilweise erhalten ist. Mit dem Mikroskop sind zahlreiche, teils gerundete, teils auch kantige Sandkörner in der feinen Matrix erkennbar. Länge 103 mm.

— 10 Nachwort

«De hoc lapide multi multa, omnis aliqid, nemo satis.»

Inschrift auf dem 1492 gefallenen Meteorit von Ensisheim, angebracht von Kaiser Maximilian I [207]

Es hatte länger nicht mehr geregnet. Ich war in Eile, wollte aber noch schnell eine Sandprobe von einer Stelle entnehmen, die mir durch ihre dunkle Färbung aus der Ferne aufgefallen war. Vielleicht hatte ich ja Glück und es handelte sich um eine Mineralseife interessanter Zusammensetzung. Mit meinen Wanderschuhen kam ich gut in dem trockenen und lockeren Sand voran. Ein leises Quietschen, das mich zu begleiten schien, führte ich erst auf den böigen Wind, dann auf ferne Möwenrufe zurück, ehe es mir immer deutlicher ins Bewusstsein drang. Als ich schließlich aufmerkte, wurde das seltsame Quietschen lauter, es kam direkt aus dem Sand unter mir, Schritt für Schritt. Ich war auf eine «squeaky sand beach» geraten, auf das Phänomen des «quietschenden Sandes» gestoßen, hier, an einem Küstenabschnitt im Westen Bornholms.

Solche quietschenden Sande, die nicht mit den «singenden Sanden» der Wüsten verwechselt werden dürfen, sind von manchen Stellen der Welt bekannt. Von Australien über Amerika bis hin zu den Britischen Inseln wurden sie in der Literatur beschrieben. Einer der ehemals weltweit führenden Sandforscher, Ralph A. Bagnold (1896–1990), widmete dem «whistling beach sand» ein eigenes kleines Kapitel in seinen Untersuchungen zur Physik des Sandes.[208] In der Zeitschrift «Spektrum der Wissenschaft» wurde das Phänomen unlängst beschrieben, aber nicht erklärt.[209] Und das ist das eigentlich Faszinierende am «squeaking sand». Niemand kann bisher befriedigend erklären, wodurch das Quietschen zustande kommt, durch welche Parameter es beeinflusst wird und wie man es gegebenenfalls gezielt reproduzieren könnte.

In den vorangehenden Kapiteln haben wir einige Eigenschaften der Sande beschrieben, die prinzipiell infrage kämen. Korngröße, Sortierung, mineralogische Zusammensetzung, Rundungsgrad und Oberflächenstruktur könnten beim Quietschen eine Rolle spielen. Geht man ins Detail, wird es sehr komplex, da Feuchtigkeit, Schüttung, Belastungsgeschwindigkeit und Resonanzräume der direkten Umgebung als Einflussgrößen hinzutreten; alles jedoch nur als statistisch wertbare Eigenschaftskombination, weil, wie wir wissen, keine zwei Sandkörner, geschweige denn zwei Sandproben existieren, die vollkommen identisch sind und sich dadurch reproduzierbar identisch verhalten könnten.

Bagnold fand bei seinen Untersuchungen heraus, dass offenbar weder Temperatur noch Tiefe der trockenen Sandschicht eine herausgehobene Rolle spielen. Er beschrieb, dass die Sandproben von quietschenden Stränden aus überwiegend gut sortierten und gut gerundeten Quarzkörnern im Durchmesserbereich um 300 µm bestünden. Auch geringe Verunreinigungen durch weitere Minerale seien für das Quietschen nicht maßgeblich. Laboruntersuchungen ergaben keine aussagefähigen Antworten. Im Gegenteil, Bagnold beobachtete, dass einige zwar vor

Vorhergehende Doppelseite:
Dueodde, Bornholm, Dänemark

Ort am Strand quietschende Sandproben, die anschließend ins Labor verbracht und isoliert wurden, das Quietschen dann nicht mehr zeigten.

Auch über 60 Jahre später ist man nicht viel weitergekommen. Kurz und gut, bis heute existiert keine brauchbare Erklärung für das bemerkenswerte Quietschen einiger Sande. Und vermutlich wird auch kein Förderprogramm oder gar ein privater Mittelgeber je Forschungsgelder hierfür zur Verfügung stellen. Aus der zu gewinnenden Erkenntnis wäre auch bei längerem Nachdenken keinerlei weiterer Nutzen zu erwarten. Offenbar scheint der Sand dieses Geheimnis noch eine ganze Weile für sich behalten zu können.

Damit ist der Bogen zurück zum Anfang geschlagen. «Was nützt, ist nur ein Teil des Bedeutenden», erklärte der alte Jarno in Wilhelm Meisters *Wanderjahren*, der im Roman später als Montan auftritt, als Mensch der Berge, der Erdwissenschaften. Goethe hat dieser Figur wohl einige seiner eigenen Züge verliehen, lagen ihm doch ganz besonders die Geowissenschaften am Herzen. Freilich anders, als wir es heute gewohnt sind. Für ihn war ein Stein nicht einfach nur ein Stein, ein totes Objekt, sondern vielmehr ein Produkt und Resultat eines an sich lebendigen Naturprozesses. Ein Symbol dieses Prozesses sogar.

> «In der lebendigen Natur geschieht nichts, was nicht in einer Verbindung mit dem Ganzen stehe, und wenn uns die Erfahrungen nur isoliert erscheinen, wenn wir die Versuche nur als isolierte Fakta anzusehen haben, so wird dadurch nicht gesagt, dass sie isoliert seien, es ist nur die Frage: wie finden wir die Verbindung dieser Phänomene, dieser Begebenheit.»[210]

Neben dem an anderer Stelle zu diesem Gedanken hergestellten Bezug zu den modernen Naturwissenschaften ist ein weiterer Aspekt zu betonen. Statt gedanklich vom Einzelnen zum Ganzen zu schreiten, kann das Ganze, das Universelle im Einzelnen, dem Partikulären, aufscheinen. Das Einzelne beinhaltet bereits das Universelle, als dessen individuelle Ausprägung es

Abb. 10.1 Links: Sand aus Hasle, Bornholm. Der Sand stammt unmittelbar aus einem quietschenden Strandbereich. Auflicht. Bildbreite 5,7 mm.

Abb. 10.2 Rechts: Sand aus der «Squeaky Beach», Wilson Promontory Nationalpark, Australien. Beide unter identischen Bedingungen aufgenommenen Proben zeigen auf den ersten Blick keine deutlichen Gemeinsamkeiten oder herausgehobene Merkmale, die auf das Phänomen des Quietschens hindeuten würden. Auflicht. Bildbreite 5,7 mm.

gesehen werden kann. Das Einzelne als Symbol des Ganzen, beides untrennbar verbunden, der Zusammenhang ist immer da, man muss nur suchen. Vor diesem Hintergrund hatten wir Sand und Sandkorn verstanden. Als Resultat eines lebendig-dynamischen Naturprozesses. Licht, Materie und Leben scheinen auf im Sand. Jedes einzelne Korn als Teil des Naturphänomens «granulare Materie» trägt seine eigene Geschichte in nicht abzählbarer Vielfalt. Seien es Körner, deren Entstehen wir beim Herauswittern aus einer Felswand direkt und unmittelbar «live» beobachten können, oder seien es Körner, deren Entstehung auf der Erde über Tausend Millionen Jahre in fernen Zeiten zurückliegt. Wir haben versucht, Licht auf sie und einige der in ihnen verborgenen Rätsel zu werfen. Durchlicht und Auflicht.

Sand nimmt unter den Stoffen der Natur eine Art Zwischenrolle ein. Moleküle und Atome ordnen sich ganz von selbst zu Maikäfern, Sonnenblumen oder Giraffen an, wir können ihnen dabei lediglich zusehen. Niemand ist aber in der Lage, eine Giraffe herzustellen, wohl aber einen Computer oder ein Haus. Schon Aristoteles bemerkte süffisant: Vergräbt man ein Bettgestell aus Weidenholz, entsteht daraus eine Weide, nicht aber ein neues Bettgestell. Anders verhält es sich mit Sand. Bedingt durch die ihn konstituierende Definition über Größe und Granularität, lässt er sich im einfachsten Fall mit Hammer oder Mörser selbst herstellen. Sand ist also ein Mittleres zwischen Naturstoff und Herstellbarem, zwischen Einzahl und Vielzahl ebenso. Das haben wir versucht zu zeigen, indem das fotografische Porträt eines einzelnen Kornes durch das Herausheben aus der Masse der Körner genau diesem Einen ein Gesicht verleiht, dessen Spuren seine Geschichte erahnen lässt und dessen Spur durch das Porträt in der Geschichte nun manifestiert ist, selbst wenn das Korn der nahezu unendlichen Sandmasse der Erde erneut und endgültig überantwortet wird, für immer nun unauffindbar in der Anonymität der Vielzahl verborgen.

Und Sand, so wie wir ihn verstehen, ist Mittler zwischen den Welten des Makrokosmos und des Mikrokosmos, verbindet thematisch das Entstehen und Vergehen gewaltiger Gebirgsmassen mit den mikroskopisch kleinen, schillernd bunten Interferenzfiguren des Lichts beim Durchtritt durch kristalline Körner auf unserem Objektträger. Die regellos chaotische Anordnung der Sandkörner in einem beliebigen Strandabschnitt, die durch Meeresbrandung und Wind permanent neu an- und umgeordnet wird, steht der strengen, unwandelbar fixierten kristallografischen Gitterstruktur des je einzelnen Kornes gegenüber. Die Zusammenschau von Makrokosmos im Großen und Mikrokosmos im Kleinen wird

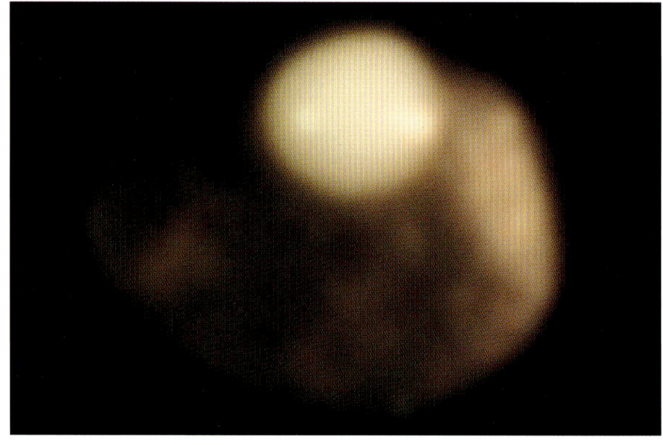

Abb. 10.3 Sandkorn durch ein Pinhole-Mikroskop ohne optische Linsen fotografiert, wobei die Größe des Pinholes in der Größenordnung des betrachteten Sandkornes liegt. Die Abbildung erfolgte ohne jegliche Vermittlung ausschließlich durch Licht, eine Öffnung und die lichtempfindliche Oberfläche des Bildsensors aus Silizium. Die seltsam traumhaft anmutende Gestalt des Kornes mag für die metaphorische Ebene des Sandes als Mittler zwischen verschiedenen Bedeutungsebenen stehen, als Mittleres zwischen Makrokosmos und Mikrokosmos. Snaefjellsnes, Island.

ganz besonders prominent, wenn wir uns nochmals vergegenwärtigen, dass wir bereits den ältesten und ursprünglich fernsten Sandkörnern des Sonnensystems begegnet waren (Kap. 2). Es sind dies die rundlichen Körner, Chondren genannt (von griechisch: chondros = Korn), die in bestimmten Steinmeteoriten, den Chondriten, vorkommen.

Mineralzusammensetzung und Gestalt der Chondren (Abb. 10.7) sind über 4,5 Mia. Jahre alt, eingefroren in einer feinen Matrix. Die ältesten Sandkörner überhaupt, die älteste Materie auch, mit der der Mensch je in Kontakt treten kann und die Möglichkeit hat, sie zu erforschen. Materie auch, aus der unsere Erde besteht, und damit wir selbst und alles, was wir aus dieser Erde in uns aufnehmen. Nach allem, was wir wissen, besteht das uns umgebende makroskopische Universum aus ebendiesen Stoffen, die uns aus unserer unmittelbaren Nähe vertraut sind. Sternenstaub beide Male.

Die nachfolgenden Abbildungen demonstrieren dies am Beispiel des bedeutenden und schönen Minerals Olivin, welches geradezu symbolisch alle betrachteten Welten miteinander verbindet. Es ist eines der häufigsten im Sonnensystem, wurde auch extrasolar in den Staubwolken von Sternen nachgewiesen und bildet den mengenmäßig größten Teil unseres Erdmantels. Dort verborgen gelangt es mit etwas Glück an die uns erreichbare Oberfläche. Entweder durch Vulkane mitgerissen (Abb. 10.9) oder gar durch das Aufeinanderprallen der Kontinente (Abb. 10.6) oder mit viel Glück über das Auftreffen von Meteoriten (Abb. 10.8). Außerirdisch, innerirdisch, irdisch also.

Besonders schön und hellsichtig hat Alexander von Humboldt die wechselseitigen Bezüge zwischen Licht, Materie, Erde, Sternen und den Steinen der Luft, den Aerolithen beschrieben und sie in ihrer Zeitlichkeit und Wahrnehmbarkeit durch den Menschen verortet. Wir wollen ihn deshalb ganz zum Schluss – gleichsam quintessenziell – zu Wort kommen lassen:

Abb. 10.4 Splitter des Meteoriten Tarda in der Größe eines Sandkornes. Der Meteorit fiel am 25. 8. 2020 über Marokko und gehört der sehr seltenen Klasse der Kohligen Chondrite C2-ungrouped an. Gut zu erkennen ist die blasige Schmelzkruste seiner Oberfläche. Ohne direkte Beobachtung des Meteoritenfalls wäre dieses Korn unbeachtet in den Sand der Wüste übergegangen. Breite 2 mm.

Abb. 10.5 Lavabrocken vom Vulkanausbruch im April 2020 auf der Halbinsel Reykjanes, Island. Das tholeiitische, recht dünnflüssige basaltische Ausgangsmagma stammt aus einer Tiefe von etwa 20 Kilometern. Das Stück erkaltete unmittelbar vor der Aufsammlung mit der zu erkennenden blasigen Schmelzkruste. Breite 95 mm.

Abb. 10.6 Oben links: Irdisch entstandener Olivin in einem Sandkorn aus Peridotit, einem olivinhaltigen Gestein. Der Peridotit stammt aus dem Erdinneren, genauer dem Bereich des oberen Erdmantels. Eine Scholle des Erdmantels ist am Fundort, bedingt durch gebirgsbildende Vorgänge, zugänglich. Schätzungen zufolge enthält der im Erdmantel in Tiefen von 400–650 km enthaltene Olivin (Modifikation Ringwoodit) mehr gebundenes Wasser als alle Weltmeere zusammen. Der Grünton des Olivins ändert sich mit dessen Eisengehalt. Canobbino Bachbett bei Finero, Ivrea Zone, Italien. Auflicht. Bildbreite 1,4 mm.

Abb. 10.8 Unten lInks: Außerirdischer Olivinkristall im Seymchan Meteorit (Typ Pallasit). Der Olivin ist in eine Eisen-Nickel Matrix eingebettet und zeigt Schockspuren (Risse). Der Meteorit Seymchan stammt aus dem Inneren, genauer der Kern-Mantel-Grenze eines über 4 Mia Jahre alten und später zerborstenen Asteroiden. Olivin ist eines der häufigsten Minerale des Sonnensystems und konnte in der Staubhülle anderer Sterne unserer Galaxie nachgewiesen werden. Polierte Platte, Auflicht und Durchlicht. Bildbreite 9 mm.

Abb. 10.7 Oben rechts: Außerirdische (idiomorphe) Olivinkristalle mit leuchtend bunten Interferenzfarben in einer Chondre aus dem in Australien niedergegangenen Meteoriten Ophara H5. Dünnschliff, Durchlicht mit gekreuzten Polarisatoren. Die verschiedenen Farben sind durch die unterschiedliche Ausrichtung der Kristallachsen verursacht. Bildbreite 1,3 mm.

Abb. 10.9 Unten rechts: Irdisch entstandener Olivinkristall aus dem Erdinneren, hervorgebracht durch den Ausbruchs des Fournaise von 1977 auf der Vulkaninsel Reunion, Frankreich. Der Olivinkristall ist in blasige Lava eingebettet und mit zahlreichen mineralischen Einschlüssen versehen. Bildbreite 7 mm.

«Ich habe schon früher darauf hingewiesen, daß wir im ganzen mit den Welträumen und dem, was sie erfüllt, nur in Verkehr stehen durch licht- und wärmeerregende Schwingungen; wie durch die geheimnißvollen Anziehungskräfte, welche ferne Massen (Weltkörper) nach der Quantität ihrer Körpertheilchen auf unseren Erdball, dessen Oceane und Luftumhüllung ausüben. Die Lichtschwingung, welche von dem kleinsten telescopischen Fixsterne, aus einem auflöslichem Nebelflecke ausgeht, und für die unser Auge empfänglich ist, bringt uns [..] ein Zeugniß von dem ältesten Dasein der Materie. Ein Licht-Eindruck aus den Tiefen der sterngefüllten Himmelsräume führt uns mittelst einer einfachen Gedankenverbindung über eine Myriade von Jahrhunderten in die Tiefen der Vorzeit zurück. Wenn auch die Licht-Eindrücke, welche Sternschnuppenströme, Aerolithen schleudernde Feuerkugeln oder ähnliche Feuermeteore geben, ganz verschiedener Natur sein mögen: wenn sie sich auch erst entzünden, indem sie in die Erd-Atmosphäre gelangen; so bietet doch der fallende Aerolith das einzige Schauspiel einer materiellen Berührung von etwas dar, das unserem Planeten fremd ist.»[211]

Wir schließen an dieser Stelle, beenden unseren Reigen und rekapitulieren, dass im Grunde der Gegenstand unserer Betrachtungen ganz einfach und schlicht nur eines war: Sand.

Während Sie, verehrte Sandliebhaberin, verehrter Sandliebhaber, dieses Nachwort gelesen haben, sind draußen auf der Erde etwa 500 Mia. neue Sandkörner entstanden, von denen keines dem anderen gleicht. Wo immer Sie zukünftig mit Sand in Berührung kommen werden, Lupe oder Mikroskop ermöglichen den Blick in eine Welt, deren Einzigartigkeit an uns vorübergeht, wenn wir nach einem langen Urlaubstag am Strand den Sand aus den Schuhen nur achtlos ausschütten. Ich hoffe, das Buch hat dazu beigetragen, dieses zumindest mit einem gewissen Respekt – innehaltend – zu verrichten.

— 11 Anhang

Daraus aber die Dinge ihren Ursprung haben
darein findet ihr Untergang statt
gemäß der Notwendigkeit.

Denn sie leisten einander Buße für ihre Schuldigkeit
nach der Ordnung der Zeit.

Anaximander von Milet, ca. 600 v. Chr.

Anaximander war heutigen Wissens zufolge der erste Denker, der die Wissenschaften von mystischen Vorstellungen befreit hat. Die Dinge der Welt und deren Ursprung führte er auf ein allgemeines Prinzip zurück, das Apeiron, eine Art ausgleichend unbegrenzter Urstoff. Er beschrieb als Erster die Erde als eine frei im Raum schwebende Kugel und er war auch der Erste, der eine Karte der damals bekannten Welt entwarf.

Ursprung und «Untergang» des Sandes haben wir zu klären versucht, den Sandzyklus «nach der Ordnung der Zeit» entdeckt und den Sand als einen fast allgegenwärtigen «Urstoff» gefunden. Schließen wir nachfolgend mit einer ergänzenden Sandauswahl von Orten rund um die Erde, unserer Welt, die als schützenswerte Kugel frei im All schwebend mit uns zusammen eine unlösbare Schicksalsgemeinschaft bildet.

11.1 Sande der Welt, ergänzende Auswahl

Bisher haben wir Sandproben jeweils unter dem Aspekt bestimmter Kriterien oder Parameter behandelt. Von der Korngröße über die Sandfarbe bis hin zur kompositionellen Reife und der jeweiligen mineralogischen Zusammensetzung. Auch die Herkunft, das Ablagerungsmilieu und die Art des natürlichen Transportes des Sediments wurden betrachtet. Die Fotografien im Buch zeigen dabei entweder einzelne Körner oder einen typischen Ausschnitt der Sandprobe mit Bildbreiten von wenigen Millimetern.

Natürlich ist es vollkommen ausgeschlossen und auch nicht zweckmäßig, eine auch nur halbwegs vollständige Übersicht über die Sande der Welt erreichen zu wollen. Selbst eine einigermaßen repräsentative Auswahl ist in vertretbarem Umfang nicht darstellbar. Dennoch wollen wir ganz am Ende unserer Untersuchungen eine Reihe weiterer Sande aus aller Welt als Beispiele anfügen. Die Vielfalt einerseits, aber auch die Ähnlichkeit mancher Proben aus ganz unterschiedlichen Teilen der Welt ist beeindruckend und reizvoll zu betrachten. Der Einfachheit halber sind die Proben etwa in alphabetischer Reihenfolge ihrer Herkunftsländer abgebildet. So entsteht eine zwar zufällige, aber inspirierende Gegenüberstellung.

Die Übersichtsaufnahmen wurden aus Gründen der Vergleichbarkeit mit einer Bildbreite von 5,9 mm aufgenommen. Diese Vergrößerung erlaubt einen guten Überblick über die Zusammensetzung, lässt aber auch die einzelnen Körner zur Geltung kommen. Einige Proben mit feineren Sanden wurden davon abweichend mit einer Bildbreite von 3,8 mm aufgenommen. Die Abbildungen entstanden alle unter identischen Bedingungen unter Verwendung von natürlichem Licht ohne Zusatzbeleuchtung, sodass sehr gute Farbtreue gegeben ist.

Vorhergehende Doppelseite:
Cala Bitta, Sardinien, Italien

Abb. 11.1 Ägypten, Rotes Meer, Sinai Südspitze. Der kantengerundete Sand trägt sowohl Komponenten von Landsedimenten (Quarz, Feldspat) als auch viele biogene Anteile in Form von Muschelfragmenten und Seeigelstacheln (oben, rechts der Mitte). Bildbreite 5,9 mm.

Abb. 11.2 Antarktis, Marguerite Bay, Adelaide-Insel, Rothera Forschungs-Station. Obwohl die an der Wasserlinie entnommene Sedimentprobe (ausnahmsweise) mit Wasser gewaschen wurde, sind immer noch anhaftende Reste von Algen zu erkennen. Die Körner stammen aus den Bergen des Hinterlandes und sind bedingt durch die kurzen Transportwege kantig. Der Sand ist sehr unreif und besteht vorwiegend aus Gesteinsfragmenten. Bildbreite 5,9 mm.

Abb. 11.3 Australien, Tasmanien, Nubeena, White Beach. Gut sortierter, subangularer, fast reiner Quarzsand mit einigen biogenen Komponenten. Bildbreite 3,8 mm.

Abb. 11.4 Bulgarien, Goldstrand. Grober, recht unsortierter Sand mit hohem Quarzanteil, aber auch weiteren Mineralien und Schalenresten von Tieren des Schwarzen Meeres. Die Quarze im Bild sind teils klar, teils aber auch mit goldfarbener Eisenoxidschicht überzogen. Zusammen mit dem Farbeindruck der Feldspäte mag der traditionsreiche Name des Strandes zustande gekommen sein. Bildbreite 5,9 mm.

Abb. 11.5 Chile, Osterinseln, Hanga Roa. Rein biogener Sand, bestehend aus diskusförmigen Foraminiferen (rechte Bildhälfte), Schalenresten und der Nadel eines Seeigels (links oben). Bildbreite 5,9 mm.

Abb. 11.6 China, Xiamen, Strand an der Südspitze. Angularer Sand von der Küste eines dicht bebauten Stadtgebietes. Überwiegend Quarz, kaum biogene Bestandteile, mäßig bis schlecht sortiert. Bildbreite 5,9 mm.

Abb. 11.7 Costa Rica, Playa Espadilla Sur. Der Sand von Costa Ricas Pazifikküste zeigt sich als Mischung kalkiger Fragmente von Meerestieren und Mineralien aus kontinentaler Herkunft. Bildbreite 3,8 mm.

Abb. 11.8 Frankreich, Kleine Antillen, Guadeloupe, Bass-Terre. Der Vulkankomplex der Antilleninsel Bass-Terre ist um 200 000 Jahre alt und noch aktiv. Der schwarze, feinkörnige Sand besteht daher aus grünen bis dunkelgrünen Mineralen (Pyroxene, Olivin) und viel Magnetit sowie einigen biogenen Fragmenten. Eine Ansammlung von kleinen, magnetisch aneinander haftenden Magnetitkörnern findet man rechts der Mitte. Bildbreite 3,8 mm.

Abb. 11.9 Frankreich, Fr.- Guayana, Cayenne, Plages de Montjolly. Die rötliche, fast orange Farbe des Sandes rührt von eisenoxidhaltigen Überzügen auf den Quarzkörnern her. Die Eisenoxide sind vermutlich durch die nahebei mündenden Flüsse eingetragen worden, die aus dem Regenwald stammen. Der Sand ist mäßig sortiert, die Körner sind subangular bis angerundet. Eine Durchmischung mit Flusssedimenten ist zu vermuten. Bildbreite 5,9 mm.

Abb. 11.10 Indien, Tamil Nadu, Chennai, Marina Beach. Marina Beach wird durch eine von Süd nach Nord verlaufende Strömung ständig mit Sedimenten aufgefüllt. Dazu gehört auch die Sedimentfracht des südlich einmündenden Adyar Flusses. Im Jahr 2004 wurde der sehr populäre Strand von einem verheerenden Tsunami überrollt. Der Sand ist mäßig sortiert und die Körner lediglich angular bis angerundet. Quarz dominiert. Bildbreite 5,9 mm.

Abb. 11.11 Indonesien, Sulawesi, Togian Inseln, Kadidiri. Kadidiri liegt inmitten der tropischen indonesischen Inselgruppe am Nordwestrand der Togian Inseln. Der Sand besteht ausschließlich aus Schalenfragmenten mariner Lebewesen und ist sehr unsortiert. Bildbreite 5,9 mm.

Abb. 11.12 Indonesien, Bali, Lovina, Singaraia. Bali ist Teil eines vulkanischen Inselbogens (Sundabogen), der durch die Subduktion der Sahul-Platte unter die Sundaplatte entstanden ist. Der Sand ist eine herrlich bunte Mischung aus vulkanischen Gesteinsfragmenten und Mineralen wie Olivin, Klinozoisit und Pyroxenen sowie biogenen Körnern aus Seeigelstacheln, Skleriten, Foraminiferen (ein kugelrundes Exemplar links oben) und diversen Schalenresten. Alle Körner sind durch die Brandung des Meeres spektakulär poliert. Bildbreite 5,9 mm.

Abb. 11.13 Japan, Miyajima. Grober, unsortierter und kantiger, sehr angularer Sand. Die Insel Miyajima (wörtlich Schrein-Insel) liegt in der engen Bucht vor Hiroshima und wird von dem einzigen Berg Misen dominiert, von welchem das Sediment bei kurzem Transportweg stammt. Bildbreite 7,9 mm.

Abb. 11.14 Jordanien, Totes Meer, Nähe Madaba. Die Körner des Sandes sind bedingt durch den hohen Salzgehalt des Toten Meeres nach dem Trocknen verbacken und zeigen gute Kantenrundung. Der grobe Sand (an der Grenze zum Feinkies) ist sehr unreif und wenig sortiert. Bildbreite 5,9 mm.

Abb. 11.15 Kambodscha, Saracene Bay, Koh Rong, Sanloem Island. Der Sand der Sanloem Insel zeigt eine bemerkenswerte Struktur. Reiner Quarzsand, uniforme Korngröße, keine biogenen Anteile, angulare Körner, Kanten nur minimal verrundet. Für einen Meeressand ist diese Merkmalskombination ungewöhnlich bis ausgeschlossen. Es bleibt zu vermuten, dass es sich hier um eine zuvor sortierte Strandaufschüttung mit allochthonem Material handelt (siehe dazu Kapitel 9). Bildbreite 5,9 mm.

Abb. 11.16 Kanada, Kelowna, Okanagan Lake. Bildbreite 3,8 mm. Der Okanagan Lake erstreckt sich in der Bergregion östlich von Vancouver in nord-südlicher Richtung. Der Sand ist mittelgrob, unreif und teils angular. Glazial geprägtes Sediment als Ausgangsmaterial des Sandes ist anzunehmen. Bildbreite 5,9 mm.

Abb. 11.17 Kanada, Vancouver Island, Pacific Rim National Park, Long Beach. Der sehr feine Sand ist gut sortiert (gleichmäßige Körnung) und besitzt einen mittleren Quarzanteil. Neben orangefarbenen Feldspäte sind reichlich nicht näher bestimmte grüne Minerale (Epidot, Pyroxene, Amphibole) vertreten, die dem Sand insgesamt eine grünliche Färbung verleihen. Die sehr feinen Körner sind angular und benötigen zur Rundung länger als ihre gröberen Vertreter. Bildbreite 5,9 mm.

Abb. 11.18 Korea, Insel Jeju. Ostküste. Die Insel Jeju liegt südlich der koreanischen Halbinsel im Meer und ist vulkanisch entstanden. Das sieht man auch am typisch dunklen Sand, der mit hellen Schalenfragmenten eine gesprenkelte Wirkung erzielt. Unter Vergrößerung zeigt der Sand sehr bunte Elemente aus violetten Seeigelstacheln, rosafarbenen Muschelschalen, beigefarbenen Schneckengehäusen und Foraminiferen und dunklen, teils verwitterten vulkanischen Gesteinsbruchstücken. Bildbreite 5,9 mm.

Abb. 11.19 Malaysia, Lankawi Island, Black Sand Beach. Die Black Sand Beach befindet sich im Norden der Insel. Die Herkunft des zum Teil schwarzen, feinkörnigen Sandes ist nicht ganz geklärt, vermutlich handelt es sich um eine Seife, bestehend aus dunklen Mineralen wie Ilmenit und Turmalin. Magnetische Anteile finden sich nicht. Kein weiterer Strand der Insel zeigt diese schwarze Färbung. Bildbreite 5,9 mm.

Abb. 11.20 Malediven, Lhaviyani Atoll, Madhiriguraidhoo. Der Sand aus dem tropischen Malediven-Atoll besteht ausschliesslich aus Kalk und damit den Schalenresten mariner Lebewesen. Rechts oben ist ein Stück einer Foraminifere zu erkennen, links unten sind Fraßspuren gangbohrender Algen in Schalenresten zu sehen. Die Körnung ist mittel bis grob. Bildbreite 5,9 mm.

Abb. 11.21 Mexico, O-Küste, Cozumel Island. Cozumel Island liegt im Karibischen Meer am Ostrand der Yukatan Halbinsel, an deren nordwestlichem Rand vor 66 Millionen Jahren ein Riesenmeteorit einschlug, der dazu beitrug, die Dinosaurier auszurotten. Der grobe Sand besteht überwiegend aus biogenem Kalk. Bildbreite 5,9 mm.

Abb. 11.22 Mongolei, Wüste Gobi, Saynschand. Mittelgrober, unsortierter, unreifer und überwiegend angularer Sand. Obwohl Saynschand im östlichen Teil der Wüste Gobi liegt, zeigt die vorliegende Probe keine Merkmale eines Wüstensandes. Die Historie der gezeigten Sandprobe ist nicht bekannt. Bildbreite 5,9 mm.

Abb. 11.23 Neukaledonien, Pinieninsel. Der beindruckend kalkweiße Sand der Pinieninsel im Korallenmeer am Südostzipfel Neukaledoniens ist ausschließlich biogener Natur. Ab und zu sind im weißen Sand farbige Korallenästchen oder, wie im Bild, rote Fragmente der Foraminifere *Homotrema rubrum* zu finden. Bildbreite 5,9 mm.

Abb. 11.24 Neuseeland, Auckland, Whatipu Beach. Der feine, in Summe schwarz wirkende Sand besteht neben zum Teil bipyramidalem Quarz vermutlich vulkanischen Ursprungs aus einer Reihe bemerkenswerter Schwerminerale. Auckland besitzt in seinem brühmten «Volcanic Field» etwa 50 kleine und erloschene vulkanische Punkte. Bildbreite 5,9 mm.

Abb. 11.25 Norwegen, Kirkenes, Strand. Der abgebildete Sand stammt von den anstehenden präkambrischen tonalitisch oder granodioritisch zusammengesetzten Gneisen und Migmatiten. Hier, wie auch auf der Südflanke des westlich gelegenen Varangerfjords, befinden sich die ältesten Grundgebirgsaufschlüsse Europas mit einem Alter von bis zu 2,9 Milliarden Jahren. Neben den klaren Quarzen erkennt man die hervorstechenden orange- bis fleischfarbenen Kalifeldspäte sowie ein grünliches Amphibolkörnchen links der Mitte. Bildbreite 5,9 mm.

Abb. 11.26 Oman, Salalah. Feinkörniger und gut sortierter Meeressand, subangular bis angerundet. Bildbreite 3,8 mm.

Abb. 11.27 Russland, Ulyanovsk, Fluss Wolga. Die ursprünglich stark mit Schwebstoffen und Feinstpartikeln (Schluff) angereicherte Probe vom Ufer der Wolga wurde mit klarem Wasser gespült. Die verbleibende, feine und wenig sortierte Sandfraktion zeigt zum Teil erstaunlich gut gerundete Körner, manche sogar sphärisch geformt. Die Herkunft ist unklar, rein fluviatil bedingte Abrundung ist nicht wahrscheinlich, sodass dieses Körner wohl mehrere Erosionszyklen durchlaufen haben könnten. Bildbreite 3,8 mm.

Abb. 11.28 Russland, St. Petersburg, Fluss Newa. Die Probe wurde am Ufer der Newa im Stadtgebiet von St. Petersburg genommen. Der Sand ist mittelgrob, unsortiert und mäßig reif. Allochthone Bestandteile können aufgrund der Entnahmestelle nicht ausgeschlossen werden. Bildbreite 5,9 mm.

Abb. 11.29 Sri Lanka, Unawatuna. Schöner und beeindruckend vom Indischen Ozean polierter Sand mittlerer Körnung. Der Sand enthält wie im Bild ersichtlich sowohl mineralische Körner als auch einen hohen Anteil an biogenen Körnern von verschiedenen Meerestieren. Im Bild nicht sichtbar sind Schwermineralanteile, die sich in Form kleinerer, magnetischer schwarzer Körner vereinzelt finden lassen. Bildbreite 5,9 mm.

Abb. 11.30 Seychellen, Praslin, Anse Lazio. Im Verlauf der Kontinentaldrift wanderte die indische Platte vor 200 Mio. Jahren von der Ostseite Afrikas zu ihrer heutigen Position. Dabei blieben im Indischen Ozean kontinentale, plutonische Relikte zurück, so auch die Seychellen und Sri Lanka. Deshalb finden sich auf den inneren Seychellen neben Korallensanden auch kontinentale, mineralische Körner, Erosionsprodukte der beeindruckenden und wie vom Himmel gefallen erscheinenden reliktischen Granitfelsen. Bildbreite 3,8 mm.

Abb. 11.31 Tansania, Kasulu, Straßenrand. Unsortierter Grobsand, bei dem Silikatminerale vorherrschen. Kalkige Überzüge sind bei Zusatz von Salzsäure durch Sprudeln erkennbar. Viele Körner zeigen glänzende Wüstenlack-Überzüge aus Eisen- und Manganoxiden. Die Aufnahme stellt eine Detailansicht der typischen ziegelroten Lateritsedimente Tansanias dar. Manche Körner sind durch Kantenerosion und Windtransport deutlich gerundet, einige besitzen sogar mittlere bis hohe Sphärizität. Bildbreite 5,9 mm.

Abb. 11.32 Trinidad und Tobago, Tobago, Pigeon Point. Feiner biogener Meeressand, gebildet aus Schalen- und Gehäusefragmenten von Korallen, Muscheln, Foraminiferen (z. B. oberer Bildrand links der Mitte), Schnecken und weiteren. Mikrobohrlöcher von Algen sind im weißen Korn oberhalb der Mitte erkennbar. Bildbreite 5,9 mm.

Abb. 11.33 Marokko, Essaouira. Mittelfeiner, braunbeigefarbener Sand von der marokkanischen Atlantikküste, der fast ausschließlich aus Schalenresten von marinen Organismen besteht. Muschelschalen überwiegen, nur wenige sehr kleine Quarzkörner sind auszumachen, sie stammen vermutlich aus den küstennahen Dünen. Bildbreite 5,9 mm.

Abb. 11.34 USA, Michigan, Lake Michigan, Sleeping Bear Dunes. Sand aus einem der größten Süßwasserdünen-Gebiete der Erde. Der Sand ist mäßig sortiert, aber von hoher kompositioneller Reife, er besteht also überwiegend aus Quarz. Die gut gerundeten Körner lassen den Schluss auf äolischen Transport, eventuell auch auf einen zweiten Erosionszyklus zu. Bildbreite 5,9 mm.

Abb. 11.35 Vietnam, Mui Ne. Mittelfeiner, fast reiner Quarzsand. Im Hinterland von Mui Ne befinden sich ausgedehnte Binnendünen sowie felsige Regionen, die jeweils bis an die Küste reichen. Der Sand besitzt geringe Sphärizität und und ist gerundet bis angerundet. Bildbreite 5,9 mm.

Abb. 11.36 Israel, Tel Aviv-Jaffa. Der an sich gut sortierte feinkörnige Quarzsand weist die Besonderheit auf, dass er eine zweite Größenklasse von Körnern enthält, die deutlich größer sind und aus rötlichgelben Sandstein Fragmenten bestehen. Sandkörner aus Sandstein also. Ihre Subkörner entsprechen in ihren Abmessungen in etwa dem sie umgebenden feineren Quarzsand zu dem sie dann offenbar schließlich verwittern und in einen (zumindest) dritten Zyklus eingehen. Bildbreite 5,9 mm.

11.2 Zu den Fotografien

Sandkörner sind, wenn auch sehr klein, dreidimensionale, also räumlich ausgedehnte Objekte. Im Mikroskop entstehen ebene Bilder von ihnen, die jeweils nur eine einzelne Höhenschicht darstellen und eine geringe Schärfentiefe besitzen. Deshalb wurden von jedem Objekt Bilder in unterschiedlichen Schichten angefertigt und diese dann mithilfe einer Stacking-Software zu einem Gesamtbild mit durchgehender Schärfe kombiniert. Je nach Motiv waren hierfür zwischen 20 und 100 Schichtaufnahmen erforderlich. Dieses Verfahren kam sowohl bei Aufnahmen im durchfallenden Licht als auch bei Aufnahmen im reflektierten Licht (Auflicht) zur Anwendung.

Die Beleuchtung hat einen wesentlichen Einfluss auf die Bildwirkung von Mikro-Objekten. Speziell angefertigte Miniatur-Softboxen, Diffusoren und Filter, wie sie sonst auch aus der Porträtfotografie bekannt sind, sorgten zusammen mit den eingesetzten Lichtquellen für eine natürlich wirkende und farbtreue Ausleuchtung der Sandkörner im Auflicht. Transparente Körner können demgegenüber wie Diapositive im durchfallenden Licht untersucht werden. Meist wurden dabei Polarisationsfilter verwendet, die zudem auch für Analysezwecke erforderlich sind. Befindet sich das Sandkorn, wie im Text beschrieben, zwischen zwei gekreuzten Polarisationsfiltern, entstehen bunte Interferenzfarben vor schwarzem Hintergrund. Die Farben lassen dann, neben ihrer attraktiven Wirkung, Rückschlüsse auf das kristalline Material zu.

Die Nachbearbeitung der Bilddateien beschränkte sich überwiegend auf ein moderates Angleichen an die unmittelbar erlebte visuelle Wahrnehmung der Objekte. Vereinzelt wurde der Hintergrund zusätzlich abgedunkelt, um das Bildmotiv hervorzuheben.

Die Mikroaufnahmen entstanden ganz überwiegend an einem Leitz Ortholux 1 Mikroskop aus den 1960er-Jahren (Abb. 1.6 und Bild oben links mit montiertem 5-Achs-Drehtisch) sowie vereinzelt an einem Leitz Ortholux 2 Pol BK Polarisationsmikroskop. Weitgehend kamen Original-Objektive und Nebenapparate der Zeit zur Anwendung (siehe Abbildungen oben). Makroaufnahmen wurden mit unterschiedlichen Eigenbaulösungen und verschiedenen Objektiven wie dem Micro Nikkor 60mm 1:2,8 G ED Objektiv und einem Laowa Ultramacro 2,5-5:1 ausgeführt. Die Mikroskope waren dabei mit Nikon Kameras der Baureihen D 5000 und D 7100 bestückt. Alle Aufnahmen wurden manuell erstellt, Verfahren mit automatisiertem Vorschub etc. kamen nicht zum Einsatz. Der Original-Bildausschnitt ist jeweils als Bildbreite angegeben und liegt typischerweise zwischen 0,8 mm und 8 mm.

11.3 Anmerkungen

1 Ritter, M.: Goethe und Augustin-Pyramus De Candolle. In: Knebel, K. et al. (Hrsg.): Abenteuer der Vernunft. Dresden 2019. S. 287.
2 Goethe, J. W. v.: Brief an Ch. v. Stein vom 27. 6.1785, HA: Briefe Bd. 1.
3 Forster, G.: Reise um die Welt. Frankfurt 2007. S. 183.
4 Delitzsch, F.: Assyrische Lesestücke. Leipzig 1900. S. 127.
5 Delitzsch, F.: Nr. 143, S. 127.
6 Ellermeier, E.: Sumerisches Glossar. Nörthen-Hardenberg 1979. Bd. 1, Teil 1, S. 258.
7 Halloran, J.: Sumerian Lexicon. A Dictionary Guide to the Ancient Sumerian Language.
8 Woolley, L.: Ur und die Sintflut. Leipzig 1930.
9 Blümel, W. D.: Wüsten. Stuttgart 2013. S. 115.
10 Enzensberger, H. M. (Hrg.): Humboldt, A. v.: Kosmos – Entwurf einer physischen Weltbeschreibung. Frankfurt 2004. S. 9.
11 Humboldt in Enzensberger (2004) S. 10.
12 Goethe, J. W. v.: Brief an Zelter v. 22.6.1808, in: Mandelkow, R.: Goethes Briefe, HA Briefe Bd. 3.
13 Goethe, J. W. v.: Infusions-Tiere; Studien über organische Naturen bis zur Rückkehr aus Italien 1776–1788. In: Schriften zur Morphologie, Sämtliche Werke, FA I, Bd. 24. Frankfurt 1987.
14 Krätz, O.: Goethe und die Naturwissenschaften. München 1998. S. 173.
15 Norton, R.: Rocks from Space. Missoula 1998. S. 13.
16 Soentgen, J., Völzke, K. (Hrsg.): Staub – Spiegel der Umwelt. München 2006. S. 74.
17 Klerner, S.: Materie im frühen Sonnensystem: Die Entstehung von Chondren, Matrix und refraktären Forsteriten. Jena 2001.
18 McKeegan, K.D.: Early Solar System Chronology. In: Davis, A.M.: Meteorites, Comets and Planets. Oxford 2005.
19 Schultz, L.: Meteorite. Darmstadt 2012. S. 52.
20 Engelhardt, W. v.: Chemistry, small scale inhomogeneity, and formation of moldavites as condensates from sands vaporized by the Ries impact. Elsevier 2005.
21 Ditfurth, H. v.: Kinder des Weltalls. Hamburg 1970.
22 Goethe, J. W. v.: Analyse und Synthese, in HA 13, S. 51.
23 Tucker, M.: Methoden der Sedimentologie. Stuttgart 1996. S. 61.
24 Pye, K. & Tsoar, H.: Aeolian Sand and Sand Dunes. London 1990. S. 35.
25 Welland, M.: Sand. Berkeley and Los Angeles 2009. S. 11.
26 Tucker (1996) S. 74 f.
27 Folk, R. L.: Petrology of Sedimentary Rocks. Texas 1968. S. 11.
28 Pettijohn, F. J.: Sand and Sandstone. New York Heidelberg Berlin 1973. S. 83.
29 Stow, D.: Sedimentgesteine im Gelände. Heidelberg 2008. S. 117.
30 Bortoft, H.: The Wholeness of Nature, Goethe's Way toward a Science of Conscious Participation in Nature. Lindisfarne Press 1986.
31 Meyer, J.: Gesteine der Schweiz. Bern 2017. S. 38 f.
32 Füchtbauer, H.: Sedimente und Sedimentgesteine. Stuttgart 1988. S. 104.
33 Füchtbauer (1988) S. 512.
34 Okrusch, M. : Mineralogie. Heidelberg 2009. S. 162.
35 Rothe, P.: Gesteine. Darmstadt 2010. S. 23.
36 Füchtbauer (1988) S. 105.
37 Goethe, J. W. v.: Dichtung und Wahrheit, II, 8. Goethes Werke HA 9. München 1998. S. 343.
38 Drosdowski, G. et. al. (Hrsg.): Duden Bd. 7. Etymologie. Mannheim 1963.
39 Medenbach, O. & Wilk, H.: Zauberwelt der Mineralien. Thalwil 1977. S. 76 f.
40 Smed, P.: Steine aus dem Norden. Berlin 2002. S. 27.
41 Hann, H.-P.: Grundlagen und Praxis der Gesteinsbestimmung. Wiebelsheim 2018. S. 46.
42 McKenzie, W. S. et.al.: Atlas gesteinsbildender Minerale im Dünnschliff. Stuttgart 1981. S.72.
43 Goethe, J. W. v.: Sämtliche Werke, FA II, 25. Frankfurt 1989. S. 346.
44 Tröger, W. E.: Optische Bestimmung der gesteinsbildenden Minerale. Stuttgart 1969. S. 522 f.
45 Maresch, W. et.al.: Gesteine. Stuttgart 2014. S. 26.
46 Füchtbauer (1988) S. 584.
47 Füchtbauer (1988) a. a. O.
48 Folk (1968) S. 96.
49 Folk (1968) S. 96.
50 Füchtbauer (1988) S. 125.
51 Morton, A. C.: Stability of detrital heavy minerals in Tertiary sandstones from the North Sea Basin-Clay Minerals 19: 287–308, 1984. In: Füchtbauer (1988) S. 127.
52 Dietz, V.: Experiments on the influence of transport on shape and roundness of heavy minerals. – Contr. to Sedimentol. !: 69–102; Stuttgart 1973. Zitiert nach Füchtbauer, 1988. S. 122.
53 Rothe (2010) S. 37.
54 Prothero, D. R.: Zirkone, Zeugen der frühen Erdgeschichte. Spektrum der Wissenschaft 9 2018. S. 60–65.
55 Boyle, R.: Auf den Spuren der ältesten Fossilien. Spektrum der Wissenschaft 10 2018. S. 46–51.
56 Sturm, R.: Im Mineral eingesperrt – Mikroskopie von Einschlussphasen in magmatischen Kristallen. Mikrokosmos 98 (2009).
57 Binder, K.: Lukrez – Über die Dinge der Natur. Berlin 2015.
58 Binder, K.: Lukrez: Über die Dinge der Natur Buch 6, 1020.
59 Okrusch (2009) S. 86 f.
60 Pye (1990) S. 261.
61 Pye, K.: Post depositional reddening of the late Quartenary coastal dune sands, north-eastern Australia. Residual Deposits 117–29, Oxford 1983.
62 Tröger (1969) S. 144.
63 Stow (2008) S. 103.
64 Bjornerud, M.: Zeitbewußtheit. Berlin 2020. S. 125.
65 Bergslien, E.: Forensic Geosciece. Buffalo. 2012. S. 150.

66 Okrusch (2009) S. 587.

67 Okrusch (2009) S. 588 f.

68 Rothe (2010) S. 14.

69 Okrusch (2009) S. 190.

70 Rothe (2010) S. 118.

71 Goethe, J. W. v.: Sämtliche Werke, FA II, 39. Frankfurt 1999.

72 Goethe, J. W. v.: Sämtliche Werke, FA I, 25. Frankfurt 1989.

73 Goethe, J. W. v.: Sämtliche Werke, FA I, 25 S. 613. Frankfurt 1989.

74 Vinx, R.: Steine an deutschen Küsten. Wiebelsheim 2016. S. 71.

75 Siever, R.: Sand, ein Archiv der Erdgeschichte. Heidelberg 1989. S. 87.

76 Füchtbauer (1988) S. 328.

77 Rothe (2010) S. 143.

78 Meyer, J.: Gesteine der Schweiz. Bern 2017. S. 320.

79 zitiert in: Schrott, R.: Erste Erde Epos. München 2016. S. 415.

80 Hansen, F.: Bornholms Natur, Roenne 2013. S. 161.

81 Vinx (2016) S. 51.

82 Kuenen, Ph. H.: Sand: Its Origin, Transportation, Abrasion and Accumulation. Proceedings of the Geol. Society of South Africa, 1957.

83 Kuenen (1959) a.a.O.

84 Siever (1989) S. 108.

85 Kuenen (1959) a. a. O.

86 Siever (1989) S. 65 f.

87 Welland (2009) S. 6.

88 Siever (1989) S. 68.

89 Siever (1989) S. 100 f.

90 Blümel (2013) S. 114.

91 Leeuwenhoek, A. v., in Gerlach, D.: Geschichte der Mikroskopie, Frankfurt, 2009. S. 570.

92 nach Welland (2009) S. 17.

93 Okrusch (2009) S. 182.

94 Roedder, E. : Fluid Inclusions. Reviews in Mineralogy, Mineralogocal Soc. of America. Washington D.C. 1984. S. 111.

95 Rosenbusch, H.: Mikroskopische Physiographie der Mineralien und Gesteine. Bd. 1. Stuttgart 1924. S. 779.

96 Almon, W. R. et al.: Pore space reduction in Cretaceous sandstones through chemical precipitation of clay Minerals. 1976. J. Sediment. Petrol. , 46: 89–96. In: Füchtbauer (1988) S. 160.

97 Abbildungen aus: Lenzen, O.: Sand by Oliver Lenzen. Köln 2020. S. 74–75.

98 Gübelin, E.: Innenwelt der Edelsteine. Zürich 1973.

99 Leeder, O. et.al.: Einschlüsse in Mineralen. Stuttgart 1987. S. 16 f.

100 Roedder (1984) S. 43.

101 Mange, A. et al.: Heavy Minerals in Color. Oxford 1992. S. 41.

102 Lindsey, R.: Ancient Crystals suggest earlier Ocean. NASA Earth Observatory, 2006.

103 Prothero, D. R.: Zirkone, Zeugen der frühen Erdgeschichte. Spektrum der Wissenschaft 9 2018. S. 60–65.

104 Gübelin, E.: Innenwelt der Edelsteine. Zürich 1973. S. 73.

105 Roedder (1984) S. 181.

106 Götze, J. & Zimmerle, W.: Quartz and silicia as guide to provenance in sediments and sedimentary rocks. Stuttgart 2000. S. 25 f.

107 Folk, R. L.: Petrology of Sedimentary Rocks. Hemphill, Austin, Texas 1968. S. 72.

108 Lenzen, O.: Darstellung der Oberflächentextur von Sandkörnern aus Quarz in Durchlicht-Hellfeld-Beleuchtung. Mikrokosmos 101, S. 20–26 (2012).

109 Mahaney, W. C.: Atlas of Sand Grain Surface Textures and Applications. Oxford 2002.

110 Bull, P. & Morgan, R.: Sediment Fingerprints: A forensic technique using quartz sand grains. Science and Justice, Vol. 46, pp. 46–107. 2006.

111 Kuenen, P.H.: Experimental Abrasion. 4. Eolian actin. J. Geol. Econ. Geogr. 19, 206–14.

112 Pye (1990) S. 73.

113 Krinsley, D. H. & Doornkamp, J. C.: Atlas of quartz sand surface textures. Cambridge 1973.

114 Pye (1990) S. 73.

115 Blümel (2013) S. 157.

116 Soentgen (2006) S. 100.

117 Bagnold, R.: The Physics of Blown Sand and Desert Dunes. London 1954.

118 Blümel (2013) S. 158.

119 Mahaney (2002) S. 68 f.

120 Margolis, S. & Krinsley, D. H.: Submicroscopic Frosting on Eolian and Subaqueous Quartz Sand Grains. Geol. Society of America, 1971.

121 Mahaney (2002) S. 69.

122 Pye (1990) S. 77.

123 Madhavaraju, J. et. al.: Microtextures on quartz grains in the beach sediments of Puerto Penasco and Bahia Kino, Gulf of California, Sonora, Mexico. Revista Mexicana de Ciencias Geologicas, v. 26, num. 2, p. 315–327. 2009.

124 Füchtbauer (1988) S. 866.

125 Kuenen (1959) S. 17.

126 Cremer, M. & Legigan, P.: Morphology and surface texture of Quartz Grain from ODP Site 645, Baffin Bay. Proceedings of the Ocean Drilling Program, Scientific Results, Vol. 105. 1989.

127 Krinsley, D. & Donahue, J.: Environmental Interpretation of Sand Grain Surface Textures by Electron Microscopy. Geological Society of America Bulletin 1968; 79; 743–748.

128 Tucker 1996 (nach Higgs 1979) S. 238.

129 Krinsley, D. & Donahue (1968) a.a.O.

130 Schwarzbach, M.: Glazigene Sichelmarken als Klimazeugen. Eiszeitalter und Gegenwart, 28, S. 109–118. Öhringen 1978.

131 Mahaney (2002) S. 112.

132 Füchtbauer (1988) S. 877.

133 Vos, K. et al.: Surface textural analysis of quartz grains by scanning electron microscop (SEM): From sample preparation to environmental interpretation. Earth Science reviews 128 (2014) 93–104.

134 Pye (1990) S. 78.

135 Goethe, J. W. v.: Betrachtung über Morphologie, HA Bd. 13. S. 121.

136 Meyer, J.: Gesteine der Schweiz. Bern 2017. S. 368.

137 Schmincke, H.U.: Vulkanismus. Darmstadt 2013. S. 65.
138 Bjornerud (2021) S. 95.
139 Welland (2009) S. 53.
140 Maresch (2014) S. 194.
141 Gad, G.: Expedition Mystacocarida, Mikrokosmos 99, S. 33–45 (2010).
142 Gad, G.: Die Loricifera. Mikrokosmos 94, S. 49–61 (2005).
143 Gad (2010) a. a. O.
144 Tucker (1996) S. 252 f.
145 Schrott (2016) S. 289.
146 Rhode, A.: Auf Fossiliensuche an der Ostsee. Flensburg 2008. S. 197.
147 Welsch, N. et al.: Erde und Leben. Berlin 2017. S. 249.
148 Schrott (2016) S. 778.
149 Füchtbauer (1996) S. 319.
150 Rhode (2008) S. 255 f.
151 Füchtbauer (1996) S. 319.
152 Bergslien (2012) S. 355.
153 Füchtbauer (1996) S. 282.
154 Cushman, J. A.: Foraminifera – Their Classification and Economic Use. Cambridge 1950.
155 Welsch (2017) S. 91.
156 Füchtbauer (1996) S. 284 f.
157 Cushman (1950) S. 13.
158 Debenay, J.-P.: A Guide to 1000 Foraminifera from South Pacific: New Caledonia. Marseille, Paris 2012.
159 Rhode (2008) S. 240 f.
160 Kilias, R.: Die Weinbergschnecke. Magdeburg 1995.
161 Adam, K. D.: Das Steinheimer Becken. Stuttgart 1992.
162 Schrott (2016) S. 753.
163 Schumann, W.: Steine- und Mineralienführer. München 2007. S. 70.
164 MacKenzie, W. S.: Atlas gesteinsbildender Minerale in Dünnschliffen. Stuttgart 1981. S. 89 f.
165 Füchtbauer (1996) a. a. O.
166 Welsch (2017) S. 246.
167 Bjornerud (2021) S. 182.
168 Joyce, J.: A portrait of an artist as a young man. München 1964.
169 Archimedes: Die Sandzahl. In: Ostwalds Klassiker der exakten Wissenschaften Bd. 201. Frankfurt 1996. S. 349.
170 Goethe, J. W. v.: Goethes Werke, HA 13, Entwurf einer Farbenlehre, Einleitung. München 1998. S. 322.
171 Weizsäcker, C. F. v. : Der Aufbau der Physik. München 1985.
172 Goethe, J. W. v.: Goethes Werke, HA 12, Maximen und Reflexionen, Nr. 512. München 1998.
173 Goethe, J. W. v.: Sämtliche Werke. FA, 1. Abt., Bd. 23/1. Zur Farbenlehre, Historischer Teil, 4. Abt., 16. Jh., Zwischenbetrachtung. Frankfurt 1991. S. 667.
174 Goethe, J. W. v.: Die Schriften zur Naturwissenschaft, 1. Abt. Bd. 8. Weimar 1962. S. 232.
175 DIE ZEIT, Nr. 23, 3. 6. 1988, Feuilleton S. 55.
176 Goethe, J. W. v.: Goethes Werke, HA 12, Maximen und Reflexionen, Nr. 591. München 1998.
177 Weizsäcker, C. F. v.: Einige Begriffe aus Goethes Naturwissenschaft. In: Goethes Werke, HA Bd. 13. München 1998. S. 546.
178 Jünger, E.: Das Sanduhrbuch. Frankfurt 1954. S. 146.
179 Mathematisch gesprochen gibt es unendliche Summenfolgen, die gegen einen bestimmten Wert konvergieren. Zu Zenons Zeiten war dies noch nicht bekannt.
180 Schopenhauer, A.: Die Welt als Wille und Vorstellung. 1. Band, 2. Teilband § 54. Köln 1997.
181 Aurel, M.: Selbstbetrachtungen II/14. Stuttgart 2001.
182 Wittgenstein, L.: Tractatus logico-philosophicus, 6. 4311. Oxford 1959.
183 Platon: Parmenides, 156 de. Übersetzung von F. Schleiermacher. Hamburg 1989. S. 92.
184 Kopp, W.: Der große Zen-Weg. Darmstadt 2004.
185 Thomas, D.: Unter dem Milchwald. Stuttgart 1971. S. 26.
186 Heidegger, M.: Sein und Zeit. Tübingen 1993. S. 425.
187 Greene, B.: Der Stoff, aus dem der Kosmos ist. München 2004. S. 154 f.
188 Maul, S.: Der Rückwärtsgang in die Zukunft, Spektrum der Wissenschaft 8, 2010.
189 Rovelli, C.: Die Ordnung der Zeit. Hamburg 2018. S. 85.
190 Pettijohn, F. J.: Sand and Sandstone. New York 1973. S. 5.
191 Kuenen (1959) a. a. O.
192 Poldevaart, A.: Chemistry of the earth crust. In: Poldevaart, A., Ed.: Crust of the earth – a symposium. Geol. Soc. America Spec. Paper 62, 119–144 (955). In Pettijohn (1973). S. 5
193 Pettijohn (1973) S. 7.
194 Archimedes: Die Sandzahl. S. 349.
195 Goethe, J.W.v.: Goethes Werk, Italienische Reise, HA, Bd. 11: Eintrag vom 25. Februar 1787.
196 Beiser (2021) S. 232.
197 Geo 06/2016: Der Sand wird knapp.
198 Bjornerud (2021) S. 153.
199 Sturm, A.: Sand wird knapp. Heilbronner Stimme vom 18. 2. 2019.
200 Beiser (2021) S. 236.
201 Beiser (2021) S. 131 f.
202 Greenberg, G. et. al.: The Secrets of Sand. Minneapolis 2015. S. 95.
203 Beiser (2021) S. 200.
204 Hellge, A.: Wie Sand am Meer?. Natur 7, 2017, S. 44–48.
205 Beiser (2021) S. 117.
206 Larsen, J.: In Search of Stardust. Minneapolis 2017. S. 15.
207 Übersetzung: «Über diesen Stein wissen viele vieles, einige manches und niemand genug.»
208 Bagnold (1954) S. 247 f.
209 Schlichting, H.J.: Musikalischer Sand. In: Spektrum der Wissenschaft 12, 2017. S. 52–55.
210 Goethe, J. W. v.: Der Versuch als Vermittler von Subjekt und Objekt. In: Goethes Werke, HA Bd. 13. München 1998.
211 Humboldt (2004) S. 609.

11.4 Bibliografie

Adam, K. D.: Das Steinheimer Becken. Stuttgart 1992.

Almon, W. R. et al.: Pore space reduction in Cretaceous sandstones through chemical precipitation of clay Minerals. 1976. J. Sediment. Petrol. , 46: 89–96. In: Füchtbauer (1988) S. 160.

Archimedes: Die Sandzahl. In: Ostwalds Klassiker der exakten Wissenschaften Bd. 201. Frankfurt 2003.

Armstrong-Altrin, J. & Nathaly-Pimeda, O.: Microtextures of detrital sand grains from the Tecolutla, Nautla and Veracruz beaches, western Gulf of Mexico. Mexico 2013.

Aurel, M.: Selbstbetrachtungen II/14. Stuttgart 2001.

Bagnold, R. A.: The Physics of Blown Sand and Desert Dunes. London 1954.

Beiser, V.: Sand – Wie uns eine wertvolle Ressource durch die Finger rinnt. München 2021.

Bergslien, E.: An Introduction to Forensc Geoscience. Buffalo 2012.

Binder, K.: Lukrez – Über die Dinge der Natur. Berlin 2015.

Bjornerud, M.: Zeitbewusstheit. Berlin 2021.

Blatt, H.: div. Veröffentlichungen zur Herkunft von Quarzkörnern und deren Diagnose 1963–1967

Blümel, W. D.: Wüsten. Stuttgart 2013.

Boenigk, W.: Schwermineralanalyse. Stuttgart 1983.

Boothby, T. C. et al.: Tardigrades Use Intrinsically Disordered Proteins to Survive Desiccation. In: Molecular Cell. Band 65, Nr. 6, 16. März 2017.

Brown, Joan E.: Depositional Histories of Sand Grains from Surface textures. Nature Vol. 242, April 6.

Bull, P. & Morgan, R.: Sediment Fingerprints: A forensic technique using quartz sand grains. Science ans Justice, Vol. 46, pp. 46–107. 2006.

Chakroun, A. et al.: Quartz grain surface features in environmental determination of aeolian Quarternary deposits in northeastern Tunisia. Mineralogical Magazine, August 2009, Vol. 73 (4), pp. 607–614.

Clark, J.: The Myxamoebae of Didymium iridis and Physarum polycephalum are immortal. Mycologia 84: 116–118; New York. (zietiert bei Neubert et. al. 1995)

Cremer, M. & Legigan, P. : Morphology and surface texture of Quartz Grain from ODP Site 645, Baffin Bay. Proceedings of the Ocean Drilling Program, Scientific Results, Vol. 105. 1989.

Cushman, J. A.: Foraminifera – Their Classification and Economic Use. Cambridge 1950.

Davis, A.M.: Meteorites, Comets and Planets. Oxford 2005.

Delitzsch, F.: Assyrische Lesestücke. Leipzig 1900.

DIE ZEIT, Nr. 23, 3. 6. 1988, Feuilleton S. 55.

Dippel, L.: Grundzüge der Allgemeinen Mikroskopie. Braunschweig 1885.

Ditfurth, H. v.: Kinder des Weltalls. Hamburg 1970.

Drosdowski, G. et. al. (Hrsg.): Duden Bd. 7 Etymologie. Mannheim 1963.

Ellermeier, E.: Sumerisches Glossar. Nörthen-Hardenberg 1979.

Engelhardt, W. v.: Chemistry, small scale inhomogeneity, and formation of moldavites as condensates from sands vaporized by the Ries impact. Elsevier 2005.

Enzensberger, H. M. (Hrg.): Humboldt, A. v.: Kosmos – Entwurf einer physischen Weltbeschreibung III, V. Frankfurt 2004.

Folk, R. L.: Petrology of Sedimentary Rocks. Texas 1968.

Forster, G.: Reise um die Welt, Frankfurt 2007.

Füchtbauer, H.: Sedimente und Sedimentgesteine. Stuttgart 1988.

Gad, G.: Die Loricifera. Mikrokosmos 94, S. 49–61 (2005).

Gad, G.: Expedition Mystacocarida, Mikrokosmos 99, S. 33–45 (2010).

Geo: 06/2016: Der Sand wird knapp.

Georgescu, M. D.: Microfossils through Time: An Introduction. Stuttgart 2018.

Goethe, J. W .v.: Betrachtungen über Morphologie, HA Bd. 13. München 1998.

Goethe, J. W. v.: Sämtliche Werke, FA II, 39. Frankfurt 1999.

Goethe, J. W. v.: Analyse und Synthese, in: Goethes Werke HA 13. München 1998.

Goethe, J. W. v.: Brief an Ch. v. Stein vom 27.6.1785, HA: Briefe Bd. 1. Herausgegeben von Robert Mandelkow. München 1988.

Goethe, J. W. v.: Brief an Zelter v. 22.6.1808, HA Briefe Bd. 3. Herausgegeben von Robert Mandelkow. München 1988.

Goethe, J. W. v.: Der Versuch als Vermittler von Subjekt und Objekt. In: Goethes Werke, HA Bd. 13. München 1998.

Goethe, J. W. v.: Die Schriften zur Naturwissenschaft, 1. Abt. Bd. 8, S. 232. Weimar 1962.

Goethe, J. W. v.: Goethes Briefe, HA Bd. 4, Herausgegeben von Robert Mandelkow. München 1988.

Goethe, J. W. v.: Goethes Werk, Italienische Reise, HA, Bd. 11: Eintrag vom 25. Februar 1787.

Goethe, J. W. v.: Goethes Werke, HA 13, S. 322. Entwurf einer Farbenlehre, Einleitung. München 1998.

Goethe, J. W. v.: Infusions-Tiere; Studien über organische Naturen bis zur Rückkehr aus Italien 1776–1788. In: Schriften zur Morphologie, Sämtliche Werke, FA I, Bd. 24. Frankfurt 1987.

Goethe, J. W. v.: Italienische Reise, WA I, 31, S.94.

Goethe, J. W. v.: Maximen und Reflexionen 591, aus dem Nachlass, Zählung nach Hecker, WA.

Goethe, J. W. v.: Sämtliche Werke, FA I 25. Frankfurt 1989.

Goethe, J. W. v.: Sämtliche Werke. FA, 1. Abt., Bd. 23/1, S. 667. Zur Farbenlehre, Historischer Teil, 4. Abt., 16. Jh., Zwischnebetrachtung. Frankfurt 1991.

Goethe, J. W. v: Dichtung und Wahrheit, II, 8. Goethes Werke HA 9. München 1998.

Goethe, J. W. v: Goethes Werke, HA 12, Maximen und Reflexionen, Nr. 512. München 1998.

Golia, M.: Meteorite – Nature and Culture. London 2015.

Göke, G.: Moderne Methoden der Lichtmikroskopie. Stuttgart 1988.
Good, P. & Steiner, S.: Mein Heraklit. Köln 2011.
Götze, J. & Zimmerle, W.: Quartz and silicia as guide to provenance in sediments ans sedimentary rocks. Stuttgart 2000.
Greenberg, G.: A Grain of Sand. Minneapolis 2008.
Greenberg, G. et. al.: The Secrets of Sand. Minneapolis 2015.
Greene, B.: Der Stoff, aus dem der Kosmos ist. München 2004.
Greven, H.: Die Bärtierchen. Wittenberg Lutherstadt 1980.
Gübelin, E.: Innenwelt der Edelsteine. Zürich 1973.
Halloran, J.: Sumerian Lexicon. A Dictionary Guide to the Ancient Sumerian Language.
Hann, H.-P.: Grundlagen und Praxis der Gesteinsbestimmung. Wiebelsheim 2018.
Hansen, F.: Bornholms Natur. Roenne 2013.
Heidegger, M.: Sein und Zeit. Tübingen 1993.
Hellge, A.: Wie Sand am Meer? Natur 7, 2017. S. 44–48.
Higgs, R.: Quartz-Grain Surface Features of Mesozoic-Cenozoic Sands from the Labrador and Western Greenland Continental Margins. Journal of Sedimentary Petrology, Vol. 49, No. 2, p. 599–610. 1979.
Horton, W. et al.: Crystalline Rock Ejecta and Shocked Minerals of the Cesapaeke Nbay Impact Structure. USGS-NASA Langley Core, Hampton, Virginia.
Humboldt, A. v.: Kosmos – Entwurf einer physischen Weltbeschreibung III, V. Berlin 1845.
Immonen, N.: Surface microtextures of ice-rafted quartz grains revealing glacial ice in the Cenozoic Arctic. Palaeogeography, Palaeoclimatology, Palaeooecology 374 (2013) 293–302.
Joyce, J.: A portrait of an artist as a young man, München 1964.
Jünger, E.: Das Sanduhrbuch, Frankfurt 1954.
Jünger, E.: Subtile Jagden, Stuttgart 1987.
Kilias, R.: Die Weinbergschnecke. Magdeburg 1995.
Klerner, S.: Materie im frühen Sonnensystem: Die Entstehung von Chondren, Matrix und refraktären Forsteriten. Jena 2001.
Kopp, W.: Der große Zen-Weg. Darmstadt 2004.
Krätz, O.: Goethe und die Naturwissenschaften. München 1998.
Kremer, B. P.: Das große Kosmos-Buch der Mikroskopie. Stuttgart 2002.
Krinsley, D. H. & Donahue, J.: Environmental Interpretation of Sand Grain Surface Textures by Electron Microscopy. Geological Society of America Bulletin 1968; 79; 743–748.
Krinsley, D. H. & McCoy, F. W.: Surface Features on Quartz Sand and Silt Grains: Leg 39 Deep Sea Drilling Project. ca. 1977.
Krinsley, D. H. & Wellendorf, W.: Wind velocities determined from the surface texture of sand grains. Nature 283, 372–373 (1980).
Krinsley, D. H. & Doornkamp, J. C.: Atlas of quartz sand surface textures. Cambridge 1973.
Krot, A.: Dating the earliest Solids in our solar system. Hawaii Institut of Geophysics and Planetology 2002.
Kuenen, Ph. H.: Experimental Abrasion. 4. Eolian actin. J. Geol. Econ. Geogr. 19, 206–14.
Kuenen, Ph. H.: Sand: Its Origin, Transportation, Abrasion and Accumulation. Proceedings of the Geol. Society of South Africa 62, 1–33. 1959.
Langenhorst, F.: Shock metamorphism of some minerals, Basic introduction and microstructural observation. Bulletin of the Czech Geological Survey, Vol. 77, No. 4. 2002.
Larsen, J.: In Search of Stardust. Minneapolis 2017.
Leeder, O. et.al.: Einschlüsse in Mineralen. Stuttgart 1987.
Leeuwenhoek, A. v., in Gerlach, D.: Geschichte der Mikroskopie, Frankfurt, 2009.
Lenzen, O.: Darstellung der Oberflächentextur von Sandkörnern aus Quarz in Durchlicht-Hellfeld-Beleuchtung. Mikrokosmos 101, S. 20–26 (2012).
Lenzen, O.: Sand by Oliver Lenzen. Köln 2020.
Lindsey, R.: Ancient Crystals suggest earlier Ocean. NASA Earth Observatory, 2006.
MacKenzie, W. S.: Atlas gesteinsbildender Minerale in Dünnschliffen. Stuttgart 1981.
Madhavaraju, J. et. al.: Mirrotextures on quartz grains in the beach sediments of Puerto Penasco and Bahia Kino, Gulf of California, Sonora, Mexico. Revista Mexicana de Cienas Geologicas, v. 26, num. 2, pp. 315–327. 2009.
Mahaney, W. C.: Atlas of Sand Grain Surface Textures and Applications. Oxford 2002.
Mange, A. et al.: Heavy Minerals in Colour. Oxford 1992.
Maresch, H.P.: Gesteine – Systematik, Bestimmung, Entstehung. Stuttgart 2014.
Margolis, S. V. & Krinsley, D. H.: Processes of Formation and environmental Occurence of Microfeatures on Detrital Quartz Grains. Am. Journal of Science, Vol. 274, May, 1974, P. 449–464.
Margolis, S. V. & Krinsley, D. H.: Submicroscopic Frosting on Eolian and Subaqueous Quartz Sand Grains. Geol. Society of America, 1971.
Maul, St.: Der Rückwärtsgang in die Zukunft, Spektrum der Wissenschaft 8, 2010.
Medenbach, O. & Wilk, H.: Zauberwelt der Mineralien. Thalwil 1977.
Meyer, J.: Gesteine der Schweiz. Bern 2017.
Moral Cardona, J.P. et al.: Provenance of mulitycycle quartz arenites of Pliocene age at Arcos, southwestern Spain. Sedimentary Geology 112 (1997) 251–261.
Moral Cardona, J.P. et al.: The analysis of quartz grain surface features as a complementary method for studying their provenance: the Guadalete River Basin (Cadiz, SW Spain). Sedimentary Geology 106 (1996) 155–164.

Morton, A. C.: Stability of detrital heavy minerals in Tertiary sandstones from the North Sea Basin – Clay Minerals 19: 287–308, 1984. In: Füchtbauer (1988).
Nesse, W. D.: Introduction to Optical Mineralogy. Oxford 2013.
Norton, R.: Rocks from Space. Missoula 1998.
Okrusch, M.: Mineralogie, Heidelberg 2009.
Pettijohn, F. J.: Sand and Sandstone. New York Heidelberg Berlin 1973.
Platon: Parmenides, Übersetzung von F. Schleiermacher. Hamburg 1989.
Poldevaart, A.: Chemistry of the earth crust. In: Poldevaart, A. , Ed.: Crust of the earth – a symposium. Geol. Soc. America Spec. Paper 62, 119–144 (955).
Prothero, D. R.: Zirkone, Zeugen der frühen Erdgeschichte. Spektrum der Wissenschaft 9, 2018, S. 60–65.
Pye, K. & Tsoar, H.: Aeolian Sand and Sand Dunes. London 1990.
Pye, K.: Post depositional reddening of the late Quartenary coastal dune sands, north-eastern Australia. Residual Deposits 117–29, Oxford 1983.
Ramberg, I. B. et. al.: The Making of a Land – Geology of Norway. Trondheim 2008.
Rebecchi L. et al.: Resistance of the anhydrobiotic eutardigrade Paramacrobiotus richtersi to space flight (LIFE-TARSE mission on FOTON-M3). Journal of Zoological Systematics and Evolutionary Research 49, 2011.
Rhode, A.: Auf Fossiliensuche an der Ostsee. Flensburg 2008.
Ritter, M.: Goethe und Augustin-Pyramus De Candolle. In: Knebel, K. et al. (Hrg.): Abenteuer der Vernunft. Dresden 2019.
Roedder, E. : Fluid Inclusions. Reviews in Mineralogy, Mineralogocal Society of America. Washington D.C. 1984.
Rosenbusch, H.: Mikroskopische Physiographie der Mineralien und Gesteine. Stuttgart 1924.
Rothe, P.: Gesteine. Darmstadt 2010.
Rovelli, C.: Die Ordnung der Zeit. Hamburg 2018.
Rubin, A.: Urtümliche Meteoriten, Spektrum der Wissenschaft 3, 2014. S. 44–49.
Schlichting, H. J.: Musikalischer Sand. in: Spektrum der Wissenschaft 12, 2017.
Schmincke, H. U.: Vulkanismus. Darmstadt 2013.
Schopenhauer, A.: Die Welt als Wille und Vorstellung; 1. Band, 2. Teilband § 54, Köln 1997.
Schrott, R.: Erste Erde Epos. München 2016.
Schultz, L.: Meteorite. Darmstadt 2012.
Schumann, H.: Rinne-Berek, Anleitung zur allgemeinen und Polarisations-Mikroskopie der Festkörper im Durchlicht. Stuttgart 1973.
Schumann, W.: Steine- und Mineralienführer. München 2007.
Schwarzbach, M.: Glazigene Sichelmarken als Klimazeugen. Eiszeitalter und Gegenwart, 28, S. 109–118. Öhringen 1978.
Siever, R.: Sand, ein Archiv der Erdgeschichte. Heidelberg 1989.
Smed, P.: Steine aus dem Norden. Berlin 2002.
Soentgen, J., Völzke, K. (Hrsg.): Staub – Spiegel der Umwelt. München 2006.
Stevic, M.: Identifications and environmental interpretation of microtextures on quartz grains from aeolian sediments – Brattforsheden and Vittskövle, Sweden. Dissertations in Geology at Lund University, Bachelor thesis, No. 446. 2015.
Stow, D.: Sedimentgesteine im Gelände. Heidelberg 2008.
Sturm, A.: Sand wird knapp. Heilbronner Stimme vom 18. 2. 2019.
Sturm, R.: Im Mineral eingesperrt – Mikroskopie von Einschlussphasen in magmatischen Kristallen. Mikrokosmos 98 (2009).
Tetsch, L.: Wiederbelebung bei Bärtierchen. In: Spektrum der Wissenschaft 6, 2017. S. 22–24.
Thomas, D.: Unter dem Milchwald. Stuttgart 1971.
Thureau-Dangin, F.: Les Cylindres de Goudea. Paris 1925.
Trepmann, C. A. & Spray, J. G.: Post-shock crystal-plastic processes in Quartz from crystalline target Rocks of the Charlevoix Impact Structure, Planetary and Space Science, Centre, Department of Geology, University of New Brunswick.
Tröger, W.E.: Optische Bestimmung der gesteinsbildenden Minerale. Stuttgart 1969.
Tucker, M.: Methoden der Sedimentologie. Stuttgart 1996.
Udajaganesan, N. et. al.: Surface Microtextures of Quarz Grains from the Central Coast of Tamil Nadu. Journal Geological Society of India 77, 26–34 (2011).
Vaas, R.: Gehirn und Zeit; Der Blaue Reiter 5. Stuttgart 1997.
Vinx, R.: Steine an deutschen Küsten. Wiebelsheim 2016.
Vos, K. et al.: Surface textural analysis of quartz grains by scanning electron microscop (SEM): From sample preparation to environmental interpretation. Earth Science reviews 128 (2014) 93–104.
Weizsäcker, C. F. v.: Der Aufbau der Physik. München 1985.
Weizsäcker, C .F. v.: Einige Begriffe aus Goethes Naturwissenschaft. In: Goethes Werke, HA Bd. 13 S. 539.
Welland, M.: Sand. Berkeley 2009.
Welsch, N. et al.: Erde und Leben. Berlin 2017.
Willkomm, M.: Wunder des Mikroskops. Leipzig 1878.
Wittgenstein, L.: Tractatus logico-philosophicus, 6. 4311. Oxford 1959.
Woolley, L.: Ur und die Sintflut. Leipzig 1930.

11.5 Dank

Mein erster Dank gilt meiner ganzen Familie, besonders aber meiner Frau, die meine Beschäftigung mit Büchern, Fotoapparaten, Mikroskopen, Ameisen, Steinen, Sternen, Vögeln, Meteoriten, Myxomyceten, Tardigraden und vielem mehr nun noch um die doch recht seltsame und zusätzliche Beschäftigung mit dem nahezu Unsichtbaren, dem Sand, über einige Jahre und über hunderte von Stunden ergänzt sah und ertragen hat. Mein ganz spezieller Dank gilt meinem Vater, der mit unversiegender Geduld Adaptionen und Verbindungsteile für all die niemals zusammenpassenden Einzelteile von Mikroskopoptiken geschaffen hat und ohne dessen Rat und Tat es oft nicht weitergegangen wäre. Ich danke auch meinem Mikroskophändler und -experten Herrn Harald Rasche, der nichts unversucht gelassen hat, um an die von mir begehrten Bauteile und Optiken vergangener Jahre zu gelangen, mit Hilfe derer alle Mikroaufnahmen in diesem Buch entstanden sind. Herrn Dr. Olaf Medenbach, Ruhruniversität Bochum, möchte ich gleich zweifach danken. Sein 1977 erschienenes Buch «Zauberwelt der Mineralien» hatte mich damals derart gefesselt, dass ich nachfolgend begann, mich intensiver mit Mineralen und Gesteinen zu beschäftigen, nichts ahnend, dass ich ihm 45 Jahre später nun für die kritische Durchsicht meines eigenen Buches zu danken habe. Sieht man vom Probensammeln einmal ab, hat mein alter Schulfreund Wolfgang Antes wirklich nichts zum Thema Sand beigetragen; dennoch waren und sind für mich die Samstagsgespräche stilbildend und vollkommen unersetzlich, sie mögen uns fürderhin begleiten. Weiterhin gilt mein Dank denjenigen, die mir aus nahezu allen Gegenden der Welt Sandproben von ihren Reisen mitgebracht haben. Viele davon sind mit liebevoller Sorgfalt gesammelt, beschriftet und dokumentiert worden, einige sogar unter recht abenteuerlichen Bedingungen. Ohne Sie wäre dieses Buch nicht möglich geworden. Ich habe in der Auflistung nur die Initialen (Vorname, Nachname ggf. Titel) aufgeführt, so bleibt unerkannt, wer unerkannt bleiben möchte.

Prof. Dr. N.A., Prof. Dr. M.A., G.A., W.A., A.A., E.B., R.B., M.B., R.B., M.B., R.B., Prof. Dr. T.B., B.B., Dr. A.B., S.B., Prof. Dr. R.B., F.B., A.B., A.C., Prof. Dr. A.D., H.-W.D., S.D., M.D., M.D., H.E., U.E., Prof. Dr. W.E., B.F., U.F., Prof. Dr. R.F., G.F., T.F., T.G., A.G., N.G., J.G., T.G., G.H., S.H., F.H., B.H., C.H., G.H., B.K., H.K., Dr. G.K., U.K., H.K., J.K., U.K., H.K., Prof. Dr. K.K., L.K., H.K., B.K., D.K., Prof. Dr. H.K., A.K., D. L., Dr. H.L., Prof. Dr. D.L., M.L., H.L., T.M., Dr. P.M., A.M., S.M., R.M., Prof. Dr. A.M., M.M., K.N., H.Ö., M.P., B.P., U.P.-R., W.P., S.R., Prof. Dr. K.R., Prof. Dr. D.R., E.R., Dr. J.R., C.R., P.R., K.S., W.S., Prof. Dr. W.S., Prof. Dr. M.S., R.S., Prof. Dr. J.S., V.S., A.S., M.S., K.S., S.S., I.T., E.T., I.V., W.W., Prof. Dr. W.W., Prof. Dr. M.W., K.W., E.W., Prof. Dr. J.W., Prof. H.W., K.W., B.Z., C.Z.

Zuletzt aber möchte ich mich bei meinem Lektor Herrn Dr. Martin Lind vom Haupt Verlag bedanken, der das Projekt über mittlerweile ein Jahrzehnt geduldig und ermunternd begleitet hat und auch manchen Abzweig in den Treibsand durch sanften Nachdruck verhindern konnte. Es war stets eine große Freude und Bereicherung sich mit ihm auszutauschen.

11.6 Bildquellenverzeichnis

Alle Abbildungen, sofern nicht anders vermerkt, stammen vom Autor und wurden für dieses Buch angefertigt.

Die Abbildungen 1.14, 6.3, 6.6, 6.7, 6.8, 6.15, 6.16, 6.22 l.o., 6.40, 6.43, 6.53, 6.63, 7.17, 7.25, 7.26, 7.46, 7.50, 7.64, 7.65, 7.70, 7.82, 7.84 und 7.93 stammen aus: Lenzen, O.: Sand by Oliver Lenzen. Köln 2020. Die doppelseitigen Landschaftsaufnahmen vor den Kapiteln 1, 3 und 7 wurden von Prof. Dr. Wolfgang Elmendorf, diejenigen vor Kapitel 2 und 8 von Dr. Martin Lind zur Verfügung gestellt, beiden danke ich dafür herzlich.

11.7 Ortsregister Sandproben

Die Seitenzahlen verweisen auf Abbildungen von Sandkörnern oder Übersichtsbildern von Sandproben. Letztere sind **fett** hervorgehoben. Die nach dem Fundort *kursiv* angegebenen Jahreszahlen beziehen sich auf den Entnahmezeitpunkt der Sandprobe, soweit dieser bekannt ist. Im Nachsatz des Buches befindet sich eine Weltkarte mit markierten Fundorten der Sandproben.

11.8 Sachregister

Die **fett** gedruckten Seitenzahlen beziehen sich auf vertiefte Darstellungen bzw. Definitionen.